AIDE-MÉMOIRE

A L'USAGE

DES OFFICIERS D'ARTILLERIE

DE FRANCE.

AIDE-MÉMOIRE

A L'USAGE

DES OFFICIERS D'ARTILLERIE

DE FRANCE,

ATTACHÉS AU SERVICE DE TERRE.

QUATRIEME ÉDITION,

REVUE ET AUGMENTÉE.

D'un rien de plus, d'un rien de moins,
Dépend le succès de nos soins.

PANNARD.

TOME PREMIER.

A PARIS,

Chez MAGIMEL, Libraire pour l'Art Militaire,
rue de Thionville, n°. 9, près le Pont-Neuf.

1809.

On a donné une quatrième édition de l'Aide-Mémoire, parce que les trois premières étaient épuisées. Il est inutile de répéter dans celle-ci ce qu'on a dit dans les autres, sur ce qui a amené la publication d'un Ouvrage destiné d'abord à rester manuscrit et dans l'obscurité ; sur le peu de talent qu'il fallait pour l'imaginer ; sur la faiblesse de l'exécution ; sur la tournure impérative des phrases, qu'on n'a employée que pour économiser les mots et le tems ; sur mon éloignement à avoir l'ambition d'être auteur : *Mon seul but est d'être utile : ce sont les lumières d'autrui, et non mes opinions, que je cherche à répandre.*

Lorsqu'on pense qu'à la guerre, les opérations de la plus haute importance sont presque toujours liées à celles de l'Artillerie, et que celles-ci dépendent souvent de l'application d'un principe, du souvenir d'une dimension ; un Ouvrage qui renfermerait en peu de pages, ces principes si essentiels, ces dimensions si nécessaires, qui peuvent échapper à la mémoire la plus sûre, serait un Ouvrage de la plus grande utilité : c'est celui que j'avais conçu, et que je n'ai fait qu'ébaucher. Je me suis même éloigné de plus en plus de mon plan, dans les éditions qui ont suivi la première, en traitant avec étendue plusieurs objets, en donnant en entier des Réglemens, dont il ne fallait donner que la substance, etc. ; mais je l'ai fait pour être plus utile , parce que l'instruction ayant été suspendue par les événemens, le grand nombre des Officiers instruits ayant disparu de l'Artillerie, les Manuscrits s'étant perdus, les livres annoncés n'ayant point paru, j'ai cherché à faciliter les moyens d'avoir les élémens de la première instruction ; mais on trouvera dans les Tables , dans le Précis sur les Batteries de Campagne, dans le résumé de ce qui est nécessaire pour exécuter les Manœuvres de force , dans l'analyse du Réglement sur la réception des Bouches à feu, etc. , l'échantillon des formes qu'on devait donner à tout, ce qui aurait réduit l'Aide-Mémoire au tiers.

J'avais invité les Officiers d'Artillerie , dans les éditions précédentes, à me montrer mes fautes, à m'indiquer ce que je devais faire pour rendre cet Ouvrage plus digne de leur être présenté. Excepté quelques Officiers à qui j'ai demandé personnellement des renseignemens sur tels et tels objets , et que j'ai cités en profitant de leurs secours , presque aucun ne m'a fait part de ses observations ; ils ont jugé que l'Aide-Mémoire était trop imparfait pour espérer de le rendre passable par quelques corrections; je suis entièrement de leur avis : il est peu d'Ouvrages qui soient plus informes que celui-ci, et je n'ai de droits à leur indulgence que par mon empressement à leur chercher des matériaux pour en faire un bon.

On n'a point employé dans l'Aide-Mémoire, la dénomination des nouvelles mesures ; c'est une suite de la nature de l'Ouvrage, qui est fait pour se rappeler ce qu'on sait, les *anciennes* mesures, et non ce qu'on doit apprendre, les nouvelles. Qui eût deviné ce que je voulais dire, en parlant de l'Obus de 0,1623 ? Il faut donc attendre qu'on sache les choses, avant de chercher à les rappeler à la mémoire.

Peut-être en donnant à cet ouvrage la forme alphabétique serait-il devenu plus commode ; mais aussi j'ai cru voir qu'il faudrait souvent commencer les articles par des explications de mots, et répéter ce qu'on a déjà dit, et faire en un mot un Dictionnaire d'Artillerie. Il sera utile de rédiger un tel Ouvrage ; il n'aura pas l'inconvénient des autres Dictionnaires de Sciences, parce que l'Artillerie se compose de beaucoup de connaissances tirées des Arts, etc., Arts qu'on n'a pas besoin de connaître en entier. C'est pour aider à faire ce Dictionnaire que j'ai voulu préparer la première base, en rassemblant dans la Table viij

un grand nombre de mots qui pourront exiger
un article : quelques-uns sont hors d'usage,
d'autres sont définis, quelques-uns ne sont
qu'indiqués.

Nota. Les notes indiquées par des chiffres se trouvent au bas
des pages, mais celles indiquées par des lettres étant souvent très-
longues, sont renvoyées à la fin des morceaux ou des tableaux
auxquels elles ont rapport.

TABLE

ALPHABÉTIQUE DES MATIERES.

A.

moyen d'une corde qu'on attache à chaque bout, à faire tourner les Forets lorsqu'on veut faire des trous. *Voyez* Conscience.

Arco. Dans les Manufactures d'armes c'est le synonime de laiton, mais proprement l'Arco est le métal qu'on extrait des cendres et des crasses dans les Fonderies du laiton.

Armemens des Bouches à feu, 160... Table des Armemens des Bouches à feu, 181.

Armement des Sapeurs, concerne le Génie.

Armes offensives... — défensives. *Voyez* les noms particuliers.

Armes portatives à feu, 550. *Voyez* Fusils... Pistolets... Carabines.

— blanches .. Quelques définitions, 607... Sabres. Distinction des modèles, 610... Réduits à 3 espèces, 609... Leur arrangement dans les Salles d'armes, 598... Sabres de la Garde Impériale sont différens, 610... Quelques dimensions, 614... Table servant à établir les Devis, 616 et 622... Des matières pour leur fabrication, 625... Epreuve, 626... Examen des Sabres, 629... Leur encaissement, 630.

Armes d'honneur, 611.

Armons, 100.

Armure ou harnais. Tout ce qui garantissait le corps des coups de l'ennemi ; elle comprenait : le casque, le hausse-col, la cuirasse, les épaulières, les brassards, les goussets, les gantelets, les tassettes, les cuissards, les genouillères, les grèves.

Arquebuse à Croc. Gros Canon nud tenant à un Croc ou Fourche portée sur un Chevalet en bois. Il y en avait de 5 pieds 4 pouces et de 4 pieds, les unes pesant 100 liv., les autres 50 liv.
Cette arme était estimée dans la défense des Places : c'est à peu près ce qu'on appelle *Fusil de rempart. Voyez* le Mémoire sur les armes portatives par M. Cotty, page 162, pour les *Arquebuses à mèche, les Rouets,* etc.

Arrangement des Voitures d'Artillerie dans les Magasins, 256.

Arrêtoir. C'est la partie de la virole de la baïonnette qui sert à borner le mouvement de cette Pièce en buttant contre l'étouteau ; lorsqu'on la tourne à gauche.

Arrêtoir. Au bout des Leviers de pointage du Canon est une petite pièce mince, longue et saillante sur le bois, servant à empêcher les Leviers de sortir des anneaux de pointage : les anneaux ont un soulèvement pour laisser passer l'arrêtoir, puis, etc.

Arrosage. C'est l'eau qu'on met dans les Mortiers pour faire de la Poudre, soit la première fois, soit dans les rechanges, 648.

Arsenal. Doit avoir des Ateliers pour Ouvriers en bois et pour Ouvriers en fer, pour une ou plusieurs Compagnies, suivant son importance ou sa des-

B.

BANDE DE RESSORT. C'est dans la Platine la distance de la Griffe du grand ressort , qui n'est plus retenu par la noix au bord du bas du corps de platine ; elle doit être de 5 à 6 lignes.

BANDEAUX ou MOLLES-BANDES , 119.

BANDELETTES de fer blanc pour Cartouches à Canon , 535 , 549.

BARBETTES , 979.

BARDES. Armures défensives du cheval : elles étaient en fer.

BARILLETS. Petits barils où on met les échantillons de Poudre pour les épreuves.

BARIL à ébarber les Balles , 81.

BARILS à Poudre. Leurs dimensions , 665.

BARIL à Balles , 606.

BARIL à Bourse , 234.

BARIL FOUDROYANT. Artifices réunis en un baril. Inusité.

BARRAQUES , 980.

BASILIC. Nom donné autrefois aux pièces de 48 , pesant 7200 liv.

BASSINET. C'est dans la Platine la pièce en cuivre, dont la direction de la *fraisure* correspond à la lumière du Canon , et qui contient l'amorce.

BASSINET DE SÛRETÉ. Bassinet qui se recouvre avec un cylindre tournant en cuivre pour éviter les accidens. Les fusils de la garde du directoire avaient de tels Bassinets. Ne sont plus en usage.

BATAILLONS DU TRAIN , 1172.

BATARDE. Nom donné autrefois à la Pièce de 8 , qui pesait 1950 liv.

BATON FERRÉ. Arme ancienne, offensive , dont se servaient les Cavaliers. Hampe de javelot, garnie d'une pointe à chaque bout.

BATTAGE. Action de battre , broyer , mélanger dans des Mortiers en bois , avec des Pilons de bois qu'ordinairement l'eau fait mouvoir, les 3 matières composant la Poudre. Le temps du battage durait autrefois 22 heures. Il a été successivement de 3½ h. , de 6 h. , de 14 h. aujourd'hui.

BATTE. *Voyez* CUVETTE.

BATTEAU. Dimensions principales et sa nomenclature, 54... Leur conservation... Nombre de journées pour les construire, 56,.. Outils nécessaires à leur construction, 57.

BATEAU (nouveau) pour transports et Pont volant, 60... — d'Avant-garde, 61.

BATTERIE. Solide d'une Batterie, 750... Dimensions des objets nécessaires à leur construction, 747... Quantités nécessaires de ces objets, 749...

BATTERIE. C'est la partie de la Platine contre laquelle frappe la pierre lors de la chute du chien, pour donner le feu et allumer l'amorce. La partie frappée s'appelle *face*, et est recouverte d'une feuille d'acier. Voyez *Assiète*, *Pied*, *Trousse*.

BATTERIE. C'est la réunion de 12 ou de 24 Mortiers dans un Moulin à poudre.

BATTITURES. Ciselures. Petites parties du métal de bronze que le ciseau détache de l'extérieur du Canon, quand on le façonne.

BATTRE. *Voyez* BATTAGE.

BAVETTES. Parties supérieures de la Chappe ou de la Belière d'un fourreau d'armes blanches, redoublées en dedans sur le bois ou le cuir à l'entrée du fourreau.

BAVURES. Petites inégalités qui restent à un métal qu'on coupe.

BAÏONNETTES, 562... Examen de réception, 580... Table servant à établir les devis de la baïonnette de 15 pouces et de celle de 18 pour les mousquetons, 622.

BEC-D'ANE ou BEDANE. Ciseau peu large et très-épais, dont le biseau est fait sur l'épaisseur. Outil d'ouvriers en bois, servant sur-tout à faire les mortaises.

BEC A CORBIN. Ciseau d'acier dont l'extrémité tranchante est recourbée, servant à faire les encastremens de quelques pièces dans les armes à feu portatives. Il est dimensionné relativement à sa destination.

BEC DE CANNE. Outil de menuisier à fût, dont l'extrémité du fer est recourbée en forme de croissant.

BEDON. Forêt qui au lieu de ronger le fer par le côté, le ronge par le bas du forêt et fait par-là le trou bien uni sans traits de forêt : il faut pour l'employer que le fer soit déjà percé pour que la limaille s'échappe par le premier trou.

BELIER. Ancienne machine de guerre employée à saper les murs.

BELIÈRE. C'est le nom qu'on donne plus particulièrement aux Chappes de fourreau de sabre qui sont garnies d'anneaux. *Voyez* CHAPPES.

BEZAIGUE. Outil pour ouvrier en bois, tout en fer, de 3 à 3 pieds 6 po. de longueur, terminé en Bedane d'un côté, en Ciseau plat de l'autre, ayant une poignée en fer dans le milieu.

BIGORNE. Enclume terminée en pointe conique à chaque bout, ou au moins à un, pour courber les pièces qui doivent l'être.

BOULET A BAGUE. C'est une demi-sphère en fer se prolongeant en cylindre de même métal, recevant dans le bas un sabot auquel on attache le sachet à poudre. Sur la jonction de l'hémisphère au cylindre est une bande de plomb arrondie de 13 points de flèche et de 8 lignes de largeur. Voici les dimensions pour le Boulet de 12...; Diamètre de la demi-sphère du cylindre et du sabot, 52 lignes 9 points... Hauteur du cylindre, dont la bandelette recouvre 8 lig., 29 lignes... Hauteur de la partie nou-encastrée du sabot, 12 lignes... Profondeur de l'encastrement du sabot, 12 lignes... diamètre du trou pour l'encastrement 28 lig. 9 points.

Ce Boulet a été proposé par M. Guyton de Morveaux comme avantageux, parce qu'il a plus de Masse et point de Vent; mais il est difficile à fabriquer, sa forme doit rendre son tir incertain, à grandes distances, etc.

BOULET CREUX. C'était autrefois des boîtes de fer de 2½ calibres de longueur qu'on remplissait de balles ou d'artifices : celle de 24 pesait de 60 à 79 L. on y mettait une fusée et apparemment de la poudre.

Aujourd'hui c'est un Obus qu'on tire avec le Canon; il est ensabotté et il doit l'être, pour éviter de rompre la fusée dans le tir, ce qui ferait éclater l'Obus en sortant de la Pièce, 488.

BOULONS, 121. — de Limonière, 123. — de Timon à bœufs, 123.

BOURDAINE (bois de Bourdaine). Bois qu'on emploie pour faire le charbon de la poudre. L'Administration a droit de le faire couper dans un rayon de 15 myriamètres de ses poudreries par arrêté du 16 floréal an 13.

BOURGUIGNOTTE. Ancienne armure de fer poli pour la tête.

BOURRAGE DES MINES.

BOURRE, est en papier pour les épreuves de fusil, a 16 pouces carrés.

BOURRE-NOIX. Prisme d'acier trempé, dans une des bases duquel est pratiqué un trou pour recevoir le pivot de la noix de platine. Il sert à enfoncer l'arbre de la noix dans le trou du corps de platine destiné à le recevoir.

BOURRELET. Partie arrondie de la tulipe dans le canon.

BOURRELIERS. Il en faut dans chaque compagnie du train, et 1 maître dans le bataillon.

BOURRIQUET. Panier pour tirer la terre des Mines.

BOUTE-FEU, 160.

BOUTEROLLE. Renfort de métal dans les armes à feu portatives, où l'on creuse ordinairement un écrou : il y en a une à la pièce de détente retenue sur le bois par la vis de culasse, une en dedans de la platine, etc.

BOUTON DU CANON.

BOUTS D'AFFUT, 123. Sont en général trop minces.

BOUVETS. Outils d'ouvriers en bois. Espèces de rabots couplés, dont l'un sert à faire les rainures et l'autre les languettes analogues.

BOYAU DE MINES. Petite galerie. — de Tranchée, bout de la Tranchée.

BRABANS, 123.

BRACELETS. Dans les fourreaux en fer de sabre pour troupes à cheval, ce sont 2 bandelettes de fer placées au haut du fourreau portant chacune un piton et un anneau, et remplaçant les belières des sabres en cuir.

BRANCARDS, 101.

BRANCHE DE SABRE, partie de la Garde, 607.

BRAQUEMARD. Ancien nom de Sabre.

BRAQUER. Pousser un Affût à droite ou à gauche en le faisant comme pirouetter sur ses roues.

BRAS DE LIMONIÈRE, 101.

BRASER. C'est unir et lier ensemble avec du cuivre deux pièces de fer ajustées à cet effet. La *Brasure* est l'endroit où elles sont unies.

BRASSARDS. Armure défensive des bras.

BRASSE. Mesure qui varie, 792.

BRÈCHE.

BRETELLES. Cordages pour hâler les bateaux avec des hommes, 269.

BRICOLES, 173.

BRIDES D'ARMONS, 124. — de Chaîne d'embrelage, 124. — d'Étriers, 125.

BRIDE DU BASSINET. Partie à l'extrémité de laquelle passe la vis de Batterie.

BRIDE DE NOIX. Pièce placée sur la noix pour la maintenir parallèlement au corps de la Platine sans gêner cette noix dans ses mouvemens; elle couvre l'œil de la gachette et en reçoit la vis : le pivot de la noix la traverse, et son pied est fixé par une vis sur le corps de Platine.

BRIDES POUR CHEVAL. *Voyez* HARNAIS.

BRIN. Partie d'un cordage, 269.

BRISE-MUR. Ancien nom de Canon.

BRIQUES, pour les fourneaux de fonderies doivent être de la première qualité, les plus réfractaires qu'on pourra : on en essaye la composition première dans un fourneau d'essai ; elles sont un peu diminuées dans la longueur et l'épaisseur.

BRIQUET. Sabre pour l'infanterie. *Voyez* Sabres.

BROCHE. Verge de fer servant à souder les canons d'armes à feu.

BROCHE CARRÉE. Poinçon carré d'acier trempé dont se servent les platineurs pour faire le trou carré du chien et celui du corps de platine qui doivent recevoir le carré de la noix.

C.

pour graisser l'essieu... L'ancienne dont il en existe peut-être encore quelques-unes , était composée de 2 joues parallèles assemblées sur un même pied , distantes de l'épaisseur d'un Timon , et percées de 3 trous chacune à différentes hauteurs, où l'on faisait passer un boulon qui servait de point d'appui au levier ou timon.

CHEVROTTINE. Nom donné autrefois dans l'Artillerie aux petites balles de plomb de 166 à la livre.

CHIEN. C'est la pièce d'une Platine entre les *Mâchoires* de laquelle est retenue la pierre , au moyen d'une *Vis* à tête percée qu'on serre et desserre. La *Crète* est la partie droite qui s'étend de la *Mâchoire inférieure* au-dessus de la *Mâchoire supérieure*. L'*Anneau* ou le *Cœur* est le vide formé par la *Sous-gorge* et le dos du Chien. Le *Coude* , l'*Espalet* ou le *Support* , est la partie qui appuye sur le corps de platine , lorsque le Chien est abattu. Le *Carré* est le trou dans lequel passe le carré de l'arbre de la noix , qui reçoit la vis servant à fixer le Chien au corps de platine.

CIBLE. Exercice du soldat qui tire au blanc. On donne pour cet objet chaque année 250 kilog. de poudre et 125 kilog. de balles à chaque bataillon d'Infanterie et régiment de Dragons... — 180 kilog. de poudre et 190 kil. de balles à chaque bataillon d'Artillerie , de Pontonniers , du Train et de Sapeurs... — 25 kilog. de poudre et 12, 50 kil. de balles à chaque Escadron de cavalerie , d'artillerie , Compagnie de gendarmerie , à pied ou à cheval , d'ouvriers , mineurs et de canonniers gardes-côtes... — 25 décagrammes de poudre seulement à chaque sous-officier et soldat des Compagnies de réserve. Sur ces munitions les corps doivent faire charger les armes des soldats montant la garde dans les Places.

CIMETERRE. Arme ancienne conservée et modifiée dans l'Orient. Sabre lourd , composé d'une Lame large , tranchant d'un seul côté , et recourbée au bout opposé à la poignée : il avait une garde... le *Coutelas* arme ancienne , avait la lame moins recourbée et avait une coquille pour garantir la main.

CIMIER ornement du Casque.

CINQUENELLE , 269.

CINTRE D'AFFUT. Coude que font les flasques vers leur milieu.

CISAILLES. Grands ciseaux à 2 branches , l'une fixe , l'autre mobile , servant à couper les objets qui demandent effort pour l'être.

CISEAU. Il y en a pour couper le Bois, en fer aciéré , et en acier trempé pour tailler le fer. Les limes se taillent au ciseau.

CISEAU ou CISELET. Dans les fonderies, la matière que le tour ne peut enlever, telle que le superflu des anses , etc. L'est au moyen de Ciseaux ou Ciselets d'excellent acier de 7 pouces de long sur 8 d'équarissage , à 3 pans , et qui sont plats, en langues de carpe , en gouges , en bedaues.

CIVIÈRES à pieds, sans pieds, à bombes , à toile , 79.

CLAVETTES doubles , 130... — de Susbandes , 131.

CLOCHES. Dans les Places prises , les Cloches appartenaient au Grand-maître d'Artillerie , et les Villes les rachetaient. Cet usage tombé en désuétude , ou depuis la suppression de la place de Grand-Maître , a été rétabli en 1807, au siége de Dantzig, par S. M. l'Empereur : les Cloches ont été données à l'artillerie par son ordre : la Ville les a rachetées. Le partage a été fait comme il suit : les Sapeurs ont été compris par ordre de Sa Majesté dans les troupes d'Artillerie.

Au Général de Division.
4000 f. au Général de Brigade.
2000   au Colonel.
1200   au Chef de Bataillon.
600   au Capitaine.
300   au Lieutenant.
100   au Sergent-major.
25   au Sergent.
18   au Caporal.
12   au Canonnier.
La moitié de chaque somme aux Auxiliaires et au Train.

CLOUS à fixer le modèle des anses en cire sur le moule des Bouches à feu ; il en faut 3 par anse , ils ont de longueur 3 fois celle de l'anse , leur tête est à anneau et sert à les retirer lorsque le moule est fini.

CLOUS à fixer les Modèles en plâtre des Tourillons sur le moule de la Bouche à feu , ont une longueur double de celle des Tourillons , sont placés en dehors des modèles : on met des éclisses dans l'intervalle des clous au modèle , et on y coule du plâtre.

CLOUS , 131... — à ensaboter , 535 et 536.

COAK ou COAL. Charbon de terre désouffré , 692.

COCHES. Entailles faites sur un corps en général pour en recevoir un autre. Les Coches ou crans de la noix d'une Platine sont pour recevoir le bec de Gachette. On fait des Coches aussi sur les canons de fusil après avoir mesuré les épaisseurs pour indiquer à l'émouleur le fer à enlever.

COEFFE. *Voyez* Coiffe.

COFFRAGE. Dans les Mines c'est soutenir les terres avec des Bois.

COFFRE. Nom qu'on donne à l'épaulement d'une Batterie.

COFFRE d'Outils de supplément pour le Caisson d'Outils... Nomenclature , 51... Son approvisionnement , 215.

COFFRE du Chariot de division pour Outils et pièces de Rechange. Nomenclature , 185... Son approvisionnement , 187... Pièces de Rechange , 189... Son chargement en Outils , 193.

COFFRE de Forge pour Outils à Forgeur , 76... Son approvisionnement , 242.

COFFRETS d'Avant-train pour Affût , 174.

Cordons de Roue. La conservation des Roues exige qu'on les resserre lorsqu'ils jouent autour du moyeu. *Voyez* Roues.

Corne à feu, ou Poire à poudre, ou Corne d'amorce.

Corne de lanterne.

Cornet à huile. Petit vase de fer servant à contenir l'huile qu'employent les Armuriers en travaillant.

Corps-d'essieu en bois, 102.

Corps-royal, aujourd'hui Corps impérial de l'artillerie. Il y a un arrêté du Directoire qui lui donne le premier rang sur toutes les troupes, et il l'a mérité en tous les tems. Cet arrêté n'a pas été rapporté.

Corroyer le fer, c'est en pétrir pour ainsi dire toutes les parties par le moyen du feu et du marteau, pour l'épurer et en unir davantage les molécules.

Cotte-d'arme, ou Cuirasse.

Cotte de mailles. Ancienne Armure de fils de métal entrelacés, qui originairement ne couvrait que le buste, et à laquelle on ajouta ensuite des manches, des chaussures, et un bonnet pareil.

Coude, partie du chien.

Coulée. Couler les Boulets en sable ou en coquille, 1198.

Coulevrine. Pièce ancienne qui était fort longue : on la nommait aussi Demi-canon : elle était souvent de 16 livres de balle, et pesait 4100 livres. Plus anciennement dans le seizième siècle elle pesait 14000 livres, son boulet 40 liv., sa charge 32 liv. Elle avait 31 calibres de longueur : celle de Gênes de 36 avait 58 calibres.

Courantin. Pièce d'artifice, petite fusée qui court sur une corde tendue.

Courçon. Pièce de fer longue, qu'on couche le long des Moules des canons, et qui sert à les serrer.

Coussinet à Mortier, 54... — Porte-Essieu, 47.

Coussinet à Mousquetaire. On le portait autrefois sous la bandoulière pour y appuyer le Mousqueton.

Couteau (grand) non fermant. Outil servant à ôter l'excédant de la terre autour du Moule d'une Bouche à feu (ce qu'on appelle *déraser* le Moule) avant de le descendre dans la fosse.

Couteau servant aux monteurs de Sabre à amincir l'extrémité supérieure du fourreau en cuir pour recevoir la chappe.

Couteau de chasse.

Coutelas, ancien nom du Sabre à lame droite.

Couverture *Voyez* Harnais.

D.

F.

Fᴙᴏɴᴛᴀɪʟ. *Voyez* Harnais.

Fᴙᴏɴᴛᴇᴀᴜ ᴅᴇ ᴍɪʀᴇ. Morceau de bois de 4 pouces d'épaisseur, d'1 pied de hauteur et de 2 ½ pouces de longueur, que l'on mettait jadis sur la volée d'une Pièce pour la pointer. On mit depuis un guidon volumineux tenant à la Pièce qu'on a supprimé et remplacé par un très-petit guidon à grain d'orge.

Fᴜsᴇ́ᴇ à Bombes et à Obus, 527. — à Grenades, 525... Composition pour les charger, 772.

Fᴜsᴇ́ᴇs ᴅ'Aᴍᴏʀᴄᴇ (composition des), 772.

Fᴜsᴇ́ᴇs ᴅᴇ Sɪɢɴᴀᴜx (Composition des) ou volantes , 776.

Les Anglais ont lancé sur la côte de Boulogne , il y a quelques années , des Fusées de Signaux gigantesques qui n'ont eu aucun succès. Le Corps ou Cartouche en tôle a 28 pouces de longueur et 3 pouces 4 lignes de diamètre, ayant un culot de tôle forte dans le bas percé d'un trou de 15 lignes de diamètre , et se terminant dans le haut en un cône aigu de tôle très - forte percé de 6 grosses lumières de 5 lignes de diamètre ; la Baguette doit avoir 22 pieds de longueur : 15 lignes à la fusée et 9 à 10 lignes à sa partie inférieure. Les ⅔ de la Fusée , à partir du culot , sont chargés de la composition ordinaire des fusées ; le troisième tiers , qui sert de pot , l'est en roche à feu : sans la Baguette , la Fusée pèse 22 liv. et est parvenue de 2000 toises ; mais cette Fusée qui pourrait faire beaucoup de mal employée à toute autre opération qu'à la guerre , n'est utile en rien à celle-ci , par l'incertitude de son tir , la petitesse et la mobilité des buts , enfin la facilité d'apercevoir et d'arrêter ses effets.

Fᴜsɪʟ. Nomenclature , 7... Ordre à suivre pour démonter et remonter ses Pièces , 7... Quelques Dimensions , Poids , Charges, 552... Cartouches à Fusil , 554... Fabrication du Canon , 555. Différente à Saint-Etienne , 557. Table de la quantité de Pièces du Fusil qu'on peut fabriquer durant un mois, 560... Matières nécessaires à sa fabrication , 563... Distinction des Modèles , 567.

Le Prix du Fusil , 552. Il était le même en 1716 pour les 3 Manufactures de Maubeuge , Charleville et Saint-Etienne. Il était alors de 7 liv. 4 s. 6 d. dont 3 liv. pour le Canon, 8 s. pour le bois: on payait ¼ en sus pour les Fusils de *Demi-citadelle*. Ce Prix a été le même jusqu'en 178*... et devrait l'être encore... Devis en 1788 , 565... Prix en 1790 , 567... Pièces de Rechange pour 1000 Fusils durant 1 an , 573... Outils nécessaires pour 12 Armuriers , 574... Des Matières nécessaires , 576... De la Poudre pour les épreuves , 579... Examen des Armes finies , 579... Nettoiement et entretien , 584... Durée du Fusil , 586... Epreuve sur sa résistance , 588... Fusils anciens, 633.

Fᴜsɪʟ de *Montalembert* , Fusil qui se charge par la culasse , ainsi que l'Amusette du Maréchal de Saxe et le Fusil de Chaumette, etc. , et qui est fermé en cet endroit par un prisme mobile nommé Clapet: le logement de la charge a un peu plus de diamètre que le reste de l'ame du Canon , ce qui fait que la balle est forcée lorsque le coup part, et acquiert plus de portée , si elle ne l'est pas trop. C'est le meilleur des Fusils

de ce genre , qui ne peut servir pour la guerre. *Voyez* le Mémoire de
M. Cotty , p. 159.

Les Fusils prennent différentes dénominations d'après celle de leur
Canon. Il y a des Canons *Tordus* : on les tord à l'étau et cette opération fait dévoiler leurs défauts... *A Rubans. Voyez* Chemise... *Rayé.
Voyez* Rayures... *Doubles* , ils sont brasés ensemble et assujétis en
dessus , et quelquefois à demi en dessous par une plate bande qui règne
entre les deux... *Brisés* : sont en deux parties qui se réunissent au tonnerre en se vissant l'une dans l'autre : on les dévisse pour les charger...
à Bascule : a sa culasse en deux parties... *Espagnols* : sont faits de 5
à 6 Pièces , travaillées à part, qu'on soude successivement l'une au bout
de l'autre... *Filés* : c'est un Canon sur lequel on a brasé des fils de fer
recuits , etc. Abandonné. *Tournans* : Canons doubles non-soudés ensemble : l'un est dessus , l'autre dessous , et peuvent alternativement
changer de place au moyen d'une brisure pratiquée au bout de la culasse.
La Platine a la partie en arrière, le chien compris, fixée au bois , et la
partie de devant du bassinet et de la Batterie fixée à chaque Canon. Ce
Fusil est difficile à fabriquer , sans utilité de service... *à Dé* : a un dé
de tôle mince coupé en sifflet, soudé au fond de l'ame.

G.

GABIONS. Construction , 1041.

GACHETTE. C'est la pièce coudée dont *la grande branche* ou la *queue ,*
est la partie contre laquelle appuye la détente pour faire partir le coup
quand le Fusil est armé. La *petite branche* ou le *devant* est celle qui
est terminée par un *bec* , pour engrener dans les *crans* du *repos* et du
bandé de la Noix, et qui est percée pour recevoir la vis qui assujétit la
pièce au corps de Platine.

GALÈRE. C'est un , ou deux cordages parallèles , où l'on fixe des leviers au
bout desquels on place des hommes pour traîner une Voiture.

GALERIE DE MINE. —— de Contre-mine : pour arriver aux Fourneaux.

GANTELET. Partie de l'ancienne Armure pour garantir les mains.

GANTS. Les contrôleurs de Manufactures d'Armes ont des Gants lorsqu'ils
manient les pièces pour les examiner : c'est l'Entrepreneur qui les
fournit.

GARDE D'ARTILLERIE (Instruction pour les), 932... Ce qu'on peut leur
demander , 959.

GARDE. Partie du Sabre.

GARDE FEU. Dans le Bassinet , c'est la partie élevée du plan incliné du
bord du côté du chien.

GARDIENS de Batteries de côte : y font les fonctions de Garde : ont 600 f.
d'appointemens : sont pris parmi les Canonniers vétérans , ou les sous-
officiers ayant leur retraite, dont le traitement est précompté sur les 600 f.;
doivent savoir lire et écrire. Sont logés près des Batteries.

GUILLAUME. Rabot dont le fer est sur le côté comme dans le Feuilleret ; mais celui-ci a le fer plus petit.

GUIMBARDE. Petit plateau de bois, traversé par un ciseau mobile, qu'on fixe avec un coin : elle sert à faire les embrèvemens.

H.

HACHE, 275.

HACHE d'Armes. Arme ancienne, faite comme la Hache d'aujourd'hui ; mais le fer en était plus large, plus arrondi, et la tête ou marteau était remplacé souvent par une pointe, le manche était en fer.

HALLEBARDE ou PERTUISANNE. Arme antique, dont la Hampe a 6 pieds, terminée d'un côté par un grand fer plat, large, tranchant et à arête, et de l'autre par un talon ou douille pointue. Le bas du fer était découpé et configuré en forme de Hache.

HALLECRET. Espèce de corcelet couvert de Lames de fer.

HAMPE de Drapeaux. Les Hampes des Drapeaux d'Artillerie étaient semés de fleurs de lys : c'était une distinction donnée à ce corps sous Louis XIV, pour avoir fait le service de grenadiers à un siége de Valenciennes, et avoir emporté un Ouvrage où les Canonniers avaient fait brèche.

Cette distinction d'un courage qui ne s'est jamais démenti, mériterait que Sa Majesté l'Empereur voulût bien la remplacer. Elle a bien voulu conserver au 1er. des Chasseurs à cheval une distinction méritée, mais gênante pour l'administration, un Sabre différent de celui des autres Troupes.

HAMPE, autrefois HANTE. — d'Ecouvillon, de Refouloir, de Lanterne, 163 et suiv.

HAPES à anneau de bout d'essieu, 144... — à anneau pour limonières, 144. — pour le bout de timon, 144 et 145.

HAQUET à Bateau et à Nacelle, 58. — à Bateau d'avant-garde, 63... Note singulière sur les anciens Haquets, 66.

HARTS. Branches de bois vert pliantes, auxquelles on fait une boucle à un bout et servant à lier les Saucissons, Fascines, etc.

HARNOIS ou Harnais pour les Chevaux d'Artillerie, 829... à l'Allemande, 829. — à la Française, 836... Devis des Harnais, 839... Selle, 834... Conservation, 840... Caisses pour transports, 841.

HAST. Tout bois de forme alongée, garni d'un fer pointu ou tranchant, était jadis arme de *Hast* : Lance, Hallebarde, Pertuisanne, etc.

HAUBANS. 2 cordages pour soutenir la chèvre dans les manœuvres de force. *Voyez* Manœuvres de chèvre.

HAUBERT. Cotte de maille ou Corcelet pour les Chevaliers.

HAUBERGEON, diminutif de Haubert.

I.

J.

JAVELLE. Un baril tombe en Javelle quand les cercles cassent et que les douves et les fonds se séparent.

JAVELOT ou DARD. Arme ancienne, offensive, lancée à la main, composée d'une hampe en bois de quelques pieds, garnie d'une pointe en fer triangulaire, pyramidale, très-aiguë.

JET. Dans les objets coulés c'est la partie surabondante à cet objet, c'est de la matière restée dans le canal servant à la coulée.

JOUES D'EMBRASURE, 1019.

JOUYÈRES. *Voyez* Harnais.

L.

LABORATOIRE d'Artifices ou Salle d'Artifice dans les Siéges, doivent être à l'abri des Feux... dans les Places, dans les points les plus éloignés des attaques.

LABOURER. Se dit du Boulet qui touche terre avant d'atteindre à son but.

LAINE en ballots. Sert quelquefois à faire des épaulemens faute de terre.

LAISCHES. Plaques et Lames de métal, dont les Gaulois garnissaient l'habillement du fantassin, en les plaçant entre l'étoffe et la doublure, pour le défendre des coups de l'ennemi.

LAITON. Métal composé de Rosette et de Calamine, qui entrait autrefois dans l'alliage des Pièces. On mettait pour composer cet alliage 10000 liv. Rosette, 900 l. Etain, 600 liv. Laiton. Le Laiton est employé dans les Armes blanches, 625.

LAMBOURDES. Pièces de bois équarries, qui recouvrent les Gîtes dans les Plate-formes de Mortiers et tiennent lieu de Madriers qui seraient trop minces, 748.

LAMES de Sabre, 607 et suiv.

LAMES à Canon, 552. Pour faire un Canon d'armes portatives à feu, on prend du fer, qu'on forge et coupe en doubles maquettes et maquettes, qu'on étire en Lames, qu'on plie et soude en Canon.

LAMELLES, 146.

LAMINOIR. Lieu et machine servant à mettre en feuilles certains métaux au moyen de deux cylindres rapprochés et tournans sur leur axe.

LAMPE, Lampion ou Réchaud de rempart. Sont en fer, portent des tourteaux pour éclairer.

LANCE. Hampe portant à son extrémité supérieure un fer aigu et tranchant à trois ou quatre faces... Les Lanciers polonais servant en France ont conservé cette arme, 611.

M.

MARQUISE. Enveloppe de la Tente d'Officiers.

MARTEAU d'établi, assez connu....—de devant, gros Marteau, que meut
a deux mains le compagnon forgeur... — Marteau à main, moins gros
que le précédent, à manche plus court, dont le maître Forgeur frappe
le fer qu'il tient de l'autre main... — Petits... —à panne fendue.
Voyez Panne.

MARTEAU. Arme antique offensive, faite comme un gros Marteau à main.

MARTEAU de Mouleur dans les Fonderies. Marteau ordinaire à panne,
du poids de 8 onces, servant à poser les clous des éclisses et du cordage
qu'on met sur le trousseau avant la première couche de terre.

MARTINET. Petit Marteau mu par l'eau dans les Forges.

MASSE pour le recul.

MASSE (outil pour enfoncer Piquets, etc.) à frapper et à damer, 178.

MASSE d'Armes et Massue. La Massue, arme la plus ancienne, était un corps
lourd de forme ronde ou ovale, se terminant en manche : on en garnit
la tête de pointes... La Masse d'armes avait la tête en fer en angles très-
aigus, avec un manche de bois. On en a fait aussi qui sont des boules de
fer ou de bois, hérissées de pointes suspendues de près à un manche de
bois. On conserve au Musée d'Artillerie celle de Duguesclin.

MASSE de ciseleur de canon. A la forme d'un marteau à deux têtes ; elles sont
aciérées : elle a 3 pouces de longueur sur 2 d'équarrissage : le manche a
7 po. de longueur, est en bois dur. Ces Masses varient suivant l'ouvrage
et la force de l'ouvrier.

MASSE de Lumière. Cylindre de cuivre rosette, dans lequel on perce la lumière des Bouches à feu : on la coupe en vis et on l'adapte aux Bouches à
feu : alors elle s'appelle grain : c'est la méthode prescrite : les masses se
mettaient dans les moules, et on coulait la Bouche à feu : on les appelait
Masse de Lumière mise à chaud...

MASSELOTTE des Canons... Elle a 3 pi. de longueur dans les Canons de
fer pour les côtes...Poids de celles des Bouches à feu de bronze, 508...
Il faut une heure pour couper sur le tour celle de 24.

MASSELOTTE des Baïonnettes, partie cubique de fer laissée à la douille en
la forgeant : elle sert à souder la douille au coude de la Lame.

MASSELOTTE d'Affûts à Mortiers : on doit toujours couler ces Affûts avec
des Masselottes, pour donner plus de consistance à la fonte.

MASSUE. *Voyez* Masse d'Armes.

MAT , 68.

MATTER , MATTOIR. C'est étendre du fer ou de l'acier sur des objets où il
doit y en avoir , ou unir et planer le métal. C'est un Ciseau ou Ciselet
qui n'est pas tranchant. Dans les Fonderies , les Mattoirs servent à
planer le métal dans les endroits où on ne peut faire agir la lime, comme
autour des anses , ils ont diverses figures ; ils sont plats, en biseau,

autre qui est fixe ; le Moraillon sert à fermer un Caisson, un Coffret, etc. au moyen d'un Tourniquet qui traverse la partie mobile percée pour le recevoir au côté opposé à la charnière, 108.

MORION. Ancien Casque.

MORTIERS. Nomenclature, 2. Calibres, ame, chambres, lunettes de vérification, Logement des Tourillons, Poids, Charge, Portée, 524... *Idem* pour Mortiers à la Gomer, Mortiers-Comminges, 528... Mortiers de côte en bronze à chambre cône tronqué, 526. — à Tourillons, à Semelle sont en fer et viennent de la Marine... Mortiers nouveaux à Semelle à chambre sphérique, à Semelle et à chambre cône-tronqué, 529 : Affût de ces derniers Mortiers, 33.

MORTIERS dans les Moulins à Poudre. Cavités faites dans une forte pièce de bois appelée *Pile* qui est de la longueur d'une Batterie. On met 20 liv. de matières dans chaque Mortier, 2 liv. d'eau et on soumet le tout au battage du Pilon.

MOUCHETTES. Rabot dont le fer est concave.

MOUFFLE. Réunion de 2 ou de plusieurs rouets de Poulies dans une même Chappe. On dit vulgairement la Moufle, et on doit dire le Mouffle. *Voyez* Echarpe, Poulies.

MOULAGE des Boulets. *Voyez* Coulée.

MOULAGE en terre ou en sable dans les Fonderies, 738.

MOULAGE d'Affûts à Mortiers (sur le), 687.

MOULIN à Poudre à Cylindre : Moulin où les Matières pour faire la Poudre étaient pressées par des Cylindres tournans sur leur épaisseur : ont été abandonnés, quoique quelques personnes aient pensé que la Poudre était meilleure, et on est revenu aux Moulins à Pilon.

MOULIN à Poudre. Usine dans laquelle une Roue hydraulique fait mouvoir deux autres Roues dont les axes hérissés de Mentonnets font élever un certain nombre de Pilons garnis dans le bas d'une boîte cylindrique, terminée en demi-sphère (la forme pyriforme est préférable) en bronze, qui retombent perpendiculairement sur la matière contenue dans des Mortiers.

MOUSQUET. Arme ancienne dont le Canon avait 44 pouces de longueur : on le tirait en y mettant le feu au moyen d'une mèche allumée attachée au serpentin.

MOUSQUETON. Il y avait autrefois trois Mousquetons : celui de Cavalerie, de Hussard, de Gendarmerie. Il n'y en a plus qu'un, dit Modèle an 9 : il est susceptible de recevoir une baïonnette... Longueur, poids, prix, etc. 552... Pièces de Rechange, 574... Charge d'épreuve, 552, est la même pour les 2 coups d'épreuve, parce qu'elle est faible... Quantité de Matières nécessaires pour la fabrication, 564... Modèle an 9, 569.

MOUSQUETON de Poste. Ancienne Arme à feu très-lourde dont la balle pesait jusqu'à 5 onces.

MOUTON à bras, 67.

P.

Q.

QUART DE CERCLE. Instrument pour donner les degrés dans le pointement des Bouches à feu, inventé par Tartalea, et en usage dès son invention. On avait reconnu dès ce tems qu'il fallait s'abaisser davantage au-dessous de 45 degrés, que s'élever au-dessus pour avoir des portées égales... Les plus simples sont les plus commodes... On doit les remplacer par la hausse dans le tir des Obusiers, 170... Ils pourraient l'être dans celui des Mortiers.

QUEUE DU BASSINET. Partie qui le fixe au corps de Platine.

QUEUE DE RAT. Petite lime ronde.

QUILLON. C'est le prolongement inférieur et arrondi à son extrémité de la branche principale du Sabre d'Infanterie et de Cavalerie légère.

R.

RABOT.

RABOT à Canon. Rabot servant aux Équipeurs-monteurs à faire le logement du canon de Fusil.

RACLER. Lorsque le chien s'abat, la pierre racle contre la face de la batterie.

RADEAU, 1144.

RADOUB, RADOUBER... C'est réparer : on radoube les Poudres avariées, en leur restituant le salpêtre qu'elles ont perdu, et en les rebattant. On en exige moins de portée (210 mèt.), 663.

RAFFINAGE, Raffiner, Raffinerie de Salpêtre, 639.

RAFRAICHIR. On rafraîchit les Canons dans leur exécution, pour éviter les accidens.

RAGOTS, 152.

RAIS, 109.

RAMASSE. Verge d'acier ronde, sur laquelle on a fait des dents, servant aux Équipeurs-monteurs pour élargir le canal de la baguette. C'est aussi une Verge de fer fixée horisontalement par un bout, et ayant à l'autre un renflement cylindrique de quelques pouces, fendu, taillé en spirale, et un peu au-dessous du calibre du Canon de fusil : en promenant un canon sur la Ramasse on le nettoie, etc.

RAMEAU de Mines. Petite galerie.

RANCHETS, 151.

RAPES. Limes taillées à grain d'orge. Il y en a pour le fer, il y en a pour les bois.

RAPPUROIR. Futaille, ou Vaisseau de cuivre, dont se servent les Salpétriers pour y mettre le salpêtre de première cuite.

RÉGIMENS d'Artillerie, 1154.

RÈGLE en bois pour les Equipeurs-Monteurs.

RÈGLE à anneau pour mesurer l'emplacement des Tourillons, 720.

RÈGLE en fer. Une pour chaque espèce de Canon. Doit être bien droite, bien limée, de la longueur du Canon, proportionnée à son calibre par ses dimensions : celle de 24 a 27 li. de large et 6 d'épaisseur, elle sert à vérifier si la pièce est bien droite de la lumière à l'astragalle du collet.

RÈGLEMENS. *Voyez* Instructions.

RÉGLET. Petite moulure à la bouche du Canon.

RELIEN. Poudre à demi-écrasée.

RENFORTS. Ressauts du métal dans les Bouches à feu : il est utile de les conserver dans le Canon.

REPASSER le Canon du Fusil, c'est battre le fer à petits coups lorsqu'il est chaud, pour en resserrer les pores.

RENCONTRER. C'est le vice qui a lieu dans la platine, lorsque le bec de gachette, en s'échappant du cran du bandé, heurte la partie saillante du cran du repos.

RESSORTS de Platine. Ce sont des bandes d'acier repliées et assujéties au corps de Platine, chacune par une vis et un pivot... La *petite branche* du grand Ressort est terminée par une *patte* percée pour recevoir la vis : l'extrémité de la grande est recourbée et forme la *griffe* qui engrène dans celle de la noix ; quand la grande branche est tendue, elle agit fortement sur la noix, et la force de revenir d'où elle est partie, lorsqu'on a armé le chien, aussitôt qu'on fait sortir la gachette du cran du bandé... Au Ressort de gachette la vis est placée à l'extrémité de la grande branche, et l'extrémité de la petite est plate : ce ressort force la gachette a rester engrenée dans les crans de la noix... La grande branche du ressort de batterie est platte, la petite percée pour recevoir la vis est terminée par une patte ; ce Ressort maintient la Batterie dans les deux positions qu'elle doit avoir, et donne de la vivacité à ses mouvemens.

RESSORTS en bois. Sont de petits ressorts noyés dans le bois du fusil, où ils sont fixés par un bout, et qui portent à l'autre un petit talon qui fixe 3 des pièces de garniture sur le bois, en entrant dans un trou placé convenablement sur ces 3 pièces.

RÉSULTATS ou Principes d'expérience ou de convention, 815.

RETRAITE, 1167.

REVÈTEMENT d'une Batterie. S'appelle aussi *Chemise*, se fait le plus souvent en Saucissons, Clayes, Gazons, est dangereux en maçonnerie, 1014. *Voyez* Batteries.

RÉVISION. C'est le nouvel examen des Canons de fusil, qu'on fait après l'épreuve et après la sortie de la salle d'humidité. Il y a une *salle de ré-vision* dans les manufactures d'armes.

RHABILLAGE. Réparations qu'on fait aux armes portatives pour les remettre en état de service.

RIBADOQUIN ou RIBADEQUIN. Ancienne pièce de 1 liv. ou de demi-liv. de balle, pesant 750 liv. ou 450 liv.

RICOCHER, RICOCHETS. Bonds que fait le boulet lorsqu'il est tiré à petites charges, et sous un certain nombre de degrés. Les Batteries à ricochet sont directes et les plates-formes horisontales, parce que les pièces ont peu de recul, 1023. *Voyez* Batteries... Tables du Tir à Ricochet, 759.

RIDELLES, 109.

RIFLOIR. Lime courbe par le bout, pour agir dans les sinuosités d'une pièce de bois ou de métal.

RIGOLE. Les premiers Saucissons d'une Batterie, d'une embrasure, sont à demi-cintrés dans une rigole.

RIVER, RIVETS, RIVURES. C'est plier et applatir une pointe de clou pour mieux le fixer, 152.

ROCHE-A-FEU (Artifice). Sa composition, 773.

ROCHET (à) Mode de rayer les carabines. *Voyez* Rayures.

RODER. On dit qu'une pièce *rode* bien, la noix de Platine, par exemple, quand elle tourne d'une manière uniforme sur le corps de platine... C'est aussi tourner la noix dans un calibre double.

RODOIR pour les noix de platine. Machine qui sert à rendre unis le dessus et le dessous de la noix : il donne aussi à l'arbre et au pivot de la noix la forme cylindrique.

RODOIR pour les vis. Sert à unir le dessous de leur tête.

RONDACHE. Ancien bouclier conservé long-tems par les Espagnols.

RONDELLES. — d'Essieu, 152... — de Flèche, 153... — à Oreilles, 153...— Ouvertes, 153... — en talus, 154.

ROSETTE (métal). Les grains de lumière sont en Rosette pure : le bronze des Bouches à feu est composé de 100 Rosette et 11 étain. Autres alliages proposés, 1175.

ROSETTE. Extrémités rondes, applaties, repliées en dehors et percées pour recevoir une vis de la virole de baïonnette... des battans de grenadière et de sous-garde au fusil, modèle 1777, corrigé...

ROSETTES à boucle et à anneau, 154.

ROSETTES, 154. Plaques rondes ou ovales, de fer, chanfrinées, qu'on met sous les écroux des voitures d'Artillerie pour en conserver le bois.

ROUES. On a souvent besoin d'en remplacer, et d'employer des ouvriers étrangers pour les faire. Il faut pour une Roue moyenne, celle de l'Affût de 8 : en bois, $8\frac{1}{2}$ solive... en fer 166 liv.... en charbon 150 l.... pour boîtes en cuivre, 51 liv... en journées d'ouvriers en bois, 12.— d'ouvriers en fer, 8.

Les Roues ferrées à cercles valent mieux que celles à bandes : il y a économie des $\frac{2}{3}$ du tems pour la main-d'œuvre, il y a plus de solidité parce que les Jantes ne sont plus affaiblies par les clous et n'ont plus de mouvement ; mais il faut des bois très-secs, et comme on n'en a pas toujours, on tomberait dans de plus grands inconvéniens en adoptant les Roues à cercles.

On pourrait tenter de fortifier les Roues en donnant moins d'écuanteur, ne dégageant pas le corps du Rai, et en faisant les Roues à double chasse. (Obs. de M. B.)

Hauteur, etc. 110... Ferrures, 155.

Rouleau pour les manœuvres de Force. C'est un cylindre de bois qui quelquefois a des mortaises pour recevoir une pince de Leviers : leur diamètre varie à raison de leur destination.

Roulette, 155. pour Affût et Chassis.

Roulette. Dans les fusils de chasse on adapte une petite Roulette d'acier à l'extrémité de la grande branche du ressort de batterie, ou bien à l'extrémité du pied de batterie ; elle sert à donner dans les deux cas un mouvement plus doux à la Batterie.

Roulons, 111.

Rubans. Au lieu de faire le Canon de fusil avec une lame qu'on soude dans sa longueur en lui donnant la forme d'un cylindre, on le fait (non dans les fusils de guerre) avec une lame qu'on replie en ruban sur une broche, et qu'on soude sur les jonctions de la spirale qu'elle forme. On prise ces canons parce que le fer présente son nerf, qui est suivant la longueur de la lame, dans le sens de l'effort de la charge ; mais peut-être la multiplicité des soudures compense cet avantage, sur lequel on pourrait encore discuter.

S.

Sabots à boulets, 536... —pour Cartouches à balles de 4 et de 3, 534... — pour Cartouches d'Obusiers de 6 po. Il est hémisphérique, 534...— pour Cartouches à balles de l'Obusier de 5 pouces 7 lign. Il est cylindrique, 534... — pour l'Obus de 5 po. 7 lig., 539.

Sabot conique. Remplace avantageusement le Sabot à bandelettes, donne le moyen d'améliorer le Caisson. Il doit avoir 4 points au-dessous du calibre de la pièce. Le Calice pour recevoir le Boulet, au lieu d'être sphérique, doit être ovoïde : l'entrée du Calice doit être égale au calibre du Boulet, et sa profondeur des $\frac{1}{2}$ ou des $\frac{5}{7}$ de ce même calibre : la longueur totale du Sabot doit avoir $\frac{5}{4}$ du calibre.

Sabres. Quelques définitions de termes peu connus, 607... Distinction des

Salut.

A l'entrée et à la sortie d'une Place Sa Majesté l'Empereur est saluée par 3 salves de toute l'Artillerie de la Place.

Les Princes Français sont salués par 21 coups de Canon à leur entrée et à leur sortie ; mais ce Salut n'est rendu que d'après un ordre spécial du Ministre de la Guerre aux Généraux Commandans les Divisions militaires ou les Armées.

Il faut un ordre pareil pour le Salut prescrit pour les Grands Dignitaires, les Ministres, les Grands Officiers, etc. Ces divers Saluts sont dans les Places de Guerre de :

19 Coups de Canon pour le Ministre de la Guerre et celui de la Marine dans les chefs-lieux d'Arrondissement Maritime.

17 — Ministre-Directeur de l'Administration de la Guerre.

15 — Ministres.

13 — Les Maréchaux de l'Empire dans l'étendue de leurs commandemens, et 11 coups hors de leur commandement.

15 — Généraux de Division, commandant en chef une Armée ou un corps d'Armée dans l'étendue de leur commandement.

11 — Les Grands Officiers de l'Empire, Colonels ou Inspecteurs-généraux.

5 — Les Grands Officiers civils : les Sénateurs, la première fois qu'ils entrent au chef-lieu de leur Sénatorerie ; les Grands Officiers de la Légion d'Honneur, la première fois... au chef-lieu de leur Cohorte ; les Conseillers d'État, dans les chefs-lieux des départemens où leur mission les appelle ; les Généraux de Division commandant une Division militaire, la première fois qu'ils entrent dans les Places, Citadelles, Châteaux de leur Division.

12 — Les Cardinaux.

5 — Les Archevêques et Évêques, la première fois qu'ils arrivent dans la Place de leur Diocèse, à l'entrée et à la sortie.

Salve. Coups de Canon tirés ensemble.

Sanguine (hématite), sert aux Arquebusiers pour brunir les Canons de Fusil.

Sape, Sapeurs, 745.

Sarrots nécessaires pour les Arsenaux. Il faut 3 aunes de toile à grande laise pour en faire un.

Sassoire, 112.

Saucisson. Leurs Dimensions, leur Construction, etc., 1038.

Sceau d'Affût de Campagne pour rafraîchir l'Écouvillon ; il en faut pour les Forges, 180.

Scie. Outil connu.

TABLE. Partie de la batterie dans la Platine.

TALONS. Partie saillante sur le corps de l'essieu en fer dans le haut. Partie de la batterie du Fusil portant sur un ressort.

TAMBOUR pour l'artifice.

TAMIS pour l'artifice.

TAMPON pour le sceau d'affût. *Voyez* Sceau. Dans les Fonderies, morceau de fer forgé, d'une forme ronde et conique, qu'on enduit de cendres délayées dans de l'eau, et qu'on enfonce à coups de marteau pour boucher hermétiquement le trou d'un fourneau.

Tire-fusées, 170. Si les Fusés sont trop difficiles à retirer, si les ouvriers sont peu exercés, pour éviter les accidens, on les retire en plongeant dans l'eau les Projectiles creux, chargés. On extrait de suite la Poudre mouillée, qu'on fait égoutter, sécher, etc.

Tiroirs. Dans les anciens fusils de Guerre on retenait le Canon sur le bois par de petites pièces de fer plates, traversant le bois et les mentonnets percés fixés au Canon : ces pièces se *tiraient* à volonté, et on leur donna le nom de Tiroirs.

Tisonniers. Un Forgeur en a 2, un à crochet et l'autre droit : outils en fer servant à nettoyer la Forge et à arranger le feu.

Toile ou Telas. Toile grossière pour les Sacs-à-terre.

Toile cirée, 850... Ce qu'il en faut par Voiture, 417.

Toiles imperméables. Se fabriquent à Paris chez Pallu et Delalain, rue Notre-Dame-des-Champs, n°. 24 (en 1808). Celles de 38 à 40 po. de large coûtent 5 f. l'aune : celles de 32 po., plus fines, coûtent 6 f...., toiles chères, peut-être au-dessous des toiles peintes dont l'Artillerie fait ses prélats : elles peuvent être utiles en certaines circonstances : il faut en essayer.

Toiles souffrées ; préparation d'Artifices, inusitée aujourd'hui.

Tôles (Tables des), 476. Note sur leur réception, 478.

Tombereau ou Charrette à bras, nomenclature, 53.

Tonnes à Poudres ou Barils, 665.

Torches. *Voyez* Flambeaux et Artifices.

Tore. Moulure de la Culasse.

Tour à faire les Grains de Lumière. Machine composée qu'on ne peut décrire en quelques lignes, et qui est connue des Officiers d'Artillerie.

Tour à tourner les Tourillons du Canon, leurs embases, et à les couper de longueur. Machine qu'il faut examiner, que les Officiers connaissent et qu'on ne peut décrire en quelques lignes.

Tour. A Saint-Etienne, on tourne les Canons de Fusil en dehors par une machine particulière qui a fait obtenir un brevet d'invention à l'Entrepreneur.

Tourillons. Emplacement par rapport à l'axe de la Pièce, 503... Leur élévation au-dessus de la ligne de terre, 504... Leur logement dans les Flasques, 503... Leur diamètre et longueur. *Voyez* la Table de leurs Bouches à feu respectives.

Tourne a gauche. Barre de fer percée d'un ou plusieurs trous vers son milieu, propres à recevoir la tête carrée des tarauds pour les faire tourner. Le tourne à gauche des Fonderies a 12 pieds de longueur et 20 lignes d'équarrissage : chaque bout est arrondi sur la longueur de 4 pieds ; c'est à ces bouts qu'on place les 4 hommes qui le font agir.

Tournevis. Pièce d'acier trempé et recuit avec un manche en bois propre à tourner les Vis à tête fendue. Celui de M. Regnier, Conservateur du Musée d'Artillerie est fort bon ; il a 3 branches, dont une se replie sur les deux autres pour donner de la facilité à le porter ; une branche sert

qu'on fait pour le raffiner, ou pour former une lame de Sabre. L'acier nerveux se met au milieu de la trousse, et le sec autour de celui-ci.

Trousse de Forets. Se compose de forets nécessaires pour alléser un canon de Fusil.

Trousse de la batterie de Platine. C'est la partie droite qui s'appuie carrément sur le ressort.

Trousseau. Pièce de bois tronc-conique en sapin ou mélèze sur laquelle on établit le moule des Canons : son diamètre au gros bout a 4 pouces de moins que le diamètre du canon à la lumière pour les Pièces de Siéges, et 2 pouces pour celles de Campagne : le diamètre du petit bout est égal au rayon du grand ; sa longueur est de 3 pieds de plus que le Canon pour celui de Siége, et 2 pieds pour celui de Campagne. On y fait une gorge à un bout comme à une poulie, pour que, placé en cet endroit sur un chevalet, on puisse lui donner un mouvement de rotation déterminé.

Truelle. Outil de Maçon.

Trusquin. Outil formé par un gros réglet ayant une pointe au bout ; il entre dans un carré de bois où il est mobile, et se serre avec un coin. On l'employe pour marquer les tenons, les mortaises, etc., sert aux Ouvriers en bois, aux Equipeurs-monteurs.

Tulipe. Partie qui termine le Canon vers la bouche, et qui a la forme de cette fleur.

Tuyere. Canal en fer et en cône tronqué servant à conduire le Vent dans le Fourneau, ou dans la Forge.

U.

V.

Varlope. Rabot alongé.

Vent. Dès le commencement de l'Artillerie on proportionna le Vent aux calibres : le plus grand calibre avait le plus de Vent ; il y eut beaucoup de variétés dans cette fixation : le mode le plus simple fut d'$\frac{1}{24}$ du diamètre du boulet... Pour sa dimension actuelle. *Voyez* les Tables des Bouches à feu.

Ventillateur employé dans les mines.

Ventre. La partie la plus grosse du Mortier.

Verrin. Machine servant à élever de gros fardeaux.

Villebrequin. Outil connu de tout le monde pour faire des trous, composé d'une petite mèche d'acier et d'une manivelle.

Virolle de poignée. C'est la pièce en cuivre placée à l'extrémité inférieure de la poignée des Sabres de grosse cavalerie et de Dragons.

W.

NOMENCLATURE.

Noms des Parties d'une Pièce de Canon.

Le collet et le bourrelet en tulipe.
La volée.
Le second renfort.
Le premier renfort.
Le cul-de-lampe qui comprend le bouton.
La culasse.
Les tourillons.
Les embases de tourillons.
Les anses.
Le grain de lumière.
L'ame.

Noms des Moulures.

Gorge de la bouche.
Ceinture de la couronne.
Congé du listel supérieur de l'astragalle du collet.
Listel supérieur de l'astragalle du collet.
Astragalle du collet.
Listel inférieur de l'astragalle du collet.
Congé du listel inférieur de l'astragalle du collet.
Doucine de la volée.
Plate-bande du second renfort.
Doucine du second renfort.
Plate-bande, ou ceinture du premier renfort.
Congé du listel inférieur de la gorge.
Listel inférieur de la gorge.
Gorge de la culasse.
Tore de la culasse.
Plate-bande, ou plinthe de la culasse.
Relief de la culasse.
Collet du bouton.
Listel du bouton ou du cul-de-lampe.

I.

Noms des Parties d'un Mortier de 12 *pouces et de* 8 *pouces.*

La volée.
Le renfort.
Les tourillons, tout-à-fait au bas du mortier.
La lumière.
Le bassinet.
L'anse.
L'ame.
La chambre cylindrique.

Noms des Moulures.

Listel supérieur de la bouche.
Tore de la bouche.
Listel inférieur de la bouche.
Gorge de la volée.
Gorge du renfort à la volée.
Listel du renfort.
Gorge du pourtour de la chambre.

Noms des Parties d'un Mortier de 10 *pouces à grande et petite portée.*

La volée.
Le renfort.
Les tourillons et leurs embases.
La lumière.
Le bassinet.
L'anse.
L'ame.
La chambre cylindrique.

Noms des Moulures du Mortier de 10 *pouces à grande portée, marqué d'un* G *, signifiant* à grande portée.

Listel supérieur de la bouche.
Tore de la bouche.
Listel inférieur de la bouche.
Gorge supérieure et inférieure de la volée.
Gorge inférieure du renfort.

Noms des Moulures du Mortier de 10 *pouces à petite portée, marqué d'un* P *, signifiant* à petite portée.

Listel supérieur de la bouche.
Tore de la bouche.

Listel inférieur du tore de la bouche.
Gorge de la volée.
Doucine dessous le renfort.

Noms des Parties des Mortiers de 12 pouces, de 10 pouces et de 8 pouces, à la Gomer ou à chambre cône tronqué.

La volée.
Le renfort.
Le pourtour sous les tourillons, ou cul du mortier, terminé en arc, les côtés extérieurs parallèles à ceux de la chambre.
Les tourillons avec leur renfort et leur embase.
L'anse avec son cran de mire au milieu.
La lumière perpendiculaire aux parois de la chambre, et dirigée sur le milieu de la hauteur de la chambre.
Le bassinet.
L'ame.
La chambre tronc-conique.

Moulures.

Listel supérieur de la bouche.
Tore de la bouche.
Listel inférieur du tore de la bouche.
Plate-bande du renfort.

Noms des Parties des Mortiers de côte de 12 pouces et de 10 pouces (10 pouces 1 ligne, 6 pouces.)

La volée.
Le renfort.
Le pourtour de la chambre.
Le cul du mortier formé par 3 arcs, ayant dans son milieu une entaille pour recevoir l'arrêtoir ou saillie du coussinet de bronze qui supporte le mortier lorsqu'il est pointé sur son affût.
Les tourillons.
L'anse à égale distance du renfort et de la plate-bande, avec un cran de mire au milieu.
La lumière perpendiculaire aux parois de la chambre, dirigée vers le milieu de la hauteur de cette chambre.
Le bassinet.
L'ame.
La chambre tronc-conique.

Moulures.

Listel de la bouche.
Plate-bande de la bouche, avec un cran de mire au milieu.

1*

Gorge attenante à la plate-bande de la bouche.
Gorge de la volée.
Listel de la volée.
Listel de la partie cylindrique du pourtour de la chambre.
Gorge de la partie cylindrique du pourtour de la chambre.

Noms des Parties du Mortier de 12 pouces à plaque et à chambre sphérique contenant 30 liv. de poudre.

La volée.
Le renfort.
Les tourillons.
Le cul du mortier, terminé par 2 arcs qui forment une doucine dont le second le joint à la plaque.
L'anse.
Le bassinet.
La lumière.
La plaque et son talon.
L'ame.
La chambre.

Moulures.

Listel de la bouche.
Plate-bande.
Listel du renfort.
Doucine qui réunit ce premier listel au second listel,

Il existe encore un mortier de 12 pouces, semblable à celui-ci, dans les formes extérieures, et qui n'en diffère que par la chambre qui est tronc-conique, et ne contient que 11 liv. de poudre, et par les différentes épaisseurs du métal.

On avait proposé un mortier de 5 pouces 7 lignes 2 points ; mais on le fera de 6 pouces, et de forme à pouvoir lancer aussi les obus de 5 pouces 7 lignes 2 points.

Enfin, on a sur les côtes de gros mortiers en fer, dont les uns sont à semelle et les autres à tourillons, et du calibre de 12 pouces ; leur chambre variable contient plus de 20 liv. de poudre en général : ces mortiers proviennent des constructions de la marine.

Noms des Parties d'un Obusier de 8 pouces.

La volée.
Le renfort.
Le cul-de-lampe et le bouton.
La culasse.
Les tourillons et leurs embases.
Les anses.
Le grain de lumière.
L'ame.
La chambre.

Noms des Moulures.

Gorge de la bouche à la volée.
Listel supérieur à la plate-bande de la volée.
Plate-bande à la volée.
Listel inférieur à la plate-bande de la volée.
Gorge de la volée.
Listel de la volée.
Doucine du renfort à la volée.
Listel supérieur du renfort.
Listel inférieur du renfort.
Doucine du tour de la chambre.
Listel du tour de la chambre.
Gorge de la culasse.
Listel de la culasse.
Tore de la culasse.
Plinthe ou plate-bande de la culasse.
Listel du cul-de-lampe.

Noms des Parties d'un Obusier de 6 pouces et de 5 pouces 7 lignes 2 points, ou de 24.

La volée.
Le renfort.
Le cul-de-lampe et le bouton.
La culasse.
Les tourillons et leurs embases.
Les anses.
Le grain de lumière.
L'ame.
La chambre.

Noms des Moulures.

Gorge de la bouche à la volée.
Listel supérieur à la plate-bande de la volée.
* Plate-bande à la volée.
Listel inférieur à la plate-bande de la volée.
* Gorge supérieure à la volée.
* Gorge inférieure à la volée.
Listel du renfort à la volée.
Tore du renfort à la volée.
Listel inférieur du renfort.
* Gorge inférieure du renfort.

---

(1) Les moulures marquées d'un astérisque * sont les seules qui soient à l'obusier de 24. Il y a 2 crans aux 2 plates-bandes à 45°. de la ligne de mire passant par la lumière.

* Gorge de la culasse.
Listel de la culasse.
Tore de la culasse.
* Plinthe ou plate-bande de la culasse.
Listel du cul-de-lampe.

Noms des Parties de l'Eprouvette.

La semelle ou plaque.
Le ventre.
La volée.
Le bassinet.
L'anse.
L'ame.
La chambre.
Le globe et sa poignée.

Noms des Moulures.

Gorge du pourtour de la chambre.
Listel de la gorge.
Plate-bande de la partie inférieure de la volée.
Gorge inférieure de la volée.
Gorge supérieure de la volée.
Listel inférieur du tore de la bouche.
Tore de la bouche.
Listel supérieur du tore de la bouche.

Noms des Parties du Pierrier.

La volée.
Le renfort.
Les tourillons.
Les embases des tourillons.
L'anse.
Le bassinet.
L'ame.
La chambre.

Noms des Moulures du Pierrier.

Réglet de la bouche.
Quart de rond concave.
Listel du bourrelet.
Gorge du bourrelet.
Ceinture du bourrelet.
Plates-bandes... leurs distances.
Gorge supérieure du renfort de la demi-sphère.
Gorge inférieure du renfort de la demi-sphère.
Renfort de la volée.

Noms des Parties d'un Fusil (1).

Le bois.
1. La baïonnette.
2. La baguette.
Le canon...... sa culasse... 9. La vis de culasse.
8. La platine.

La Garniture.

La plaque de couche... ses 2 vis.
La détente... et sa goupille.
La pièce de détente.
La sous-garde... sa vis.
4. La boucle du milieu ou la grenadière et son ressort.
Le battant d'en bas ou la grenadière basse... et sa goupille.
3. L'embouchoir et son ressort.
5. La capucine et son ressort.
7. La contre-platine ou l'*S*.
6. Les 2 vis de platine.
Le ressort de baguette et sa goupille.

La platine composée de 20 pièces.

Le corps de platine.
12. La noix.
14. Le grand ressort.
13. La vis du grand ressort.
7. La gachette.
6. La vis de gachette.
Le ressort de gachette; *quand on a ôté sa vis, on le renverse de côté sans l'ôter.*
5. La vis du ressort de gachette.
9. La bride de noix.
8. La vis de la bride de noix.
11. Le chien.
10. Le clou du chien; *nommé improprement vis de la noix.*
17. La vis du chien.
18. La mâchoire supérieure du chien.
16. Le bassinet.
15. La vis du bassinet.
2. La batterie.

---

(1) Les chiffres indiquent l'ordre dans lequel on doit ôter les pièces pour démonter le Fusil, de même dans la platine.

1. La vis de batterie.
4. Le ressort de batterie.
3. La vis du ressort de batterie.

Noms des Parties de chaque pièce du Fusil de soldat.

Le Canon.

La Bouche... le tenon... le crochet... le devant du canon et le
tonnerre... la lumière... la culasse... le talon... la queue de la culasse.

Le Bois.

Le Canal ou logement du canon... la voie à baguette... le loge-
gement de la grenadière... l'arrêt de la capucine... le logement de
la platine... le logement du talon et de la queue de culasse... le
logement de la sous-garde et du porte-vis... la poignée... le busque
ou busc... la joue... le logement de la plaque de couche.

La Platine.

Le Corps... la tête... le rempart... l'encastrement du bassinet...
la boutrolle... la queue.
Le Chien... la crête... la vis... la mâchoire supérieure... la mâchoire inférieure... la gorge... la sous-gorge... le rein... le pied...
le clou.
La Batterie... le pied... le talon... l'assise... la face... le retour...
le rein.
Le Bassinet... la queue... la fraisure... la bride.
La Noix... la griffe... le repos... le bandé... le talon... le rond...
le carré... le pivot... la bride... l'œil... le trou du pivot... l'œil du
trou de gachette.
La Gachette... le bec... l'œil... la queue.
Le grand Ressort... la patte... la petite branche... le pivot... le
cul... la grande branche... la griffe.
Le petit Ressort... l'œil... la grande branche... le pivot... le cul...
la petite branche.
Le Ressort de batterie... la feuille... l'œil... la petite branche...
le pivot... le cul... la grande branche.

Des Garnitures.

L'Embouchoir... le nez... les deux bandes... le guidon... le res-
sort d'embouchoir.
La Grenadière, ou plus communément la boucle du milieu...
son pivot... le battant et ses rosettes... le ressort de grenadière.
La Capucine et son bec... le ressort de capucine.
Le Porte-vis.

La Sous-garde formée de l'écusson ou pièce de détente, avec son taquet, et du pontet avec ses 2 nœuds, et son crochet ou bascule.

Le Battant d'en bas, avec ses oreilles, son pivot, et la queue du pivot.

La Plaque de couche avec son cul-de-poule ou talon.

La Baïonnette.

La Lame... le coude... la douille... le bourrelet avec son embase... la virole et son pontet... son pivot et la vis.

Note pour reconnaître les vis de la Platine démontée.

Celle de bassinet a la tête fraisée.
Les autres ne l'ont pas, et suivent cet ordre de longueur.

En dedans.

La vis de grand ressort la plus courte.
La vis de ressort de gachette.
La vis de bride de noix.
La vis de gachette.

En dehors.

La vis de ressort de batterie plus grosse que celle de bride, à-peu-près égale en longueur.
La vis de batterie.

NOMS

Des Parties en Bois et en Fer, des Affûts, Voitures et autres attirails d'Artillerie de Siége, de Campagne, etc.

AFFUT DE SIÉGE DE 24 ET DE 16. (2 N^{os}.)

2 Flasques... 4 entre-toises... 1 semelle... 2 roues... 1 essieu de bois.

Ferrures.

2 Crochets de retraite... 4 plaques carrées de bandeau d'entre-toise... 2 bandeaux d'entre-toise... 5 boulons d'assemblage... 4 rosettes pour les boulons d'assemblage, dont 1 à boucle et à anneau... 2 bouts d'affût... 2 bandes de recouvrement au talus des flasques... 2 sous-bandes... 2 bandes de renfort... 6 chevilles à tête ronde... 2 chevilles à mentonnet... 2 rondelles en talus... 2 têtes d'affût... 2 chevilles à tête plate... 4 liens de flasque... 1 lunette... 1 contre-lunette... 1 boulon de lunette et de contre-lunette, et son écrou... 1 anneau d'embrelage, son piton, sa contre-rivure... 2 susbandes... 2 chaînettes de susbande... 2 clavettes... 2 chaînettes de clavette... 266 clous d'applicage.

Ferrures de l'essieu.

2 Equignons... 2 brabans d'équignon... 2 anneaux à happe pour les bouts de l'essieu... 2 heurtequins... 2 étriers d'essieu.

Vis de Pointage, etc.

Vis de pointage.... 1 manivelle, ses branches, son plateau.... 1 écrou de vis fixé par... 2 boulons sous lesquels il y a des... rondelles en talus ou des rosettes.

Ferrures des Roues.

Les roues ont, en général, des ferrures semblables qui varient, quant à leur nombre, suivant qu'elles ont 5, 6 ou sept jantes; voici cette ferrure générale à laquelle on aura recours pour toutes les roues des diverses voitures, et on ne mettra plus aux articles *roues* de cette nomenclature, que les ferrures particulières.

Ferrures d'une paire de Roues.

Nombres de jantes	5	6	7
Cordons,	4	4	4
Frettes,	4	4	4
Cloux rivés de jante,	10	12	14
Contrerivures,	10	12	14
Bandes de roues,	10	12	14
Clous de bandes,	100	120	140
Boîtes de roue en fer, pour essieu en bois,	4	4	4
Boîtes de roue en cuivre, pour essieu en fer,	2	2	2
Crampons de boîte, 2 par boîte.			
Rondelles de bout d'essieu ; quand il n'y a pas de rondelles, il y a des flottes à crochets,	2	2	2
Esses d'essieu,	2	2	2
Caboches,	24	24	24

Ferrures particulières aux Roues de 24 et de 16.

96 Clous de bande... 24 boulons de bande... 24 écroux... 24 rosettes.

Avant-train de 24 et de 16 pour la plaine.

2 Bras de limonière... 1 entre-toise... 1 selette... 1 essieu en bois... 2 roues.

Ferrures de l'Avant-train.

2 Seyes... 2 équignons... 2 brabans d'équignon... 2 anneaux à happe... 2 heurtequins... 2 étriers ou frettes de sellette et d'essieu... 1 coiffe de sellette... 1 cheville ouvrière... 1 boulon ovale... son écrou... 1 écharpe... 1 cravate... 6 liens de bras de limonière et leurs chevillettes... 1 chaîne d'embrelage... 1 bride de chaîne d'embrelage... 2 boulons de bride... 2 rosettes... 2 crochets d'attelage... 2 ragots... 80 clous d'applicage.

(1) AFFUT DE PIÈCE DE CAMPAGNE, POUR 12, 8 ET 4. (3 n^{os}.)

2 Flasques... 3 entre-toises... 2 roues... 1 essieu de fer... 1 semelle mobile, fixée par une charnière à l'entre-toise de volée.

---

(1) L'arrêté du 12 floréal an 11 a changé l'affût de campagne ; mais comme il a fait le contraire de l'améliorer, ce que l'expérience prouvera, et que Sa Majesté a fait conserver provisoirement les affûts existans, que celui de 12 ne sera pas changé, qu'on n'a pas supprimé leur nomenclature, on a seulement ajouté celle des affûts de 6 et d'obusiers de 24, bouches à feu nouvelles, auxquels il faudra encore changer l'avant-train et le coffret. Au reste, on trouvera à la fin de l'aide-mémoire l'examen de ce prétendu système.

Ferrures.

2 Clous rivés de crosse... leurs deux contrerivures... 1 anneau carré, porte-levier, placé sur le côté gauche de la tête d'affût, et tenu par... 2 pitons rivés... leurs deux rosettes... leurs deux contrerivures... 1 crochet à tête plate et percée, placé sur le côté gauche de l'affût, pour porter le petit bout des leviers, et tenu par... 1 boulon et sa rosette dans 12 et 8, et par le boulon d'assemblage dans 4... 1 clef pour le crochet porte-levier, attachée à 1 chaînette... 1 crochet à pointe droite, placé du côté droit de l'affût, sur la tête du flasque, pour porter les armemens... 1 boulon et sa contrerivure pour tenir ce crochet... 2 crapaudines pour l'écrou de la vis de pointage... leurs 4 boulons... leurs 4 écrous... et leurs 3 rosettes... 1 crochet de seau ; *il sert de contrerivure à la tête du boulon inférieur qui tient la crapaudine fixée au côté gauche de l'affût...* 1 vis de pointage... la manivelle, ses branches, son plateau... 1 écrou de cuivre pour la vis de pointage... 2 doubles crochets de retraite, tenus par un des boulons de l'entre-toise de lunette, et assujétis par 4 clous... 2 crochets de retraite... 4 boulons d'assemblage... 4 rosettes de boulons d'assemblage pour 12 et 8, et 3 pour 4, dont... 1 à boucle portant... 1 anneau... 2 bouts d'affût... 2 recouvremens au talus des flasques... 2 sous-bandes fortes, tenues par des boulons à tête ronde qui traversent les flasques, et qui sont arrêtés par des écroux... 2 boulons à tête ronde pour 12 (*on les nomme aussi chevilles*) et leurs écroux... 4 chevilles à tête plate, pour 12 et 8... 4 chevilles à mentonnet pour 12 et 8... 8 chevilles pour 4, dont deux à mentonnet, 2 à tête plate et 4 à tête ronde... 2 sous-bandes minces pour les seconds logemens des tourillons, aux pièces de 12 et de 8... 1 plaque sous l'écrou de la seconde cheville à tête ronde de 4 au flasque gauche... 2 bandes de renfort... 2 bandes d'essieu de fer... 2 têtes d'affût... 4 liens de flasques, 2 devant l'entre-toise de support, 2 devant celle de lunette... 1 lunette... 1 contre-lunette... 1 boulon de lunette et contre-lunette... 1 anneau d'embrelage, son piton, sa contrerivure... 2 grands anneaux de pointage, leurs 2 contrerivures... 2 petits anneaux de pointage, leurs 2 contrerivures... 2 bandelettes servant de rosettes aux anneaux de pointage... 1 crochet à fourche, porte-écouvillon (*à la place de l'étrier à tourniquet*)... 1 chevillette pour la fermeture du crochet.... sa chaînette.... 2 anneaux carrés de manœuvre à patte, placés dessus les flasques au ceintre de mire, pour 12 et 8, et 2 anneaux ronds de manœuvre, à patte, pour 4... 2 plaques pour l'appui des roues... 2 plaques de frottement de sassoire, pour 12 et 8... et 2 bandes à celle de 4, pour le frottement des flasques.... 2 bandelettes pour les contenir à un bout ; l'autre l'est par la plaque d'appui de roue ; *c'est aux pièces de 4 seules...* 2 susbandes... 2 chaînettes de susbandes... 4 clavettes pour les arrêter à 12 et 8, et 2 seulement aux pièces de 4... 4 chaînettes et leurs pitons, pour les clavettes à 12 et 8, et 2 seulement à 4... 1 chaîne d'enrayage

pour 12 et 8... 1 crochet porte-chaîne pour 12 et 8... 4 plaques de garniture pour l'encastrement des essieux... 2 chaînes d'attelage aux crochets de retraite, de 20 pouces de long ; *elles serviront à atteler un ou deux chevaux, pour aider les canonniers en bataille. Si un seul cheval suffit, on réunira les 2 chaînes au palonier...* 1 anneau pour *idem.*, remplaçant l'*S* des chaînes ordinaires... 1 crochet pour *idem*... 1 rosette à boucle, servant de patte à enrayer, à l'affût de 4 ; *elle est placée sous la tête du boulon d'entre-toise de support, contre le flasque droit....* 1 grand anneau logé dans la boucle servant de patte ; *cet anneau servira à passer un trait à enrayer dans les descentes rapides...* 1 billot pour l'enrayure de l'affût de 4... Clous d'applicage 277 pour 12, 281 pour 8, 452 pour 4.

Ferrures de la Semelle. 1 Bandeau de semelle... 1 rivet de semelle... 1 calotte pour la vis à pointer... 1 plaque... 1 charnière pour la semelle... 1 boulon pour la charnière de la semelle... 2 rivets pour les pattes des semelles de charnière.

Essieu en fer ; *ses parties sont le corps, et les 2 deux fusées...* 2 rondelles servant d'épaulement à l'essieu... 2 roues.

Coffret d'Affût.

Voyez l'article Assortiment des bouches à feu.

Leviers.

Voyez l'article Leviers.

Avant-train.

2 Armons... 1 sellette... 1 corps d'essieu en bois... 1 timon... 1 volée de derrière... 1 volée de bout de timon... 1 sassoire... 4 paloniers... 2 roues... 1 essieu de fer.

Ferrures.

2 Boulons traversant la sellete, les armons et le corps d'essieu en bois... 2 heurtequins à pattes... 2 étriers d'essieu de fer à bouts taraudés, *tenant l'essieu et la sellette...* leurs brides... leurs 4 écroux... 1 coiffe de sellette... 1 cheville ouvrière... 1 clavette d'*idem*... 2 tirans de volée... 1 braban à fourche... 1 happe à virole et à crochet fermé pour le dessous du timon... 1 crampon pour *idem*... 1 happe à crochet pour le dessus du timon... 2 chaînes de timon pour l'attelage... 1 clou rivé pour la tête du timon... 2 boulons d'assemblage pour la tête des armons... 1 rosette sous l'écrou du premier de ces boulons... 1 pièce d'armons... 1 étrier ou frette d'armons... 11 lamettes... 4 crochets de volée... 1 grand anneau de volée de bout de timon, son crochet... 1 crampon pour *idem*... 2 boulons de volée ; *ils traversent le milieu de la volée et celui des armons...* 2 rosettes d'*idem*... 1 chaîne d'embrelage... 1 bride pour tenir la chaîne...

1 bout de chaîne à 12 et 8, pour soutenir le coffret... 1 piton et sa contrerivure... 3 mailles... 1 T... 1 bande de renfort de sassoire... 2 boulons de sassoire... 2 rosettes d'*idem*... 2 pitons pour la prolonge; (*ces pitons ont la tête formée en anneaux*)... 4 rosettes... 2 écroux... 2 équerres à tige, enveloppant le bout des armons, la tête des rivets en dehors... 2 crampons; *l'un tient l'anneau des chaînes de timon, sur la happe à crochet, l'autre tient l'anneau de crochet de volée*.... Clous d'applique, 64 pour 12 et 8, et obusier de 6 pouces... 116 pour 4... 2 crochets à pattes coudées pour porter le tire-bourre, et le troisième levier des affûts de 4, pendant les manœuvres.

Le plus grand de ces crochets est placé du côté gauche de la sassoire : le deuxième est à droite, et porte à sa patte une petite chaînette, laquelle y est attachée par une *S*. On place l'anneau du bout de levier dans le crochet de gauche, ainsi que le tire-bourre, et la chaînette, embrassant le levier et la hampe du tire-bourre, passe sous la sassoire et vient se rattacher au crochet.

(1) AFFUT D'OBUSIERS DE 8 POUCES ET DE 6 POUCES.
(2 N^{os}.)

2 Flasques.... 4 entre-toises.... 1 semelle.... 1 essieu en bois.... 2 roues.

Cet affût n'a pas de renfort au-dessous du ceintre de mire.

Ferrures.

2 Clous rivés de crosse.

Pour l'Obusier de 6 pouces.
{
1 Anneau carré porte-levier au flasque gauche.
1 crochet porte-levier au flasque gauche, avec sa clef, la chaînette de la clef et le crampon pour la chaînette.
1 crochet à pointe droite porte-écouvillon sur le flasque droit.
1 crochet à fourche porte-écouvillon sur le flasque droit.
2 doubles crochets de retraite.
2 chaînes d'attelage.
}

2 crochets de retraite.... 6 boulons d'assemblage.... 6 écroux.... 10 rosettes pour 8, et 7 pour 6... 1 rosette à crochet de seau pour 6... 2 bouts d'affût... 2 recouvremens de talus des flasques... 2 sous-bandes... 6 chevilles à tête ronde pour 8, et 4 pour 6... 2 chevilles à mentonnet.... 2 chevilles à tête plate.... 2 bandes de renfort.... 2 têtes d'affût... 4 liens de flasques... 1 rosette à boucle et à anneau *pour l'enrayure*... son boulon, sa rosette, son écrou... 1 lunette...

---

(1) Quoique l'arrêté du 12 floréal an 11 ait supprimé ces 2 bouches à feu, il en reste encore beaucoup qu'on consomme et qu'on répare.

1 contre-lunette.... 1 boulon de lunette et son écrou.... 1 anneau d'embrelage avec son piton.... 4 anneaux de pointage pour 6.... 4 contrerivures d'*idem*... 2 bandelettes servant de rosettes aux anneaux de pointage... 2 anneaux carrés de manœuvre, à patte, pour 6... 2 plaques pour l'appui des roues... 2 plaques de frottement de sassoire pour 6... 1 écrou de pointage, de cuivre, encastré dans la semelle... 2 boulons d'écrou de pointage, leurs 2 écroux, et 2 rondelles en talus sous ces écroux... 1 vis de pointage, sa manivelle et son plateau... 2 susbandes... 2 chaînettes de susbandes.... 2 clavettes de susbandes, leurs chaînettes et leurs pitons.

Ferrures de l'Essieu.

2 Equignons... 2 brabans... 2 happes à anneau de bout d'essieu... 2 heurtequins... 2 étriers d'essieu.
Clous d'applicage, 208 pour 8... 260 pour 6.

Coffret pour Obusier de 6 pouces.

Voyez Assortiment des bouches à feu.

Avant-train de l'Obusier de 8 pouces.

Cet avant-train est le même que celui des pièces de siége.

Avant-train de l'Obusier de 6 pouces.

Le même que celui des pièces de 12 et de 8.

Nouvel Affût de campagne pour les Pièces de 6 et l'Obusier de 5 pouces 7 lignes 2 points, ou de 24.

(Ces affûts ne diffèrent que dans leurs dimensions).

2 Flasques.
3 Entre-toises... de volée, de support, de lunette : celle-ci est arrondie et affleure le flasque en dessous.
1 Corps d'essieu en bois. Son encastrement ne se fait pas carrément dans l'épaisseur des flasques. L'entaille des flasques a 1 pouce en dedans, et 2 pouces 3 lignes en dehors : l'entaille du corps d'essieu est en sens contraire; elle a 12 lignes de profondeur en dedans, finissant à rien en dehors.
1 Semelle ayant 3 lignes de moins que l'écartement des flasques, fixée en place; elle porte sur l'écrou de la vis de pointage.

Ferrures.

1 Anneau carré porte-leviers... 1 boulon... 2 pitons... 2 rosettes sur le flasque gauche.

1 Crochet porte-leviers à pattes. Le bout du crochet se termine en tête plate, ovale, percée d'un trou pour clef; il est tenu par le second boulon d'assemblage... 5 clous.

1 Clef pour le crochet porte-leviers... 1 chaînette et son crampon.

1 Crochet à pointe droite porte-écouvillon. Il est à pattes : la patte supérieure est percée d'un trou de boulon carré sur le flasque droit... 5 clous... 1 boulon à tête à pans arrondie.

1 Crochet à fourche porte-écouvillon... 1 piton... 1 chaînette... 1 chevillette. Il est contre le flasque droit... 1 écrou... 2 rosettes... 2 clous.

2 Crochets de retraite pour tête d'affût, à patte arrondie et à gland... les pattes sont traversées par le premier boulon d'assemblage de la tête... 4 clous.

4 Boulons d'assemblage... 4 écrous... 3 rosettes, dont 1 pour le second boulon, 2 pour le quatrième.

2 Bouts d'affût, percés de 2 trous de boulons et de 12 de clous... 2 boulons, dont 1 à tête fraisée... 12 clous. Les bouts d'affût sont recouverts par les liens de crosse en dessus et en dessous.

2 Recouvremens de talus des flasques. Le bout supérieur est recouvert par les petits étriers à bouts taraudés, et le bout inférieur par les liens de crosse... 14 clous.

2 Bandes de renfort pour le dessous des flasques. Celle qui est sous le flasque droit est percée d'un trou long pour le passage du grand anneau de la chaîne d'enrayage. Le bout supérieur est recouvert par le bout de derrière de l'étrier d'essieu, et celui inférieur par les liens de crosse... 15 clous.

2 Sous-bandes... Elles sont placées sur les flasques, et s'y trouvent arrêtées par les chevilles et les clous. L'extrémité du bout de derrière est recouverte par le petit étrier à bouts taraudés : le bout de devant enveloppe le devant et le dessous de la tête d'affût, et se trouve recouvert par le devant de l'étrier d'essieu... 22 clous. (Cette construction est vicieuse ; une pièce si longue est difficile à forger : quand il faut en réparer une partie, on est forcé de l'enlever en entier.)

2 Chevilles à tête plate. Le trou de la clavette est percé dans le milieu de l'épaisseur de la tête de la cheville... 2 écrous.

2 Chevilles à mentonnet... 2 écrous... 2 rondelles en talus.

2 Chevilles à tête ronde... 2 écrous.

2 Vis à bois à double mouche, placées sur le bout de devant des sous-bandes pour les maintenir sur la tête de l'affût.

2 Grands étriers à bouts taraudés, placés perpendiculairement au-dessus des flasques... 2 brides... 4 écrous... 8 clous.

2 Petits étriers à bouts taraudés, placés perpendiculairement au-dessous des flasques... 2 brides... 4 écrous... 12 clous.

2 Liens de crosse, placés perpendiculairement au-dessous des flasques en avant de l'entre-toise de lunette... 12 clous.

2 Chevilles de crosse à tête fraisée... 2 écrous.

1 Lunette... 10 clous.

1 Contre-lunette... 11 clous. Elle a un renfort qui se forge avec elle sur la partie intérieure et dans la direction de son ouverture : ce renfort s'encastre dans une rainure faite au bois pour la recevoir.

1 Boulon de lunette et de contre-lunette avec écrou : la tête en dessous sur la contre-lunette, l'écrou en dessus.

1 Anneau d'embrelage et son piton, placé sur le derrière de l'entre-toise de lunette.

2 Grands anneaux de pointage. Ils ont un soulèvement pour le passage de l'arrêtoir des leviers de pointage, tourné du côté de l'anneau d'embrelage, et sont placés sur le derrière de l'entre-toise de lunette... 2 écrous... 2 rosettes.

2 Petits anneaux de pointage, placés sur le devant de l'entre-toise de lunette... 2 écrous... 2 rosettes.

2 Bandelettes servant de rosettes aux anneaux de pointage, placées à côté de la bordure de la lunette... 6 clous.

2 Doubles crochets de retraite. Leur patte est traversée par le troisième boulon d'assemblage... 8 clous.

2 Plaques d'appui de roue, en arrière du petit étrier... 10 clous.

1 Chaîne à enrayer, ayant 27 mailles à son long bout et 5 au petit... la clef coudée près de l'anneau, et courbée extérieurement au bout... 1 grand anneau liant les deux bouts de la chaîne... 1 petit anneau terminant le grand bout... 1 petit anneau dans la troisième maille du petit bout. La chaîne est contre le flasque droit.

1 Crochet porte-chaîne à patte contre le flasque droit, et tenu par un boulon de la crapaudine... 2 clous.

4 Tirans à bouts taraudés, arrêtés par le boulon qui fixe la semelle. Ils traversent le corps d'essieu en bois.... 2 brides.... 4 écrous... 2 clous.

2 Etriers d'essieu pour contenir l'essieu dans son encastrement. Ils sont traversés par les chevilles de l'affût.

1 Lien à crochet porte-seau... 6 clous. Il est posé sur le milieu de l'entre-toise de volée, le crochet sur le devant, les extrémités repliées sur le derrière de l'entre-toise.

2 Frettes pour le corps d'essieu, placées à 1 pouce de l'extrémité du corps d'essieu, et retenues chacune par 4 caboches.

1 Etrier à bouts taraudés pour le corps d'essieu, placé dans le milieu de sa longueur... 1 bride... 2 écrous... 2 clous.

2 Plaques de garniture pour l'encastrement de l'essieu, pour empêcher les fentes qui se font dans les angles supérieurs de l'encastrement : elles sont contre le derrière de l'encastrement de l'essieu, les coins enfoncés dans le haut de l'encastrement, et la partie pliée appliquée sur le dessous du flasque sans y être encastrée... 2 clous fraisés.

2 Crapaudines pour l'écrou de la vis de pointage, encastrées dans le dedans des flasques devant l'entre-toise de support... 4 boulons à tête à pans... 4 écrous... 3 rosettes. La patte du

crochet porte-chaîne d'enrayage sert de quatrième rosette...
4 clous.

1 Écrou en cuivre pour la vis de pointage. La réunion des bras
    de l'écrou est dégorgée en rond.

1 Vis de pointage avec sa manivelle.

1 Bandeau de semelle, l'enveloppant à demi-ligne de son dessus,
    et ayant ses bouts encastrés de leur épaisseur dans les côtés...
    11 clous.

1 Plaque de semelle, attachée en dessus sur le milieu du bout
    de la semelle... 2 rivets... 4 clous.

1 Calotte de vis de pointage, encastrée de son épaisseur sous la
    semelle, et retenue par les rivets de la plaque de semelle.

2 Bandes à oreilles, appliquées sur les côtés de la semelle, les
    oreilles encastrées de leur épaisseur et affleurant le devant de
    la semelle... 2 rivets... 7 clous.

1 Boulon pour la semelle. Il traverse les flasques, retient les
    4 tirans à bouts taraudés et la semelle... 1 écrou.

2 Susbandes. Sur l'épaisseur du fer de la patte de devant, en
    forgeant la susbande, on lève une languette qui remplit le
    vide que laisse le tourillon dans son encastrement. On fait
    une entaille dans le bourrelet de devant des susbandes pour
    le passage de la clavette... 2 pitons rivés à fleur du dessous
    des susbandes.

2 Chaînettes... 2 crampons... 2 anneaux... 2 S et mailles.

2 Clavettes pour les susbandes... 2 chaînettes... 2 crampons.

1 Essieu en fer, encastré dans un corps d'essieu en bois dont il
    affleure le derrière.

2 Rondelles d'épaulement d'essieu.

2 Flottes à crochet, tenant lieu de rondelles de bout d'essieu.

2 Esses.

2 Bascules pour esses, dont la patte est percée d'un trou de
    3 lignes de diamètre. La bascule est fixée sur le milieu de la
    largeur et de la hauteur de la tête de l'esse par un rivet à
    tête à champignon... 2 rivets.

2 Douilles en fer, placées intérieurement contre le flasque
    droit pour recevoir le petit bout du boute-feu et du porte-
    lance.

2 Roues. (*Voie* 4 pieds 8 pouces 6 lignes... *hauteur* 4 pieds
    2 pouces... *écuanteur* 3 pouces 6 lignes... 2 moyeux... 12 jantes
    (chêne ou orme)... 24 rais.

4 Cordons, retenus chacun par 3 caboches.

4 Frettes.

12 Bandes.

2 Boîtes de cuivre, pesant 33 liv.

4 Crampons de boîtes.

120 Clous de bandes, dont 96 ordinaires, et 24 clous à vis de
    bande... 24 écrous... 24 rosettes. Un de ces clous est à chaque
    bout de bande.

12 Clous rivés de jantes.
12 Contre-rivures.

Nota. Au moyen de 2 manchons en fer qui s'adaptent et se fixent à l'affût de 6 par des esses retenues par des chaînettes, on peut placer et exécuter sur cet affût une pièce de 4.

Avant-train de Campagne, commun au 12, 6, et Obusier de 24.

1 Grande selette.
1 Petite selette placée sur le devant des renforts des armons à 2 pouces 6 lignes des bouts supérieurs. Son dessus est dans le même plan que le dessus de la grande selette; elles sont éloignées de 9 pouces.
2 Armons ont 6 pieds 4 pouces 9 lignes de longueur, 2 pouces 3 lignes de largeur, 3 pouces 6 lignes d'épaisseur.
2 Renforts d'armons de 3 pieds 3 pouces de longueur sur 4 pouces 3 lignes de largeur, et 1 pouce 6 lignes d'épaisseur; ils sont placés à 1 pied 11 pouces de la tête des armons sur le dessus.
1 Support de 3 pieds 2 pouces de longueur sur 5 pouces et 4 pouces 6 lignes, placé sur la ligne du milieu de l'encastrement des armons, et dans l'alignement du devant des renforts.
1 Corps d'essieu placé et assemblé avec la selette, dont les boulons le traversent dans le milieu de l'épaisseur du bois qui reste derrière l'essieu de fer; celui-ci est encastré dans le dessous du corps d'essieu.
1 Petite sassoire. Elle porte la cheville ouvrière, et est placée à 1 pied 3 lignes de la grande selette.
1 Grande sassoire. Longueur 4 pieds 6 pouces, largeur 4 pouces 6 lignes, épaisseur 2 pouces 3 lignes, placée à 3 pouces du bout des armons.
1 Coffret, son couvercle. Ce coffret est placé sur l'avant-train : son derrière s'appuie sur le devant de la grande selette, et son devant contre la petite selette.
  Sa longueur est de 2 pieds 7 pouces 3 lignes, sa largeur de 1 pied 4 pouces 3 lignes; dans le bas, ces deux dimensions sont diminuées de 1 pouce, sa hauteur est de 1 pied 5 pouces 2 lignes; les planches ont 11 lignes d'épaisseur.
1 Timon.
1 Volée de bout de timon à 10 pouces de l'extrémité de la tête des armons.
1 Volée de bout de timon.
4 Palonniers.
2 Boulons de grande selette à tête à champignon, unissant la selette et le corps d'essieu... 2 écrous... 2 rosettes à piton avec leurs anneaux, porte-pelles et pioches.
1 Boulon à piton, à 1 pouce 8 lignes du devant de la grande se-

lette. Il sert à fixer le derrière du coffret... 1 écrou... 1 rosette.

3 Boulons de petite selette : les deux extrêmes traversent le milieu de la largeur des armons ; celui du milieu, le support... 3 écrous... 3 rosettes.

2 Boulons à tête chanfreinée : le premier, derrière la grande selette, traverse le milieu du support ; le second est contre le derrière de la petite selette... 2 écrous... 1 rosette.

2 Etriers à bouts taraudés, placés aux extrémités du corps d'essieu, encastrés dans le dessus de la selette, les brides en dessous... 2 brides... 4 écrous.

1 Bande de renfort placée sur la grande sassoire.

4 Boulons à tête fraisée pour la grande sassoire ; les 2 extrêmes sont plus grands que ceux du milieu... 4 écrous... 2 rosettes... 3 clous rivés.

1 Bride pour le dessous de la grande sassoire, arrêtée par les 2 petits boulons à tête fraisée, et servant à contenir la prolonge.

1 Bande de frottement pour la petite sassoire... 32 clous.

2 Boulons de petite sassoire à tête fraisée, placés dans le milieu de sa largeur et de celle des armons... 2 écrous... 2 rosettes.

1 Pièce d'armons à pattes. Le corps repose sur la tête du timon, les pattes sur les armons... 10 clous.

1 Frette d'armons placée à 1 pouce de leur tête, retenue par 2 caboches.

1 Chaîne d'embrelage, composée de 1 grand anneau, 9 petits et 1 maille... 1 crochet fendu... 1 petit crochet. Le grand anneau est passé dans la bride.

1 Bride pour tenir la chaîne d'embrelage. Elle est derrière le milieu de la grande selette, ses tiges arrêtées sur le devant par... 2 écrous... 2 rosettes.

1 Coîffe de selette pliée en 4 parties, pour poser sur le milieu du dessus, sur le devant, le derrière de la selette, et sur le support... 2 clous.

1 Patte à boucle avec son anneau pour attacher la prolonge. Elle est arrêtée par la cheville ouvrière, par le petit boulon de support de derrière la selette, et par celui de derrière de la petite sassoire... 1 clou.

2 Frettes à piton, placées aux extrémités de la petite selette.

1 Boulon à tête percée, fixant le coffret sur les selettes. Il passe en dessous du coffret dans les pitons des frettes de la petite selette, et dans les équerres à piton du coffret.

1 Boulon de timon... 1 écrou... 1 rosette. Il est placé dans le premier trou de la tête des armons.

1 Cheville à la romaine... 1 piton... 1 rosette pour l'épaulement du piton... 1 écrou.

1 Crochet porte-pelle, dont la patte sert de rosette à la cheville ouvrière ; il est placé du côté droit.

2 Plaques carrées pour le tetard du timon, traversées par la cheville à la romaine... 8 clous.

1 Clou rivé pour la tête du timon, traversant le milieu du tetard... 1 contre-rivure.

1 Happe à virole et à crochet fermé pour le dessous du bout du timon... 5 clous.

1 Happe à crochet pour le dessus du bout de timon... 1 crampon pour fixer les chaînes du timon sur la happe... 5 clous.

1 Happe à piton et à anneau placée en dessus de la longueur du timon... 6 clous.

2 Chaînes de timon... 1 grand anneau... 2 anneaux... mailles-crochets... S. Les chaînes sont fixées au bout du timon, par l'anneau de la happe de dessous et par le crampon de la happe du dessus.

11 Lamettes de volées et de palonniers... 11 clous.

4 Anneaux plats, liant les lamettes des palonniers à celles de volée.

1 Grand anneau de volée, soudé dans la lamette du milieu de la volée du bout de timon.

2 Tirans de volée... 2 écrous... 2 rosettes.

2 Boulons de volée... 2 écrous... 2 rosettes, traversant le milieu de la volée et de la tête des armons.

1 Cheville ouvrière et son écrou. Le bout supérieur est perpendiculaire sur la longueur du dessus de la petite sassoire : le bout inférieur passe au milieu de l'épaisseur du bois de la petite sassoire et du support. Le bout inférieur est incliné selon la pente du trou.

1 Essieu de fer. C'est celui pour affût de 4.

4 Rondelles.

2 Esses.

2 Bascules pour esses, fixées sur le milieu de la largeur et de la hauteur de la tête de l'esse par un rivet à tête à champignon... 2 rivets pour esse.

2 Roues... 10 jantes... 20 rais... 2 moyeux.

4 Cordons.

4 Frettes.

10 Bandes.

2 Boîtes de cuivre. { Longueur. . . 1 pied 9 pouc. » point.
Grande dim. . » 2 7
Petite dim. . . » 2 1
Poids. . . . . . 33 liv.

4 Crampons de boîte.

80 Clous de bande, n. 4.

20 Clous à vis, 1 à chaque bout de bande, au premier trou après les clous accouplés... 20 écrous... 20 rosettes.

10 Clous rivés de jante, 1 au milieu de chaque jante... 10 contre-rivures.

Ferrures du Coffret de l'Avant-train.

2 Paires de charnières pour le coffret de l'avant-train. Les mâles, coudées à angle droit, sont à 4 pouces 8 lignes des bouts du couvert ; les femelles, à 4 pouces des bouts du coffret.... 2 clous rivés... 26 clous.

1 Moraillon et sa femelle. Le bout de la patte du moraillon est percé d'un trou pour laisser passer le boulon de fermeture... 1 clou rivé. La femelle est sur le milieu du couvert, tenue par 9 clous.

1 Boulon de fermeture en cuivre, en forme de cône tronqué. Le haut est percé d'un trou pour le passage de la clef... 1 tige en fer pour le cône tronqué.

1 Écrou à plaque en cuivre, affleurant le devant du coffret où il est fixé.

1 Clef à branche droite, ayant 2 tenons.

1 Double équerre à tenon : elle enveloppe, dans le milieu de la largeur du coffret, son dessous et ses côtés : le tenon est disposé de manière à entrer dans le piton du boulon, placé sur le milieu de la largeur de la grande selette... 12 clous.

2 Doubles équerres à piton pour le coffret. Le piton tient au corps de l'équerre en dessous du coffret, et sert à contenir le coffret sur l'avant-train. Elles sont placées à 9 pouces des bouts du coffret... 12 clous.

4 Equerres en tôle pour le corps du coffret. Elles sont aux 4 angles du corps du coffret... 20 clous pour les équerres.

Les pignons du couvert sont aussi garnis en tôle, retenue par 24 clous.

Caisse intérieure du Coffret d'Avant-train pour 12, 6, et Obusier de 24.

28 pouc. » lig. longueur totale.
13 —— » — largeur.
16 —— » — hauteur, le fond et couvercle compris.
14 —— 3 — profondeur intérieure.
1 —— » — épaisseur du fond fixé par 29 clous.
» —— 9 — épaisseur des autres planches.
2 Charnières et 2 poignées en cuir.

	Pour 12	6	ob. de 24.
Nombre de séparations dans chaque caisse. { En longueur....	2	1	8
En largeur.....	»	6	1
Nombre de coups à boulets ou obus...	8	18	6
————————— à cartouches......	3	3	2
Etoupilles.................	16	26	12
Lances à feu...............	2	4	2
Bouts de mèche de...........	5 pi.	6 pi.	4 pi.
Etoupes pour faire le chargement....	6	10	5

Ferrure des Caisses.

2 Doubles équerres en fer, embrassant les côtés de devant, de derrière et le fond de la caisse... 12 clous pour chacune.
10 Equerres en tôle pour les angles supérieurs, inférieurs, et le milieu des bouts. Celles-ci enveloppent le fond et le côté des bouts... 6 clous pour chaque équerre.
2 Vis à bois pour assujétir les poignées en cuir.
1 Prolonge de 55 pieds de longueur, de 1 pouce de diamètre à 4 brins et à 56 fils.
2 Arrêts, un à chaque bout de la prolonge, fixés dans une boucle pour laquelle il faut 18 pouces de cordage.

(1) AFFUT DE TROUPES LÉGÈRES.

2 Flasques... 3 entre-toises... 1 corps d'essieu en bois... 1 essieu de fer.... 2 roues.... 1 levier de pointage ou levier porte-crosse...., 1 seau... 2 coffrets d'affût... 1 limonière et son rouleau.

Par le moyen de ce rouleau et du boulon qui traverse les flasques et les bras de limonière, on assujétit la limonière à l'affût; le rouleau a une embase à un des bouts, et un trou à l'autre, pour y mettre une cheville en bois et le contenir.

Ferrures.

2 Anneaux d'embrelage à crochet de retraite... 3 boulons d'assemblage... 4 rosettes... 2 têtes d'affût... 2 chevilles à charnière... 4 chevilles à tête ronde... 1 bande d'entre-toise, percée de cinq trous... 2 bouts d'affût, *percés chacun de dix-sept trous*... 2 bandes de renfort... 2 sous-bandes fortes... 2 boulons à double tourniquet... 4 tourniquets d'*idem*... 4 contre-rivures d'*idem*... 2 écrous... leurs 2 rosettes... 2 femelles d'étrier d'essieu... 2 étriers d'essieu... 2 sus-bandes... 2 clous rivés... 2 liens de flasque... 4 gonds à porter les coffrets... 1 écrou de vis de pointage du n°. 2, encastré dans l'entre-toise de couche... 2 boulons d'écrou de vis de pointage, et leurs rondelles ou rosettes... 1 vis de pointage, sa manivelle, ses branches et son plateau... 2 crampons de pointage,.. 4 crampons d'armemens.

2 de ces crampons sont placés sur le dessus des flasques, à 6 lignes du bord extérieur, et à 1 pouce en avant du cintre de mire.

---

(1) Cet affût et sa pièce paraissent supprimés sans retour et sans regret ; mais comme sans cesse de prétendus inventeurs veulent faire admettre de nouvelles petites pièces d'une livre de balle, on laisse exister celle-ci pour mémoire, comme ce qu'il y a de mieux en ce genre.

Les 2 autres sont sur le côté extérieur, à 1 pouce du dessous et de la ligne du cintre, en avant de ce cintre.

Des courroies de 10 lignes de largeur, et de 2 lignes d'épaisseur, fixées à ceux du dessus, passent dans ceux d'en bas, et embrassent les armemens qu'elles contiennent, au moyen de la boucle qui est à l'autre extrémité de la courroie.

Au côté DROIT de l'affût, se placent, entre le flasque et le coffret, l'écouvillon à hampe recourbée, dont la poignée se loge entre le canon et l'entre-toise de volée.

Le tire-bourre, dont la hampe porte à l'autre extrémité un écouvillon de rechange.

Le levier de pointage, dont la pince est saillante en dehors.

La courroie, qui les contient, passe dans la fourche que forment les branches du tire-bourre, et le crampon de levier de pointage.

Au côté GAUCHE, se place le levier brisé dont on fait usage pour porter le canon à bras dans les passages difficiles.

La courroie, qui contient les deux pièces dont il est composé, passe de même dans leurs crampons.

En avant de la tête de l'affût, ces armemens sont contenus de chaque côté par d'autres courroies fixées aux poignets des coffrets.

Les coffrets ont extérieurement 20 pouces 6 lignes, sur 10 pouces, planches de 9 lignes d'épaisseur comprises, divisés en deux, portent 20 $\times$ 2 cartouches chacun.

1 Crochet de seau..... 2 frettes de corps d'essieu en bois..... 399 clous d'applicage pour l'affût et les deux coffrets (1).

AFFUT DE PLACE *tout en Chéne.*

(4 *num. de* 24, *de* 16, *de* 12, *de* 8.)

2 Flasques... 2 entre-toises... 1 semelle... 2 supports... 1 essieu en bois... 2 roues.

---

(1) Le général Eblé a proposé, il y a dix ans, un nouvel affût pour les troupes légères ; cet affût avait deux flasques droits qui tenaient lieu de limonière et devaient recevoir le cheval ; deux caisses ferrées, portées en dehors des flasques ou sur un cheval de bât, contenaient 98 coups pour l'approvisionnement de la pièce.

La pièce pesait 220 livres, son boulet 1 livre 3 quarts.

On objecta sur cet affût son grand recul, à cause que les flasques étaient droits, et sa fragilité.... Il fallait essayer son service et sa durée.

La pièce était trop lourde pour être aisément portée par des hommes...... Il faut en faire de plus légères.

Les 2 caisses, avec leurs 98 coups, pesaient environ 300 liv. ce qui était trop lourd pour un cheval..... On eût pu diminuer ce nombre de coups.

Mais, quoi qu'on en ait dit, les pièces au-dessous de 3 sont des amusettes peu utiles. Peut-être ne faut-il à l'artillerie, pour la campagne, que du 3, du 6 et du 12, puisqu'on ne veut plus le 1, le 4, le 8 et le 12.

Ferrures.

2 Crochets de retraite... 4 plaques à oreilles... 10 chevilles...
4 boulons d'entre-toise ou d'assemblage... 14 écrous... 14 rosettes
de chevilles ou boulons d'assemblage... 2 tenons de manœuvre;
leurs deux écrous, leurs quatre rosettes... 2 brides pour contenir
les leviers de manœuvre... Une bande pour le dessus de l'entre-
toise de mire... 2 clous rivés d'*idem*... 4 boulons de support...
2 bandes de renfort de semelle, chacune traversée par les deux
boulons du même support... deux bandes de renfort sous la semelle, servant de rosette aux écrous des deux dernières chevilles...
2 bandes d'essieu à oreilles... 2 étriers d'essieu... 2 heurtequins...
2 viroles de bout d'essieu... (1) 24 clous rivés... (1) 24 contrerivures...
37 clous d'applicage... 1 roulette de fer coulé... 1 essieu de fer
battu pour la roulette... 2 crapaudines en cuivre... 1 écrou de vis,
encastré dans l'entre-toise de mire... 2 boulons d'écrou de vis,
leurs deux rondelles en talus ou rosettes... 1 vis de pointage, sa
manivelle, ses branches et son plateau.

Chassis de Plate-forme.

(2 *num. de* 24 *et* 16, *de* 12 *et* 8.)

1 Heurtoir, formant le devant du chassis... 1 lisoir, percé d'un
trou, pour la cheville-ouvrière.... 3 entre-toises pour le chassis,
celle du milieu, une plus petite, celle de derrière... 2 tringles...
2 semelles... 1 auget pour la roulette, composé d'une semelle et
de 2 tringles... 2 coins pour arrêter le recul des roues... 2 coins
pour faciliter l'entrée de l'affût sur le chassis... 2 coins d'arrêt pour
caler les roues et empêcher l'affût de rentrer en batterie... 1 coussinet d'auget pour élever le canonnier, et soutenir l'auget lors du
recul.

Ferrures.

2 Boulons de lisoir... 2 rosettes, 2 écrous d'*idem*... 1 rondelle à
oreilles... 2 boulons à patte... 2 écrous... 2 rosettes... 4 boulons pour
les semelles du chassis... leurs 4 écrous... leurs 4 rosettes... 12 clous
rivés pour les semelles du chassis... 12 contrerivures... 13 clous
rivés d'auget pour 24 et 16... 11 pour 12 et 8... leurs contrerivures...
2 boulons d'auget... leurs 2 écrous... leurs 2 rosettes... 2 mentonnets à patte... leurs 2 boulons... leurs 2 rosettes... 1 plaque d'appui
d'auget, pour qu'il ne soit pas dégradé par les leviers quand on
embarre sous lui en pointant... 2 bandeaux d'entre-toise... 2 gou-

______

(1) Pour les roues.

jons pour les coins de recul... 1 cheville-ouvrière... 1 arrêtoir pour
le dessus des coins d'arrêt , *encastré de son épaisseur, en travers
sur le dessus du coin à 4 pouces de la tête ;* il y est tenu par 2 clous
rivés... 2 arrêtoirs de coin d'arrêt , placés au-dessus des tringles du
chassis , devant l'entre-toise du milieu ; *la largeur de la tête dans
le sens de la longueur du bois...* 3o clous d'applicage.

Chassis servant à transporter ces Affûts avec l'Avant-train de Siége. (1 num.)

2 Brancards... 1 entre-toise de lunette... 1 bande pour contenir
l'écartement des brancards.... 1 bandeau de bout de brancards....
4 clous rivés de brancards... 2 contrerivures d'*idem*... 1 boulon
d'assemblage... 1 lunette... 1 contre-lunette... 1 cheville à piton ,
servant d'appui au chassis.

Le général La Combe-Saint-Michel, et le colonel Menici, ayant beaucoup
d'affûts à construire pour l'armement des places de Mantoue et de Gênes,
n'ayant ni les approvisionnemens en bois, ni le tems nécessaire pour le faire
en affûts de place et de côtes, leur ont substitué l'affût marin français, ou
plutôt l'affût de place modifié comme il suit :

On a supprimé le chassis, les roues et la roulette.

On a donné au corps d'affût 27 pouces en avant de hauteur, 7 pieds de
longueur dans le bas, et 6 pouces d'épaisseur aux flasques assemblés à l'ordinaire et de 3 pièces.

Ce corps d'affût a 2 essieux en bois, de 7 pouces d'équarrissage et de
5 pieds de long ; celui de devant se termine en fusées, ayant au bout 5 pouces
de diamètre, et est porté sur 2 roulettes en bois, de 6 pouces d'épaisseur au
bord, et de 21 pouces de diamètre. Elles affleurent de leur bord le devant
de l'affût.

2 Petites roulettes de 7 pouces de diamètre, portées par une chappe en fer,
dont la tige est tronc-conique, soutiennent le derrière de l'affût. Cette chappe
traverse verticalement le second essieu, qui s'appuie sur l'épaulement de la
chappe, et celle-ci est fixée en dessus par un écrou s'appuyant sur une rondelle.

Ces affûts sont en pin ou sapin ; sont manœuvrables par 3 hommes, au
moyen de 2 grands leviers appliqués extérieurement au bout de derrière des
flasques, et dans une direction inclinée pour la facilité des mouvemens. On a
même, à quelques-uns, essayé de placer des anneaux contre la face extérieure
des roulettes de devant pour les faire mouvoir au moyen des leviers. Enfin
ces affûts n'exigent qu'une embrasure de 2 pieds de hauteur. Au moyen de
tringles arrêtées sur la plate-forme, on peut conserver la direction du tir.

Cet affût, s'il est durable, comme on le pense, est bon pour les circonstances où l'on s'est trouvé ; mais il n'a pas les avantages des affûts de place
et de côte, avantages inappréciables de n'avoir pas besoin de percer les pa-
rapets, parce qu'ils tirent par-dessus, et de garantir par ce moyen les affûts
et les hommes, etc.

AFFUT DE CÔTE *tout en Chêne.*

(4 *num.* de 36, de 24, de 18 et 16, de 12.)

2 Flasques, *chacun de* 3 *pièces assemblées par* 20 *goujons....* 4 échantignolles... 2 entre-toises... 1 gros rouleau avec 4 mortaises, *de chêne ou d'orme...* 1 petit rouleau... 4 recouvremens pour les rouleaux, fixés aux flasques par 4 clous... 4 goujons pour les échantignolles.

NOTA. Il faut de plus une semelle pour porter les coins de mire, lorsqu'on met sur cet affût des pièces de fer, parce qu'elles sont plus courtes.

Ferrures.

10 Boulons servant de chevilles... 4 boulons d'assemblage, avec leurs rosettes et leurs écrous... 20 rosettes pour les boulons servant de chevilles... les écrous des chevilles et des boulons... 4 bandes de renfort... 4 cordons pour le gros rouleau... 2 frettes pour le petit rouleau... 1 écrou de vis de pointage, encastré dans l'entre-toise de mire... 2 boulons d'écrou de vis de pointage, et leurs 2 rosettes... 1 vis de pointage, sa manivelle, ses branches et son plateau.

Le grand Chassis.

(2 *num.* de 36 et 24; de 18, 16 et 12.)

2 Côtés du grand chassis... 1 entre-toise de devant... 1 entretoise du milieu, pour l'assemblage du chassis... 2 entre-toises de derrière... 2 semelles posées sur le chassis... 4 taquets... 1 échantignolle sous l'entre-toise de derrière du grand chassis... 2 supports de roulette... 1 levier de pointage pour le chassis... 2 leviers de manœuvre.

Le petit Chassis.

(2 *num.* de 36 et 24; de 18, 16 et 12.)

2 Côtés du petit chassis... 1 entre-toise du milieu... 2 entre-toises des côtés.

Ferrures du grand Chassis.

3 Boulons d'assemblage.... 2 rosettes *d'idem....* 4 boulons pour assembler le chassis et les taquets... 6 rosettes... 2 bandes d'essieu de roulette, pour le dessous de l'échantignolle... 6 boulons d'entre-toise d'échantignolle et de support... 4 crapaudines en cuivre...

2 roulettes de fer coulé, *les mêmes qu'à l'affût de place...* 2 brides pour contenir le levier de manœuvre ou de pointage... 2 rondelles à oreilles pour contenir la cheville-ouvrière... 1 cheville-ouvrière... 4 étriers de support à bout taraudé... 2 brides d'étrier de support... 4 écrous d'*idem*... 4 boulons et écrous pour contenir ces étriers.

NOTA. On assemble les affûts de côte de 24 et des calibres au-dessous, de façon à recevoir au juste les pièces de bronze; les flasques ont un renflement vis-à-vis les tourillons et la culasse, d'environ 1 pouce de chaque côté : lorsqu'on veut mettre sur ces affûts des pièces de fer qui ont plus de diamètre derrière les tourillons et à la culasse, on ôte ce renflement, qui leur laisse encore 6 lignes de jeu. Les affûts de 36 n'ont point ce renflement.

Cet affût ne permet de tirer le canon qu'à 13 ou 15 degrés, précaution sage qu'on avait prise pour ne pas changer le tir dangereux du canon en vaine tiraillerie. En baissant l'entre-toise de mire jusqu'à 6 lignes au-dessus du rouleau, on peut tirer jusqu'à 20 ou 22 degrés.

En l'an 12 on a changé de place les roulettes du grand chassis, en les mettant à un tiers de sa longueur : cette disposition est très-vicieuse; on l'a donnée sans doute pour que le chassis eût plus de mobilité dans le tir latéral. Pour remplir cet objet, dès avant la révolution, on avait employé le moyen mis en pratique à l'affût de place : le voici pour celui de côte.

A 15 pouces de l'entre-toise de devant, mettez un lisoir qui recevra la cheville ouvrière, et sera le centre de rotation ; et le petit chassis sera placé en conséquence sous ce lisoir.

L'affût de côte que l'arrêté du 12 floréal an 11 avait seul conservé de toutes les constructions d'artillerie, a été encore dénaturé dans les tables rédigées par suite de cet arrêté (on a réduit à 8 pieds la longueur du chassis, pour l'affût qui a 6 pieds 8 pouces de long), mais on a suivi malgré cela les anciennes constructions.

Déjà dès l'an 10 le général La Clos avait obtenu de faire exécuter un affût de côte de sa composition, qui, suivant lui, réunissait les avantages de l'affût Gribeauval et Montalambert, sans avoir leurs défauts.

Il avait diminué la longueur du grand chassis d'un tiers, ce qui exigeait moins de place pour tourner latéralement l'affût dans le pointement (ce qui, disait-il, lui permettait de placer 3 pièces au lieu de 2), rendait les bois plus faciles à trouver, et le chassis moins cher et plus solide.

Il avait mis des roues au lieu du grand rouleau de devant, afin, j'imagine, d'élever le devant de l'affût, et de pouvoir augmenter l'inclinaison du canon dans le tir.

Il avait adapté au derrière de son affût le petit rouleau de l'affût Montalambert, ce qui permettait de baisser l'entre-toise de mire au bas des flasques, et de tirer sous un très-grand angle d'inclinaison : il avançait que par ce moyen il obtenait des portées de 1600 toises au lieu de 800 que devait avoir le canon de 24 sur l'affût Gribeauval.

On fit l'essai, parce qu'il faut éprouver tout, quand on le peut, pour convaincre des erreurs, et exciter les esprits à produire.

Cet essai n'eut pas de suite.

On peut observer que,

1°. La pièce de 24 ayant 11 pieds de longueur, ne peut guères avoir un chassis ayant moins de 13 pieds, pour pouvoir être chargée aisément, sans être obligé d'éloigner le chassis de l'épaulement, ce qui empêche la bouche du canon d'aller assez avant sur l'épaulement, et opère la destruction de cet épaulement; défaut majeur que n'a point le chassis Gribeauval;

2°. La pièce de 24 à 20 deg. avec charge ordinaire, va bien plus loin que 800 toises, et pourquoi donner le moyen de tirer avec abus? c'est-à-dire, à des distances où le tir est si incertain qu'il ne produit aucun effet;

3°. Les roues se détruisent plus aisément qu'un rouleau, et sont bien plus chères et longues à construire;

4°. Qu'importe la facilité de mettre plus de pièces dans le même espace sur une côte. Les épaulemens s'y font à loisir, on peut les faire longs à volonté, sauf quelques cas particuliers; et plus les pièces sont espacées, moins elles sont exposées aux feux des vaisseaux, à cause de leur dissémination.

En l'an 13, MM. le général Sorbier, Houlard et Bourdin, officiers d'artillerie, ont substitué un nouvel affût à celui de côte, pour la défense d'un fort auprès de Boulogne, auquel des circonstances locales n'avaient pas permis de donner assez de capacité pour recevoir des affûts de côte.

M. Bourdin supprima les chassis et les 2 rouleaux, ajouta une quatrième portion au flasque dans le bas pour alonger et hausser l'affût; enfin sous le derrière du flasque il mit une échantignolle arrondie en forme de crosse; il fit porter le devant de l'affût sur un essieu à 2 roulettes de fer, et le derrière sur une roulette enchappée qui traverse le milieu de l'entre-toise de derrière, s'élève ou s'abaisse perpendiculairement à cette entre-toise, et donne par ce mouvement le moyen de faire porter l'affût sur la roulette de derrière quand on le met en batterie ou qu'on le pointe, et sur les échantignolles quand l'affût doit reculer par suite du tir, afin d'en diminuer le recul. Le mécanisme pour donner ces deux positions à la roulette n'est pas absolument compliqué et paraît solide. Sa chappe forme une tige ronde qui se termine en anneau carré, propre à recevoir la pince d'un levier. Sous cet anneau est un épaulement; la tige de la chappe traverse une lunette et contre-lunette en fer, tenant à l'entre-toise; et entre l'épaulement et l'anneau carré qui la termine, elle traverse une espèce de levier en fer qui s'appuie par conséquent contre cet épaulement qui est sous lui. Ce levier, arrêté par un piton dans un anneau fixé sur le devant de l'entre-toise, s'élève ou s'abaisse sur le derrière à volonté, et par le moyen d'un anneau qui s'accroche à un mentonnet placé au derrière de l'entre-toise, on fixe le levier dans sa position baissée, ce qui, faisant saillir la roulette, lui fait supporter l'affût. Si on décroche l'anneau, le levier se relève, la roulette remonte, l'affût porte sur ses échantignolles. Au moyen de l'anneau carré terminant la tige de la roulette, on la place parallèlement à l'essieu, et on donne le mouvement latéral à l'affût.

Cet affût, qui sans contredit mérite d'être examiné, n'a pas tous les avantages que M. B... lui suppose.

On transporte aisément cet affût où l'on veut... Non sur le terrain, parce que les roulettes seraient bientôt noyées dans les sables; d'ailleurs il est trop élevé et versant.

Il est plus mobile; on le tourne tant qu'on veut, et on a un champ de feu plus vaste.... Sur le terrain non, et l'expédient du général Meyer pour l'affût de côte, lui donne tout le champ de feu possible.

Cet affût ne se pourrit pas étant élevé sur des roulettes.... Oui, mais il lui faut une plate-forme pour pouvoir être manœuvré, et la plate-forme se pourrit bien plus vite qu'un chassis élevé ne touchant pas la terre.

Cet affût occupe moins d'espace; on en met 8 dans la localité qui ne peut

recevoir que 5 affûts de côte... Ceci est un cas particulier ; lorsqu'on est resserré par la localité, et qu'il faut en effet pour la défendre, 8 pièces, sans
contredit l'affût de côte est inférieur à cet affût ; mais en général plus une
batterie de côte a de distance entre ses pièces, plus elle a d'avantage ; elle
fait disséminer les feux de l'ennemi, et abrite des accidens des pièces voisines, etc.

Cet affût a le mouvement latéral, et facilite le pointement.... Oui, mais
c'est dommage qu'on ne puisse s'en servir sans tomber dans l'inconvénient
d'un recul excessif, etc. Je suppose la pièce dirigée, il faut la pointer : sup-
posons même qu'on la pointe en même tems, il faut descendre, il faut faire
remonter la roulette. Cette manœuvre est encore assez longue pour que le but
mobile sur lequel vour tirez soit bien loin de votre ligne de direction ; ainsi
ce mouvement latéral est inutile dans l'organisation de cet affût ; il n'en est
pas de même dans l'affût de côte.

Tout ceci prouve que l'affût de côte ne peut servir dans des cas particuliers,
tels que les forts de Cherbourg, de Boulogne, même trop resserrés pour recevoir l'affût de place : qu'il faut chercher un nouvel affût qui leur soit convenable, que celui-ci peut l'être ; car ceux du général Meunier sont je crois trop
compliqués, et auront besoin d'être bientôt remplacés à cause de leur vétusté.

Il est je crois une observation plus importante que je dois au moins rappeler une fois à *la mémoire* des officiers d'artillerie, c'est qu'on paraît trop
prompt à censurer et à changer les constructions adoptées par M. de Gribeauval. Ce général réunissait, à beaucoup de connaissances, la plus grande facilité à saisir un objet sous tous les rapports, et le jugement le plus sain pour se
déterminer dans les discussions. D'après ces qualités, et le choix qu'il fit
d'officiers éclairés pour diriger les constructions des attirails d'artillerie, on
doit être certain que ces constructions sont motivées. L'usage a prouvé, durant 30 ans, qu'elles étaient en général très-bonnes ; malheureusement personne
n'a transmis les raisons qui les ont fait fixer telles qu'elles existent, les tables
n'en donnent que les dimensions. Ainsi, avant de les changer, il faudrait
connaître ses raisons, pour ne pas tomber dans des combinaisons défectueuses
qu'on a voulu éviter. Par exemple, on a censuré les obusiers parce qu'ils
n'ont pas de but en blanc ; c'est, je pense, pour forcer le pointeur, quand
le but est rapproché, à baisser son obusier pour découvrir l'objet, ce qui fait
que l'obus touche la terre plus vite, et commence plutôt ses dangereux bonds...
On trouve singulier que l'obusier de 8 ait une chambre égale à l'obusier de 6,
tandis que l'obus pèse le double ; c'est parce que l'obusier de 8 tire sur des
buts très-rapprochés, et a besoin de commencer très-près et de multiplier ses
ricochets... On trouve que l'affût de place est difficile à mouvoir latéralement ;
c'est une perfection de cet affût, qui doit tirer la nuit sur un but fixe, qu'on
a choisi le jour. . On reproche à l'affût de côte d'avoir un chassis long et
massif ; le chassis est long pour que l'affût puisse assez reculer sans être
étonné par un arrêt subit : il est massif parce qu'en plein air, sur des côtes,
l'intempérie des saisons tourmente et détruit en peu d'années les bois de faible
échantillon, et cet affût massif permet cependant d'exécuter la pièce de 36
avec 5 hommes, et de suivre un but mobile, comme le chasseur suit la pièce
de gibier, etc., etc., etc., etc.

Les améliorations à faire aux constructions de M. de Gribeauval, sont sur-tout
dans les détails. Il faut tâcher de rendre égales, tant qu'on pourra, les pièces
de même nom dans les différens attirails. On n'eut pas le tems de faire autrefois cette simplification, parce qu'on voulut essayer, durant long-tems, les

innovations qu'on faisait ; et cette grande dissemblance entre les mêmes objets, vint, je pense, de ce que plusieurs personnes travaillèrent chacune de leur côté, à tel ou tel attirail ; on voulut vite construire et essayer, sans chercher à savoir si les pièces de même nom dans deux voitures, et qui ont cependant les mêmes efforts à soutenir, pouvaient être les mêmes. Voilà je crois l'opération dont il faudrait s'occuper.

AFFUT POUR TIRER LE CANON SOUS L'ANGLE DE $45°$.

Dans quelques points de la côte de la Manche, on a voulu tirer du canon de 36 à l'angle de 45°.

Pour cela on a pris un affût marin pour ce calibre, on en a construit un à peu près de sa forme, ayant 4 pieds 5 pouces de hauteur en avant, et de longueur dans le bas 7 pieds 9 pouces. On a arrondi cette partie sur le derrière, en forme de crosse, et vers le bout de devant, on a placé, répondant verticalement à peu près sous le logement des tourillons, un rouleau de 18 pouces de diamètre, traversé par un essieu en fer de 6 pouces. Dans d'autres on a mis des roulettes au lieu de rouleau.

Les entre-toises sont taillées de façon à recevoir le canon sous l'angle de 45° ; les flasques étant coupés en échelons comme dans l'affût de côte, on peut, en plaçant des bouts de poutrelles sur ces échelons, soutenir la pièce dans d'autres positions, et dans celle nécessaire pour la charger ; on a de plus pour cette dernière position un support à fourche qui soutient le canon sous le bouton.

Pour aider à baisser le canon lorsqu'on veut le charger, on a attaché au collet de la pièce deux cordages, au bout desquels on a mis deux bombes de 12 pouces (on peut mettre plus de 2 bombes si l'on veut). Lorsque le canon est pointé à 45° les bombes sont suspendues ; lorsqu'on veut baisser la volée, les canonniers tirent sur les cordages, jusqu'à l'inclinaison nécessaire ; alors on soutient la culasse comme on a dit, les bombes posent à terre, on charge, on retire le support, on soutient les bombes, la pièce se relève, etc.

Cette disposition n'est ni solide, ni simple, ni facile. On y supplée aisément par un trou en terre, où on place la culasse appuyée sur un morceau de bois creusé en demi-cercle, recouvert d'une couronne de vieux cordages, et en faisant porter la volée sur un chevalet ; le creux doit être assez profond pour qu'on puisse charger la pièce. Un tel tir n'étant que pour faire du bruit, pour faire prendre le change sur les distances, pour alarmer un ennemi timide, n'a pas besoin de justesse, et d'être dirigé qu'à peu près ; si on est obligé cependant de prendre de nouvelles directions, on plante un fort piquet en arrière, on amarre une prolonge au collet du canon, on le soutient en retraite, on le fait tourner vers le nouveau but, on replace le chevalet pour le soutenir. On prend cette précaution en disposant son canon.

DE L'AFFUT A ROUES EXCENTRIQUES.

Malgré l'épaulement des batteries de siége, le canonnier est encore fort exposé aux coups de l'ennemi, à cause des embrasures : il l'est beaucoup moins dans la défense d'un rempart, parce que l'affût de place élève le canon de façon qu'il tire au-dessus d'un parapet de cinq pieds de haut, sans avoir besoin d'embrasure. On a souvent objecté contre cet affût, qu'ayant beaucoup de surface, il offrait beaucoup de prise au ricochet. On lui a substitué quelque tems un affût de siége avec des échantignolles qui élevaient le canon; mais cet affût était peu solide, et rien ne remplaçait le chassis qui donne la facilité de pointer juste et promptement, soit le jour, soit la nuit. Quoi qu'on puisse alléguer contre l'objection du ricochet, que si on est battu par une batterie de ce genre, il faudra se couvrir de traverses, soit qu'on ait des affûts de place ou de siége, examinons l'affût à roues excentriques pour voir si on peut le substituer avec avantage aux affûts de siége, et à ceux de place.

L'affût à roues excentriques, imaginé par le colonel la Grange, est une idée plus qu'ingénieuse, et qui paraît devoir être de la plus grande utilité dans l'artillerie pour la conservation des canonniers, je n'en parlerai que relativement aux roues, sans m'arrêter à son chassis, ni au corps d'affût. Le moyeu n'est pas au centre de la roue (1) : les deux rayons de celle-ci sont, je crois, le plus grand de 41 pouces, et le plus petit de 27. Lorsqu'on veut tirer, on fait porter la roue de l'affût sur son grand rayon, par ce moyen le canon tire à barbette : dans son recul, les roues tombant sur le petit rayon, le canon s'abaisse, et fait que le canonnier est bien couvert par l'épaulement, quand il charge, avantage inappréciable.

On a objecté contre cet affût:

1°. Plus de peine à le mettre en batterie, parce qu'il faut le relever sur le grand rayon.

Avec un peu plus d'effort, le même nombre de canonniers suffit à cette manœuvre ; d'ailleurs en alongeant les leviers d'un pied, en rapprochant le point de charge du point d'appui, ce qui est aisé, cette objection devient nulle.

2°. La difficulté de raccorder les roues en relevant l'affût, c'est à-dire, de faire que les rais égaux soient vis-à-vis l'un de l'autre, parce que, sans cela, la pièce serait inclinée sur le côté.

En relevant, au moyen d'un cric, la tête d'affût, et en peignant, etc. les rais égaux de même couleur, on raccorde aisément les roues.

3°. La nécessité d'avoir des roues centriques pour faire voyager l'affût : ce qui fait une grande difficulté pour les équipages (2).

Cette objection est la plus forte. Le colonel la Grange m'a dit qu'il y remédierait ; j'ai proposé un moyen de le faire, je n'ai pas eu le tems de l'exécuter : on verra s'il vaut mieux que celui de l'inventeur de l'affût. En attendant, on peut répondre toujours que l'objection n'est rien pour le canon des places, où l'on peut avoir quelques paires de roues centriques pour changer de position ces affûts.

Le moyen que je propose, est de faire des roues, dont le moyeu ovale, fait de deux morceaux de bois unis solidement par des goujons, des frettes ; des cordons, etc., ait deux trous, dont l'un soit centrique pour les routes, et l'autre excentrique pour les batteries.

Si, à raison de l'essieu de bois qu'ont les affûts de siége, ce moyeu percé

----

(1) La roue a 5 pieds 8 pouces : la différence des rayons est de 14 pouces.

(2) On a objecté aussi la difficulté de passer la hampe des armemens pour charger le canon. Il sera aisé d'insérer dans le parapet, au moyen d'une sonde ou trépan, un auget ou morceau de bois creusé, pour y faire passer les hampes.

de deux grands trous est trop gros, et appesantit la roue; je pense que du moins les affûts de 24 et de 16 pourraient avoir des essieux de fer, s'ils avaient des roues excentriques; parce que les essieux de fer de l'artillerie (j'entends les bons, ceux des forges de Hombourg, bien éprouvés), sont susceptibles de soutenir un plus grand effort que celui auquel le service les soumet, et parce que la mobilité de l'affût excentrique dans le recul, empêche l'étonnement de l'essieu, qui est une des grandes raisons qui font qu'on n'en met pas aux affûts de siége. La grande élévation qu'on donne quelquefois à l'obusier, peut arrêter cette mobilité dans son affût, et étonner l'essieu : mais on peut appeler l'expérience au secours, et on pourrait d'ailleurs faire des essieux plus forts que ceux qu'on emploie.

Un autre moyen serait de faire des roues sans écuanteur, ce qui serait sans inconvénient, parce que l'affût de siège n'est pas chargé de son canon en route. Les rais de ces roues seraient empattées dans les jautes d'une roue elliptique placée dans l'intérieur de la roue circulaire : le grand diamètre de cette roue elliptique serait égal a celui de la circulaire, diminué de la longueur de 2 petits rais. Cette roue, elliptique à son extérieur, formerait par ses jantes un vide intérieur en carré long, où l'on placerait un moyeu de métal qu'on fixerait aux deux positions qu'il doit avoir pour être centrique et excentrique, au moyen de coussinets et de boulons mobiles à écrous.

M. Ducros, officier d'artillerie, en conservant à l'affût les roues centriques, lui donne la propriété de s'élever et de s'abaisser comme il ferait avec des roues excentriques, au moyen d'un essieu coudé, dont l'axe est éloigné de 6 pouces de l'axe des fusées. Dans le tir le corps d'essieu est plus élevé que les fusées; il passe à une position contraire par le recul. Cette idée mérite d'être essayée.

Au reste, l'affût à roues excentriques essayé en grand, à Metz, en 1787, devant tous les officiers qui voulurent assister à l'épreuve, fut goûté de tout le monde; le général Desalmons, connu pour un des meilleurs officiers d'artillerie, ne l'approuva, ni ne l'improuva, ce qui est peut-être une probabilité de défaveur.

AFFUT DE MORTIER.

(3 num... pour 12 (1), 10 à grande portée, et 10 à la Gomer; ... pour 10 à petite portée et pierrier; ... pour 8.)

2 Flasques de fer coulé, ayant un renfort extérieur... 2 entretoises en bois... 2 douilles pour tenons de manœuvre... 2 boulons à

---

(1) Pour 12 à la Gomer, il faut 2 pouces 5 lignes d'écartement de flasque de plus, et 1 pouce 3 lignes pour le mortier de 8 à la Gomer. Quand l'affût est monté pour affût de 10 pouces, on peut, pour le faire servir aux mortiers de 12 pouces à la Gomer, donner un trait de scie aux entre-toises dans leur milieu, y placer un madrier de 2 pouces d'épaisseur, assembler les 5 pièces de l'entre-toise par des goujons, délarder les entre-toises pour recevoir le mortier, couper par le milieu les boulons, y ajouter du fer, etc.

tenons de manœuvre... 3 boulons d'assemblage pour 12 et 10, et 2 pour 8... leurs écrous et leurs rosettes... 1 coussinet à tourillons... 2 plaques à tourillons... 1 plaque de renfort au talus du coussinet... 4 clous rivés d'*idem*... 2 chevilles à double mentonnet... 2 écrous d'*idem*... 2 clavettes de chevilles à double mentonnet... 1 fausse équerre pour l'appui du coin de mire au n°. 3... 1 coin de mire... une cheville servant de poignée à ce coin... cales en coin pour pointer à 30°... 2 leviers pour pointer... 1 plaque qui sert d'armure à la pince... 1 talon qui sert d'arrêtoir à la même plaque de pince.

Il faut arrondir d'un rayon de 18 lignes l'angle supérieur du devant de l'encastrement des tourillons au mortier de 8 à la Gomer, pour ne pas gêner les mouvemens du renfort des tourillons.

NOTA. De la verticale en avant des tourillons jusqu'au devant des flasques, il y a un talus de 5 lignes dans le bas des flasques des mortiers de 12 pouces et de 10 pouces, à grande portée. Ce talus donne la facilité de mouvoir l'affût sur la plate-forme.

On forme dans le fraisement des trous de boulon, le logement de l'angle saillant, réservé, lorsqu'on forme le talus de la réunion de la tête avec la tige des boulons, pour empêcher le boulon de tourner quand on serre l'écrou.

Lorsque les affûts sont assemblés, on dégage l'angle supérieur du devant de l'entre-toise de derrière, qui empêcherait le mortier d'appuyer sur le coussinet.

On dégage aussi l'angle supérieur du derrière de l'entre-toise de devant, qui, sans cela, empêcherait qu'on ne pût renverser le mortier pour le faire poser sur l'entre-toise de derrière.

Ces dégagemens doivent laisser 6 lignes de jeu au mortier.

Les chevilles à double mentonnet ont leur mâchoire inférieure encastrée dans l'entre-toise au numéro 3, et elle repose sur le talus de cette entre-toise dans les numéros 1 et 2.

Coin de mire. La base de ces coins est entaillée du côté du gros bout pour loger une cale faite en coin, au moyen de laquelle, en retournant le coin sans dessus dessous, on peut pointer les mortiers sous l'angle de 60°.

Les cales servent de coin pour pointer à 30°.

On entaille le talus du dessus de l'entre-toise pour loger le coin de mire solidement. (pour 12, 10 et pier.)

On fait dans ce talus (à l'affût de 8) deux entailles, l'une pour le coussinet, l'autre pour le coin de mire.

Pour pointer le mortier, 2 bombardiers prennent chacun un levier ferré, embarrent sous le coussinet, prenant le mentonnet pour point d'appui, et soulèvent le coussinet qui se meut d'un mouvement continu, qu'un troisième homme accompagne avec le coin, en suivant des yeux le pendule du quart de cercle, et observant d'appuyer sur la poignée, de manière que le talus du coin touche par-tout au fond de l'entaille du coussinet; sans cela le coin ferait un mouvement qui changerait l'élévation du mortier.

Dans quelques arsenaux, on a supprimé ce coussinet à tourillons, et on l'a remplacé par un coussinet en bois qu'on met sur le devant de l'affût; on y a fait une rainure pour y loger un coin de mire ordinaire sans ferrure.

Cette correction faite, parce qu'on a prétendu que l'humidité, en tourmentant le coussinet à tourillon, arrêtait son jeu, n'est pas bonne, attendu que cet inconvénient n'arrive pas. On se permet trop légèrement des changemens dans les constructions sous des avantages illusoires. Le plus petit changement ne doit être fait que pour essai, puis proposé au Comité des Inspecteurs, pour être admis généralement ou rejeté ; sans quoi plus d'uniformité ; puis les inventions fantasques, puis la barbarie.

Le dessus de l'entre-toise de derrière est marqué d'un G ou d'un P. Sur le talus des flasques, on marque les numéros 1, ou 2, ou 3, suivant le mortier auquel ils sont destinés.

Il y a apparence qu'on ajoutera un troisième boulon d'assemblage à l'affût pour mortier de 12 pouces à la Gomer, à l'entre-toise de derrière vers le bas, parce qu'il arrive souvent que celui de manœuvre et d'assemblage qui y sont se cassent. Il faudra aussi avancer le trou du boulon d'assemblage de l'entre-toise de devant, on le placera plus en avant d'un diamètre de trou, à cause que le dégorgement qu'on est obligé de faire à cette entre-toise pour recevoir le mortier, ne laisse qu'une ligne de bois vers le milieu du boulon.

AFFUT DE MORTIER DE CÔTE A FLASQUES EN FER COULÉ.

Cet affût est destiné aux mortiers de 12 et de 10 pouces de côte, adoptés en 1790. Il a intérieurement des renforts entaillés pour le logement d'un coussinet en cuivre, dont le dessus est évidé sur le devant, pour recevoir les tourillons des mortiers, qui doivent se trouver à 3 lignes du fond de leur logement dans les flasques, et, par conséquent, ne peuvent pas souffrir de l'effort du tir, qui est en totalité supporté par le coussinet.

Il y a au milieu du coussinet un arrêtoir qui se loge dans une entaille faite aux mortiers, et les tient au milieu de l'affût.

On donne à ces mortiers le degré d'élévation convenable, au moyen d'une vis et d'un écrou ; la tête de cette vis est soutenue par 2 brides mobiles autour d'un boulon qui traverse chaque flasque.

Pour dresser le mortier, et le tenir dans la position verticale où il doit être pour le charger, on fait usage d'un petit cric à crochets, et d'une alonge à anneaux et à tige recourbée.

On a logé entre les flasques 1 rouleau qui rend la manœuvre de ces mortiers très-facile.

2 Flasques... 2 entre-toises, 1 de devant, 1 de derrière... 1 coussinet en cuivre.

Ferrures.

2 Boulons à tenons de manœuvre... 2 douilles de tenons de manœuvre... 2 écrous de boulons de manœuvre...
5 Boulons d'assemblage... 5 écrous d'*idem.*
1 Vis de pointage, la tête formée en olive, coupée par les bouts et percée d'un trou de boulon dans toute sa longueur.

1 Écrou de cuivre. Le bourlet est percé de 4 trous placés en croix, pour y loger le levier de fer, servant de manivelle. Les angles du bourlet sont arrondis.

1 Rondelle d'écrou placée entre le bourlet de l'écrou et la plaque de lunette.

2 Brides mobiles pour soutenir la tête de la vis. Elles sont tenues à la tête de la vis et contre l'intérieur des flasques par des boulons. On les cintre de manière à ce qu'elles ne gênent pas le mouvement du mortier, les bouts sont repliés à 2 ponces 6 lignes des extrémités.

1 Boulon traversant la tête de la vis et les brides... 1 écrou d'*idem*... 2 boulons traversant les flasques et les brides... 2 clavettes doubles d'*idem*... 1 levier servant de manivelle à l'écrou.

1 Lunette à patte et à fourche pour la vis de pointage... Le fond de la fourche est arrondi... La patte est percée de 2 trous de boulons... La lunette se place sur le milieu de l'entre-toise de devant, de manière que la patte y soit encastrée de toute son épaisseur... Les branches de la fourche sont pliées à leur naissance, et clouées contre le devant de l'entre-toise... La partie de l'entre-toise qui est entre les branches est évidée pour le passage de la vis.

2 Boulons, traversant la patte de lunette et l'entre-toise... 2 rosettes... 2 écrous d'*idem*... 4 liens d'entre-toises, embrassant le dessus des entre-toises.

1 Piton à patte et à anneau, qui sert à fixer le cric pour dresser le mortier, placé contre l'entre-toise de derrière, la patte encastrée de toute son épaisseur, le piton encastré dans l'entre-toise jusqu'au trou, de manière que l'anneau reste libre dans ses mouvemens.

1 Rouleau en bois... 2 frettes pour les bouts du rouleau... 1 arbre du rouleau, traversant le milieu du rouleau.

2 Leviers coudés. Chaque levier est formé de 2 branches inégales. Le bout de la longue est replié pour s'appuyer contre le bout arrondi du montant. La branche courte se relève sur son épaisseur et se termine par une ligne courbe. Elle est percée, sur sa largeur, d'un trou pour le passage du bout de l'arbre du rouleau. Les extrémités des branches sont percées, sur le milieu de leur largeur, d'un trou de boulon à 1 pouce du bout. Les leviers sont tenus par leur branche courte aux charnières placées sous l'entre-toise de devant, et par l'extrémité de la longue, au montant qui sert à les manœuvrer.

1 Montant pour la manœuvre des leviers, percé de 3 trous, dont l'un sert de charnière, et les 2 autres à soutenir les leviers au moyen d'une chevillette.

2 Femelles à patte de charnière, placées sous l'entre-toise de devant et écartées de 6 pouces 3 lignes du milieu.

3 Boulons de charnières et de montant : la tige est percée d'un trou de clavette.

3 Clavettes doubles pour les boulons de charnières.

2 Chevillette pour arrêter le montant des leviers... sa chaînette, qui la tient à l'entre-toise.

1 Equerre à patte et à coulisse pour soutenir le montant, placé intérieurement contre l'entre-toise de derrière.

1 Piton à anneau, servant de point d'appui au levier de manœuvre. L'anneau a une forme carrée sur 3 de ses côtés, le 4e. est plié et resserré dans le milieu, pour l'empêcher de tourner sur les côtés du piton. Le piton est placé sur le milieu du dessus de l'entretoise de derrière... sa rosette, son écrou... 83 clous d'applicage.

Plateau des Mortiers à plaque de 12 pouces à chambre sphérique, et de 12 pouces à chambre tronc-conique.

Le plateau est fait de 3 lambourdes; si leur largeur est inégale, la moins large se met au milieu.

	Mort. à ch. sphér.	Mort. à ch. tronc-con.
Longueur du plateau. .	4 pieds 11 pouc. . .	3 pieds 4 pouc.
Largeur.	2 . . . 6	. . . . . 2 . . . . »
Epaisseur.	» . . . 8	. . . . . . » . . . 7

Les lambourdes sont assemblées par 4 goujons; le logement des goujons a 4 lignes de profondeur de plus que le goujon, pour que les bois puissent se serrer en se desséchant.

Le derrière du plateau est délardé sur 7 pouces de sa longueur en sifflet, ayant 9 lignes d'épaisseur : ce talus est en dessous : les 9 lignes de bois de moins sont au bout du plateau, dont on arrondit ensuite l'arête; celle du bas du devant du plateau est aussi arrondie.

Ferrures.

2 Boulons à tenons de manœuvre.... 2 écrous.... 2 rosettes.... 2 douilles traversées par les tenons.

4 Chevilles à tête carrée. Les têtes sont encastrées de 3 lignes dans le dessous du plateau... 4 écrous.

1 Tenon de manœuvre, sa tige traversant le milieu de la largeur du talon de la plaque.

1 Tenon de manœuvre à fourche. La fourche embrasse le milieu de la largeur du bout de derrière du plateau.

2 Boulons à tête fraisée... 2 écrous.

Les mortiers de 12 pouces à semelle ayant cassé souvent leurs bombes, on en a fait couler de plus épaisses, pesant 180 liv., dont on se sert quelquefois.

Ces mortiers ont un recul de 12 à 14 pieds sur une plate-forme ordinaire, ce qui les rend difficiles à remettre en batterie. Pour remédier à cet inconvénient, on a construit des plate-formes, dont la moitié en avant, où le mortier doit être en batterie, est horizontale, et la seconde partie en arrière s'élève en plan incliné. A l'article Plate-forme, on verra cette construction.

Pour parer à l'inconvénient de la difficulté de remettre le mortier en batterie, on a adapté au devant du plateau un cylindre de fer évidé dans son milieu, et qui a l'apparence d'un axe traversant des roulettes qui ne tournent pas : ce cylindre ou rouleau est compris dans un vide fait au plateau, et son axe le dépasse de 4 pouces de chaque côté ; le vide est d'une grandeur à permettre que le rouleau s'y cache en entier ; mais par le moyen d'un boulon fixé de chaque côté au bout de devant du plateau, et à peu de distance du bout saillant de l'axe, sous lequel on engage le bout d'une pince ou levier en fer, et qu'on appuie en dessus de l'axe, on fait baisser le rouleau, en sorte qu'il devient saillant, et que ces pinces, baissées et arrêtées à un autre boulon vers le bout du plateau, lui servent d'un épaulement contre lequel il peut tourner, quand on fait avancer le mortier.

Au derrière du plateau, dans la partie coupée en sifflet, on a placé 2 roulettes, qui débordent cette partie coupée jusqu'au prolongement du dessous du plateau, de façon que le mortier, dans sa position naturelle, ne peut porter sur ces roulettes, mais y porte aussitôt qu'on élève le devant du plateau.

Le mortier en batterie porte sur le plat du bas du plateau : il recule en se traînant à l'ordinaire ; le recul fait, au moyen des pinces, on fait baisser le rouleau de devant, et alors le plateau s'élève, porte sur un cylindre roulant, et les 2 roulettes ; on le met alors en batterie : on retire les pinces, et le mortier ne porte plus que sur le plat du bas du plateau.

Ce mécanisme, imaginé dès l'an 13 par le colonel de l'artillerie de la marine Thirion, et appliqué aux affûts marins pour leur donner la facilité d'être remis en batterie, a été adapté aux mortiers à semelle par le sieur Cheramy, ouvrier en fer au Hâvre ; mais il a peut-être altéré l'invention de M. Thirion. Celui-ci avait coupé en talus le bas du devant du flasque, et mis une seule roulette en arrière : le sieur Cheramy a coupé en talus le bas du derrière de la semelle, et y a mis 2 roulettes, ou un cylindre évidé, ce qui est moins roulant, plus cher et difficile à faire.

L'une et l'autre invention ont le défaut d'occasionner un recul excessif, si on oublie de retirer le mécanisme qui soutient l'affût sur les roulettes. On pourrait obvier peut-être à ce défaut, en adoptant le mécanisme de M. Thirion, dont la roulette enchappée se hausse et se baisse verticalement dans une entaille, en faisant un logement à cette chappe qui lui permît, quand on la tirerait en avant, de ne plus soutenir le mortier, et on la tirerait en avant, au moyen d'une chaîne qui se roulerait autour de l'essieu des roulettes de devant par le mouvement du recul, et qu'on décrocherait ensuite pour mettre en batterie ; mais tout cela est trop machine. On pourrait, en adoptant la roulette, la faire comme dans l'affût du capitaine Bourdin (voy. l'Affût de côte), et donner au mortier le mouvement latéral pour opérer plus facilement la direction dans le pointement.

CHARIOT A CANON.

Il y a trois espèces ou numéros de chariots à canon ; mais on n'en a encore guères construit que du numéro 1, qui est le chariot à canon ordinaire.

1. Chariot à canon à grandes roues.
2. Chariot à canon à roues d'avant-train de siége pour les places. (Sa voie est de 45 pouces.)
3. Chariot à canon à roulettes pour passer les bouches à feu dans les poternes et autres ouvrages de fortification. (Sa voie, suivant le plan, est de 42 pouces du bord extérieur de la roulette au bord intérieur de l'autre.)

			Nᵒˢ. . . .	1.			2.			3.		
				pi.	p.	l.	pi.	p.	l.	pi.	p.	l.
Brancards.	{	Longueur.		11	»	»	11	»	»	8	»	»
		Largeur.		»	4	6	»	4	»	»	4	»
		Epaisseur.		»	5	»	»	4	3	»	4	»
		Ecartement derrière l'entre-toise.		1	1	»	Idem.			Idem.		
Flèche. . . .		Longueur.		10	6	»	11	3	3			
Essieu. . .	{	Longueur { de devant. .		»	79	9	»	62	6	»	54	»
		de celui { de derrière.		»	78	8	Idem.			Idem.		

Chariot à Canon à grandes Roues, ou du num. 1.

2 Armons... 1 petite sellette, *sellette de devant...* 1 petite sassoire... 1 lisoir, servant à contenir l'écartement du bout de devant des brancards ; *il pose sur la sellette de devant, et sont traversés l'un et l'autre, ainsi que l'essieu, par la cheville-ouvrière. Dans la charge, la culasse porte toujours sur le lisoir...* 1 timon... 2 volées... 4 paloniers... 1 essieu de devant... 1 essieu de derrière... 2 empanons... 1 sellette de derrière ; *elle se place sur l'essieu de derrière, avec lequel elle contient les empanons. On perce le milieu de l'assemblage de l'essieu et de la sellette, d'un trou rond pour le passage de la flèche.*

On laisse sur le dessus du milieu de la sellette de derrière une élévation de bois de 5 pouces 6 lignes de hauteur pour servir de coussinet au canon. On cintre d'un pouce le milieu du dessus du coussinet pour le logement du canon ; ce cintre commence à 18 lignes des bouts...... On peut former le coussinet avec la même pièce que la sellette, si on a du bois assez large, autrement on les réunit avec 2 chevilles de bois.

1 Flèche.

La tête repose sur l'essieu de devant : le bout sur l'essieu de derrière ; la tête est percée d'un trou pour la cheville-ouvrière, et le petit bout de 3 trous d'esses. A 8 pouces de l'extrémité est le 1er., le 2e. à 8 pouces du 1er., le 3e. à 8 pouces du 2e. Le trou du bout de la flèche règle la distance des traius pour la pièce de 24, et le second, leur écartement pour celle de 16.

2 Brancards.

Les bouts de devant sont assemblés par 1 entre-toise, et sont logés dans le dessus du lisoir qui contient leur écartement..... Ceux de derrière posent sur la sellette, et sont contenus entre le coussinet et 1 rauchet de fer. On fait un dégorgement en chanfrein dans le dessus des brancards intérieurement pour le logement des embases des canons de 24. Son logement se fait aussi dans les semelles.

1 Entre-toise; *elle s'assemble à tenons dans les brancards; les tenons sont chevillés en bois....*

1 Support placé sous le dessous des brancards, son milieu vis-à-vis de celui de l'équarrissage, conservé sur leur dessus, parce que c'est le point où doivent porter les tourillons du canon de 24.

Il sert à empêcher l'écartement des brancards, et à les soutenir; il pose sur la flèche quand le chariot est chargé, et étant vide, il a 5 lignes de jeu.

4 Taquets (1).

Ils servent de logement pour les tourillons, ils sont attachés sur le dessus de la partie carrée des brancards, leur écartement change selon les tourillons de la pièce que l'on porte.

2 Semelles logées entre les brancards et les taquets.

Elles sont fixées par les clous qui tiennent les taquets..... Le bout de devant de celle du côté gauche est arrondi comme le bout de ce taquet..... Le dégorgement intérieur des brancards, pour le logement des embases des canons de 24, est continué dans les semelles.

2 Roues de devant... 2 roues de derrière.

Ferrures.

4 Equignons... 4 heurtequins d'essieu en bois... 4 brabans d'équignon... 4 happes de bout d'essieu... 4 étriers de frettes d'essieu... 2 seyes.... 2 coiffes de sellette et de lisoir avec leurs 4 boulons.... 4 écrous d'*idem*... 2 boulons de petite sassoire... 2 écrous et 2 rosettes d'*idem*... 1 braban à patte... 1 coiffe d'armons... 2 tirans de volée... 2 écrous d'*idem* et 2 rosettes d'*idem*... 2 boulons de volée... 2 écrous et 2 rosettes d'*idem*... 1 boulon de timon, 1 rosette,

---

(1) Le taquet de devant du côté gauche, sert d'appui à l'enrayure en cordage: c'est pour cela qu'il est arrondi au bout dans le sens de la largeur des brancards.

3 écrou d'*idem*... 1 pièce d'armons... 1 cheville à la romaine... Sa chaînette... 2 rosettes ovales d'*idem*... 1 clavette double d'*idem*... 1 chaînette d'*idem*... 11 lamettes... 1 grand anneau de volée de bout de timon... 4 anneaux plats de volée et de palonnier... 1 clou rivé pour la tête de timon, 1 contre-rivure... 1 happe à crochet fermé et à virole pour le dessous du bout de timon... 1 happe à crochet pour le dessus du bout du timon... 1 chaîne de timon... 2 plaques carrées de têtard... 1 plaque de flèche... 1 bandeau de flèche... 1 lien de flèche et sa cheville... 1 virole de flèche... 2 viroles de bout de brancards... 2 boulons de lisoir... 2 étriers de support... 1 arrêtoir de cordages à enrayer.... 2 rondelles de flèche.... 2 esses de flèche.... 2 chaînettes d'*idem*... 1 étrier ou frette d'empanons... 1 plaque carrée pour soutenir la tête de la cheville ouvrière... 2 ranchets... 2 écrous... 2 rosettes d'*idem*... 2 plaques d'appui de roue... 1 cheville-ouvrière... 1 clavette double... 213 clous d'applicage.

Chariot à Canon à roues d'avant-train, ou num. 2.

2 Armons logés de $\left\{\begin{array}{l}\text{15 lignes dans la sellette.}\\\text{18 lignes dans le corps d'essieu}\end{array}\right.$..........
1 sellette de devant.... 1 essieu de devant et de derrière *égaux*.... 1 sellette de derrière, elle est à 6 pouces du bout des brancards. On place sur la sellette de derrière, entre les brancards, un madrier de 15 pouces de longueur, 6 pouces de largeur, et 21 lignes d'épaisseur, dont le milieu est évidé en arc de 6 pouces de corde, et 6 lignes de flèche pour le logement de la volée des canons : il y est fixé par 4 clous... 2 brancards ayant 15 pouces d'écartement intérieur, 8 pieds de longueur, et 4 pouces d'épaisseur... 1 lisoir : sa longueur est de 3 pieds, son équarrissage de 6 pouces ; il est à 6 pouces du devant des brancards ; il est entaillé de même que la sellette de derrière ; on fait une entaille dans son dessus, pour y loger la tête de la cheville ouvrière... 4 roulettes en bois de 18 pouces de diamètre, de 6 pouces d'ouverture pour l'essieu, de 6 pouces d'épaisseur en cet endroit, et de 4 pouces 6 lignes d'épaisseur à la circonférence ; faute de bois assez épais, on les fait de deux moitiés réunies par une rainure et un tenon au milieu, qui règne dans toute leur jonction, et par deux goujons ronds... 1 timon, et un épar à 6 pouces du bout, fixé par une cheville en bois.

Ferrures.

2 Seyes... 2 étriers de sellette de devant... 2 coiffes de sellette et de lisoir... 2 boulons de sellette de derrière... 2 boulons de lisoir, le traversant sur les brancards... 4 rosettes d'*idem*... 2 clous rivés d'armons... 1 pièce d'armons... 1 boulon de timon, il traverse le timon près de la tête des armons... 2 crochets d'attelage fixés sur les armons, le dehors du crochet est à fleur des pattes de la pièce d'ar-

mons, et l'ouverture vers la sellette... 1 plaque carrée percée pour la cheville ouvrière... 2 arcs-boutans du train de derrière qui le lient aux brancards... 4 boulons d'*idem*... 4 mentonnets servant à loger et à maintenir le canon sur le traîneau... 4 plaques de renfort chanfreinées et percées chacune de 2 trous, pour y loger les mentonnets; les plaques de dessus correspondent à celles du dessous des brancards... 4 viroles de bout d'essieu; leur milieu est à 4 pieds des bouts de devant.... 4 cercles de roulettes larges de 4 pouces, épais de 3 lignes, percés de 4 trous de clous de bandes; on les met en place étant chauffés rouge foncé... 4 esses d'essieu... 1 cheville ouvrière sans trou de clavette... 16 caboches, 16 clous de bandes... 44 clous d'applicage.

Chariot à Canon à roulettes, ou num 3.

2 Armons... 1 petite sellette... 1 rond fixé sur les armons... 1 timon... 1 volée de derrière... 1 volée de bout de timon... 4 palonniers.... 1 essieu de devant.... 1 essieu de derrière... 2 empanons.... 1 sellette de derrière... 1 flèche dont le bout de devant sert de fourchette... 1 lisoir... 2 brancards... 1 entre-toise... 1 support placé sur les empanons dont il maintient l'écartement, et y est fixé par deux boulons qui traversent le milieu de la largeur de chaque empanon... 4 roulettes.

Ferrures du Chariot à Canon à roulettes.

2 Seyes... 2 étriers de sellette de devant... 2 coiffes de sellette et de lisoir... 2 boulons de selette de derrière... 2 boulons de lisoir, 4 rosettes d'*idem*... 2 clous rivés d'armons... 1 pièce d'armons... 1 boulon de timon... 2 crochets d'attelage... 1 plaque carrée... 2 arcs-boutans du train de derrière, 4 boulons d'*idem*... 4 mentonnets servant à loger et à maintenir le canon sur le traîneau... 4 viroles de bout d'essieu... 4 cercles de roulette... 4 esses d'essieu... 1 cheville ouvrière... 16 caboches... 16 clous de bandes... 44 clous d'applicage.

CHARIOT A MUNITIONS, OU CHARIOT DE DIVISION.

(1) Brancards.
{
Longueur. . . . . 11 pi. 4 po. » lig.
Largeur ou épaisseur. » 4 »
Hauteur. . . . . . . » 5 4 par devant.
Ecartement. . . . . . 3 » » extérieurement.
}

Ridelles.

Longueur, 11 pieds 2 pouces 6 lignes. Equarrissage à 8 pans, 2 pouces 6 lignes.

L'entre-toise et le lisoir ont 2 pieds 4 pouces entre les épaulemens des tenons.

Le corps a 21 pouces 6 lignes vis-à-vis les échantignolles, ainsi dans l'engerbement on pourra compter 2 pieds.

Pour l'économie du bois, l'échantignolle n'est pas ordinairement de la même pièce que les brancards. Avec l'échantignolle le brancard a 7 pouces 6 lignes de hauteur.

La charge a intérieurement entre les hayons 10 pieds 6 pouces en bas, et 10 pieds 7 pouces en haut, de longueur..... et 28 pouces de largeur en bas.

Les ridelles sont distantes aux bouts arrondis, de 52 pouces 3 lignes.

2 Brancards... 1 entre-toise... 1 lisoir : on laisse sous le milieu du lisoir, dans la longueur de 6 pouces, un renflement de 9 lignes de hauteur, pour diminuer le frottement du lisoir sur la grande sassoire... 4 épars de fond... 1 hausse... 14 épars montans... 48 roulons pour les côtés du chariot... 2 ridelles... 1 hayon pour la fermeture du derrière du chariot... 1 hayon pour la fermeture du devant du chariot... 4 burettes... 1 essieu de fer... 2 roues.

Avant-train de Chariot.

1 Petite sellette... 1 corps d'essieu en bois... 2 armons... 1 grande sassoire... 1 timon... 2 volées... 1 essieu de fer... 2 roues.

Ferrure du Chariot.

1 Echarpe pour le dessous du devant du chariot... 2 équerres de brancards et d'entre-toise pour maintenir leur assemblage... 9 boulons d'écharpe, leurs 9 rosettes... 2 douilles pour porter le hayon de

---

(1) Chariot d'artillerie du système de l'an 11.
Brancards.......
{
Longueur................ 14 pi. po. lig.
Largeur ou épaisseur...... » 4 »
Hauteur............... » 5 »
Ecartement............ 3 1 5
}

Voyez ce qu'on dit de ce chariot, trop long et trop lourd, dans l'examen de tous les articles de l'arrêté du 12 floréal an 11.

derrière... leurs 2 rosettes... 4 esses de hayons... 4 chaînettes de hayon... 1 chaîne à enrayer, avec ses boulons et ses rosettes... 1 crochet porte-chaîne... 1 plaque pour l'appui de roue placée du côté droit... 1 coiffe de lisoir avec ses boulons... 1 crochet pour soutenir le hayon sous le chariot... 4 ranchets... 4 clous rivés de ranchet... 4 clous rivés pour le bout des trésailles... 4 contre-rivures d'*idem*... 4 boulons d'essieu... 1 rondelle à oreille, sous la tête de la cheville-ouvrière... 2 bandes d'essieu... 2 rondelles d'épaulement d'essieu... 46 clous d'applicage.

Ferrure de l'avant-train.

1 Coiffe de grande sassoire et ses boulons... 1 bande de frottement de petite sellette... 2 boulons de petite sellette... leurs 2 rosettes... 2 heurtequins à patte... 2 brides d'étriers de petite sellette... 2 étriers tenant l'essieu et la petite sellette... 2 boulons de grande sassoire... 2 rosettes d'*idem*... 1 braban à pattes... 1 pièce d'armons... 1 coiffe d'armons... 1 clou rivé pour la tête du timon... sa contre-rivure... 2 plaques carrées de tétard... 1 happe fermée, à virole et à crochet, pour le dessous du timon... 1 happe à crochet pour le dessus du bout de timon... 1 crampon pour *idem*... 1 chaîne de timon... 1 crampon pour tenir l'anneau des chaînes de timon... 1 boulon de timon, son écrou, sa rosette... 1 cheville à la romaine... sa clavette double... 2 rosettes ovales d'*idem*... 1 chaînette pour la cheville à la romaine... 1 chaînette pour la clavette de la cheville à la romaine... 11 lamettes de volée... 4 anneaux plats liant les lamettes des palonniers à celles de la volée... 2 tirans de volée... 1 grand anneau de volée... 2 boulons de volée... leurs rosettes... 1 cheville ouvrière... 1 clavette double pour le bout de la cheville ouvrière... 61 clous d'applicage.

CAISSON A MUNITIONS.

Le caisson de 4 servira à loger des cartouches à fusil, et suivra l'infanterie. Dans les deux étages d'en bas, elles seront debout ; dans le troisième, elles seront couchées. Il en contiendra 13935. Il y aura une caisse contenant 1500 pierres à fusil. La hauteur intérieure du caisson est de 11 pouces *sous les pignons*, et extérieure, de 11 pouces 10 lignes, la largeur intérieure de 1 pied 6 pouces (1).

Le caisson de 12, qui servira à loger des cartouches à fusil, restera au parc ; dans les trois étages elles seront debout. *Ce caisson servira de magasin.* Il en contiendra 16335. Il y aura aussi une caisse contenant 1500 pierres. La hauteur intérieure de ce caisson est de 12 pouces 6 lignes *sous les pignons*, et extérieure, de 1 pied 1 pouce 4 lignes.

---

(1) Ce caisson a été supprimé : il peut s'en rencontrer encore quelques-uns qu'on consomme.

On forme un chassis pour les deux étages d'en bas, soutenu contre les côtés intérieurs du caisson, par des liteaux que l'on y cloue. Ces chassis portent des volets qui séparent les 3 lits de cartouches; ces volets sont liés aux chassis et entre eux, par des charnières de cuir attachées par des clous étamés.

En général, les caissons sont divisés en 4 grandes cases, par 3 planches d'orme qu'on met en travers. Dans la grande case de devant on fait encore une séparation transversale pour loger les bricolles, les sacs de pourvoyeurs et les dégorgeoirs; mais seulement dans les caissons pour cartouches à canon et cartouches d'infanterie; et dans ceux-ci, cette séparation sert à loger la caisse qui contient 1500 pierres à fusil. Dans le caisson pour obusier, on fait une case à-peu-près semblable pour y loger 3 cartouches à balles : mais c'est au bout de derrière du caisson, dans la quatrième grande case. Dans les caissons pour cartouches à canon, ces 4 grandes cases se subdivisent comme il suit :

Nombres des petites cases, dans chaque grande case.
{
5 pour 12, en travers du caisson.
4 pour 8 dans le sens de la longueur du caisson.
5 pour 4, dans le sens de la longueur du caisson.
}

La quatrième grande case du caisson de 8 est ainsi divisée en 4 cases moyennes; mais la seconde de ces cases, à compter des charnières du caisson, est divisée encore en deux cases, par une séparation placée à 4 pouces du bout du caisson; et la troisième de ces cases moyennes est aussi divisée en 2 cases, par une séparation placée à 15 pouces 6 lignes du même bout du caisson. Ces 2 cases sont faites pour loger 10 sacs à poudre, et pour les séparer des cartouches à balles et à boulets, qui sont dans le restant de ces cases.

Division du Caisson de 12 pour contenir les Obus de 6 pouces.

On partage la grande case de derrière, et les 2 grandes cases de devant en 4 petites cases dans le bas, par le moyen de 3 liteaux parallèles aux bouts des caissons. Il n'y a que 2 liteaux dans la grande case de derrière, parce qu'on fait au bout du caisson une case de 6 pouces 6 lignes de largeur, pour y loger 3 cartouches à balles. Chacune de ces cases contiendra 3 obus de front; ainsi ce premier lit d'obus sera de 12 obus dans les deux premières cases, et de 9 dans la quatrième. On fera un second lit d'obus en les plaçant au-dessus de ceux-ci, dans les creux que forment 4 obus voisins; il y aura ainsi 18 obus dans chacune des deux premières cases, et 13 dans la quatrième, en tout 49 obus.

La troisième case sera divisée comme celle du caisson de 4, en

5 cases, pour loger les sacs à poudre, les lances à feu, les étoupilles, le quart de cercle, etc.

On contiendra les obus dans le caisson, par le moyen d'une traverse, parallèle au bout du caisson, qui appuiera sur chaque rang
des obus supérieurs ; les bouts de ces traverses seront logés dans
2 petits mentonnets ou chassis, attachés contre les côtés du caisson,
et y seront arrêtés d'un côté par une cheville en bois.

Noms des Parties en bois du Caisson.

2 Brancards... 2 échantignolles de derrière... 6 épars de fond...
1 hausse... 1 lisoir... 1 support de l'essieu porte-roue... le corps du
caisson (1)... 2 bouts de caisson *de bois d'orme, ainsi que les pignons ; les planches de sapin, de peuplier, etc*... 3 principales séparations... le couvert qui a 5 pignons... 2 cordages de 4 lignes,
pour contenir le couvert dans l'ouverture du caisson... traverses
dans le caisson de 12, pour contenir les obus... 1 essieu porte-
roue... 2 roues... 1 caisse pour contenir 1500 pierres à fusil, logée
dans le vide de la première case de devant.

Avant-train.

1 Sellette... 1 corps d'essieu en bois... 2 armons... 1 petite sassoire... 1 timon... 1 flèche., 2 volées... 2 roues... 1 essieu de fer.

Ferrures du Caisson.

8 Equerres, dont 6 prolongeant les pattes des doubles équerres...
3 doubles équerres, contenant en dessus l'assemblage des bouts et
du milieu du caisson... 14 boulons, dont 3 assemblent les brancards et 11 traversent les équerres, 4 rosettes et 12 écrous d'*idem*.
Les 7 boulons suivans sont des boulons d'assemblage. 2 boulons à
tourniquet... 2 boulons à piton et à anneau, pour porter les pio-

---

(1) Voici les dimensions intérieures du corps de caisson pour servir à faire
les nouvelles distributions pour le chargement du canon de 6 et de l'obusier
de 24 :

Largeur intérieure...... 1 pi.   6 pouc. » lig.
Longueur id.......... 8   11   5

La longueur extérieure a 2 pouces de plus, c'est l'épaisseur des 2 bouts.

Largeur { De celle de devant...... 6 pi. » pouc. 5 lig.
des   { De chacune des grandes
Cases.   {   cases.............. 2   1   9
Epaisseur des 3 séparations........ »   1   9

ches... 3 boulons à piton et à anneau, dont 1 porte-manche de pelle, et les 2 autres pour porter le sac d'avoine... 1 plaque d'appui de roue.... 2 étriers portant le timon ou la flèche de rechange.... 1 coîffe de lisoir... 2 boulons, 2 écrous d'*idem*... 1 crochet d'embrelage.... 1 crochet porte-pelle.... 1 piton à patte, portant une chaîne pour fixer un écouvillon de rechange de 4, aux caissons pour le canon d'infanterie; *l'écouvillon est placé, la hampe joignant le caisson, derrière le timon ou la flèche de rechange, et passe dans l'étrier du bout de devant du caisson, la poignée pendante, la chaîne embrasse la tête, et son crochet se loge dans le piton*... 1 crochet à patte sur le côté gauche du caisson, pour contenir la hampe des lanternes de 4; *l'angle de la patte de ce crochet touche à l'équerre de devant du caisson*... 1 crampon pour assujétir la tête de la lanterne, fixé au-dessous du brancard gauche du caisson, entre la quatrième équerre et le bout de devant de l'échantignolle... 1 crochet pour soutenir le bout de la chaîne à enrayer... 1 étrier porte-essieu de rechange... 1 étrier d'essieu porte-roue... ses 2 boulons.... ses 2 rosettes.... 2 charnières.... 2 moraillons.... 8 boulons de charnières, et moraillons au couvert... 10 boulons d'essieu de lisoir et d'échantignolles... *La tête de ces boulons est encastrée et recouverte d'un morceau de bois collé*... 2 rosettes, 10 écrous... *Les rosettes sont sous les écrous qui tiennent le bout de devant de l'échantignolle de derrière; de ces boulons, 4 sont d'essieu, 4 de lisoir et 2 d'échantignolle de derrière*... 1 chaîne d'enrayage... ses 2 boulons.... 2 bandeaux pour contenir le bout du derrière des brancards... 2 boulons à tête ronde, traversant les brancards, et le bout de derrière des échantignolles... 1 équignon d'essieu porte-roue... 2 boulons... 2 rosettes... 1 virole pour l'essieu porte-roue.... 2 boulons rivés pour le pignon du milieu.... 2 bandes de renfort pour contenir l'assemblage du couvert... 4 boulons d'assemblage de charnière, leurs 4 écrous... 8 feuilles de tôle pour le couvert... 36 rivets pour la réunion des feuilles de tôle de deux en deux... 186 clous du n°. 12, pour fixer la tôle... une bande de recouvrement de l'arrête du couvert... 1 bride de recouvrement de l'arrête du couvert... 8 vis en bois, fixant la tôle sur le pignon du milieu, 4 sur chacun des talus du pignon, 1 essieu de fer... 4 bandes d'essieu ou de lisoir... 2 rondelles d'épaulement d'essieu... clous d'applicage... clous pour les divisions intérieures du caisson.

1 Coussinet porte-essieu de rechange, pour porter l'essieu à canon de 4. *Il est tenu par les brides des étriers, sur le corps de l'essieu de derrière, contre le côté gauche du caisson* (1).

---

(1) On contient l'essieu de rechange dans l'entaille du coussinet au moyen de 2 planchettes, dont une se loge entre l'essieu et l'épaulement de l'entaille, et l'autre se place sur l'essieu où elle est contenue par le moraillon, qui se loge de son épaisseur dans une entaille faite sur le dessus de cette planchette.

Ces coussinets sont mobiles, et se placent indifféremment sur tous les caissons, excepté sur ceux pour cartouches à fusil, qui seraient trop chargés si on y portait encore un essieu.

Il y en a aux caissons des divisions de 12 et de 8, comme à celles de 4, à raison d'un vingtième des essieux de 4, employés dans chacune de ces divisions. Les essieux de rechange de 12 et de 8, sont portés sur le chariot de division, à raison de 1 sur 9.

2 Etriers à bouts taraudés, pour ce coussinet... 4 écrous d'*idem*... 2 brides d'étriers d'*idem*... 1 moraillon d'*idem*... 1 boulon de fermeture... 1 clavette double... 1 chaînette.

Coffret d'Outils et de Pièces de rechange pour les caissons attachés à l'infanterie, et servant aussi, étant doublé de fer-blanc, à porter de la graisse pour les voitures.

Voyez l'article Approvisionnement et Chargement de Caissons.

Ferrures de l'Avant-train.

1 Coiffe de sellette... 2 boulons pour la coiffe de sellette... 2 boulons de sellette... 2 rosettes d'*idem*... 2 heurtequins à patte... 2 brides d'étrier... 2 étriers d'essieu et de sellette... 2 boulons de sassoire... 1 pièce d'armons... 1 coiffe d'armons... 2 plaques carrées de têtard... 1 clou rivé pour la tête du timon... 1 happe à virole et à crochet pour le dessous du timon.... 1 chaîne de timon pour l'attelage.... 1 boulon de timon... sa rosette... 1 cheville à la romaine... sa clavette... 2 rosettes ovales pour la cheville à la romaine... 1 chaînette d'*idem*... 1 happe à crochet pour le dessus du timon... 1 chaînette d'*idem*... 1 braban à patte... 11 lamettes de volée... 4 anneaux plats, liant les lamettes des palonniers à celles de la volée... 1 grand anneau de volée... 2 tirans de volée... 2 boulons de volée... 2 rosettes d'*idem*... 1 chaîne d'embrelage... 1 bride pour la chaîne d'embrelage... 1 cheville ouvrière... 1 clavette double d'*idem*... 1 bandeau de flèche... 1 plaque de flèche... 2 clous rivés d'*idem*... 1 lien de flèche et sa chevillette... 1 virole pour le bout de la flèche... 1 esse de flèche... 1 chaînette d'*idem*... 1 esse d'essieu porte-roue... 1 chaînette d'*idem*... 1 crampon... 1 clavette double... 1 double chaînette... 62 clous d'application.

Le caisson de 12 et de 8 doit porter extérieurement, outre l'essieu, 1 roue... 1 flèche ou 1 timon de rechange... 2 pelles... 2 pioches.

Le caisson de 4 doit porter de plus : 1 écouvillon et 1 coffret à graisse ou à outils. Il faut qu'il y ait, par division de 8 bouches à feu, 2 coffrets à graisse et 2 coffrets à outils, et, par conséquent, 1 coffret à graisse et 1 à outils par demi-division.

Ceux de 4 ont encore sur le côté gauche un crochet, dont le bout, passant dans un crampon fixé à la hampe des lanternes de ce calibre, donne le moyen de porter cette lanterne dans l'étrier porte-essieu de rechange (1).

Les Lanternes de 4 se portent sur le côté gauche des caissons, la hampe passée dans l'étrier porte-essieu de rechange, et contenue dans un crochet à patte fixé au caisson, au moyen d'un crampon plat dont les pointes traversent la hampe... la tête de la lanterne est assujétie par un morceau de menu cordage passé dans un autre crampon chassé dans le dessous des brancards. Pour empêcher la virole de la tête de la lanterne d'être coupée par l'étrier, on abat l'arrêté de la base de ce dernier, et on l'enveloppe d'un morceau de cuir fort, cousu en dessous.

1 Crampon plat fixé à la hampe.

Il est placé de manière que le bout du crochet à patte puisse se loger dedans, lorsque la lanterne est placée dans l'étrier, renversée dans son logement.

WURST.

Voyez ci-après le Chargement des Caissons.

CAISSON D'OUTILS.

2 Brancards... 1 entre-toise affleurant le dessous et le bout du devant des brancards... 1 lisoir, percé dans le milieu d'un trou de 15 lignes, pour la cheville-ouvrière... 3 épars de fond... 1 support d'essieu porte-roue... 1 hausse... 6 épars montans... 2 échantignolles de derrière... le fond du caisson... 2 bouts de caisson... 2 côtés de caisson... le couvert avec les 2 pignons du bout, et les 2 pignons du milieu... 2 cordages de 4 lignes pour contenir le couvert dans l'ouverture du caisson... 1 essieu porte-roue... 2 liteaux pour recouvrir les 9 écrous des boulons... 1 essieu de fer... 2 roues de derrière.

Ferrures.

4 Equerres prolongeant les pattes des doubles équerres..... 4 équerres appliquées contre les côtés du caisson... 2 femelles de charnière... 2 doubles équerres... 2 boulons d'assemblage à tourniquet,.. 2 tourniquets... 2 contre-rivures... 23 boulons d'assemblage, dont... 2 assemblent les brancards... et 21 traversent les équerres... 24 écrous... 2 rosettes pour celui qui traverse le support et les brancards... 1 boulon à piton porte-pioche et son écrou... 2 boulons à piton porte-manches et leurs 2 anneaux ovales...

---

(1) Pour les proportions à observer entre les différentes espèces de roues et d'essieux, voyez ci-après, au Chargement des Caissons, la note des pièces de rechange que ces caissons doivent porter.

1 contre-rivure... 1 écrou... 2 rosettes pour les boulons de l'équerre et de la charnière qui est vis-à-vis... 2 étriers porte-timon... 1 coiffe de lisoir, ses boulons et 2 écrous... 1 rondelle à oreilles sous la tête de la cheville-ouvrière... 1 écharpe... 2 équerres de brancards et d'entre-toise.... 4 pour maintenir leur assemblage.... 4 boulons.... 4 rosettes... 4 écrous... 9 boulons d'écharpe, leurs 9 rosettes et 9 écrous... 1 crochet porte-pelle... 1 crochet porte-chaîne d'enrayage... 8 feuilles de tôle pour le couvert... 33 rivets (1) pour la réunion des feuilles de deux en deux... 10 clous rivés, n°. 8, pour la réunion des feuilles du milieu.... 10 contre-rivures d'*idem*.... 186 clous du n°. 12, fixant la tôle du couvert.... 2 charnières à moraillon.... 4 boulons d'assemblage de charnière.... 4 écrous.... 10 autres boulons de mâles de charnière et de femelles de moraillon... 2 rosettes... 10 écrous... 4 rosettes à patte... 2 bandes de renfort pour contenir le couvert... 4 boulons d'*idem*... 2 bandeaux de bout de brancard... 2 boulons... 2 écrous... 1 chaîne à enrayer et ses 2 boulons... 2 écrous et 1 rosette... 1 crochet porte-chaîne d'enrayage... 4 équerres pour les angles du corps, leurs 12 boulons et 12 écrous... 4 pitons pour le cordage du couvert... 4 boulons d'essieu.... 4 écrous.... 2 rondelles d'épaulement d'essieu.... 2 bandes d'essieu... 1 étrier d'essieu porte-roue... ses 2 boulons, 2 rosettes, 2 écrous... 1 esse d'essieu porte-roue, sa chaînette, sa clavette, son crampon... 1 plaque d'appui de roue... 1 équignon à l'essieu porte-roue... 1 virole d'*idem*... 2 boulons d'*idem*, 2 écrous et 2 rosettes d'*idem*... 331 clous d'applicage.

L'Avant-train est le même que celui du Chariot à Munitions.

Le caisson d'outils ainsi nommé, parce qu'il contient les outils d'ouvriers en bois, nécessaires à une demi-compagnie d'ouvriers en campagne, a besoin, pour remplir cet objet, d'un coffre de supplément qu'on porte sur un chariot de division.

Ce coffre a de longueur 58 pouces, de largeur 15 pouces, de hauteur 12 pouces.

---

(1) Au lieu de cette méthode pour unir les feuilles de tôle de la couverture des caissons, on propose de remettre en pratique la méthode, abandonnée après essai il y a 30 ans, de faire agraffer ensemble les côtés des feuilles redoublés, et de placer le pli de réunion sous les charnières; il faut pour cela de la tôle excellente, sinon elle se casse : donc on court risque, etc.

Noms des Parties qui composent le Coffre de supplément au Caisson d'Outils.

Le coffre... les planches de sapin... les emboîtures du couvert de chêne.

Ferrures.

4 Equerres embrassant les angles du coffre... leurs 11 clous chacune... 6 autres équerres embrassant les angles des côtés avec le fond... et leurs 6 clous chacune... 2 bandes servant de rosettes aux crampons de poignées.... leurs 10 clous chacune.... 2 poignées.... 4 crampons d'*idem*... 2 charnières, les mâles sont au couvert... leurs rivets d'assemblage... 34 clous rivés pour les fixer... 1 moraillon et sa femelle. *Le moraillon est à patte, la patte est percée de 2 trous, pour les bouts rivés du crampon de fermeture...* 1 clou rivé de crampon... 1 rivet d'assemblage... 6 clous pour la femelle... 1 serrure... 8 clous pour la tenir... 2 crochets de fermeture, 1 à chaque bout du coffre... 1 clou pour chaque crochet... 2 pitons de crochet de fermeture.

Ce Caisson s'appelle Caisson d'outils, lorsqu'il porte des outils. Voyez à l'article de son chargement, sa garniture extérieure et intérieure pour remplir cet objet.

Ce Caisson s'appelle aussi Caisson d'artifices, soit qu'il porte les ustensiles pour artifices, soit qu'il porte les matières d'artifices. Voyez à l'article de son chargement, sa garniture pour remplir le premier de ces deux objets.

Ce Caisson peut être aussi chargé en outils tranchans. Voyez l'article de son chargement.

En général, ces Caissons, différemment chargés, sont compris dans les États d'équipages, sous le nom de grands Caissons du parc (1).

CHARRETTE A MUNITIONS ET A BOULETS.

	Charrette à mun.		*à boul.*		*camion.*	
	pouc.	lig.	pouc.	lig.	pouc.	lig.
Longueur totale des limons	228	»	160	»	160	»
Longueur de la charge	144	»	72	»	72	»
Largeur extérieure d'*idem*	36	»	*id.*	»	37	»
Largeur intérieure d'*idem*	28	»	*id.*	»	30	3
Hauteur du corps vis-à-vis les échantignolles	21	6	19	6	3	»

(1) Les caissons nouveaux faits en l'an 11 ont paru si vicieux, qu'on n'en construira plus, et qu'il est inutile d'en parler ici. Voyez l'examen de ce système de l'an 11 vers la fin de l'ouvrage.

NOMBRE COMMUN.	CHARRETTE à MUNITIONS		CHARRETTE à BOULETS.
2		Limons.	
1		Hausse.	
	6	Epars de fond.	4
	16	Epars montans.	12
	42	Roulons (1).	26
2		Ridelles.	
2		Trésailles.	
		Hayon de devant et de derrière.	2
4		Burettes.	
	4	Ranchets.	
2		Roues.	
2		Boîtes de fonte.	
1		Essieu de fer.	
		Ferrures.	
2		Ragots.	
2		Crochets d'attelage.	
4		Boulons d'essieu.	
2		Bandes d'essieu.	
2		Rondelles ouvertes pour contenir l'essieu et ses boulons.	
	4	Porte-ranchets.	
4		Clous rivés de trésailles.	
4		Pitons.	
4		Contre-rivures.	
4		Esses de trésailles.	
	6	Chaînettes.	4
	2	Crochets porte-trésailles, fixés par un crampon au limon gauche.	
		Douilles de hayon.	2
		4 Rosettes et 2 écrous d'*idem*.	
		Crochet de hayon.	1
		Arrêtoirs pour le hayon de dev.	2
2		Clous rivés de limon... 2 contre-rivures d'*idem*.	
	4	Clous rivés de ranchet... 4 contre-rivures d'*idem*.	
	68	Clous d'applicage.	56

(1) On ne met point de roulons à la charrette à munitions, entre le 2e. et 3e. épar, afin que si on la charge en boulets, on soit forcé de les mettre dans le milieu de la charge.

CAMION

Servant à porter les Mortiers, leurs Affûts, les Boulets et les Bombes.

2 Limons... 1 hausse... 4 épars de fond..., 4 burettes... 1 chassis, fait de 2 côtés et de 2 traverses... 2 roues... 1 essieu de fer.

Ferrures.

2 Ragots... 2 crochets d'attelage... 4 boulons d'essieu... 4 écrous... 2 bandes d'essieu... 2 rondelles ouvertes pour contenir l'essieu et les boulons... 4 boulons, 4 écrous, 4 rosettes d'*idem*... 4 boulons de chassis... 4 rosettes, 4 écrous d'*idem*... 2 plaques pour la fermeture du chassis par derrière... 3 clous rivés d'*idem*... 2 bandelettes de mâles de charnière pour la fermeture... 2 clous rivés d'*idem*... 1 bandelette autour de la partie supérieure de la femelle de la charnière gauche du chassis... 1 boulon pour assembler la charnière... 1 cheville à piton pour la fermeture de la charnière... 1 chaînette d'*idem*... 1 cheville à piton pour tenir la traverse de fermeture du chassis lorsqu'il est ouvert... 1 chaînette d'*idem*... 4 anneaux d'embrelage à piton... 8 rosettes, 4 écrous d'*idem*... 2 clous rivés, 2 contre-rivures... 58 clous d'applicage.

TOMBEREAU ET CHARRETTE A BRAS.

Leur voie est de 45 pouces ; largeur intérieure, 22 pouces.

		pi.	po.	li.	points.
2 Brancards.					
Idem pour les 2 voitures,	Longueur..	6	5	»	»
renforcés au milieu pour	Hauteur.....	»	6	6	4 aux bouts seulement.
servir d'échantignolles.	Epaisseur...	»	2	6	»

1 Hausse... 4 épars de fond... 8 épars montans... 2 ridelles distantes de 9 pouces des brancards... 21 roulons de chaque côté à la charrette... 3 burettes à la charrette... 3 planches au tombereau, 1 au fond, 1 à chaque côté.

2 Hayons, composés { au Tombereau de 1 trésaille, 1 traverse, 2 épars, 1 planche. à la Charrette de 1 trésaille, 1 traverse, 5 épars, 4 roulons.

1 Flèche.

Son premier équarrissage se loge dans un trou carré, fait, partie dans la hausse, partie dans l'essieu, et les dépasse de 4 pouces... Son second se loge dans l'entaille faite dans l'épar de devant, pour le recevoir et y être fixé par 1 boulon. Elle est percée à 5 pouces 6 lignes du bout de derrière d'un trou de 6 lignes de diamètre pour l'esse de flèche; ce trou est incliné de gauche à droite. A 2 pieds 6 lignes du même bout, elle l'est d'un trou de 6 lignes pour le passage du boulon qui la fixe à l'épar de devant. A 8 pouces du petit bout elle est percée horisontalement d'une mortaise pour le passage d'une traverse mobile, tenant lieu de levier de travers.

1 Essieu... 2 roues.

Ferrures.

2 Equignons... 2 brabans d'équignon... 2 happes à anneau pour bout d'essieu... 2 heurtequins pour essieu en bois... 2 étriers d'essieu... 1 boulon de flèche, 1 rosette, 1 écrou... 1 virole pour le petit bout de la flèche... 1 esse de flèche, sa chaînette... 4 clous rivés de trésailles, leurs 4 chaînettes... 4 arrétoirs de hayons. Ferrures des roues à l'ordinaire.

PONTON.

Le Ponton a été supprimé par l'arrêté du 12 floréal an 11, et les novateurs se sont hâtés de les détruire pour ferrer leurs petites caisses. Le ponton sera remplacé par un bateau léger. Si le bateau proposé est tel, il sera d'un usage plus général; on en donnera la nomenclature à la suite de celle du bateau Gribeauval.

BATEAU (1).

		pieds	pouc.	lig.
Développement.. {	Total du fond du bateau....	57	»	»
	Du corps..................	18	»	»
Avant-bec.... {	de derrière..............	9	1	»
	de devant...............	9	4	»
Au milieu.... {	Largeur extérieure........	6	8	6
	Largeur intérieure........	6	6	»
	Hauteur...................	3	6	»

L'avant-bec de devant est plus grand, pour qu'étant plus élevé, le courant le frappe plus obliquement.

Le trou pour les rames et l'entaille pour le mât dans le fond du bateau, font reconnaître l'avant-bec de devant.

3 Fonds de bateau. *Celui du milieu le plus large possible ; ce sont 3 planches de 1 pouce 6 lignes d'épaisseur.*

---

(1) Ce bateau est conservé pour les ponts à demeure sur les grandes rivières. Il peut porter 15 milliers, aller dans le Waal, mais il navigue mal. Il lui faut 5 pontonniers pour descendre les grands fleuves. Les bateaux de Strasbourg portent jusqu'à 10,000 livres.

16 Semelles tenues par 8 clous chacune, excepté les extrêmes, qui ne le sont que par 6.

6 Bordages.

Le premier d'en bas doit être d'une seule pièce, s'il est possible, et avoir 1 pouce 6 lignes d'épaisseur; les 2 autres de 2 pièces, ont d'épaisseur 1 pouce 3 lignes. Elles se croisent : celle de l'avant-bec pose sur l'autre pour que l'épaisseur du bout ne s'oppose pas au courant.

30 Courbes... 4 poupées... 2 nez... 20 montans de semelle... 2 pièces de ceinture... 16 prolongations de ceinture.

A l'avant-bec, la première et deuxième pièces de prolongation de la ceinture, près du montant de semelle, sont entaillées carrément de 1 pouce de profondeur, sur 18 lignes de longueur du côté qui touche au bordage, à 3 pouces de distance du milieu de leur longueur.

Ces entailles forment de chaque côté 4 logemens pour les chevilles des rames; il n'y en a point à l'arrière-bec.

On donne à la première pièce semblable, de chaque côté de l'arrière-bec, la même hauteur au milieu qu'à celles d'avant-bec, parce qu'à l'un et à l'autre les premières pièces sont percées dans leur milieu, et à 4 pouces du bord du bateau, d'un trou rond de 15 lignes qui traverse le bordage.

A l'arrière-bec, ces trous sont destinés à y passer le bout noué des traversières qui forment la croix en dessous des travées du pont, lorsqu'il est construit; et à l'avant-bec, on loge dans ces trous les chevilles qui servent à arrêter le bout des traversières.

2 Plats-bords...

L'arrête intérieure des plats-bords doit être de 6 lignes plus élevée que l'extérieure, sans cela les poutrelles du tablier du pont ne porteraient que sur l'arrête extérieure.

12 Pièces formant les coulisses ou mortaises dans lesquelles se logent les bouts d'une traverse destinée à soulager les poupées...

Il est d'usage d'attacher les cordages d'ancres ou autres aux poupées des bateaux; mais dans des courans rapides, ou dans des manœuvres de ponts, comme dans les quarts de conversion, les poupées souffrent et sont quelquefois enlevées. On a mis, pour les soulager, 2 pièces de bois dans l'intervalle des 2 premières courbes des becs. Elles servent à former une espèce de coulisse dans laquelle se logent les bouts d'une traverse, autour de laquelle on fait faire un ou deux tours au cordage que l'on doit filer dans la manœuvre.

On se sert toujours des poupées pour fixer le bout du cordage, lorsqu'il n'est question que d'amarrer les bateaux; mais on les soutient en fixant aussi ce bout à la traverse.

2 Traverses mobiles à 8 pans.

Ferrures du Bateau.

2 Bandeaux de bec de bateau... 4 anneaux d'embrelage, leurs 4 écrous, leurs 8 rosettes... 8 pitons de claineaux à pointe et à crochet.

Il y en a 4 dans le milieu de la largeur des seconds montans de semelle, en comptant les extrémités des corps du bateau... Les quatre autres sont à 1 pied de ceux-ci du côté du bec, sur une pièce de bois de 4 pouces d'équarrissage, de la même épaisseur que les montans de semelle.

Le centre du trou de la tige de ces pitons est à 8 pouces du dessus des plat-bords. Le piton est en dedans du bateau, et son trou est dans la direction de la longueur du bateau.

Ces pitons sont destinés à recevoir le crochet des clameaux à pointe et à crochet, dont on fera usage pour lier au bateau les poutrelles des bords du pont, et donneront la facilité de déterminer l'emplacement de ces poutrelles sans tâtonnement.

8 Rosettes, 8 contre-rivures des 8 pitons à clameaux... 4 brides... 8 boulons d'*idem*... 8 écrous d'*idem*...

Elles contiennent les poupées au moyen des boulons qui les traversent.

Clous d'applicage de 9 espèces différentes 1753... 2200 petites nayes.

Les Bateaux construits, il reste à en fermer les coutures, ce qui se fait en remplissant les joints avec de la mousse goudronnée, couverte avec du fraisilier fendu en deux; le tout recouvert avec des nayes placées, de manière que celles qui sont du côté du courant recouvrent les autres.

La meilleure façon de conserver les Bateaux est de les tenir sous des hangars, parce qu'ils dépérissent dans l'eau au bout de quelques mois. Il est reconnu qu'à Strasbourg, il faut réparer à neuf tous les six à sept ans, ceux qui sont dans l'eau; mais il faut observer de ne pas fermer les coutures d'avance; on ne doit le faire qu'au moment de la guerre, et avoir pour cela les nayes en magasin. Cependant le général Le D***. a conseillé de goudronner les bateaux, et de les tenir plongés dans l'eau pour les conserver.

Nayes.	Longueur des	grandes......	5 pouc.	différent par les pointes.
		moyennes....	2	
		petites........	2	
	Epaisseur des	grandes......	» 6 points.	
		moyennes....	» 3	
		petites........	» 3	

Il faut 78 journées de 10 heures, pour construire un Bateau, sans le nayer; les bois étant seulement débités, mais prêts à être employés, et les ferrures toutes faites.

En 1783, à Metz, le millier de petites nayes coûtait 6 liv., et le millier de grandes 12 liv.

Il faut pour construire un Bateau,
3 Bateliers calfats pendant 18 jours........................ 54
3 Charpentiers pendant 18 jours pour préparer les courbes et
    autres pièces.. 54
5 Scieurs de long pendant 6 jours........................ 18
                                        126

On trouvera dans une table générale ci-après sur les bois, sur les jour nées, etc. nécessaires pour la confection des attirails d'artillerie, calculée par M. M***. qu'il faut 490 journées d'ouvriers en bois, et 27 d'ouvriers en fer pour construire un bateau. Ces 5 estimations semblent ne pas cadrer, et peuvent cependant être d'accord. Dans les 490 journées, l'abattage, l'équarrissage des bois, le nayage, sont apparemment compris : voilà d'où vient la différence de 490 à 126 journées nécessaires, quand on ne fait que finir les courbes et autres bois.

Dans l'autre estimation de 78 journées où les bois sont tous prêts, si l'on retranche 27 journées pour les ouvriers en fer, on trouvera qu'il faut 51 journées de bateliers calfats, ce qui cadre assez avec 54.

Au reste, cette dernière estimation est celle faite d'après les travaux faits à Strasbourg, et l'autre est d'après les travaux faits à Metz.

Pour les Ouvriers ci-dessus énoncés, il faut en outils de Calfats :

5 Amorçoirs.
5 Ciseaux à planches.
5 Ciseaux à chasser les étoupes.
3 Fermoirs.
5 Herminettes.
5 Haches à tête.
5 Petites haches.
5 Marteaux fendus.
5 Marteaux à pointe pour chasser les clous.
1 Rabot à mouchette et 1 rabot ordinaire.
1 Rifflard.
5 Scies à poignées de différentes longueurs.
2 Scies tournantes à main.
5 Tarières, 1 de 16 lig... 1 de 12 lig... 1 de 9 lig... 2 de 6 lig...
1 Tricoise.
6 Vrilles de différentes grosseurs.
2 Limes, pour les scies, en tiers-points.
1 Pied de chèvre.
2 Crics à doubles pattes.
2 — de 4 pieds de longueur.
2 — de 5 pieds.
2 — de 2 pieds 6 pouces.
1 Niveau.
1 Crochet à anneau servant à tourner les bois.

Outils à Charpentiers pour tailler les courbes et scier les bois.

1 Scie de long à crémaillère.
1 Passe-partout.
1 Scie à main.
5 Haches de charpentier.
2 Clameaux.
2 Essettes ou Herminettes.
  Limes pour les scies.

Le bateau de 34 à 37 pieds de longueur, à-peu-près pareil à ceux déterminés pour l'artillerie, coûtait à Saint-Dizier, en 1755, 400 liv.; à Strasbourg, en 1759 et 1761, 490 liv.; à Strasbourg, en 1775, 640 liv.

NACELLE.

Longueur.	totale......................	28 pieds » ponc. » lig.
	du corps.................	15 » »
	de l'avant-bec............	7 » »
	de l'arrière-bec...........	6 » »

Au milieu.	Largeur extérieure, prise en dessus..............	4	9	»
	Largeur intérieure.........	4	4	6
	Hauteur.................	1	8	»

Le fond.... 9 semelles intérieures.... 18 courbes.... 2 nez....

Ils sont percés dans le milieu d'un trou de 18 lignes pour le cordage qui sert à amarrer la Nacelle.

18 pièces de ceinture fixées contre le bord de la Nacelle dans l'intervalle des courbes, par 4 clous, dont 2 têtes en dedans et 2 têtes en dehors; les trous de rames se correspondent, et il y en a 6 de chaque côté... 1 mât de 12 pieds de longueur pour remonter la Nacelle... 1 mât à porter les cordages d'ancre ou les mailles.

Ferrures de la Nacelle.

2 Bandeaux de bec... 621 clous d'applicage... 1000 petites nayes.
1 Madrier traversé par les mâts et placé en travers de la nacelle, au-dessus de la mortaise, percé d'un trou de 3 pouces 9 lignes, et soutenu au-dessous de la ceinture par 3 liteaux fixés par 2 clous.

Il n'y a point à la nacelle de semelles extérieures comme au bateau; si les coutures de la réunion du fond aux bordages étaient extérieures, le plus petit frottement de la nacelle contre le fond de l'eau les dégraderait; pour éviter cet inconvénient, on forme les deux coutures intérieurement, avant même de placer les courbes. Les deux autres ne se font qu'au moment de mettre la nacelle à l'eau.

HAQUET A BATEAU ET A NACELLE.

2 Armons... 1 petite sellette... 1 sellette de derrière... 1 petite sassoire... 2 empanons... 1 fourchette. *On fait sur le dessus de la flèche l'emplacement de la queue de la fourchette...* 1 lisoir... 1 support de devant... 2 entre-toises de support et de lisoir; *elles assemblent le support et le lisoir...* 1 flèche; *le petit bout est percé de 4 trous d'esses et la tête d'un trou pour la cheville ouvrière...* 1 taquet de flèche fixé par 4 clous sur le côté droit *pour l'enrayure...* 2 essieux *en bois...* 1 timon... 2 volées... 2 roues de derrière... 2 roues de devant.

Ferrures.

4 Equignons... 4 brabans d'équignon... 4 happes à anneau de bout d'essieu.... 2 brabans à patte.... 4 heurtequins d'essieu en bois.... 1 braban... 4 étriers ou frettes de sellette... 2 seyes... 1 coîffe de sellette, ses boulons et ses 2 écrous... 1 coîffe de lisoir, ses 2 boulons et ses 2 écrous... 1 plaque de lunette pour la flèche... 1 bandeau de flèche, son boulon, son écrou... 1 virole pour le bout de la flèche... 2 étriers ou frettes de fourchette... 1 pièce d'armons... 1 coîffe d'armons... 1 clou rivé pour la tête du timon... 1 chaîne de timon... 1 happe à crochet fermé et à virole pour le dessous du timon... 1 happe à crochet pour le dessus du timon... 1 chaîne de timon et son crampon... 2 plaques de télard de timon... 2 tirans de volée, 2 rosettes, 2 écrous d'*idem*... 11 lamettes de volée... 4 anneaux plats d'*idem*... 1 grand anneau de volée... 1 cheville à la romaine... 1 clavette double d'*idem*... 2 rosettes ovales... 1 chaînette pour la cheville à la romaine... 1 chaînette pour la clavette double de la cheville à la romaine.... 1 boulon de timon, sa rosette, son écrou.... 2 rosettes, 2 écrous d'*idem*... 2 boulons de volée... 2 boulons de sassoire... 2 rosettes, 2 écrous d'*idem*... 8 boulons de ranchet... 8 rosettes... 8 écrous d'*idem*... 1 boulon de flèche... 2 boulons de fourchette... 2 rosettes... 2 écrous d'*idem*... 4 ranchets au haquet à bateau... 3 ranchets au haquet à nacelle... 4 plaques d'entre-toise de lisoir et de support... 4 anneaux d'embrelage à piton... 4 rosettes, 4 écrous d'*idem*... 2 arcs-boutans de flèche et de support.... 3 boulons... 3 écrous d'*idem*... 2 rondelles de flèche... 1 étrier ou frette d'empanon... son crampon... sa bande d'empanon... 1 cheville ouvrière... 1 plaque carrée sous la tête de la cheville ouvrière... 35 rivets dont 24 de jante... 1 de timon... 2 de fourchette... 2 de support... 2 de sellette de derrière... 4 de tête de flèche... 2 esses de flèche... 2 chaînettes d'*idem*.

200 Clous d'applicage au haquet à bateau.

188 Clous d'applicage au haquet à nacelle.

Le bateau en usage dans l'artillerie Gribeauval est celui dont on vient de parler : on l'a conservé, dans l'arrêté du 12 floréal an 11, pour les ponts stables : voici les 2 autres dimensionnés dans les nouvelles tables.

BATEAU POUR TRANSPORTS ET PONT-VOLANT.

Longueur
{
totale. . . . . . 46 pieds.
de l'avant-bec. 10
du corps. . . . 26
de l'arrière-bec. 10
}

Hauteur, non compris l'épaisseur des se-melles,
{
du corps. . . . . . 2 pi. 10 pouc.
de l'avant-bec. . . 4 »
de l'arrière-bec. . 4 »
}

Largeur extérieure.
{
Aux extrémités du corps.
{
En dessus. . . . 7 pi. 8 p. » l.
En dessous. . . 3 11 4
A 14 pouc. 6 lig.
du dessous. . 7 8 »
}

Aux becs. . . . . 2 2 »

Au milieu du corps.
{
En dessus. . . . 8 1 »
En dessous. . . 4 5 »
A 14 pouc. 6 lig.
du dessous. . 8 1 »
}
}

Le Fond en bois de sapin.

35 Semelles intérieures en chêne , tenues par 8 clous, les 2 ex-trèmes par 10, n°. 18.

34 Courbes en bois de chêne , fixées par 13 clous.

Bordages en sapin, chacun fait de 2 planches, dont une de 2 pieds 3 pouces de largeur, l'autre de 1 pied 10 pouces , toutes deux de 15 lignes d'épaisseur, réunies en les coupant en talus, les croisant de 14 à 18 pouces, et les liant par 4 ran-gées de petits clous.... 240 clous. Les bordages sont réunis avec le fond par 192 clous, et entre eux par 192 autres.

4 Poupées en chêne , qui sont 4 autres courbes dont les montans se prolongent et sont arrondis pour servir à amarrer le bateau. Elles sont fixées par 4 boulons et 44 clous.

2 Nez en chêne, percés de 10 trous pour les chevilles servant à contenir le gouvernail ; et fixés par 22 clous.

34 Fausses courbes en chêne, formant le prolongement des courbes , fixées par 274 clous.

8 Pièces en chêne, dont 4 à chaque bec, ayant 3 entailles cha-cune , formant 6 logemens pour les chevilles des rames, et fixées par 32 clous.

2 Semelles extérieures en sapin , placées sous le bateau dans le sens de sa longueur. Elles sont de 3 pièces , et fixées par 138 clous.

2 Pièces de ceinture extérieures en sapin , fixées par 80 clous, et

enveloppant les côtés extérieurs du bateau de l'avant à l'arrière-bec, le dessus affleurant celui du bateau.

1 Semelle de mât en chêne, percée d'un trou pour recevoir le mât ; placée sur le milieu du fond dans le sens de la longueur du bateau, le bout de devant affleurant le devant de la huitième semelle, à partir de l'avant-bec. Elle est fixée par 4 clous.

Ferrures.

2 Bandeaux, enveloppant les becs à 3 pouces du dessus.... 40 clous.

4 Anneaux d'embrelage à pitons, 2 de chaque côté à l'extérieur.

8 Pitons pour recevoir le crochet des clameaux à pointe et à crochet, servant à fixer les poutrelles extérieures du pont sans tâtonnement.

4 Boulons pour assembler les poupées 2 à 2 par leur base.... 4 écrous... 2 rosettes.

Grandes nayes pour couvrir les nœuds des planches.

Petites nayes pour les autres coutures.

BATEAU D'AVANT-GARDE.

Longueur
- totale . . . . 33 pieds.
- de l'avant-bec . . 8
- du corps 18
- de l'arrière-bec . . 7

Hauteur, non compris l'épaisseur des semelles,
- du corps . . . . 2 pi 4 pouc. 6 lig.
- de l'avant-bec. 3   4   »
- de l'arrière-bec. 3   3   »

Largeur extérieure.			pi.	po.	l
Au milieu du corps.	En dessus et à 1 pi. 4 pouc. 6 lig. du dessous		5	6	»
	En dessous		3	7	8
Au commencement de l'avant-bec.	En dessus et à 1 pi. 4 po. 6 lig., etc.		5	2	»
	En dessous		3	5	6
Au commencement de l'arrière-bec.	En dessus et à 1 pi. 4 po. 6 lig., etc.		5	1	»
	En dessous		3	4	2

A l'avant-bec 1   6   6
A l'arrière-bec 2   4   6

Le fond en sapin de 3 planches.
Développement total. . . . .   36 pi. 6 pouc.
Celle du milieu, la plus large possible. . .
Leur épaisseur est de 1 pouce 3 lignes.
Largeur, au milieu du corps, 3 pieds 7 pouces.

9 Semelles intérieures en chêne, chacune retenue par 8 chevilles de chêne.

18 Courbes en chêne, chacune contenue par 10 chevilles en chêne.

Bordages en sapin de 2 planches d'un pouce d'épaisseur.

<table>
<tr><td></td><td></td><td>pi.</td><td>po.</td><td>lig.</td></tr>
<tr><td>Largeur {</td><td>de celle du bas. . . . .</td><td>1</td><td>8</td><td>6</td></tr>
<tr><td></td><td>de celle du haut. . . . .</td><td>1</td><td>2</td><td>6</td></tr>
</table>

Si on fait chaque bordage de 2 planches dans la longueur, on les réunit en les croisant l'une sur l'autre ; celle d'en haut de 1 pied, celle d'en bas de 15 pouces. On forme un épaulement de 3 à 4 lignes au commencement du talus, qui forme la réunion, et on y met 4 rangs de clous. Celle de l'avant recouvre celle de derrière. 492 Clous.

4 Poupées en chêne, assemblées de 2 en 2, à leur base, par 2 boulons, retenues contre le fond par 4 chevilles, et leur montant fixé aussi par 4 chevilles.

2 Nez en chêne, fixés au bordage chacun par 6 clous, et contre le fond par 5. Celui d'avant est percé d'un trou pour le piton de l'anneau servant à amarrer le bateau ; celui de derrière de 2 trous de chevilles pour contenir le gouvernail.

16 Fausses courbes en chêne placées intérieurement dans le milieu de l'intervalle des courbes, et fixées aux bordages par 6 chevilles.

2 Pièces de ceinture en sapin, portant en dedans du bateau sur les épaulemens des fausses courbes, et chacune retenue par 28 clous.

14 Pièces de prolongation de ceinture en chêne, renforçant le bord du bateau vers le bout, ayant des entailles formant de chaque côté 6 logemens pour les chevilles des rames : elles sont fixées par 96 clous.

2 Plats-bords en sapin, posant sur les bouts des fausses courbes, et recouvrant la ceinture et le bordage... 144 clous.

2 Semelles extérieures en sapin. Elles sont ordinairement de 3 pièces ; celle du milieu a 18 pieds, et est placée sous le corps du bateau : elles affleurent ses côtés pour le garantir du frottement... 140 clous.

Ferrures.

2 Bandeaux de bec, enveloppant le bout des becs... 38 clous.

4 Anneaux d'embrelage à piton... 4 anneaux... 4 pitons... 4 écrous...

8 rosettes. Les anneaux sont extérieurs au bateau ; le piton a
6 pouces du dessus des plats-bords... 20 clous.

4 Pitons de clameaux à pointe et à crochet... 4 écrous... 8 rosettes.
Ces pitons sont destinés à recevoir le crochet des clameaux à
pointe et à crochet, pour placer sans tâtonnement les poutrelles
extérieures du pont ; ils sont placés intérieurement 2 de chaque
côté du bateau... 16 clous pour fixer les pièces de bois que les
pitons traversent.

1 Anneau et son piton pour amarrer le bateau... 1 écrou... 2 rosettes. Il est placé dans le milieu de l'avant-bec.

4 Boulons pour l'assemblage des poupées... 4 écrous... 2 rosettes.

La couture se fait en remplissant les joints avec de la mousse goudronnée,
couverte de petites tringles de bois de noisetier (l'on peut faire usage de forts
joncs de marais), le tout retenu par des agraffes de fil de fer , ayant la forme
d'un clameau à 2 pointes, à la distance de 1 pouce l'une de l'autre , et enfoncées à fleur de bois. Les pointes de l'agraffe sont en couteau.

HAQUET A BATEAU D'AVANT-GARDE.

2 Flèches.
{ Longueur 21 pieds.
Hauteur au bout de devant 4 pouc. 9 lig.
Epaisseur *idem*. 4   3
Diamètre du bout arrondi... 4   (pris à 5 pi. du derrière).

Elles forment les côtés du haquet ; elles ont d'écartement en
avant (extérieurement pris), 2 pieds 9 lignes , et en arrière
2 pieds 6 lignes.

2 Echantignolles , placées au-dessous des flèches, et affleurant le
devant.

1 Lisoir percé dans le milieu d'un trou pour recevoir la cheville
ouvrière de l'avant-train , et logé entre les flèches et les échantignolles , à 8 pouces du bout.

1 Entre-toise cintrée à 14 pouces 5 lignes du milieu du lisoir,
son dessus entaillé pour recevoir le dessous des échantignolles.

1 Support à 16 pouces 3 lignes du bout de devant des flèches.

1 Corps d'essieu assemblé avec la sellette par 2 goujons ; l'essieu
de fer est encastré dans le dessous.

1 Sellette et les deux goujons pour l'assembler avec le corps d'essieu.

1 Taquet pour l'appui du trait à enrayer , placé sur le côté intérieur de la flèche gauche, le gros bout du côté du timon , et
fixé par 4 clous.

2 Empanons pour le haquet à grand bateau.

Ferrures.

2 Coiffes de lisoir... 2 boulons à tête à champignon pour les fixer...
2 écrous... 8 clous.

1 Anneau et son piton pour la chaîne d'embrelage, placé sur le devant du lisoir.

8 Clous rivés... 6 contrerivures, dont 2 pour la sellette, 2 pour le lisoir, 2 pour le support; les 2 autres clous sont pour la bande de frottement de l'entre-toise cintrée.

2 Boulons à tête longue (pour le haquet à grand bateau) traversant le corps d'essieu et les empanons... 2 écrous... 2 rosettes.

2 Heurtequins à pattes pour l'essieu, embrassant les bouts du corps d'essieu, les pattes encastrées de leur épaiseur dans ses côtés... 2 clous par patte.

2 Etriers à bouts taraudés embrassant la sellette et le corps d'essieu, retenus par 4 caboches... 2 brides... 4 écrous.

1 Braban à fourche (pour le haquet à grand bateau), embrassant le dessous du corps d'essieu... 8 clous.

2 Bandes de renfort pour les échantignolles, appliquées à chaud sous les échantignolles, la partie coudée recouverte par les frettes... 8 clous.

1 Bande de frottement pour l'entre-toise cintrée, placée en dessous, 4 clous accouplés, et 2 autres rivés, déjà indiqués.

1 Boulon à tête fraisée en dessous pour la bande de frottement... 1 écrou... 1 rosette.

4 Boulons d'échantignolle à tête fraisée; les 2 premiers traversant l'épaisseur des échantignolles et la largeur du lisoir, et contenant les bandes de renfort d'échantignolle; les 2 seconds traversent les échantignolles et les flèches, et contiennent les bandes de frottement de l'entre-toise et celles de renfort... 4 écrous... 4 rosettes.

2 Boulons d'échantignolles de flèches et de support, à tête fraisée en dessous.., 2 écrous... 2 rosettes.

2 Frettes pour le devant des flèches et des échantignolles, retenues par 6 caboches.

2 Viroles pour le derrière des flèches, encastrées de leur épaisseur, retenues par 4 clous.

2 Frettes d'empanons.... 2 crampons de frettes (pour le haquet à grand bateau).

4 Ranchets, encastrés de leur épaisseur dans le milieu du support et de la sellette.

8 Boulons de ranchets, à tête fraisée en dessous... 8 écrous.., 8 rosettes.

4 Rondelles de flèche... 8 clous.

4 Esses de flèche... 4 chaînettes. Les crampons des chaînettes de ces esses sont placés 2 contre chaque face de la sellette.

4 Anneaux d'embrelage à piton, 2 pendant contre le devant du support, 2 contre le derrière de la sellette... 4 écrous... 8 rosettes.

Pour bat. d'av.-gard. Pour gr. bat.

		pouc.	lig.	pouc.	lig.
1 Essieu en fer.	Longueur. totale	75	4	85	6
	du corps	39	»	43	»
	des fusées au trou de l'esse	15	10	18	10
	du bout, trou de l'esse compris	2	4	Idem.	
	du trou, large de 6 lignes	»	10	Idem.	
	Equarrissage	2	6	3	3
	Epaisseur en dessus	2	5	3	»

2 Rondelles de bout d'essieu.
2 Esses... 2 bascules pour esses... 2 clous rivés.

Bateau d'avant-garde.   Grand bateau.

2 Roues, hautes de. . . 4 pieds 10 pouc. . . . Idem.
2 Moyeux, longs de. . » 15 . . . 18 pouc. »

Diamètre.	11 pouc.	6 lignes	au milieu.	14	»
	8	3	au gros bout.	11	»
	6	3	au petit bout.	9	»

12 Jantes.
24 Rais.
    Voie 56 pouces pour les 2 haquets.
4 Cordons... 12 caboches.
4 Frettes... 12 caboches.

Bat. d'av.-garde. Grand bat.

		pi.	po.	lig.	pi.	po.	lig.
12 Bandes.	Longueur des moyennes.	2	5	4	2	5	6
	Largeur.	»	2	3	»	2	9
	Epaisseur.	»	»	6	»	»	7

Elles sont percées de 5 trous à chaque bout.

		pouc.	lig.	pouc.	lig.
2 Boîtes de cuivre.	Longueur.	15	»	18	»
	Grand diamètre intér.	2	7	3	4
	Petit diamètre intér.	2	1	2	10
	Poids de la paire.	33 liv.		54 liv.	

4 Crampons de boîtes.
120 Clous de bande, y compris les
24 Clous à vis de bande, 1 à chaque bout après les premiers accouplés... 24 écrous... 24 rosettes.
12 Clous rivés de jantes... 12 contre-rivures.
1 Enrayure en cordage... 1 billot pour l'enrayure avec son trou pour la ficelle qui le retient.

Note littérale des tables de l'artillerie de l'an 11.

Comme les bateaux dont on se sert pour le transport du matériel de l'artillerie, et pour l'établissement des ponts-volans, ont des dimensions en longueur et largeur plus fortes que les bateaux pour les ponts stables, et que les haquets pour ces derniers doivent également servir au transport des autres, on ajoutera à la construction actuelle du haquet, et d'après les emplacemens indiqués, de fausses flèches et un chassis qui permettront d'alonger le train de la voiture, de manière qu'il y ait 26 pieds de distance du devant du support au derrière de la sellette, et de lui donner l'écartement nécessaire.

- 2 Fausses flèches ayant 11 pieds de longueur totale, fixées aux flèches du haquet par 2 étriers à bouts taraudés.
- 1 Chassis composé de 3 poutrelles, 4 supports et 8 taquets. On le place au-dessus du support de devant et de la sellette du train de derrière du haquet.
- 2 Virolles pour mettre aux fausses flèches à 3 lignes du bout de derrière.
- 4 Etriers à bouts taraudés, dont 2 pour chaque fausse flèche... 4 brides cintrées... 4 écrous. Ces étriers enveloppent les bouts arrondis des flèches du haquet et les côtés des fausses flèches.
- 12 Boulons, dont 3 pour chaque support ; les tiges traversent le milieu de la largeur et de l'épaisseur des supports et de la hauteur des poutrelles.

Cette note, qui veut faire servir le haquet du bateau pour pont stable, ou de l'artillerie Gribeauval, au transport des bateaux de l'artillerie de l'an 11, est très-singulière, car :

On suppose que le haquet Gribeauval a 2 flèches auxquelles on liera les fausses flèches, et par ce moyen on donnera 26 pieds d'écartement aux trains pour porter les nouveaux bateaux. Mais le haquet Gribeauval n'a qu'une seule flèche de 18 pieds 7 pouces de longueur ; on veut donner 26 pieds d'écartement à ses deux trains, et le haquet nouveau n'ayant des flèches que de 21 pieds, ne peut lui-même donner à ses trains cet écartement de 26 pieds.

N'aurait-on pas proscrit toute l'artillerie Gribeauval sans savoir comment elle était faite ? Cette note en est une forte preuve.

Au reste, on appelle Flèches dans ces nouveaux haquets, ce que de tout tems on a appelé Brancards dans l'artillerie : il semble superflu d'ajouter à la confusion des choses la confusion des mots.

Enfin est-il vraisemblable que le bateau d'avant-garde, de 33 pieds sur 5 pieds 6 pouces, ayant en chêne 18 courbes, 16 fausses courbes, 4 poupées, 2 nez, la prolongation de ceinture ne pèse que 1000 à 1100 livres comme on le prétend ; et quant à celui pour les transports, etc., qui est bien plus lourd, n'était-il pas préférable d'adopter ceux que le général La Riboissière fit faire en l'an 9 à Munich, de 36 pieds de long sur 5 pieds 9 pouces de large, pesant 13 à 1400 liv., que 16 hommes jettent aisément à l'eau, portant 50 hommes, coûtant 144 liv., et que 6 ouvriers font en 7 jours ?

ANCRE.

La verge.
La croisée.
Le bras.
L'encolure.
Les pattes.
Les aisselles.
La culasse.
Les tourillons.
L'organeau.
Le jas.

} Voyez à la fin de l'ouvrage, au mot Ancre, les définitions, etc., de tous ces noms.

MOUTON A BRAS.

4 Bras... 8 poignées ou chevilles... 4 tirans... 2 boulons rivés de tirans... 2 frettes... 4 boulons de bras... 8 équerres.

CABESTAN.

2 Flasques... 2 épars, dont les tenons sont percés d'un trou de clavette en bois (1)... treuil, dont le carré est percé de 2 mortaises.

Ferrures.

4 Liens de flasque... 4 frettes de treuil... 8 clous rivés, et leurs 8 contre-rivures.

AGRÈS POUR LES PONTS.

Cordages.

Voyez la table des Cordages.

Clameaux. Il y en a d'une livre et de deux livres : les premiers sont à 2 pointes, et on met 2 de ces clameaux sur les bouts des

---

(1) On laisse une ouverture au-dessus du logement des tourillons du treuil, d'un côté, et on raccourcit le tourillon de ce côté, de 6 lignes, pour avoir la liberté de retirer le treuil, sans séparer les flasques, et pouvoir y passer les 2 ou 3 tours de cordage qui doivent y être dévidés pour la manœuvre, ce qui est très-commode, quand les cordages sont mouillés, etc.

poutrelles jumelées; les seconds sont à 1 pointe et à crochet ouvert, qui, entrant dans un des pitons fixés intérieurement aux
bordages des bateaux, servent à placer sans tâtonnement les poutrelles les plus voisines des becs.

1 Croc à 2 pointes droites, hampé, de 8 et de 10 livres.

La hampe ou la perche est de sapin; dans le petit bout est un morceau de
saule de 5 pouces, mis en travers, qui sert au batelier à appuyer ce bout
contre son estomac. (Cette petite traverse est carrée, on n'en met pas au croc
à pointe et à crochet).

poids. liv.

1 Croc, à pointe et à crochet, hampé.   12
1 Grande écope, { *Elles servent à égoutter* }   5
1 Petite écope. {   *les bateaux*   }   2
1 Gouvernail... la perche, la palette.   110
1 Grapin.   25

Il sert à accrocher dans l'eau le cordage d'ancre; il est à 4
branches.

1 Mât à remonter les bateaux, et 2 taquets.   85

Les 2 taquets sont à 2 pieds 6 pouces du petit bout, un de chaque
côté : ils servent d'appui aux haubans formés par des amarres ou traversières, dont le milieu embrasse le haut du mât par un nœud de
batelier, et dont les bouts sont fixés aux bateaux à l'emplacement des
rames, aux anneaux extérieurs et aux pitons de clameaux à pointe
et à crochet.

1 Cravate en fer.   3

Elle est composée d'un grand et d'un petit anneau. On passe le
grand anneau au bout du haut du mât, où il est arrêté par les nœuds
des haubans; son petit anneau porte la maille. Les 2 anneaux sont
liés par 1 boulon, ensorte que le petit anneau soit mobile. Ce petit
anneau a extérieurement la forme d'une gorge de poulie... On fixe le
bout de la maille à un des pitons de clameaux à pointe et à crochet
de l'arrière-bec du bateau; ce qui facilite le moyen de l'alonger ou
de la raccourcir à volonté.

Grandes nayes pour couvrir les nœuds des planches des
   bateaux.
Moyennes et petites nayes, pour les coutures plus ou moins
   larges.
1 Pompe.   20

Un corps de pompe et un gouleau servant au dégorgement de
l'eau... 1 piton, son manche, sa poignée... 1 cône tronqué creux et
son tampon : ce cône est adapté dans le bas du corps de la pompe.

1 Grande rame... la perche, la palette.   42
1 Petite rame... *idem.*   8
1 Mouton à bras.   130

		Bateaux anciens.			Bateaux nouveaux.		
Poutrelles de sapin.	Nombre.	7.			8.		
		pied.	pouc.	lig.	pied.	pouc.	lig.
	Longueur.	28	»	»	22	»	»
	Largeur.	»	5	6	»	4	6
	Épaisseur.	»	5	6	»	4	6
	Poids.	184 liv.					
Madriers de sapin.	Nombre.	19.			20.		
		pied.	pouc.	lig.	pied.	pouc.	lig.
	Longueur.	17	»	»	15	»	»
	Largeur.	1	»	»	1	»	»
	Épaisseur.	»	2	»	»	2	»
	Poids.	96 liv.					
Longueur d'une travée ou de l'intervalle du milieu d'un bateau à l'autre, etc.		pied.	pouc.	lig.	pied.	pouc.	lig.
		19	6	»	14	6	»

NOTA. Les fausses-poutrelles pour la coupure des ponts n'ont de longueur que 16 pieds pour les anciens bateaux ; leur épaisseur a 3 lignes de moins que celle des poutrelles, pour pouvoir glisser aisément sous le tablier des bateaux adjacens, à la coupure du pont. Les fausses-poutrelles des nouveaux bateaux ont 10 pieds de longueur et 4 pouces d'équarrissage.

Ces bateaux, dans l'établissement des ponts, sont distans de 9 pieds ; leurs poutrelles portent en plein sur 2 bateaux, et les dépassent de 12 pouces : elles sont coupées en talus aux extrémités, sur 6 pouces de longueur et 2 de hauteur.

LE VINDAX.

Le chassis inférieur .. les côtés... 2 épars... 1 semelle... 2 montans... 2 arcs–boutans de montans... 1 entre-toise pour le collet du treuil... 1 treuil... 2 leviers.

Ferrures.

12 Clous rivés... leurs 12 contre-rivures... 1 piton à charnière de cravate... 1 cravate... 1 cheville à tête plate... 1 clavette et sa chaînette... 2 frettes de montans... 2 crampons servant de susbandes au rouleau.

CHEVRETTE.

Le corps de la chevrette d'orme.

Ferrures.

1 Arbre... 1 plaque à oreilles... 1 frette... 1 cornet tournant...
2 plaques de renfort.... 1 clavette... 2 anneaux à piton rivé sur
une rosette... 4 arrêtoirs sur le derrière de la chevrette et accouplés pour contenir la chevrette sur le bout de devant des brancards des caissons à munitions... 24 clous.
La flèche ou les timons de rechange lui servent de levier.

CHÈVRE.

Il y en a de deux espèces.

La Chèvre brisée pour la campagne.
La Chèvre ordinaire *toujours assemblée* pour les places.
2 Hanches *de sapin*, ou à son *défaut de chêne*... 2 échantignolles
de chêne.... 3 épars de chêne... un treuil d'orme ou de chêne...
1 pied de chèvre de sapin... 1 taquet entre le 2e. et le 3e. épar,
tenu par 3 clous sur la hanche droite pour faciliter au canonnier
le moyen d'atteindre au 3e. épar et de coiffer la chèvre.

Ferrures de la Chèvre brisée.

2 Languettes... 1 boulon d'assemblage pour la tête... 1 écrou à
anse... 6 clous rivés pour fixer les languettes... 4 clous rivés pour
contenir la largeur des hanches.... 3 plaques d'appui pour les
écrous... 4 clous rivés de plaques d'appui pour les écrous de boulons de poulies.... 10 boulons à tête longue et à bout percé,...
10 rosettes ovales... 20 clous rivés d'*idem*... 6 plaques de crochet
d'épars... 6 crochets d'épars... 12 clous rivés d'*idem*... 4 clous rivés
d'échantignolle... 4 contre-rivures d'*idem*... 4 bandes de renfort...
8 clous rivés d'*idem*... 2 frettes pour le bas des hanches... 3 pointes
de pied de chèvre... 2 poulies de cuivre, *chacune pèse 24 livres*,
et a 4 trous pour les alléger... 2 écrous d'*idem*... 4 frettes de treuil...
1 virole pour le pied... 1 bandeau pour le haut du pied... 2 clous
rivés d'*idem*.... 1 poignée pour le pied... 1 pointe pour *idem*,...
33 clous d'applicage.

La longueur de la tête des 10 boulons percés est dans la direction de la longueur des banches; elle y est encastrée à fleur du bois, au milieu de sa largeur et de son épaisseur.

Quand la chèvre est démontée,

Le grand épar est tenu par les 2 boulons qui surmontent le côté extérieur de la hanche droite,

Le 2ᶜ. est tenu par son boulon de la gauche, et celui le plus près de la tête de cette hanche,

Le 3ᶜ. est tenu par son boulon de la droite, et celui le plus près de la hanche gauche.

La tête des boulons est percée à 6 lignes des bouts d'un trou de 3 lignes et demie de diamètre.

Les tiges des boulons sont percées de trous ovales pour les crochets des épars.

Les trous où se logent ces crochets pour tenir les épars, quand la chèvre est montée, sont percés dans la direction de la longueur de la tête... Ceux où ils se logent pour fixer les épars sur les hanches quand la chèvre est démontée, sont percés dans la direction de la largeur de la tête et dans les 6 boulons suivans.

Les 2 qui surmontent le côté extérieur de la hanche droite.

Celui qui est à la gauche du 2ᶜ. épar.

Celui qui est à la droite du 3ᶜ. épar.

Les 2 les plus près de la tête.

Ferrures de la Chèvre ordinaire.

2 Poulies... 1 boulon d'*idem*... 2 plaques d'appui d'*idem*... 4 clous rivés d'*idem*... 1 languette... 1 coiffe pour la tête de chèvre. Son boulon... sa clavette... 7 clous rivés pour contenir la largeur des hanches.. 4 contre-rivures d'*idem*... 4 bandes de renfort... 8 clous rivés d'*idem*... 4 clous rivés de bout d'échantignolle... 6 clous rivés de tenon d'épars... 6 contre-rivures d'*idem*... 2 frettes... 2 pointes,

La ferrure du pied et du treuil, comme à la chèvre brisée...

Pour équiper la chèvre, il faut : 1 poulie simple avec sa chappe à crochet, ou 2 poulies mouflées, dont les parties composantes sont :

1 Echarpe... 1 languette... 1 crochet... 1 boulon.

Il faut aussi d'autres agrès détaillés à l'article des manœuvres... On donne souvent dans l'artillerie le nom d'écharpe à la poulie simple et aux 2 poulies mouflées.

CRIC.

Le grand... pèse 70 liv. *pour les bateaux.*
Le moyen........ 50
Le petit......... 33.

TRIQUEBALLE.

Long^r. de la flèche du Triqueballe. { ordinaire. . . . 14 pi. 6 pouc.
{ à vis. 12   »

1 Flèche... 2 empanons... 1 essieu en bois... 1 sellette... 2 roues.

Ferrures.

1 Clou rivé pour la tête de la flèche.... 1 bande de renfort...
7 clous rivés d'*idem*. 1 contre-lunette attachée sur la tête de la
flèche... 1 lunette... 1 clou rivé pour les bouts arrondis des lunettes... 3 anneaux d'embrelage... 2 équignons... 2 heurtequins
d'essieu en bois... 2 happes à anneaux de bout d'essieu... 2 brabans d'*idem*... 2 boulons de sellette... 2 rosettes... 2 étriers d'essieu
et de sellette...... 2 boulons d'assemblage pour les empanons de
flèche... 2 rosettes sous les écrous de ces boulons... 2 frettes d'empanons.
49 Clous d'applicage.
Son Avant-train est celui de Siége pour la plaine.

TRIQUEBALLE A VIS.

Les parties qui composent le Triqueballe à vis, sont les mêmes que celles
du Triqueballe ordinaire. Il faut seulement y ajouter les suivantes.

1 Vis placée verticalement sur le derrière de la sellette, creusé
de 21 lignes de profondeur, sur une largeur de 2 pouces, 3 lignes,
jusqu'à 3 pouces du dessous de l'essieu... 1 écrou de cuivre,
1 boulon, 1 rosette, 1 écrou d'*idem*... 2 crémaillères percées de
5 trous*chacune* de 11 lignes pour le passage des chevilles à piton,
destinées à supporter la charge et soulager la vis... 1 collet pour
l'assemblage des crémaillères placées verticalement sur le derrière
de la sellette et de l'essieu embrassant l'écrou de cuivre... 2 bandes
de frottement encastrées verticalement à fleur du derrière de la
sellette contre le côté intérieur des crémaillères... 4 heurtequins
affleurant le derrière de la sellette et de l'essieu... 1 plaque porte-
écrou placée sur le derrière de la sellette à fleur du dessus de
l'écrou.... 2 boulons, 2 rosettes, 2 écrous d'*idem*.... 1 support
d'écrou et son petit boulon... 1 virole de cuivre placée sur l'embase de la vis... 1 manivelle de vis dont la croix a 51 pouces 6 lig.
La manivelle est traversée par le carré de la vis et fixée à sa place
par un écrou à 2 branches qu'on remet en place quand on ôte la
manivelle... 1 clef fixée sur l'écrou à 2 branches liée par une chaînette à 1 piton à tête plate, rivé sur une des branches de l'é—

crou... 2 chevilles à piton, fixées sur le devant de la sellette par
des chaînettes, *ces chevilles logées dans les trous des crémaillères,
portent la charge et soulagent la vis...* 2 plaques d'appui d'*idem*
encastrées à fleur du dessus de la sellette vis-à-vis les crémaillères,
pour y servir d'appui aux chevilles à piton... 2 crampons pour
loger les chevilles à piton, lorsqu'on les retire de leur trou dans
les crémaillères... 1 boulon porte-manivelle, sa rosette, son
écrou... roues, etc... 69 clous d'applicage.

Triqueballe à roues de Charrette pour les Places.

La voie de ce Triqueballe est de 45 pouces.
L'essieu est de 5 pieds 5 pouces de longueur.
La flèche est de 10 pieds de longueur.
Aux diminutions près des dimensions, il est semblable au Triqueballe or-
dinaire.

FORGE A 4 ROUES.

Brancards. . . .
{
Longueur. . . . . 140 pouces,
Largeur. 4
Hauteur. . . . . 5 et 4.
Ecartement. . . . . »

Nota. Il y avait autrefois une forge à 2 roues; elle a été supprimée en
1784.

2 Brancards... 3 entre-toises... 1 lien d'entre-toise de derrière...
1 épar... 1 lisoir... 1 caisse à charbon (1) de *chêne*, 1 coffre d'outils *de sapin*, à forgeurs, porté sur le derrière... 1 coffre d'outils
de sapin à serruriers, porté sur le devant .. 1 enclume qu'on porte
sur le devant de la forge... 1 soufflet... son contre-poids, sa branloire avec sa poignée *d'orme ou de chêne*... 1 seau... 1 essieu de
fer... 2 roues de derrière (2).

---

(1) Il faut environ une voie de charbon pesant 2,200 liv., pour la consommation d'une forge, durant 15 jours, en n'y faisant que des ouvrages de
moyenne grandeur.

(2) On a aussi dénaturé la forge à 4 roues dans l'artillerie de l'an 11. Il
suffit d'énoncer les brancards dont elle est composée pour ne plus en parler;
je ne crois pas qu'on en construise.
2 Brancards supérieurs longs de 10 pieds.
2 Brancards inférieurs de 9 pieds 1 pouce 2 lignes.
2 Petits brancards inférieurs de 1 pied 10 pouces 9 lignes.
Les roues d'avant-train tournent sous les brancards supérieurs, comme si

Avant-train.

Comme celui du chariot à munition pour la plaine ou pour la montagne.

Ferrures.

1 Echarpe de brancard... 9 boulons, 7 rosettes, 9 écrous d'*idem*... 2 équerres de brancard et d'entre-toise , pour maintenir leur assemblage... 4 boulons... 4 rosettes... 4 écrous d'*idem*... petits boulons traversant la hauteur des brancards... 1 chaîne à enrayer... 2 boulons , 2 écrous, 2 rosettes d'*idem*... 1 crochet porte-chaîne à enrayer... 1 plaque d'appui de roue... 1 coîffe de lisoir , 2 boulons , 2 écrous d'*idem*... 1 cheville-ouvrière... 1 clavette double d'*idem*... 1 calotte à 2 oreilles pour couvrir la tête de la cheville-ouvrière... 2 boulons pour la calotte... 1 crochet porte-seau , son boulon , sa rosette , son écrou... 1 chevillette et sa chaînette pour la fermeture du crochet porte-seau... le contre - cœur... le renfort du contrecœur attaché au contre - cœur par 4 boulons et 8 clous rivés.... 2 pattes à tige... 1 bande de support... l'âtre et ses 3 plaques.... 5 boulons pour la bande qui contient l'âtre... 6 brides en équerres pour contenir le fond de l'âtre... 12 boulons et 12 écrous pour les brides en équerre... 1 garde-frasier... 1 bandelette servant d'arrêtoir aux plaques de l'âtre... 6 brides pour fixer le garde-frasier aux brancards... 24 clous rivés de garde-frasier... 6 boulons de bride de garde-frasier... 6 rosettes , 6 écrous d'*idem*... 1 plaque de thuyère de fer coulé... 5 boulons de plaque de thuyère... 1 thuyère de fer coulé... 1 porte-thuyère... 2 petits boulons de porte-thuyère... 2 écrous... 8 rondelles servant d'appui au porte-thuyère placées entre le contre-cœur et les pattes du porte-thuyère... 2 arcs-boutans de contre-cœur... 2 boulons d'arcs-boutans de contre-cœur... 2 rosettes , 2 écrous d'*idem*... 2 montans pour la branloire... 2 boulons pour fixer ces montans aux brancards... 2 rosettes , 4 écrous d'*idem*... 1 traverse de montans... 2 arcs - boutans de montans à patte... 2 boulons... 2 écrous d'*idem*. 2 supports de tourillons de soufflet... 2 équerres à patte , servant à soutenir l'extrémité de ces

---

la forge était obligée de rouler avec tant de précipitation , qu'il fût nécessaire de faire tourner l'avant-train sous la voiture, pour priver celle-ci de sa simplicité, de sa légéreté et de sa solidité.

La caisse d'outils est sur le devant, et a une forme bizarre recoupée en équerre : il fallait bien que la moindre chose portât l'uniforme du système. Les outils ne sont plus en 2 caisses séparées, ce qui était utile à l'ordre. Mais le charbon est en 2 caisses dans le milieu de la voiture.

L'âtre portant la bigorne et son bloc sont au bout de derrière, ce qui serait un avantage, si les poids étaient bien répartis.

supports... 2 boulons, 2 rosettes , 4 écrous d'*idem*... 2 brides pour le dessus du support.... 2 boulons de bride... 2 écrous d'*idem*.... 1 piton pour le crochet qui sert à bander le soufflet... 2 crochets pour la branloire... 3 lamettes... 1 boulon , 1 écrou pour celle du milieu... 1 tiran de branloire... 1 triangle de derrière pour la manœuvre du soufflet... 2 bandes d'essieu... 4 boulons d'essieu... 2 rondelles ouvertes servant de heurtequins , leur 4 boulons , leurs 4 rosettes... 4 bandes pour la caisse à charbon... 2 plaques carrées pour l'étrier du mufle... 457 clous d'applicage.

Le Soufflet est composé de

3 Planches de sapin... 3 chassis d'orme... 1 mufle d'orme... 4 soupapes d'orme... 2 renforts en bois de sapin pour les extrémités du dessus et du dessous du soufflet... 1 traverse de chêne pour renforcer le dessus du soufflet.

Ferrures.

1 Echarpe à crochet pour le derrière du dessous du soufflet.. 6 boulons d'écharpe... 6 rosettes... 8 écrous d'*idem*... 1 bande à tourillons pour porter le soufflet.... ses 4 boulons... 4 rosettes.... 4 écrous d'*idem*... 4 charnières pour le dessus et le dessous du soufflet... 6 clous rivés pour les charnières... 1 buse et son tenon... 1 boulon... 1 plaque de recouvrement en tôle du devant du diaphragme pour l'empêcher d'être brûlé... 1 frette de mufle... 2 boulons pour tenir la traverse du dessus du soufflet... 1 crochet à bander le soufflet... 1 piton à vis en bois d'*idem*... 1 bride à patte pour contenir le mufle sur l'épar... 2 boulons , 2 écrous , 2 rosettes pour la bride à patte... 538 clous d'applicage.

Le Cuir du Soufflet, *fait de deux peaux réunies par une couture qui doit se trouver sur le derrière*, *le côté du poil doit être en dehors.*

Caisse à Charbon.

Dimensions extérieures..... { Longueur. . . . . 28 pouces.
Largeur. 12
Hauteur. 8

Elle est entre les brancards, et à 2 pouces de leur dessus ; son derrière affleure celui de l'épar : le bord de ce côté et les bouts sont entaillés *en dessus* pour le logement de l'épar, de façon que le fond de la caisse est parallèle au dessus des brancards... on la fixe à chaque bout par 2 clous contre le côté intérieur des brancards.

Coffre d'Outils à Forgeurs.

Les planches de sapin, les pignons d'orme.

Dimensions extérieures. . . $\left\{\begin{array}{l}\text{Longueur. . . . 36 pouc.}\\\text{Largeur. . . . . 20}\\\text{Hauteur. . . . . 13}\end{array}\right.$

Il est fixé sur les entre-toises de derrière, dont il affleure les bords ; ses bouts affleurent de même les brancards extérieurement.

Ferrures du Coffre d'Outils à Forgeurs.

10 Feuilles de tôle pour le couvert.., 2 femelles de charnière... 2 mâles de charnière... 1 moraillon limé... 3 boulons pour les nœuds de charnière... 3 écrous d'*idem*... 1 serrure... 5 boulons de charnière... 5 écrous d'*idem*... 5 clous rivés... 8 équerres pour les coins du coffre... 6 brides pour contenir le coffre... 6 boulons pour les trous ronds des brides... 6 boulons pour les trous carrés des brides... 6 rosettes et 12 écrous d'*idem*.

Coffret mobile destiné à loger les Outils de Serrurier.

Le coffret est de sapin ou d'orme blanc ; les emboîtures du couvercle et la boîte à clous, sont de chêne.

Hauteur extérieure, 13 pouces 7 lignes. Longueur, couvercle compris, 29 pouces. Largeur, idem, 12 pouces 11 lignes.

On y met 2 séparations formant 3 cases ; dans la plus petite des cases est une boîte à clous divisée en deux, et 1 bidon contenant environ 1 livre d'huile.

Ferrures.

4 Equerres... tôle du couvert... 2 charnières, leurs rivets d'assemblage, 4 clous rivés pour fixer les charnières... 2 bandes servant de rosettes aux crampons des poignées, embrassant les bouts du coffret..... 2 poignées... 4 crampons fixant les poignées...... 6 équerres... 1 serrure... 208 clous d'applicage.

Ce coffret est mobile, il se place sur le devant de la forge entre les brancards contre l'entre-toise de devant ; on lui forme un appui avec 2 liteaux cloués contre le côté intérieur des brancards.

Dans le milieu de la hauteur, du côté extérieur des brancards, vis-à-vis le soulèvement des poignées, on met un crampon de chaque côté auquel on brèle le coffre avec un cordage de 4 lignes.

Outre les outils à serrurier, il contient encore quelques pièces de rechange. Voyez son approvisionnement, ainsi que celui du coffre précédent d'outils à forgeurs, soit pour les forges de l'équipage de campagne, soit pour les forges de l'équipage des ponts de bateaux à l'article Assortiment et Chargement des Voitures.

Nota. Il y a un étau dans ce coffret; son pied se démonte, parce que, sans cela, il ne serait pas possible de le faire entrer dans le coffret. L'étau, séparé de son pied, n'a que 21 pouces de hauteur totale.

PONT-ROULANT.

1 Timon... 2 armons... 2 volées... 4 palonniers... 2 essieux en bois... 1 sellette d'avant-train... 1 petite sassoire... 1 fourchette... 2 empanons... 1 flèche.... 1 taquet de flèche pour arrêter l'enrayure... 1 sellette de derrière... 1 lisoir assemblant dans le bas les 2 moutons de l'avant-train... 4 moutons... 2 supports.

12 Poutrelles. . .	Longueur...........	15 pi.	»	pouc.	4	lign.
	Largeur............	»	4		6	
	Epaisseur..........	»	3		6	
18 Grands volets pour la couverture du pont.	Longueur..........	7	»		»	
	Largeur............	2	4		»	
	Epaisseur..........	»	1		6	

Ces volets sont assemblés par 3 traverses.

2 Petits volets pour les angles du pont, de 6 pouces de largeur.... 4 taquets pour 2 poutrelles.... 4 hampes de servantes.... 2 clefs pour fermer la charge... 2 roues de devant... 2 roues de derrière.

Ferrures du Pont.

1 Happe à crochet fermé et à virole... 1 happe à crochet ouvert pour le dessus du timon... 1 chaîne de timon... 1 clou rivé pour la tête du timon... 1 contre-rivure d'*idem*... 4 plaques carrées de tétard... 2 bandeaux pour la tête des armons... 2 boulons d'*idem*... 2 chevilles à la romaine... leurs chaînettes... 4 rosettes ovales d'*idem*... 2 clavettes doubles d'*idem*... 1 pièce d'armons... 2 boulons de volée... 4 équignons... 4 heurtequins d'essieu en bois... 4 brabans d'équignons... 4 happes de bout d'essieu... 11 lamettes... 4 anneaux plats... 1 grand anneau de volée de bout de timon... 1 braban à patte... 2 tirans de volée... 2 rosettes et 2 écrous d'*id*... 2 boulons de sellette et d'essieu de devant... 1 coiffe de sellette et ses boulons... 1 coiffe de lisoir et ses boulons... 2 boulons traversant le lisoir et ses fourchettes,.. 2 rosettes d'*idem*... 2 boulons de sassoire... 4 étriers ou frettes d'essieu... 1 cheville ouvrière.... 1 plaque de flèche... 1 bandeau de flèche... 1 boulon d'*idem*... 1 virole de flèche.... 2 esses de flèche.... 2 chaînettes d'*idem*....

2 rondelles de flèche... 1 étrier ou frette d'empanon... 1 crampon d'*idem*... 1 bande d'empanon... 2 frettes de fourchettes... 4 rondelles de bouts d'essieu... 4 esses d'*idem*... 2 boulons de sellette et d'essieu de derrière... 2 arcs-boutans de flèche et de lisoir... 1 boulon d'arc-boutant... 4 anneaux d'embrelage... 8 boulons à tête coudée pour contenir les moutons... 4 rosettes pour ces boulons... 8 écrous... 4 boulons pour contenir les fourches des moutons... 4 rosettes... 4 pitons à pattes porte-servantes... 4 douilles de servantes à crochet... 4 douilles de servantes à pointe... 4 chaînettes porte-servantes... 4 crochets pour arrêter les chaînettes porte-servantes... 2 vérouils... 4 pitons.

Ces pitons sont à tête longue, 2 sur le devant de la sellette et 2 sur le devant du lisoir ; on y loge les vérouils quand on jette le pont, afin de contenir le lisoir sur la sellette ; ce qui empêche, en lançant la voiture à l'eau, qu'elle ne change de direction.

2 Crampons... 4 ranchets de support... 4 clous rivés d'*idem*... 4 chevilles à la romaine... 4 chaînettes... 4 clavettes et chaînettes d'*idem*... 8 coiffes de moutons... 4 chaînettes d'*idem*... 4 boulons d'*idem*... 8 plaques carrées pour les moutons... 8 plaques de bras de support... 1 bande d'empanon.

Ferrures des Poutrelles, etc.

1 Boulon à charnière et à clavette aux quatre poutrelles du milieu, à chaque bout... 1 boulon à charnière, et un boulon à patte à chacune des 8 autres... 4 de celles-ci sont garnies d'une plaque percée de plusieurs trous, où on loge la pointe des servantes, lorsqu'on veut baisser ou élever le support.
Il y a donc,
16 boulons à charnière et à clavette... 4 clavettes... 4 petites chaînettes... 16 contre-rivures... 8 boulons à patte... 16 clous rivés d'*idem*... 4 plaques pour le dessous des poutrelles... 8 clous rivés d'*idem*... 2 plaques d'appui de roues aux deux poutrelles qui ont des taquets... 2 directeurs, *ce sont des barres de fer percées pour assembler le bout des poutrelles*... 8 chevillettes à piton... 8 petites chaînettes... 8 pitons rivés... 2 poignées pour les clefs de la charge... 4 clous rivés traversant la hauteur des épaulemens de la clef... 4 boulons à tête carrée... 4 pitons à tête longue pour les vérouils... 2 crampons pour porter les vérouils en route.

Agrès du Pont-roulant.

2 Coulisses.

Ces Coulisses appuyant sur les moutons de derrière, et dans le fond de la rivière, à la distance entre elles de l'écartement de la voie, servent à y faire glisser la voiture du second pont-roulant, lorsque la largeur de la rivière nécessite de s'en servir.

2 directeurs... chevalet de pont... petite nacelle *non adoptée*...
2 crocs à pointe de batelier... 2 prolonges... 1 masse.

BROUETTE *ordinaire.*

2 Brancards de longueur totale de 5 pieds... 3 épars de fond...
2 pieds à mi-distance de l'essieu au bout de derrière des brancards...
2 montans de dossier... 2 épars de dossier... 1 coffre, le fond, le
dossier, les 2 joues, la planchette de fermeture, 4 liteaux... 1 roue
de 1 pied 6 pouces, à 8 rais, 4 jantes, 1 moyeu... 4 boulons,
4 écrous, 8 rosettes... 2 bandeaux de bout de brancards... 2 arcs-
boutans de dossier... 1 boulon à clavette servant d'essieu... sa clavette double... 1 cercle de roue percé de 12 trous de clous... 2 frettes
de moyeu retenues par 6 caboches... 64 clous d'applicage.

BROUETTE A BOMBES.

2 Brancards... 2 épars de fond... 2 pieds... 1 double fond, le
1er. comme à la brouette ordinaire; le 2e. cloué au 1er. par 8 clous,
percé entre le 1er. et le 2e. épar d'un trou cône-renversé de 9 pouces
de diamètre en dessus, et de 8 en dessous pour recevoir la bombe...
1 roue.

Ferrures.

1 Boulon traversant les brancards et les pieds, 2 rosettes d'*idem*...
1 écrou d'*idem*... 2 bandeaux de bout de brancard... 1 boulon à clavette servant d'essieu... 1 clavette double d'*idem*... 1 cercle de roue...
2 frettes... 50 clous d'applicage.

CIVIÈRE A PIEDS; — SANS PIEDS.

2 Bras de 6 pieds de longueur ; épars à tenons, dont 4 qui dépassent les bras, sont traversés par une cheville en bois... 4 pieds
traversant le milieu de l'épaisseur des bras à 6 lignes des 2 derniers
épars : ils sont contenus par 1 cheville en bois à fleur du dessus.

NOTA. On peut supprimer 2 épars à la Civière sans pieds, et les espacer
comme ceux de la Civière à pieds pour porter les objets qui n'auront pas
besoin d'être contenus.

CIVIÈRE A TOILE.

Pour le transport des barils de poudre, on pourra faire aussi des Civières sans épars ; elles ne seront composées que de deux bras de 5 pieds 6 pouces de longueur, et de 21 à 24 lignes de diamètre, *selon la qualité des bois qu'on aura.* L'intérieur sera garni d'une toile à voile, les 2 bouts seront coupés en douille sur toute la largeur de la toile, ayant 2 pouces 2 lignes d'ouverture en diamètre, et 2 pieds 3 pouces de longueur entre les douilles. Ces toiles seront peintes ou goudronnées : on ajoutera à chaque civière un prélat de toile peinte ou goudronnée, aussi de pareille largeur, et d'environ 3 pieds de longueur pour couvrir les barils en cas de pluie.

CIVIÈRE A BOMBE *et à Obus de 8 pouces.*

2 Bras de 4 pieds 10 pouces... 2 épars à tenons traversés par 1 cheville en bois... 4 pieds... 1 coffre, le fonds, l'emboîture...

Ferrures.

4 Encoignures de tôle... 47 clous d'applicage.

TRAINEAU *ordinaire.*

2 Côtés longs de 5 pieds... 5 épars longs de 3 pieds.

Ferrures.

2 Boulons d'assemblage... 4 crochets d'attelage.

TRAINEAU *glissant pour la montagne.*

2 Côtés de 9 pieds de longueur... 3 entre-toises d'un pied 6 pouces. Il est convexe vers le milieu, et a un logement de tourillons de 5 pouces 6 lignes de diamètre, et de 2 pieds 9 pouces de profondeur.

4 Crochets de retraite et d'attelage... 2 à trou carré, 2 à trou rond... 3 boulons d'assemblage, 2 rosettes pour celui du milieu, 3 écrous... 4 clous rivés et leurs contre-rivures qu'on ne met pas si on met des bandes de renfort en dessous... 2 bandes de renfort lorsque le traîneau doit glisser long-tems sur un chemin pierreux... 4 brides... 4 chevilles à tête plate... 8 plaques carrées de chevilles à tête plate... 2 susbandes... 4 clavettes de susbandes... 16 clous d'applicage.

Voyez à l'Artillerie de montagne différentes espèces de traineaux relatifs au même objet.

TRAINEAU *à rouleau, servant dans les Poternes, et à monter les rampes étroites des fortifications.*

2 Côtés comme au traîneau glissant, mais leur dessous est en ligne droite, et évidé seulement pour le logement des rouleaux.
3 Entre-toises.
2 Rouleaux, dont la partie qui porte à terre a 8 pouces de diamètre. Les bouts sont percés de 2 trous perpendiculaires l'un à l'autre de 14 lignes; l'un affleure l'épaulement, l'autre la virole : ils servent à faire aller le traîneau au moyen de 2 barres de fer de 3 pieds 6 pouces de longueur.

Ferrures.

4 Crochets de retraite et d'attelage... 3 boulons d'assemblage... 2 rosettes pour celui du milieu... 3 écrous... 4 chevilles à tête plate, 4 plaques carrées d'*idem*, 4 rosettes d'*idem*.... 4 écrous d'*idem*.... 2 susbandes... 4 clavettes d'*idem*, et leurs chaînettes... 4 étriers de rouleaux... 8 boulons d'étriers de rouleau, leurs 8 rosettes, leurs 8 écrous... 8 frettes de rouleaux... 4 viroles de rouleaux.

BARIL *à ébarber les Balles.*

2 Patins.... 1 traverse.... 2 montans.... 2 grands liens, 2 petits liens... la trémie... bras de la trémie... le baril.

Ferrures.

2 Chevilles à la romaine pour soutenir la trémie, sa chaînette et son crampon... 1 petite cheville à la romaine, sa chaînette et son crampon... 4 cercles de baril... 2 charnières à moraillon... 2 mentonnets.... 2 chaînettes à clavettes tenues par 1 crampon.... 4 rouleaux... 4 rosettes... 1 arbre... 2 écrous à oreilles.... 1 manivelle... 1 douille à patte et à piton... 1 hampe et sa poignée... 2 crapaudines en cuivre... 2 plaques à oreilles.

PASSE-BALLE.

1 Chassis... 4 pieds... 2 entre-toises... 4 épars... 2 caisses pour recevoir les balles... 2 cribles ou passe-balles, avec 1 tourillon dans le milieu de chaque long côté. À ceux des cribles, la plaque du fond est percée de trous dans lesquels doit passer la balle; à l'autre,

1.   6

elle l'est de trous qui ont 3 points de moins, et dans lequel la balle ne doit pas passer.... 4 poignées.... 4 crapaudines.... 4 équerres.... 4 bandes de frottement.

GRILS ORDINAIRES *à chauffer les Boulets.*

Ils sont composés de 3 doubles pieds, qui sont rivés en dessous des barres du Gril : il n'y en a que 2 pour le 4.

Pour. . .	24 — 16.		12 — 8.		4.	
Écartement extérieur des pieds.	23 po.	6 li.	23 po.	» li.	16 po.	3 li.
Hauteur totale.	12	»	id.	»	id.	»
Longueur des barres du Gril. . .	34	»	36	»	30	»
Equarrissage du fer.	1	8	1	6	1	4
Écartement intérieur des barres d'un angle à l'autre.	4	»	2	9	2	6
Nombre { des barres.	4	»	5	»	4	»
{ des boulets que contiendra le Gril. . . .	18	21	32	36	40	»

On peut donner moins de longueur aux Grils ; mais on ne peut pas diminuer la grosseur de leurs barreaux, parce qu'ils seraient sujets à plier à la chaleur, et on ne saurait y suppléer, en multipliant les traverses, sans rendre les Grils trop pesans.

Il y a des Grils pour la campagne, qui se démontent.

2 numéros, l'un est pour place et siége... l'autre pour la campagne.

L'équarrissage du fer est à tous deux de 16 lignes.

L'écartement extérieur des pieds de 23 pouces.

La hauteur totale de 12 pouces.

La longueur des barres de 36 pouces.

L'écartement intérieur des barres est de 4 pouces au premier, et de 2 pouces 9 lignes à l'autre.

Les 6 pieds du Gril de campagne sont mobiles et à piton ; ils sont rivés aux 3 traverses qui contiennent l'écartement des barres.

Les instrumens pour leur service sont, pour les 3 premiers numéros, 1 crochet à attiser le feu, 1 fourche pour prendre et porter les boulets rouges... 1 tenaille pour prendre, etc... 1 cuiller à 2 manches pour porter et pour mettre le boulet rouge dans la pièce.

Réchauds de Rempart.

1 Cul-de-lampe... 2 branches.... 1 cercle supérieur.... 1 tige à pointe... 1 clavette à pointe... 1 fourche à douille pour suspendre le réchaud... 1 pied pour le réchaud, logé sur un plateau de bois, ou terminé en pointe pour le fixer à terre.

CONSTRUCTION POUR LES MONTAGNES.

LIMONIÈRES (*de 3 espèces*).

De 24, 16, et chariot à canon.
De 12, 8, chariot à munitions, caissons et forges (1).
De 4 (2).

(1) Quoique cette limonière en général soit la même, il y a pourtant quelques légères différences; le tétard de celle du chariot à munitions a 3 lignes d'épaisseur de plus que le tétard de celle du caisson; il en est de même du timon. C'est une simplification à faire.

(2) On a proposé d'ajouter à l'avant-train de 4 à limonière, la pièce suivante :

1 Traverse de reculement.

Lorsqu'on met un troisième cheval, elle empêche qu'il ne touche à la roue.

Son épaisseur, depuis la patte, est formée par 2 courbes, le bout en est relevé en bourlet.

Elle est percée de 2 trous de boulons, l'un à la patte sur la hauteur, et l'autre à la branche dans le sens de son épaisseur.

Elle est placée sous le bras droit de la limonière, par le moyen d'un boulon qui traverse sa patte, ainsi que le bras de la limonière et le trou fait dans le bout de l'écharpe. Lorsqu'on veut s'en servir, on la met à-peu-près en équerre avec le bras de la limonière, où elle est arrêtée par un arc-boutant à charnières. Quand elle est inutile, le même arc-boutant sert pour la tenir repliée sur le bras de la limonière, en rapportant son bout à la charnière la plus rapprochée de la traverse, et où elle est fixée par la clef à chaînette.

1 Bande de recouvrement pour la patte de traverse percée de 10 trous de clous et de 2 à rivets.

Elle embrasse le bout arrondi de la patte de la traverse.

Je n'ai jamais vu se servir de cette traverse, ni n'en ai trouvé de construite.

Ferrures.

1 Arc-boutant...

Il soutient la traverse développée, et la retient sous la limonière lorsqu'on n'en fait pas usage.

1 Clef à chaînette et à piton...

Elle arrête le bout de l'arc-boutant aux charnières.

1 Charnière à patte coudée...

2 Bras de limonière... 1 entre-toise... 1 tétard assemblé dans le milieu de derrière de l'entre-toise, et fixé par... 1 cheville en bois... 1 épar...

Ferrures de Limonières.

1 Echarpe de limonière... 6 liens et leurs chevillettes... 2 crochets d'attelage... 2 ragots, 2 plaques carrées de tétard... un bandeau de tétard... 3 boulons d'*idem*... 2 happes à anneau pour le gros bout du bras... 1 boulon de limonière... 1 clavette double... 1 chaînette de clavette... 1 crochet à patte à 24 et 16... 1 piton à patte à 12, 8 et 4... 1 boucle soudée dans le piton à patte de 12, 8 et 4... La patte du crochet ou du piton est tenue sous le tétard par les 2 premiers boulons du bandeau ; le bout est vers l'entre-toise.

Le crochet sert à recevoir une des mailles de la chaîne d'embrelage, et le crochet fendu de la chaîne d'embrelage se loge dans la boucle, lorsqu'il faut accrocher cette chaîne d'embrelage, ce qui est nécessaire pour soutenir l'avant-train quand on le tire de dessous son affût.

38 Clous d'applicage.

AVANT-TRAIN DE SIÉGE DE 24 ET 16.

1 Limonière *composée de 2 bras, 1 entre-toise, un tétard, 1 épar... 2 armons... 1 sellette... 1 essieu en bois... 2 roues.*

Elle est placée sur le côté du bras droit de la limonière.

1 Charnière à patte droite...

Contre le bras de limonière, à 11 pouces 5 lignes de la patte coudée.

1 Boulon à charnière rivé sur la branche de la traverse.

1 Plaque à oreilles percées de 2 trous de clous fraisés. Le milieu de la plaque est percé d'un trou carré de 7 lignes.

Elle est placée dans le bras de limonière, et sert de rosette à la patte de traverse.

2 Plaques pour la patte de traverse...

Elles forment le dessus et le dessous de la patte de traverse, et y sont placées à fleur de bois de sa branche.

1 Boulon à tête en champignon...

Il traverse le bras de limonière, sert de tourillon à la traverse ; son écrou est placé en dessous.

Ferrures.

2 Seyes... 1 équignon... 2 brabans... 2 happes à anneau de bout d'essieu... 2 heurtequins d'essieu en bois... 2 étriers ou frettes de sellette et d'essieu... 1 coîffe de sellette... 1 cheville ouvrière... 1 boulon ovale... 1 cravate... 1 chaîne d'embrelage... 1 bride de chaîne d'embrelage... 4 boulons de cravate... 28 clous d'applicage.

L'Avant-train de siége pour la plaine, est à bras de limonière.

L'Avant-train de siége pour la montagne, est à armons, entre la tête desquels on met une limonière mobile, ce qui est plus commode dans les montagnes.

Les Avant-trains des pièces de campagne et des autres voitures à 4 roues de l'artillerie, sont à timon pour la plaine, et à limonière pour la montagne; mais c'est le même avant-train qui reçoit entre ses armons, le timon ou la limonière. On remarquera seulement que les armons des avant-trains, quand on les construit précisément pour la montagne, sont d'un échantillon un peu plus fort. Dans les armons des avant-trains des pièces de campagne, cette différence n'existait pas dans les modèles de 1765. On a jugé nécessaire, pour remédier à leur faiblesse, quand on voudra y mettre des limonières, d'y ajouter 2 bandes de renfort à oreilles. Elles sont sur le côté extérieur des armons, dont elles enveloppent la tête, et servent par-là à les renforcer; ces oreilles sont percées pour y recevoir 2 boulons.

A la place de ces 2 bandes à oreilles, il y a, pour les nouveaux armons de montagne, 2 *plaques de renfort* enveloppant extérieurement les armons au trou du boulon de limonière, et 1 *bride mobile* (1) à la place de la frette d'armons. Cette bride est contenue au-dessous de l'armon droit, à un bout par le boulon qui est de ce côté, et dirigée, en attendant qu'on s'en serve, sur la longueur de cet armon, où elle est fixée à l'autre bout, par un clou. Quand on voudra mettre un timon au lieu d'une limonière, on arrachera le clou de la bride, on la placera en travers pour tenir lieu de frette d'armons, et on arrêtera l'autre bout par le boulon correspondant qui traverse l'autre armon... 2 boulons de la bridetenant la place de coiffe d'armons... 1 rosette sous le boulon de gauche.

Lorsqu'on remettra les timons pour la plaine, on garnira le trou fait dans la tête des armons par une virole dont la longueur

---

(1) Au lieu de la bride mobile, etc., on a mis (à l'armée des Alpes en 1793 et 94) une frette qui, embrassant les armons et le tétard de la *limonière*, empêche celle-ci d'être mobile. Cette innovation, contraire aux tables, paraît vicieuse, il ne faut plus la suivre. Le limonier est écrasé dans le tirage; et dans les parcs serrés, la limonière ne pouvant se relever, augmente l'embarras du local.

doit être égale à la largeur de la tête des armons ; elle ne sera pas soudée.

Lorsqu'on remplacera les limonières par un timon à bœufs, on portera, pour y mettre, 1 boulon de rechange à clavette de la même force que celui des limonières, qu'on arrêtera avec la clavette de la limonière.

2 Tasseaux de derrière de volée, à 8 pans d'orme.

Ces tasseaux, placés entre la volée et les armons, servent à donner du jeu au tétard ; on les met sous les armons, lorsqu'on remet le timon. Ces tasseaux sont peu utiles : il y a assez de jeu pour s'en passer.

NOTES.

Sur les Avant-trains.

L'Avant-train pour la plaine et pour la montagne, de l'affût de 24, est commun à l'affût de 16 et à celui de l'obusier de 8 pouces.

L'Avant-train de l'affût de campagne, de 12, est commun à l'affût de 8, et à l'obusier de 6 pouces.

Le caisson d'outils, le chariot à munitions et la forge, ont également de commun leurs deux Avant-trains de plaine et de montagne.

Sur les Chassis de plate-forme.

La longueur de tous les grands Chassis d'affût de côte, est de 13 pieds, la hauteur de 11 pouc., et l'épaisseur de 8 pouc. L'écartement extérieur pour 36 est de 4 pieds 5 pouces, et pour 24 est de 4 pieds 1 pouce 6 lignes. L'écartement du petit chassis est égal à celui du grand.

Les Chassis d'affût de place semblables, et presque égaux dans leurs dimensions, ne diffèrent que dans leur longueur totale.

Le Chassis de place, pour 24 et 16, a 18 pouces de plus que celui de 12 et de 8.

L'auget du Chassis de 24 et 16, a 15 pouces de plus que celui de 12 et de 8.

Sur le Chassis de transport.

On se sert de l'avant-train de siége pour la plaine, lorsqu'on veut transporter les affûts de place, et d'un Chassis qu'on appelle chassis de transport, ou chassis de place pour avant-train. Ce Chassis est le même pour tous les calibres.

Sur la Voie des Voitures d'Artillerie.

La Voie des Voitures se prend du dedans d'une jante au dehors de l'autre, mesure prise en dessous.

La Voie commune des Voitures d'artillerie est de 56 pouces 6 lignes. Celle du chariot à canon, du haquet à bateau et du haquet à ponton, n'est que de 56 pouces. Le poids dont ces voitures sont ordinairement chargées, achève de leur donner les 6 lignes qu'elles ont de moins.

Aux affûts de place, la Voie se prend en dedans des jantes et dans le bas ; on leur donne 3 lignes de Voie moins qu'au chassis, parce que le poids de la pièce écarte la roue dans le bas. Cette voie n'est que de 45 pouces 6 lignes, pour ne pas donner trop d'écartement au chassis. En général, toutes les voitures destinées spécialement aux places, ont cette même Voie de 45 pouces : celle même du chariot à canon à roulettes n'en a que 42.

Les Voitures de l'Artillerie, d'après l'arrêté du 12 floréal an 11, doivent être susceptibles d'avoir 2 Voies, parce qu'on a fait la guerre dans des pays où la voie était plus serrée ; si on voulait être conséquent, il en faudrait bien plus de 2, lorsqu'on veut les varier à raison de la difficulté du tir dans des voies rapprochées de celle de la voiture qu'on conduit. Si on ne considère que le passage dans des chemins creux, où les rochers arrêteront l'essieu, qu'on a conservé le même, alors on sera également arrêté ; ou s'il n'est empêché que par les terres, on les enlèvera ; les outils sont sous la main. Il paraît qu'on a renoncé à cette innovation malheureuse.

CHARRETTE-CAISSON.

Cette Charrette, faite pour remplacer les Caissons à munitions dans les pays difficiles et les expéditions d'outre-mer, ayant paru utile, on a cru devoir la donner ici avec ses détails et dimensions.

Elle est composée de : 2 brancards... 4 épars de fond... 1 hausse... 2 ridelles... 24 roulons... 10 épars montans... 1 trésaille... 1 hayon... 2 servantes... 4 burettes... 1 perche de fermeture, garnie dans sa longueur et en dessous d'une tresse de paille... 1 limonière, ses 2 bras, 2 épars, son entre-toise... 2 roues, d'affût de 12, ou de 8, ou de charrette... 4 rivets pour les bouts de brancards... 4 esses de hayon et de trésaille... leur chaînette... leur piton... 2 arrêtoirs pour le bout des ridelles... 1 arrêtoir pour le bout de la perche de fermeture... 1 chaînette et 2 pitons de perche, *pour l'empêcher de se perdre*... 1 croissant portant un boulon placé au milieu du hayon de derrière pour recevoir le bout de la perche de fermeture, sa clef... sa chaînette... 2 douilles de servantes... 2 pitons d'*idem*... 2 chaînettes portant anneau pour recevoir les bouts des servantes, 2 pitons d'*idem*... 4 boulons d'essieu et de brancard... 4 écrous d'*idem*... 2 bandes d'essieu... 1 anneau portant 1 boulon placé au milieu de la trésaille de devant pour recevoir le bout de la perche de fermeture... 2 rivets pour les bouts de derrière des bras de limonière... 4 ragots... 1 cravate et ses 6 rivets... 1 cheville traversant les brancards et la limonière, 2 rosettes d'*idem*... 1 clavette et une chaînette d'*idem*... 1 essieu de 12 ou de 8, ou de charrette.

La Perche est garnie en dessous d'une tresse de paille qui s'y attache par des ficelles passant par des trous pratiqués dans toute sa longueur ; cette tresse (ou bourlet) aisée à renouveler, appuie sur l'arête supérieure des caisses, fait comme un ressort qui les contient et les empêche de sauter dans les cahots.

Sur la perche, est clouée une grosse toile peinte qui recouvre la charrette en dessus et sur les côtés, où on l'arrête par des ficelles, autour des roulons.

NOMENCLATURE

Dimensions.	pouc.	lig.
2 Brancards. Longueur totale.	97	
Hauteur, Au milieu.	8	
Aux deux bouts.	4	
A 2 pieds 4 pouces du derrière.	5	
A 2 pieds 11 pouces du devant.	5	
Epaisseur.	3	6
Le centre de l'essieu est placé à 3 pieds 7 pouc du derrière des brancards ; le dégagement commence sous les brancards à 6 pouces de chaque côté de ce point, et se termine par un rayon de.	16	6
1 Hausse. Longueur totale.	28	6
Largeur.	4	6
Epaisseur.	4	

Elle est embrevée de 6 lignes dans les brancards ; elle est placée au milieu de l'essieu ; le dessus est à la hauteur des épars de fond.

		pouc.	lig.
4 Epars de fond. Longueur totale	de ceux des extrémités.	34	9
	des deux autres.	32	
Largeur.		3	
Epaisseur.		1	6

Emplacement.

	pouc.	lig.
Distance du devant du brancard au premier.	15	
Du premier au second.	15	
Du second au troisième.	35	
Du troisième au quatrième.	16	

Le dessus des épars est à 1 pouce au-dessous du dessus des brancards.

		pouc.	lig.
2 Ridelles. Longueur	totale.	90	
	entre les épaulemens des bouts arrondis.	80	6
Equarrissage, les chanfreins abattus de 6 lig.		2	

(1) Celle de droite doit avoir 2 pouces de moins en arrière. Celle de gauche doit avoir 2 pouces de moins eu avant.

		pouc.	lig.
24 Roulons. Longueur	totale.	19	6
	entre les épaulemens.	15	6
Equarrissage.		1	1

(1) 1 Arrêtoir doit empêcher la trésaille de sortir de la ridelle gauche ; quand on veut ouvrir la charrette, on ôte l'esse de trésaille de la ridelle droite ; on tire un peu à soi la trésaille pour l'en dégager, et on la fait tourner en dehors autour de la ridelle gauche ; voilà pourquoi celle-ci est un peu plus longue ; par ce moyen, on ne peut jamais oublier la trésaille et la perdre.

Emplacement.	pouc.	lig.

Ils sont placés perpendiculairement aux brancards, et espacés également entre les épars montans.

		pouc.	lig.
10 Épars montans.	Longueur totale.	20	
	Largeur.	3	
	Epaisseur.	1	

Emplacement.

	pouc.	lig.
Distance du devant des brancards au premier.	12	
Du premier au second.	7	
Du second au troisième.	26	9
Du troisième au quatrième.	23	
Du quatrième au cinquième.	7	

Ils sont placés au milieu de l'épaisseur des brancards.

		pouc.	lig.
1 Trésaille pour fermer le derrière de la charrette.	Longueur { totale.	40	
	Longueur { du centre d'un trou à l'autre.	32	6
	Largeur.	4	6
	Epaisseur.	1	6
	Diamètre des trous.	2	

1 Trésaille de hayon. (Mêmes dimensions que la précédente, seulement les trous n'ont que 1 pouce 6 lignes de diamètre.)

		pouc.	lig.
Traverse de hayon.	Longueur totale.	33	
	Equarrissage, les bouts arrondis.	1	9
2 Épars montans de hayon.	Longueur totale.	16	6
	Largeur.	3	
	Epaisseur.	1	
2 Roulons de hayon.	Longueur totale.	16	6
	Equarrissage.	1	
1 Perche de fermeture.	Longueur { totale.	90	
	Longueur { de la partie méplate.	79	
	Largeur.	2	6
	Epaisseur.	1	6
	Les bouts sont arrondis sur une longueur de	6	6
2 Servantes.	Longueur totale.	23	
	Diamètre.	1	9
2 Bras de limonière.	Longueur totale.	93	
	Hauteur { derrière.	4	
	Hauteur { à 18 pouces d'idem.	4	
	Hauteur { au bout.	2	9
	Largeur sur la partie cintrée { derrière.	3	
	Largeur sur la partie cintrée { à 18 pouces d'idem.	3	9
	Largeur sur la partie cintrée { au bout.	2	9

		pouc.	lig.
1 Entre-toise de limonière.	Longueur { totale	34	9
	{ entre les épaulemens	21	
	Largeur	3	
	Epaisseur	4	
	Elle est cintrée de	1	
1 Epar de limonière.	Longueur totale	28	
	Largeur	3	4
	Epaisseur	1	

Emplacement de l'entre-toise et de l'épar de limonière.

Distance du bout de derrière de la limonière au devant de l'entre-toise 18

Distance du bout d'idem de la limonière au derrière de l'épar 6

		pouc.	lig.
Ecartement intérieur de la limonière.	Derrière	21	9
	A 18 pouces d'idem devant l'entre-toise	21	
	A 22 pouces devant l'entre-toise	26	
	A 6 pouces du bout en avant	24	
	Au bout	25	

Les bouts des bras de limonière sont faits en fourches, pour se fixer dans le premier épar du corps de la charrette ; les tenons de l'entre-toise d'idem se logent dans les bouts des brancards de la charrette.

		pouc.	lig.
4 Burettes.	Longueur totale	84	
	Largeur	6	
	Epaisseur	1	

On fait une entaille au bout de devant des deux qui sont en dehors pour recevoir les bouts des bras de limonière.

		pouc.	lig.	pouc.	lig.
2 Tringles.	Longueur totale	90	6		
	Largeur	4			
	Epaisseur	1			1
	Entailles { Largeur	1			3
	{ Longueur en profondeur	1			1
	{ Distance des bouts	13			

Elles se clouent contre les épars montans, le bas touche les brancards dans l'intérieur de la charrette.

Ferrures.

		pouc.	lig.
4 Ragots.	Longueur des pattes	5	
	Largeur	4	

Ils sont construits comme ceux des charrettes ordinaires d'artillerie. Les deux de devant sont placés comme aux mêmes charrettes. Les deux de derrière sont placés sur la partie supérieure des limonières à 15 pouces des bouts.

	pouc.	lig.

2 Rivets de bras de limonière.
- Longueur, tête comprise. . . . . — 4 — 3
- Diamètre des tiges. . . . . — » — 5

Ils sont placés à 4 pouces du bout des bras de limonière.

1 Cravate.
- Développement. . . . . — 48 —
- Largeur. . . . . — 1 — 6
- Epaisseur. . . . . — » — 4

Elle est fixée sous l'entre-toise et les bras de limonière, par 6 rivets de 4 lignes.

1 Cheville de limonière.
- Longueur totale. . . . . — 38 —
- Diamètre. . . . . — 1 — 1

Elle est percée d'un trou méplat pour y recevoir une clavette.

2 Rosettes ovales.
- Grand diamètre. . . . . — 5 —
- Petit diamètre. . . . . — 3 —
- Epaisseur. . . . . — » — 2

Elles sont fixées aux brancards par des clous.

4 Rivets de brancard.
- Longueur, tête comprise. . . . . — 4 — 3
- Diamètre. . . . . — » — 6

Celui de devant est placé à 4 pouces du bout.
Celui de derrière à 2 pouces du bout.

4 Boulons de brancard et d'essieu.
- Longueur totale. . . . . — 10 —
- Equarrissage sous la tête. . . . . — » — 9

Ils sont placés à 4 pouces de chaque côté du milieu de l'essieu ; 2 trous sont distans de 7 pouces 3 lignes.
Ecrous d'idem... ont 14 lignes d'équarrissage et 7 pouces d'épaisseur.

2 Douilles de servantes.
- Les douilles de servantes, leur crampon et leur piton, comme aux autres voitures d'artillerie.

Elles sont placées au milieu des épars des extrémités.

1 Anneau à boulon de fermeture.
- Largeur du fer autour de l'anneau. . . . . . . — 1 — 2 ½
- Epaisseur d'idem. . . . . — » — 2
- Equarrissage de la tige sous la tête. . . . . . — » — 6
- Longueur de la tige. . . . . — 5 — »

Il est placé sur le milieu du hayon de devant pour recevoir le bout de la perche de fermeture. Il est soulevé à 45°. du sommet pour laisser passer l'arrêtoir de la perche.

		pouc.	lig.
1 **Croissant** **de fermeture.**	Largeur du croissant.	1	2 $\frac{1}{2}$
	Epaisseur du fer autour.	»	2
	La tige comme celle de l'anneau ci-dessus.		

Il est placé au milieu du hayon ou trésaille de derrière ; le bout est percé d'un trou méplat pour recevoir une clef. Dans cette clef est un trou où l'on fait passer un anneau de cadenas qui ferme le bout de la perche.

4 **Esses** **de trésaille.**	Comme à la charrette à boulets.

4 **Rivets** **de trésaille.**	Idem.

		pouc.	lig.
1 **Chaînette** **de perche** **de fermeture.**	Longueur totale.	20	
	Diamètre du fer des mailles.	«	3

Elle est fixée d'un bout par un piton sur le devant de la perche de fermeture, et de l'autre bout, à un piton planté dans la ridelle de gauche.

		pouc.	lig.
2 **Bandes** **d'essieu.**	Longueur.	10	
	Largeur.	2	3
	Epaisseur.	»	4

Table des Dimensions des Caisses à Munitions et d'Assortiment.

		4.		8.		12.		Obusier de 6 pouc.
Calibres de		po.	li.	po.	li.	po.	li.	po.	li.

Caisses à Munitions.

			4		8		12		Obusier de 6 pouc.
		po.	li.	po.	li.	po.	li.	po.	li.
Longueur	extérieure, oreilles comprises.	3o	6	Idem.		Idem.		Idem.	
	extérieure, oreilles non comprises.	27	6	Idem.		Idem.		Idem.	
Largeur	extérieure.	4	8	5	6	6	»	8	1
	intérieure.	3	2	4	»	4	6	6 / 6	1 a / 7 b
Hauteur	extérieure par derrière.	19	»	19	»	Idem.		Idem.	
	extérieure par devant.	18	»	17	»	Idem.		Idem.	
	intérieure, les fonds et le couvert non compris. par derr.	16	8	16	»	Idem.		Idem.	
	par dev.	15 c	8	14	»	Idem.		Idem.	
Epaisseur	de la tête ou petit côté (en orme).	1	»	Idem.		Idem.		Idem.	
	du sur-fond, embrevé de 3 lig. des 4 côtés.	»	5	»	8	Idem.		Idem.	
	du fond en feuillure, idem.	»	10	1	»	Idem.		Idem.	
Distance entre le fond et le sur-fond.		»	3	»	4	Idem.		Idem.	
Epaisseur du couvert.		»	10	1	»	Idem.		Idem.	
Longueur de l'ouverture du couvert.		9	»	Idem.		Idem.		Idem.	
Epaisseur des liteaux de renfort.		»	6	Idem.		Idem.		Idem.	
Diamètre	du trou des oreilles.	»	6	Idem.		Idem.		Idem.	
	des trous du sur-fond.	»	4	Idem.		Idem.		Idem.	

Caisse d'Assortiment.

Les longueurs sont comme aux caisses à munitions ; le fond et le couvert ont 1 pouce d'épaisseur ; les côtés ont 1 pouce pour l'obusier et 9 lignes pour les 3 autres calibres.

		4		8		12		Obusier de 6 pouc.	
Largeur	extérieure.	6	4	8	»	7	6	14	6
	intérieure.	4	10	6	6	6	6	12	6
Hauteur	extérieure par derrière.	19	»	Idem.		Idem.		Idem.	
	extérieure par devant (le couvert compris).	17	»	Idem.		Idem.		16	»

a Au bas.

b Au haut.

c La petite cartouche de 4 a de hauteur totale 15 pouces 5 lignes.

Table relative aux Charrettes-Caissons et à leurs Caisses de chargement.

Charrettes-caissons, les mêmes pour	4.	8.	12.	Obusiers de campag.
Coups à boulets par caisse.	7	6	5	4
(ou) Coups à cartouches à balles par caisse	6*	5	4	3
Caisses à munitions par charrette. — En tout — à boulets. .	10 } 16	8 } 13	8 } 12	7 } 8
à balles. . .	6	5	4	1
Caisses d'assortiment par charrette.	1	1	1	1
Nombre de coups par charrette. — En tout — à boulets. .	70 } 106	48 } 73	40 } 56	28 } 31
à balles. . .	36	25	16	3
Nombre de charrettes par bouche à feu.	2	3	4	5
Il y aura donc par bouche à feu approvisionnée. — Caisses à munitions.	32	39	48	40
Caisses d'assortim. .	2	3	4	5
Totalité des coups (sans les coffrets).	212	219	224	155
Totalité de l'approvisionnement porté par les caissons pour chaque bouche à feu.	150	184	204	156
Coups par coffret.	18	15	9	4
Totalité des coups portés par les charrettes-caissons et coffrets pour chaque bouche à feu.	230	234	233	159
Idem par les caissons et coffrets. .	168	199	213	160
Nombre de cartouches d'infanterie contenues dans chaque caisse. . .		132×10	142×10	202×10
Longueur de la partie du corps occupée par les caisses.	79 p. 6 l.	Idem.	Idem.	Idem.
		l. s. d.	l. s. d.	l. s. d.
Prix à Paris en l'an 6, — de la Caisse à munition. . .	»	6 15 10	6 17 9	9 5 4
d'assortiment.	»	6 15 10	6 17 9	8 7 6
de la Charrette, non compris 18 l. pour peinture d'elle et des caisses. . . .	liv. 467	Idem.	Idem.	Idem.

* On pourrait en mettre 7 aussi, charger 11 caisses à boulets et 5 caisses à cartouches; ce qui ferait 112 coups par charrette.

Détails sur les Poids.

166 liv. Pour un essieu.
286   Le corps de la charrette.
80   La limonière.
500   Les 2 roues , 2 esses , 4 flottes.
387   12 caisses de 12 à munitions et 1 d'assortiment.
62   La perche , toile, etc.
____
1481 liv. Poids total.

132 Paquets de cartouches d'infanterie de 10 au paquet que contient la caisse de 8 , pèsent 100 liv. la caisse 30 liv. donc 130 liv.

Ce sont les seules Caisses avec celles de 4 simples qu'il faut charger ainsi , parce que le poids des autres excéderait trop vîte les forces de deux hommes pour être portées à bras à quelque distance.

Les Caisses sont recouvertes d'une grosse toile peinte , clouée à 2 pouces au-dessous de l'arête du derrière , retombant de 4 pouces en avant et sur les côtés.

Le sur-fond est percé de 5 trous de 4 lignes , fraisés en dessus pour faciliter le passage de la poudre qui pourrait tamiser des cartouches. On la retire par un trou qui est à un bout entre les 2 fonds. Ce moyen évite les accidens : on pourrait l'employer dans les Caissons. *Il n'y a pas de sur-fond dans les caisses d'armement;* il s'embrève de 3 lignes des 4 côtés.

Le fond entre dans les côtés et les têtes de 3 lignes , par le moyen d'une feuillure : il affleure le dessous des caisses ; on cloue 4 petits liteaux équidistans sur le fond , pour soutenir le sur-fond ou premier fond ; ils ont par conséquent 4 lignes d'épaisseur , distance entre les 2 fonds. Il doit rester un passage de 5 à 6 lignes entre chaque bout de ces liteaux et le côté de la caisse ; on ne l'a pas observé , et l'on peut s'en passer absolument.

Les oreilles des Caisses sont prises à la moitié de la hauteur sur le devant , à commencer du haut. On les renforce par un liteau de 6 lignes d'épaisseur cloué sur chacune intérieurement , et on les perce vers leur milieu d'un trou de 6 lignes , où l'on passe un cordage , arrêté par des nœuds qui doivent rester entre les deux oreilles qui sont de chaque côté. Il faut creuser sur l'extérieur des oreilles une gorge de la grosseur du cordage , dans la partie de l'oreille au-dessous du trou , ou de niveau à ce trou , afin que dans le chargement de la charrette , le cordage n'empêche pas les caisses de se joindre ; ce cordage sert d'anse. Il faut que , fixé par les nœuds , l'anse qu'il forme déborde assez le dessus de la caisse pour pouvoir y passer aisément un manche d'outil qui servira à porter la caisse en civière au besoin.

Le dessus des Caisses est en trois parties ; les 2 extrémes sont fixées à la caisse et s'y logent en feuillure : elles laissent entre elles un espace de 9 pouces fermé par un couvercle. Ce couvercle est tenu sur le derrière de la caisse par deux morceaux de cuir qui lui servent de charnières : il s'appuie par les côtés sur les parties extrêmes du dessus, coupées en feuillure pour le recevoir : au fond de cette feuillure est une petite rainure d'une ligne de largeur et de profondeur, pour retenir et rejeter en dehors l'eau qui pourrait s'infiltrer par la jointure du couvercle avec chaque partie du dessus ; sur les côtés de la caisse dans la largeur de l'ouverture, sont des liteaux arrondis qui se logent dans des cannelures pratiquées dans le dessous des parties du couvercle qui leur correspondent ; ces liteaux sont fixés par des pointes sur l'épaisseur des longs côtés ; *on n'en a mis que sur le derrière ;* le couvert est fixé par 2 petits tourniquets en bois.

Le couvert des Caisses d'armemens règne sur toute la longueur de la Caisse, et devait s'y emboiter à feuillure. (On n'a pas suivi cette forme ; on a fait une gorge sur le derrière pour recevoir 1 liteau arrondi cloué sur la moitié de l'épaisseur du long côté de derrière, et le devant se superpose tout uniment au long côté qui lui est relatif).

Les Caisses à munitions pour pièces de 8 et pour obusiers de 6, ainsi que leurs caisses d'armemens ne diffèrent de celles de 12 que par leur largeur.

Cette Charrette est faite pour remplacer les Caissons, dans les expéditions outre-mer, ou qui exigent des embarquemens, dans les pays montueux, difficiles, et où l'on peut prévoir qu'on n'aura pas assez de chevaux de trait pour exécuter et suivre une attaque.

On peut la monter sur essieu et roues de 12 et de 8, pour employer en rechange au besoin ces roues et cet essieu ; mais alors elle devient plus pesante.

On n'a pas donné de couvert à cette Charrette pour l'alléger, et pouvoir en installer un plus grand nombre dans les vaisseaux, où les couverts sont embarrassans ; mais la perche de fermeture ferme toutes les caisses : une grosse toile peinte qu'elle soutient en toit au-dessus des caisses, met celle-ci à l'abri des pluies ; et les caisses elles-mêmes, couvertes aussi d'une toile peinte, abritent les munitions.

Dans les embarquemens on retire la limonière, les Caisses, la perche, ce qui donne beaucoup de facilité pour l'embarquement, l'installation et le débarquement. On sait qu'on doit ôter toujours les roues, et si l'essieu gênait, on pourrait le retirer aussi.

La facilité d'emmagasiner les caisses durant la saison des pluies, en y laissant seulement les charrettes exposées, est encore un avantage précieux de cette espèce de voiture.

Dans les pays où la Charrette ne pourrait avancer, ou lorsqu'on voudrait ne pas l'exposer, ou lorsque faisant une retraite précipitée, on voudrait lui faire prendre les devans, etc. on ferait porter les Caisses, comme on a dit, à dos de mulet, ou par des hommes ; on disséminerait les Caisses le long du chemin que suivrait le canon faisant son feu de retraite, et on rapporterait ou abandonnerait ces caisses.

Cette Charrette, quand elle a son essieu qui doit être à talons, ses propres roues qui doivent être plus légères, peut être attelée de deux chevaux seulement ; on pourrait, je crois, la faire à timon.

Les Caisses, par leur forme toitée, leur assemblage à feuillure, la petite gorge qui est vis-à-vis la jonction des parties du dessus, et la grosse toile peinte qui recouvre tout le dessus et descend à 3 ou 4 pouces sur les 4 côtés, abritent parfaitement, contre l'humidité, les munitions qu'elles renferment.

Il n'y a de ferrure que quelques clous noyés dans le bois. Le sur-fond, percé de trous en entonnoir laissant échapper la poudre que les cartouches peuvent tamiser, et qui reste entre les deux fonds, pare aux inconvéniens du feu.

Ces Caisses pesant moins de 30 liv. peuvent, étant chargées, être transportées à dos de bêtes de somme, quelque faibles qu'elles soient, en les liant de 2 en 2 par le cordage des anses ; ou par des hommes, soit en les portant par les anses, soit en passant dans ces anses un bâton ou deux, et les portant en civières.

Le délardement de 3 lignes de bois sur la face intérieure des longs côtés dans les caisses d'obusier, commençant à 8 pouces du sur-fond, est pratiqué pour recevoir 2 planchettes de 4 lignes d'épaisseur qui, s'appuyant sur ces deux épaulemens de 3 lignes, séparent des obus qui sont dans le fond de la Caisse, les charges, lances à feu et étoupilles qu'on placera sur ces deux planchettes, qui doivent garnir toute la Caisse ; par ce moyen on ne risque pas de décoiffer les fusées des obusiers en plaçant ou tirant les charges.

Toutes les Caisses doivent être étoupées avec le même soin et les mêmes précautions que les caissons. On commence par étouper une cartouche à chaque bout, ainsi de suite et symétriquement, en venant au milieu ; puis on met un lit d'étoupe sur les cartouches, et on place dessus les charges des cartouches à balles, les étoupilles, la lance à feu.

Cette Charrette qui a beaucoup d'avantages sur les caissons, dans les transports des munitions, sur-tout dans les embarquemens, où les caissons sont très-embarrassans, quelquefois même impossibles à faire passer par les écoutilles, a l'inconvénient majeur de ruiner promptement les chevaux limoniers, par le peu de soin qu'on aura d'équilibrer la charge, à mesure qu'on consommera les munitions.

Le vol, l'abandon des caisses sera aussi un surcroît de dépense ; mais une Charrette et ses Caisses coûteront moins qu'un caisson.

On a payé en l'an 6, à Paris, ces charrettes un peu cher, ainsi qu'on vient de le voir ; *mais* beaucoup de circonstances ont rendu tel ce marché : on n'a donné que peu de tems pour les faire, on n'avait pas la réputation de payer exactement, on n'avait pas d'approvisionnemens, enfin l'état à Paris, etc.

I.

Les mêmes Caisses, dans le même tems, ne revenaient à Rennes
qu'à 3 liv. ou 3 liv. 10 s.

Nota. On s'est trompé dans l'exécution de la limonière de cette charrette.
Ou n'a donné à l'établage que 77 pouces au lieu de 78 de longueur, et
26 pouces au lieu de 29 dans la largeur intérieure ; le cheval se trouve gêné :
on avait dit de suivre les dimensions des limonières, et on s'est reposé là-dessus
sur les connaissances des officiers d'ouvriers à qui ces détails étaient confiés,
et qui ont exécuté tous ceux de cette voiture avec beaucoup d'intelligence.
S'ils sont tombés dans ce défaut, c'était pour éviter que le bout des limonières
fût en dedans des brancards ; s'il eût été en dehors, la limonière devenait
trop large, et pour la réduire à une dimension convenable, il eût fallu trop
contretailler le bois : il faut, par une nouvelle combinaison, éviter ces
défauts.

Du Chargement des Caisses.

On charge les Caisses en commençant par chaque bout alternativement, et on finit par le milieu vis-à-vis l'ouverture du couvert.

On étoupe les cartouches l'une après l'autre latéralement, et on
les garnit en tout sens comme dans les Caissons ; on les met debout
le boulet en bas.

Les cartouches à balles séparées de leurs sachets sont disposées
comme il suit :

Dans la Caisse de l'obusier, après avoir placé les 3 boîtes à balles
et les avoir étoupées, on met les 2 planchettes en dessus, puis les
trois sachets à poudre à un bout couchés, on les étoupe aussi avec
soin. La Caisse à obus se charge de même.

S'il n'y avait point de planchettes, on mettrait un peu plus
d'étoupes au-dessus des boîtes.

Dans la Caisse de 12, on place à chaque bout 2 boîtes à balles ;
et un sachet à poudre debout au milieu ; on étoupe avec soin,
puis au-dessus on place, couchés, les 3 autres sachets qui ayant
8 pouces 7 lignes de longueur, ou 25 pouces 9 lignes à eux trois,
se logent dans la longueur de la Caisse, malgré qu'elle n'ait que
25 pouces 6 lignes, parce que les trois lignes excédentes se
gagnent par l'obliquité qu'on donne aux sachets, en les mettant
bout à bout dans cette caisse plus large que leur diamètre.

Dans la Caisse de 8, on place 2 boîtes à balles à un bout, puis
3 boîtes à l'autre, puis un sachet à poudre debout dans le vide
restant, on étoupe le tout avec soin. Il reste en dessus un espace
de 7 pouces 3 lignes de hauteur (1) dans lequel on met à chaque
bout deux sachets couchés l'un sur l'autre qu'on garnit d'étoupes
ainsi que le vide restant, qui donne le moyen de prendre une

-----

(1) La Caisse a 14 pouces de hauteur intérieure, la plus haute cartouche a
6 pouces 9 lignes, dont il reste 7 pouces 3 lignes, les sachets pleins ont 3 pouces
5 lignes de diamètre : ainsi, les deux n'ont que 6 pouces 10 lignes de hauteur.

cartouche et son sachet placés dans le milieu du bas sans déranger les 4 autres coups.

Dans les Caisses de 4, les cartouches à balles s'arrangent comme celles à boulets.

NOTA. Les cartouches de 4 doivent être faites bien exactement, parce que la Caisse de ce calibre n'ayant que 15 pouces 8 lignes de hauteur, si la cartouche (petite) avait plus de 15 pouces 5 lignes qu'elle doit avoir, elle ne s'y logerait qu'avec peine.

Au-dessus de toutes les Caisses on met une lance à feu, et les étoupilles nécessaires pour les coups de la Caisse.

En l'an 8, trouvant les Caisses pour 4, assez légères et trop nombreuses, on les fit faire de la grandeur de celles d'obusier, en faisant mettre dans le bas une planchette de 4 pouces de hauteur qui les divise en 2 longues cases : en ôtant cette planchette, elles pourront servir à porter des obus.

La Caisse d'assortiment d'obusiers étant fort large, quand on charge la charrette en grandes caisses de 4, propres à porter des obus, on peut y mettre 9 Caisses et une Caisse d'assortimens de 4 ordinaire.

Alors chaque pièce a 2 charrettes.

Chaque charrette... 9 Caisses à munitions et 1 d'assortiment.

Chaque charrette contient 126 coups.

OBSERVATIONS

Sur les Ressemblances, les Différences, l'Emplacement, l'Usage, etc., des principales Parties en bois dont les Voitures d'artillerie sont composées (1).

ARMONS. (12 N^{os}.)

Les Armons doivent être de chêne autant que cela est possible, et être pris dans les bois cintrés. Si l'on n'a que des bois droits, il faut que le fil règne sur la plus grande longueur de l'Armon.

Pour la Plaine.

1 D'avant-train d'affût de 12 et 8.
2 — 4.
3 — Caissons à munitions (*idem* pour la montagne).
4 — Caisson d'outils, chariot à munition et forge.
5 — Chariot à canon.
6 — Haquet à bateau.
7 — Haquet à nacelle , de pont roulant.

Pour la Montagne.

9 — D'avant-train d'affût de siége.
10 — Chariot à canon.
11 — Chariot à munitions , caisson d'outils et forge.
12 — D'affût de 12 et 8.
13 — D'affût de 4.

Les Armons, dans les avant-trains, sont 2 pièces de bois encastrées dans

---

(1) Les numeros intermédiaires manquans sont ceux des voitures supprimées, tels qu'affût de troupes légères, pontons, etc.; on n'a pas inséré les pièces des voitures de l'artillerie de l'an 11, parce qu'il paraît qu'on n'ira pas plus loin que les essais.

Il en est de même pour les observations sur les parties en fer qui suivent celles-ci.

le corps d'essieu et dans la sellette qu'elles traversent, et qui vont en avant en se rapprochant, jusqu'à ce qu'elles ne laissent entre elles que l'espace nécessaire pour y loger la tête du timon ou le tétard des limonières. En arrière de la sellette et du corps d'essieu, leur écartement est contenu par une pièce de bois qu'on nomme grande ou petite Sassoire ; la grande Sassoire est celle qui porte la cheville-ouvrière, ou qui en est traversée. Les autres sont les petites Sassoires.

BRANCARDS.

Ce sont 2 pièces de bois parallèles, posées sur deux trains, et qui servent à les lier et à supporter les fardeaux qu'on met dessus... il y en a dans les chariots à canon, le chariot à munitions, les caissons à munitions, le caisson d'outils, le haquet à ponton et la forge.

BRAS DE LIMONIÈRE. (4 Nos.)

1 — D'avant-train pour la plaine, de 24 et de 16.
2 — pour la montagne, de 24 et 16, et chariot à canon.
3 — de 12 et 8, chariot à munitions, caissons et forge.
4 — de 4.

Lorsque les Bras de limonière sont fixés entre la sellette et le corps d'essieu dans un avant-train, on dit que cet avant-train est à bras de limonière ; tel est l'avant-train de siége pour la plaine.

Lorsque l'avant-train reçoit entre ses armons le tétard d'une limonière, on dit que l'avant-train est à limonière, tels sont les avant-trains pour la montagne. La limonière est mobile, et est composée de 2 bras, d'1 entre-toise, d'1 tétard et d'1 épar. Voyez la nomenclature, à l'article Construction pour les montagnes (page 83).

BURETTES. (4 Nos.)

1 . . . Chariot à munitions.
2 . . . charrettes à munitions.
3 . . . charrettes à boulets.
4 . . . camion.

Elles ont le même équarrissage, 6 pouces sur 9 lignes. Les Burettes sont les planches du fond du chariot à munitions, des charrettes et du camion ; c'est sur elles qu'on pose les fardeaux.

CORPS D'ESSIEU EN BOIS, *pour Essieu de fer.* (4 NOS.)

1 . . . D'affût de 12 et 8.
2 . . . d'affût de 4.
3 . . . de caisson d'outils, chariot à munitions et forge.
4 . . . de caissons à munitions.

ÉCHANTIGNOLLE.

C'est, en général, une pièce de bois servant à en renforcer une autre ou à lui donner plus d'élévation.

Il y a 4 Échantignolles à l'affût de côte.

1 Échantignolle au grand chassis d'affût de côte.
2 Échantignolles de derrière aux caissons à munitions.
2 Échantignolles de derrière au caisson d'outils.

EMPANONS ET FOURCHETTES. (6 NOS.)

1 . . . De chariot à canon.
2 . . . de haquet à bateau.
3 . . . de haquet à nacelle et pont-roulant.
4 . . . de triqueballe.
5 . . . fourchette de haquet à bateau.
6 . . . fourchette de haquet à nacelle et pont-roulant.

Il vaut mieux faire les Empanons et les Fourchettes de deux pièces, et les construire de préférence en chêne, sur-tout dans les départemens où l'orme n'est pas excellent. Il faut les prendre dans les bois cintrés; ou si l'on n'a que des bois droits, il faut que le fil règne sur la plus grande largeur de l'Empanon et de la Fourchette.

L'Empanon est une pièce de bois fourchue, dont les deux branches sont fixées à un train, et qui sert à lier, quand on veut, ce train à une flèche.

La fourchette est une espèce d'Empanon plus court, qui lie à demeure la flèche au train de devant. La réunion des deux branches de l'Empanon et de la Fourchette, se nomme queue ; celle de l'Empanon est souvent un peu creusée, pour mieux embrasser la flèche.

ENTRE-TOISE.

L'Entre-toise est en général une pièce de bois qui en assemble deux autres ; l'Epar est aussi une pièce de bois qui sert au même objet ; mais l'Entre-toise est ordinairement d'un échantillon beaucoup plus fort, et approchant de celui des pièces qu'elle assemble par son épaisseur. Les flasques des affûts sont réunis par plusieurs Entre-toises, et elles n'y sont embrevées que de 9 lignes dans chaque flasque. Mais c'est par des tenons dans des mortaises que se fait l'assemblage des Epars.

Dans l'affût de siége, le dessus des Entre-toises de volée, de couche, de mire, est sur la même ligne... celle de lunette est parallèle à la ligne de terre.

Elles ont toutes la même épaisseur.

Celle de lunette a un renfort triangulaire ; *idem* dans les affûts de campagne et d'obusiers.

On creuse autour des entre-toises contre le côté intérieur des flasques, excepté dans le dessous, un petit canal pour donner de l'écoulement à l'eau et l'empêcher d'entrer dans l'embrèvement. *Idem* dans les affûts de campagne et d'obusiers.

Dans les affûts de pièce de bataille, l'Entre-toise de volée est parallèle au-dessous des flasques.

L'Entre-toise de support est perpendiculaire au-dessus des flasques.

L'Entre-toise de lunette est parallèle à la ligne de terre.

Dans l'affût d'obusier de 6 pouces, l'Entre-toise de couche est parallèle au dessous des flasques.

Noms et Disposition des Entre-toises.

4 à l'affût de 24... de volée... couche (1)... mire... lunette.

4 à l'affût d'obusier... volée (1)... couche... support... lunette.

3 à l'affût de camp... volée... (semelle mobile.) support... lunette.

2 à l'affût de place... volée... mire (qui porte l'écrou de pointage).

2 à l'affût de côte... volée... mire (qui porte l'écrou de pointage).

2 à l'affût de mortier... de devant... de derrière.

1 dans le chariot à canon.

1 dans le chariot à munitions.

1 dans le caisson d'outils.

3 au chassis d'affûts de place... celle du milieu... une plus petite... celle de derrière.

1 entre-toise de lunette au chassis de transport d'affût de place.

3 au grand chassis d'affût de côte... 1 de devant... 1 du milieu... 1 de derrière.

3 au petit chassis d'affût de côte... 1 du milieu... 2 des côtés.

2 au haquet à bateau, assemblant le support et le lisoir.

1 au vindax pour le collet du treuil.

1 de bras de limonière, aux limonières.

5 à la forge à 4 roues.

(1) Entre ces Entre-toises est la semelle fixe de pointage.

ÉPARS DE FOND. (6 Nos.)

1... de caisson à munitions.
2... de caisson d'outils.
3... de chariot à munitions.
4... de charrette à munitions.
5... de charrette à boulets.
6... de camion.

ÉPARS MONTANS. (4 Nos.)

1... de caisson d'outils.
2... de chariot à munitions.
3... de charrette à munitions.
4... de charrette à boulets.

ESSIEU EN BOIS. (18 Nos.)

	Longueur.	
	pouc.	lig.
1. . . d'affût de siége de 24.	85	»
2. . . — de 16.	83	»
3. . . — de place de 24.	79	3
4. . . — de place de 16.	76	8
5. . . — de place de 12.	74	»
6. . . — de place de 8.	72	»
7. . . — d'obusiers... est le même pour les 2 obusiers de 6 et de 8 pouces.	80	5
8. . . — d'avant-train d'affût de siége pour la plaine.	75	9
9. . . — pour la montagne.	Idem.	
10. . . — de chariot à canon de devant. . . . . } Ne diffèrent que de 6 lignes dans la longueur du corps.	79	9
11. . . — de derrière. . . . . . . }	78	8
13. . . — de haquet à bateau de devant.	79	9
14. . . — de derrière, cintré de 22 lignes.	85	10
15. . . — de haquet à nacelle de devant. . . . . } Ne diffèrent que de 1 pouce dans la hauteur du corps.	77	6
16. . . — de derrière. . . . . . }	Idem.	
17 et 18.. — de pont roulant..	75	3
19. . . — de triqueballe. . . . } Est semblable à celui de devant de haquet à bateau, moins 7 lig. de longueur dans le dessus du corps.	79	2

Il faut placer les Essieux avant qu'ils soient ferrés, pour ne pas les endommager en les ajustant et en frappant sur les ferrures.

L'encastrement de l'Essieu ne se fait pas carrément dans l'épaisseur des flasques des affûts; dans ceux de canon de siége, par exemple, cet encastrement a 2 pouces en dedans et 5 pouces 6 lignes en dehors; ce qui fait un talus de 18 lignes du dedans au dehors des flasques.

L'entaille de l'Essieu est faite en sens contraire : elle a 18 lignes de profondeur en dedans, finissant à rien en dehors... Il en est de même à l'affût d'obusier, et à ceux de place, aux dimensions près.

Cet assemblage est plus solide que si les entailles étaient faites carrément, parce que l'Essieu trouve un point d'appui contre le côté intérieur des flasques, et que ceux-ci en trouvent un dans l'entaille de l'Essieu.

FLASQUES D'AFFUT.

Ce sont les deux principales parties en bois d'un affût : elles sont semblables, et à côté l'une de l'autre, presque parallèlement. Sur leur dessus, dans leur épaisseur, est le logement des tourillons de la pièce qui est portée par elles. Le Flasque, dans l'affût des pièces de siége, de campagne et des troupes légères, est d'une seule pièce; on le coupe dans un madrier, en sorte qu'il fasse une espèce de coude qu'on appelle cintre de mire : la partie qui porte par terre est arrondie, et s'appelle crosse; l'autre bout, qui est élevé et soutenu par l'essieu, s'appelle tête. Les Flasques d'affût de canon de bataille n'ont pas la même épaisseur par-tout; la partie la plus mince s'appelle délardement de Flasque ou d'affût. Ce délardement sert à alléger l'affût et à placer le coffret, qui a plus de capacité par ce moyen.

Aux affûts de siége de campagne et d'obusiers, on diminue encore l'épaisseur du bois comme on va le dire, et on appelle cela encore délardement, mais mal-à-propos et faute d'autres termes.

Les 4 faces des Flasques sont d'équerre l'une sur l'autre, avant qu'ils soient délardés. On fait un délardement extérieurement avant de les assembler, en ôtant 4 lignes de bois en dessus, et finissant à rien en dessous.

Lorsque les affûts sont ferrés, on fait un second délardement de 1 ligne de chaque côté, pour que l'épaisseur du bois n'excède pas la largeur des ferrures; de manière que les Flasques étant ferrés, ils ont 6 lignes d'épaisseur de moins en dessus qu'en dessous.

Les flasques d'affût de place et de côte sont faits de 2 ou 3 pièces de bois réunies par des goujons et par des chevilles en fer. Les Flasques d'affût de côte ont de plus, dans leur partie inférieure, une échantignolle.

Dans l'affût de place, les Flasques sont entaillés de 4 degrés, pour servir d'appui aux leviers, quand on soulève la culasse. Dans le bout de derrière de chaque Flasque, est une entaille pour y loger 2 leviers, dont les bouts se croisent de toute la largeur de l'affût, et perpendiculairement à sa longueur. On passe 2 autres leviers sous ceux-ci, dans la direction des Flasques, et contre leur côté extérieur; leur bout prend son point d'appui sur les 2 tenons de manœuvres destinés à cet usage. Ces 4 leviers servent à porter et à soulever le derrière de l'affût dans le besoin.

Les logemens des goujons doivent avoir 8 lignes de plus, pour ne pas arrêter le rapprochement des pièces du Flasque dans le desséchement du bois. (Idem pour côte.)

Les trous du boulon à piton qui doit traverser les Flasques et les brancards du chassis de transport, lorsque l'affût est monté sur son avant-train, doivent être de 20 lignes.

Les Flasques ont 2 pouces d'écartement de plus extérieurement en bas qu'en haut. (Idem pour côte.)

Dans l'affût de place, on délarde intérieurement le dessus des Flasques en talus, jusques à l'alignement de l'entre-toise de mire.

Dans l'affût de côte, on délarde de 3 lignes le renflement du Flasque, finissant à rien au bas de ce renflement : on donne par là 6 lignes de jeu à la pièce.

FLÈCHES.

C'est une pièce de bois qui, passant par le milieu de deux trains, sert à les unir. Le petit bout de la Flèche est percé quelquefois de plusieurs trous d'esses, comme dans le chariot à canon, afin de rapprocher ou d'éloigner à volonté ces deux trains, suivant les fardeaux qu'on porte.

Pour éviter les quiproquo, on est convenu, dans l'artillerie, de ne jamais donner aux timons le nom de Flèche.

Il y a une Flèche dans le chariot à canon, dans les caissons à munitions, le haquet à bateau et à nacelle, et dans le pont-roulant.

HAUSSES. (6 Nos.)

1 . . . Caisson à munitions.
2 . . . caisson d'outils.
3 . . . chariot à munitions.
4 . . . charrette à munitions.
5 . . . — à boulets.
6 . . . camion.

Aux caissons à munitions, la Hausse est percée d'un trou pour recevoir la flèche.

La Hausse est une pièce de bois équarrie, placée en dessus de l'essieu, servant à fixer la flèche en cet endroit pour les caissons à munitions, et de point d'appui au fond des autres voitures ; on y encastre les talons des essieux.

HAYONS. (4 Nos.)

1 . . . de chariot à munitions de devant, il a la trésaille, n°. 1,
       3 épars et 4 roulons.
2 . . . de chariot à munitions de derrière, il a la trésaille, n°. 1,
       3 épars et 4 roulons.
3 . . . de charrette à boulets de devant, il a la trésaille, n°. 3,
       3 épars et 4 roulons.
4 . . . de charrette à boulets de derrière, il a la trésaille, n°. 3,
       3 épars et 4 roulons.

Celui qui est à tourillons est sur le derrière de la charge, l'autre est sur le devant.

Le Hayon est un assemblage de pièces de bois qu'on nomme trésailles, épars et roulons, qui sert à fermer le devant et le derrière des chariots et des charrettes.

JANTES.

Les Jantes pour roues d'affût de place sont en chêne. Les Jantes des autres roues sont communément en orme, celles sur-tout de petit échantillon ; le chêne étant plus facile à se fendre, celles-ci ne pourraient être percées et mortaisées qu'avec beaucoup de perte.

Il y a un clou rivé au milieu de chaque Jante.

On a l'attention de renforcer les extrémités des Jantes de chêne par deux clous rivés, placés dans le milieu de leur épaisseur à 2 pouces 6 lignes ou environ des bouts, et dans la direction des rayons de la roue. Leur tête, à la circonférence extérieure de la roue, est encastrée d'1 ligne. Ces clous rivés sont placés avant de chausser les Jantes. Avec cette précaution, l'orme étant d'ailleurs rare et de moindre durée, on pourra substituer au besoin le chêne à l'orme, dans cette partie de presque toutes les roues. Le diamètre des roues décide la longueur et courbure des Jantes ; mais on emploie les mêmes bois dégrossis et emmagasinés, pour les Jantes de roues :

D'affût de 24 de siége et de place.
— de 16 de siége et de place, de triqueballe.
— de 12, d'obusiers, charrette, camion.
— de 8 de campagne, de haquet à nacelle et de son avant-train.
— de 4 de campagne, caissons, chariot à munitions et forge.
   De devant et de derrière de haquet à bateau, de chariot à canon.
   D'avant-train de siége pour la plaine et pour la montagne.

LIMONS. (3 Nos.)

1 . . . de charrette à munitions.
2 . . . à boulets.
·3 . . . de camion.

Les Limons des numéros 2 et 3 , ne diffèrent pas essentiellement.

LIMONIÈRES.

Voyez Bras de limonière.

LISOIRS.

Il y a un Lisoir au chariot à canon, au chariot à munitions, aux
caissons à munitions et d'outils, aux haquets à bateau et à nacelle,
à la forge, au pont-roulant, et au chassis d'affût de place.
Le Lisoir est une pièce de bois qui, dans ces voitures, porte
immédiatement sur la sellette de l'avant-train, et est percé d'un
trou pour recevoir la cheville-ouvrière quand il y en a une. Le
Lisoir contient l'écartement du bout de devant des brancards (1)
dans les chariots à canons et à munitions, dans celui d'outils et dans
le haquet à ponton. Il est assemblé par deux entre-toises, avec le
support de devant, dans le haquet à bateau et à nacelle ; et il assemble dans le bas les deux moutons de devant du pont-roulant.
Dans le chassis d'affût de place, le Lisoir est percé pour recevoir la
cheville-ouvrière ; il correspond au dessous des tourillons de la
pièce, et étant ainsi placé vers le centre de gravité du poids que
porte le chassis, on a plus de facilité à mouvoir ce chassis dans le
pointement : il est sous les semelles qui sont encastrées dans
ses bouts.
Le Contre-lisoir est une pièce de bois ajoutée à la plate-forme
d'affût de place, qui répond au lisoir du chassis. Voyez le Précis sur
les batteries.

MOYEU.

Voyez Roue.

---

(1) Derrière l'entre-toise, et à peu de distance, lorsqu'il y en a une. (L'entre-
toise est absolument au bout du brancard).

MOUTONS OU MONTANS *dans le Pont-roulant.*

Pièces de bois à enfourchement, qui s'élèvent verticalement au dessus du lisoir et de la sellette de derrière, et qui servent à porter les supports du pont-roulant.

PALONNIERS. (3 Nos.)

1 . . . de haquet et chariot à canon, et pont-roulant.
2 . . . de 12 et 8, chariot à munitions, caissons d'outils et forges.
3 . . . de 4 et caissons à munitions.
Les Palonniers resteront attachés aux traits, et feront partie du harnois, pour pouvoir atteler les chevaux aux chaînes de crochet de retraite de la tête d'affût.

RAI.

Voyez Roue.

RIDELLES. (3 Nos.)

1... de chariot à munitions.
2... de charrette à munitions.
3... — à boulets.

Les Ridelles sont des pièces de bois qui forment le haut du côté de ces voitures ; elles sont parallèles aux brancards dans le chariot à munitions, et aux limons dans les charrettes. C'est dans les Ridelles qu'entre le haut des roulons.

ROUES. (23 Nos.)

Il y a 30 objets qu'on considère dans une Roue, et sur lesquels portent les différences qui se trouvent dans les dimensions des Roues pour l'artillerie. La Hauteur des Roues... dans le Moyeu : sa longueur totale, celle du bouge, le diamètre au bouge, au gros bout, au petit bout, à l'écoltage, à 1 pouce du bouge du côté du gros bout, idem du côté du petit bout... Dans les Rais : la longueur de la patte, la largeur de la patte, l'épaisseur de la patte à l'épaulement, l'épaisseur de la patte au bout, l'épaisseur du corps du rai à l'épaulement de la patte, l'épaisseur du corps du rai au milieu, l'épaisseur du corps du rai à l'épaulement de la broche, la largeur au milieu, la largeur de la broche du côté du petit bout des moyeux, l'épaisseur de la broche au bout, l'épaisseur de la broche à l'épaulement... Dans les Mortaises : la largeur de

la mortaise du rai sur le moyeu, la longueur de la mortaise sur le moyeu...
Dans les Jantes : le nombre des jantes de chaque Roue, la hauteur des jantes ;
l'épaisseur des jantes en dedans, l'épaisseur des jantes à la bande, l'épaisseur
de la partie de la jante qui surmonte la mortaise de la broche, la largeur des
chanfreins... Dans les Boîtes : l'ouverture au gros bout, l'ouverture au petit
bout... La Voie des voitures... Enfin l'Ecuanteur des Roues.

Hauteur des Roues.

		pi.	po.
1... d'affût de siége de 24.		4	10
2... — de 16.		*Idem.*	
3... — de campagne de 12.		4	6
4... — de 8.		*Idem.*	
5... — de 4.		4	2
6... — d'affût de place de 24.		4	4
7... — de 16.	Toutes les parties en	*Idem.*	
8... — de 12.	chêne, si l'on peut.	*Idem.*	
9... — de 8.		*Idem.*	
10... — d'obusiers de 8 pouces et de 6 pouces.		4	6
12... de charrette à camion.		4	10
13... de chariot à canon, haquet à bateau.		4	10
14... de haquet à nacelle.		4	10
15... de chariot à munitions, de caissons et forge.		4	10
16... de triqueballe.		7	»
17... d'*avant-train* d'affût de siége pour la plaine.		2	10
18... — pour la montagne.		*Idem.*	
19... — d'affût de campagne de 12 et de 8, de caisson et de chariot à munitions.		3	6
20... — d'affût de 4.		3	2
21... — de chariot à canon, et de haquet à bateau.		3	10
23... — de haquet à nacelle.		3	10
24... grandes roues du pont-roulant.		4	10
25... petites roues du pont-roulant.		3	10

L'*Ecuanteur* des roues est de 4 pouces aux numéros 1, 2,
13, 14.

De 3 pouces 6 lignes aux numéros 3, 4, 5, 7, 8, 9, 10, 12,
15, 19, 20, 21, 23.

De 3 pouces aux numéros 6, 17, 18.

De 5 pouces au numéro 16.

Il y a 6 Jantes aux 15 premiers numéros, et aux numéros 21, 23.

Il y a 7 Jantes aux numéros 16, et 5 aux num. 17, 18, 19 et 20.

Si les Jantes sont de chêne, de hêtre ou d'orme très-dur, il faut commencer
les trous avec un poinçon.

La Patte du rai est la partie qui entre dans le moyeu, la Broche est la partie
qui entre dans la jante, le reste se nomme le Corps du Rai.

Les Rais sont en chêne et de bois de quartier ; on ne doit les employer que très-secs. Dans cet article, en les comparant les uns aux autres, on fait abstraction de la longueur de leur corps, qui est toujours calculée d'après la hauteur de la Roue.

Le Rai doit être empatté avec force; la patte ne doit toucher ni aux fusées d'essieu en bois, ni aux boîtes de cuivre des essieux en fer. Sans cette précaution, les contre-coups, pendant la marche, feraient ressortir les rais des mortaises du moyeu.

Les Rais de 12 de campagne, d'obusiers, des grandes et petites roues de chariot à canon, et de haquets à bateau; les Rais des roues de charrette, camions et forges de campagne, ne diffèrent que de quelques lignes dans les dimensions des pattes.

Les Rais de 8 de campagne, des grandes et petites roues de haquet à nacelle, n'ont que quelques lignes de différence dans la longueur de la patte.

Les Rais des Roues de 4 de campagne ont 2 lignes de moins dans les dimensions du corps, que le Rai des roues de chariot à munitions, des caissons et de la forge.

Les Rais de l'affût de place de 24 doivent être placés 6 lignes plus près du gros bout que ceux des autres affûts; sans cela le corps d'essieu serait trop court. C'est pour cette raison qu'on ne donne que 5 pouces d'écuanteur aux Roues de ces affûts.

Les Roues de tous les affûts de place ont même hauteur et même voie pour être mis en batterie sur le même châssis; leurs moyeux ne sont point garnis de boîtes de fer; le diamètre des ouvertures de leurs bouts diffère successivement d'1 pouce par calibre.

La longueur des Moyeux est de 22 pouces dans les numéros 1, 6, 7...

De 20 pouces dans les numéros 2 et 8...

De 18 pouces dans les numéros 3, 4, 9, 10, 12, 13, 14, 16, 21, 23...

De 15 pouces dans les numéros 5, 15, 17, 18, 19, 20...

Les Roues d'avant-train d'affût de siége, pour la plaine et pour la montagne, ne diffèrent que dans l'ouverture des bouts de leurs moyeux. Les Roues de l'avant-train de montagne ont 5 lignes d'ouverture de plus que celles de l'avant-train pour la plaine.

L'Ecuanteur d'une Roue est l'inclinaison des rais de la Roue sur le moyeu. C'est la distance qu'il y a du devant de la mortaise du rai à une règle appliquée sur les jantes.

L'Ecoltage du moyeu est cette espèce de collet concave qui est de chaque côté du bouge, en allant vers les bouts.

Le Bouge du moyeu est la partie la plus grosse du moyeu, dans laquelle entrent les rais, et qui est entre le gros bout et le petit bout.

ROULONS. (3 Nos.)

1. Chariot à munitions; il y en a. 24
2. Charrette à munitions; il y en a. 18
3. Charrette à boulets; il y en a. 13

Au chariot à munitions, il y a 4 Roulons dans chaque intervalle des épars montans.

A la charrette à munitions, on ne met pas de Roulons entre le second et le troisième épars montans , afin que si l'on se sert de ces charrettes pour porter des boulets, on se trouve forcé de les placer dans le milieu de la charge... Il y a 5 Roulons entre le premier et le second épars montans , et 5 entre les autres , espacés également.

A la charrette à boulets, il y a 2 Roulons entre le premier et le second épars.

Les Roulons sont des petites pièces de bois qui garnissent les côtés des voitures ci-dessus, et logées , par leurs extrémités, dans les ridelles et les brancards, ou dans les ridelles et les limons.

SASSOIRE.

Voyez Armons.

Grande Sassoire.

Il y en a une au chariot à munitions et au haquet à ponton.

Petite Sassoire d'Avant-train. (5 num.)

1... De caisson à munitions.
2... De haquet à bateau.
3... De haquet à nacelle et chariot à canon, et pont-roulant.
4... Sassoire d'avant-train de campagne de 12 et 8.
5... De 4.

SELLETTES.

La sellette est cette pièce de bois qui est immédiatement au-dessus de l'essieu, ou du corps d'essieu en bois, et qui lui est unie par diverses ferrures.

Sellette de derrière.

C'est celle qui est à l'arrière-train. Il y en a une au chariot à canon, au haquet à bateau et à nacelle , et au pont-roulant.

Sellette d'Avant-train. (5 num.)

1... Caisson d'outils et chariot à munitions.
3... — à bateau.
4... — à nacelle et du pont-roulant.
5... Chariot à canon.

SEMELLE.

On donne ce nom à diverses pièces de bois différentes par leurs formes, leurs emplacemens et leurs usages.

La Semelle d'affût est une pièce de bois en carré long, comme un bout de madrier, qui sert à supporter la pièce vers la culasse.

1. Dans l'affût de siége la Semelle est fixe, et porte, par ses bouts, sur les entre-toises de couche et de mire, en sorte que la vis est verticale quand l'affût est sur la plate-forme.

2. Dans l'affût de campagne, la Semelle est mobile; elle est fixée par une charnière à l'entre-toise de volée, par un bout, et de l'autre elle s'appuie sur la calotte de la vis de pointage; elle déborde de 2 pouces la plate-bande de culasse quand la pièce est pointée horisontalement.

3. La Semelle d'affût d'obusier a le même usage que celles des affûts à canon : elle est fixe, et porte, par ses extrémités, sur les entre-toises de volée et de couche : l'écrou de vis de pointage y est encastré, et elle est formée de manière que lorsque l'affût d'obusier de 8 pouces est sur sa plate-forme, et celui de 6 pouces sur un plan horisontal, la vis de pointage est verticale.

4. La Semelle d'affût de place est placée dans le dessous du derrière de l'affût, et est encastrée dans les flasques d'un pouce : elle sert à contenir les flasques et à assembler les supports.

5. Les Semelles de chassis de plate-forme d'affût de place, sont les deux pièces de bois sur lesquelles portent les roues de l'affût.

6. Dans l'auget du chassis de plate-forme pour l'affût de place, la partie qui supporte la roulette s'appelle aussi Semelle.

SUPPORTS.

On donne ce nom à diverses pièces de bois, différentes par leur forme, leur emplacement et leur usage. Il y a 2 Supports de roulettes dans l'affût de place... 2 Supports de roulettes de chassis dans l'affût de côte... 1 Support dans le chariot à canon... 1 Support de devant dans le baquet à bateau et à nacelle... 1 Support d'essieu porte-roue aux caissons à munitions et d'outils... et 2 Supports au pont-roulant.

Les Supports de roulette dans l'affût de place, sont deux pièces de bois assemblées verticalement au-dessous de la semelle de l'affût, qui servent à porter l'essieu de la roulette.

Le Support, dans le chariot à canon, est une espèce d'entre-toise qui assemble et fortifie les brancards à l'endroit où portent les tourillons de la pièce; il pose sur la flèche quand le chariot est chargé, et a 3 lignes de jeu quand le chariot ne l'est pas.

Le Support de devant de baquet à bateau et à nacelle, est la

<table><tr><td>I.</td><td>8</td></tr></table>

pièce de bois la plus élevée du train de devant, et sur laquelle porte le bateau ou la nacelle; elle est assemblée par deux entre-toises avec le lisoir qui est en dessous.

Le Support d'essieu porte-roue dans les caissons à munitions et dans le caisson d'outils, est une espèce d'entre-toise qui assemble les brancards à leur extrémité de derrière : c'est dans le milieu de ce Support qu'est fixé l'essieu porte-roue de rechange.

Les Supports, dans le pont-roulant, sont 2 pièces de bois percées de 8 trous; on les place dans l'enfourchement des moutons; c'est sur elles que portent les poutrelles du pont.

TASSEAUX.

On nomme Tasseau, des petits plateaux à 8 pans qu'on place entre la volée et les armons d'un avant-train, quand on y met une limonière.

TÉTARD. (3 Nos.)

1... 24, 16, chariot à canon, et pont-roulant.
2... 12, 8, chariot à munitions et forge.
3... 4.

Le bout du timon qu'on loge entre les armons se nomme Tétard; c'est le plus gros bout, et il est équarri. C'est aussi une pièce de bois équarrie, assemblée par un bout dans le milieu de l'entre-toise, qui unit les bras de la limonière, et dont l'autre bout doit être logé entre les armons, pour unir la limonière à l'avant-train.

TIMON. (8 Nos.)

1... De chariot à canon.
3... — à bateau.
4... — à nacelle et du pont-roulant. *Sa longueur dans le pont-roulant doit être un peu diminuée.*
5... D'avant-train d'affût de 12, 8, et obusier de 6 pouces.
6... De — 4.
7... De caissons à munitions.
8... De caissons d'outils.
9... De chariot à munitions.

Le Timon ne s'appelle jamais flèche dans l'artillerie.

Le Timon de chariot à canon ne diffère pas essentiellement de celui de haquet à bateau.

Le Timon d'avant-train de 12 et celui de chariot à munitions, ont leurs principales dimensions communes. Les Timons ont une ferrure semblable.

TRÉSAILLES. (3 Nᵒˢ.)

1... Chariot à munitions.
2... Charrette à munitions.
3... — à boulets.

La Trésaille est la partie supérieure du hayon quand il est placé : cette pièce de bois est percée, à ses extrémités, d'un trou dans lequel se loge le bout arrondi de la ridelle.

TRINGLES.

Ce sont 2 pièces de bois posées au-dessus des semelles de chassis d'affût de place, et qui contiennent les roues dans leur mouvement sur ces semelles. Les deux parties de l'auget du même chassis, qui contiennent la roulette, s'appellent aussi *Tringles*.

VOLÉES.

Volées de derrière. (3 num.)

1... De haquets, de chariot à canon, et de pont-roulant.
2... D'affûts de 12, de 8, de chariot à munitions, caissons d'outils, et de forge à 4 roues.
3... — De 4 et de caissons à munitions.

Volées de bout de Timon. (3 num.)

1... De haquets, de chariot à canon, et de pont-roulant.
2... De chariot à munitions, caissons d'outils et de forge.
3... D'affût de 12, 8 et 4, et de caissons à munitions.

NOTA. On a raccourci la Volée de devant des affûts de campagne pour pouvoir y atteler un seul cheval en cas de besoin, et pour pouvoir aussi la placer et l'accrocher sur les tirans de celle de derrière, quand, en bataille, il n'y a que deux chevaux à l'avant-train.

OBSERVATIONS

Sur les ressemblances, les différences, l'emplacement, l'usage, etc. des principales Ferrures ou Parties en Fer qu'on trouve dans les Voitures d'Artillerie (1).

NOTA. Pour désigner la droite, on considère l'affût en batterie, et les autres voitures en marche, le spectateur placé derrière... dans les caissons, le côté du moraillon est la gauche, celui des charnières la droite ; leur extrémité du côté du timon est le bout de devant, etc.

Une ferrure est dite *brute* en sortant d'être forgée ; *grattée* lorsqu'on en a enlevé cette espèce de croûte noire qu'elle a en sortant du feu ; *limée* enfin lorsqu'on lui a donné du poli avec la lime.

ANNEAU D'EMBRELAGE D'AFFUT. (5 Nos.)

L'embase et le carré près d'*idem*... limés ; le reste de la tige brut ; l'anneau gratté à la soudure ; la contre-rivure limée au trou et à la bavure.

De 24... 16... 12 et obusier de 8 pouces... 8 et obusier de 6 pouces... 4.

Ceux de 24 et 16 ont un écrou.

Ceux de 12 et 4 sont rivés à chaud sur la contre-rivure.

Au triqueballe, la tige, pour être mobile dans son logement, est arrondie sur toute la longueur, et cet anneau est placé sur le devant de la tête de la flèche.

Nos.	Boul. C.	Anneau. C.
1	1	9.
2	1	9.
3	2	10.
4	2	10.
5	5	11.

(1) Les lettres A, B, C, D qui, à chaque numéro des observations sur les ferrures, sont suivies d'un chiffre, ou qui sont au-dessus d'une colonne de chiffres, désignent le numéro de l'échantillon de fer dont on doit faire la ferrure : en cherchant les tables des fers, on y verra les dimensions de ces échantillons.

ANNEAU D'EMBRELAGE A PITON. (4 Nos.)

Le piton et les épaulemens limés , le reste brut , l'anneau gratté à la soudure.

		Piton...	Anneau.
		A.......	C.
1...	De haquet à bateau.	25	11.
2...	— à nacelle.	26	11.
3...	de bateau.	25	12.
4...	de camion.	26	12.

Aux numéros 1 , 2 , il y en a deux qui pendent contre le devant du lisoir : leur piton traverse le bas des plaques d'entre-toise ; les deux autres anneaux pendent contre le derrière de la sellette de derrière.

Au n°. 3, il y en a 2 de chaque côté du bateau. Ces Anneaux sont pendans ; ils sont placés dans le milieu de la largeur du bout supérieur des derniers montaus de semelle, c'est-à-dire, de ceux qui sont à l'extrémité du corps du bateau : leur tige est à 4 pouces au-dessus du plat-bord.

Au n°. 4, il y en a 2 de chaque côté des limons. Ces Anneaux sont pendans ; ils sont placés au milieu de la hauteur des limons, non compris les échantignolles.

ANNEAU DE VOLÉE DU BOUT DE TIMON (*grand*). (2 Nos. *bruts.*)

1... De 12, 8 et 4, caissons , chariot à munitions et forge... fer , C. 11.

2... De haquets et chariot à canon , *cet anneau est plus fort que l'autre...* fer , C. 10.

Aux affûts de campagne, cet Anneau, logé dans le bout du timon, y est fixé par un crampon placé contre le côté du crochet de la happe en dessus : une des pointes touche la happe ; on l'enfonce à fleur du dessus du crochet qu'il ne doit pas déborder.

Aux autres voitures, l'Anneau est soudé dans la grande lamette du milieu , et il est formé sur un mandrin.

ANNEAU PLAT DE VOLÉE ET DE PALONNIER. (2 Nos.)

Les bords limés , le reste brut.

1... De caissons , chariot à munitions et forge... fer , C... 12.

2... de haquets et chariot à canon. *Cet anneau est plus fort et a plus de développement que celui* n°. 1... fer , C. 11.

Aux affûts de campagne, il y a, à la place de ces Anneaux, des crochets attachés aux Volées, et qui passent dans les lamettes des Palonniers. (Voyez pourquoi, au mot Palonnier).

BANDES D'EMPANONS. (2 N^{os}.)

1... de haquet à bateau. A. 34.
2... de chariot à canon, haquet à nacelle, et pont-roulant. A. 34.

Elle enveloppe le dessus des empanons, à 2 pouces de distance de la fourche.

BANDES A FOURCHE (*au besoin*).

Voyez Liens à bras de limonière.

Dans les routes de quelque durée, il sera prudent de s'approvisionner de Bandes à fourches, pour flèche, pour tête d'armons, pour bras de limonière, limon, ou brancard de voiture. On les applique à chaud pour qu'elles embrassent mieux, et qu'au moyen de deux ou trois liens, elles serrent plus fortement la fracture. Cette ressource sera d'autant plus avantageuse et suffisante, que le déchirement sera moindre.

On ne peut déterminer la largeur et la longueur du corps et des fourches desdites Bandes; leur épaisseur peut être depuis 1 ligne jusqu'à 1 ligne et demie. Les circonstances, les ressources, décident des dimensions.

BANDES D'ESSIEU DE FER (5 N^{os}.) *brutes.*

D'affûts de 12... de 8... de 4... de caissons... de chariot à munitions, de forge et de charrettes.

Elles contiennent l'essieu dans son encastrement.

Aux affûts elles sont fixées par les trois premières chevilles de la tête de chaque flasque.

Aux autres voitures par les 2 longs boulons des échantignolles de derrière.

N^{os}.	A.
1	15.
2	19.
3	22.
4	22.
5	19.

BANDES DE FROTTEMENT *de sellette d'Avant-train.* (1 N°.)

Les trous limés, le dessus gratté.
De chariot à munitions, caissons d'outils et forge... fer, A. 16.

Elles sont encastrées sur le milieu de l'épaisseur de la sellette, de l'épaisseur de leurs bords; les bouts pliés horisontalement sont encastrés de la profondeur de 8 lignes, l'épaisseur du fer comprise.

On perce un trou de 3 à 4 lignes de diamètre dans le fond du logement des extrémités des Bandes : ce trou communique dans l'angle de l'épaulement du dessous des bouts de la sellette, pour donner de l'écoulement à l'eau.

BANDES DE RENFORT. (14 Nos.)

1...	D'affût de siége de 24.	A	6
2...	— de 16.	—	9
3...	d'affût de campagne de 12.	—	16
4...	— de 8.	—	20
5...	— de 4.	—	20
6...	d'affût d'obusiers de 8 pouces.	—	11
7...	— de 6 pouces.	—	22
9...	d'affût de place de 24.	—	9
10...	— de 16.	—	12
11...	— de 12.	—	16
12...	— de 8.	—	18
13...	d'affût de côte de 24.	—	6
14...	— de 18 et 16.	—	9
15...	de chassis.	—	

Aux affûts de siége de campagne et d'obusiers, elles sont traversées par les deux dernières chevilles des sous-bandes, et sont encastrées de leur épaisseur.

A l'affût de 4, il n'y en a qu'une sous le flasque droit; elle n'est pas encastrée, et est traversée par la dernière cheville à tête ronde.

Aux affûts de place et de côte, elles sont placées sous les échantignolles, sans être encastrées.

BANDEAUX OU MOLLES-BANDES. (16 Nos.)

Les bords et les bouts limés, le dessus brut.

4...	Pour les flèches de chariot à canon... B 10.	}
5...	de haquet à bateau... B 11.	Le bandeau enveloppe
6...	de haquet à nacelle... B 11.	le milieu de l'épaisseur
7...	de caisson à munitions... B 13.	de la tête de la flèche.

8... Pour les bouts de brancard du cais-
son d'outils... B 10.
9...   du caisson à munitions... B 10.

} Le bandeau enveloppe le bout de derrière des brancards.

10... Pour la semelle de 12... B 13.
11...   de 8... B 13.
12...   de 4... B 13.

} Le bandeau enveloppe la semelle, les bouts encastrés de leur épaisseur dans les côtés.

13... Pour les limonières de siége de 24,
16, chariots à canon.. B 11.
14...   de 12, 8, caissons, chariot à
munitions, et forge... B 14.
15...   de 4... B 15.

} Le bandeau enveloppe par son milieu celui de l'entre-toise et du tétard.

16... Pour les becs de bateau. Le bandeau enveloppe le bout des becs... B 8.

17... d'entre-toise de derrière de chassis d'affût de place... B 6.

18... de bouts de brancards de chassis du transport d'affût de place... B 11.

19... de la tête des armons de pont-roulant... B 13.

BANDES DE ROUE.

Voyez Roues. (ferrures de)

En comparant les Bandes de roues entre elles, il ne sera pas question de leur longueur, elle est relative au nombre des jantes, et à la hauteur des roues.

Les Bandes de roues d'affût de 16 de siége et de triqueballe, sont faites avec le même échantillon de fer... A 10.

Les Bandes de roues d'affût de 12 de campagne, d'obusier, de charrette, de camion, de haquet à bateau, de chariot à canon; et celles encore d'avant-train, de haquet à bateau et de chariot à canon, sont les mêmes... A 17.

Les Bandes de roues d'affût de 8 de campagne, de grandes et petites roues de haquet à nacelle, sont les mêmes... A 19.

Les Bandes de roues de l'affût de 4 de campagne, des caissons, du chariot à munitions, de la forge à 4 roues, celles des avant-trains de 12, de 8, et d'obusiers de 6 pouces, de caisson et de chariot à munitions, sont les mêmes... A 23.

Les roues d'avant-train d'affût de 24 de siége pour la plaine et pour la montagne, ont les mêmes Bandes... A 22.

BOITES DE ROUE EN FER BATTU. 1 *Grande,* 1 *petite à chaque moyeu.* (5 Nos.)

1... d'affût de siége de 24... D. 64.
2... — de 16... D. 65.
3... — d'obusier de chariot à canon, de haquet à bateau, des grandes roues de triqueballe.... D. 66.
4... de haquet à nacelle et d'avant-train de siége pour la montagne... D. 67.
5... d'avant-train de siége pour la plaine... D. 67.

(Voyez les notes ci-après sur les boîtes de roues en cuivre).

BOITES DE ROUE EN CUIVRE, 1 *par moyeu.* (3 Nos.)

1... D'affût de 12. . . . . la paire pèse 54 l.
2... — de 8. 51
3... — de 4, d'avant-train de campagne, de caisson, de chariot à munitions, de forge. 33

Les Moyeux d'affût de place ne sont pas boîtés.

Le Moyeu des roues dont les voitures ont un essieu en bois, est garni à chaque extrémité, intérieurement, d'une Boîte de fer battu, à 2 talons.

Le Moyeu des roues, dans les voitures qui ont un essieu de fer, est garni intérieurement, en plein, d'une Boîte de cuivre à 2 talons.

L'échantillon de fer, servant au bandage, peut être employé à la fabrication des Boîtes de roues; cependant dans les arsenaux qui sont à portée des forges qui travaillent pour l'Artillerie, on fait fabriquer ces Boîtes dans ces forges, et on exige qu'elles soient d'un fer supérieur à celui de bandage. C'est un fer ébauché dont on fournit le modèle. (Voyez la table des fers ébauchés.) Il y a une grande et petite Boîte par modèle : on les sépare à l'arsenal, et on soude les deux bouts pour faire la Boîte au diamètre convenable.

BOULONS.

L'équarrissage de la tige des Boulons dont la tête doit être encastrée dans le bois, ou posée sur une rosette, ne sera point limé.

Les tiges en général seront brutes depuis l'équarrissage.

Les bouts à tarauder seront grattés, on y formera avec la lime un tour et demi de filets, pour faciliter l'entrée de la filière.

On passe de variation sur l'équarrissage ou diamètre de la tête , suivant leur grosseur , de 6 à 12 points ; et de 3 à 9 points sur leur épaisseur.

Les têtes des Boulons sont ou carrées , ou longues , ou chanfreinées , ou à pans arrondis , ou à champignons , ou fraisées.

Il y a 42 Boulons qui varient du plus au moins dans leurs dimensions ; ils ne correspondent cependant qu'à 10 écrous.

L'attention qu'on doit avoir en emplaçant les Boulons , est de ne frapper sur leur tête qu'avec précaution , et d'engager bien droit les filets dans ceux de l'écrou , de ne pas les forcer , de crainte que la partie taraudée des Boulons , déjà fatiguée par la filière , ne vienne à se casser.

Outre ces 42 Boulons , il y a encore pour les mortiers, des Boulons de manœuvre de 2 espèces.

Boulons à tête chanfreinée.

Numéros. . . . . 1 , 2 , 3 , 4 , 5 , 6.
Numéro, du fer. C. 5 , 7 , 7 , 9 , 9 , 10.

Boulons à tête à pans.

Num. . . . . 7 , 8 , 9 , 10.
Num. du fer. C. 9 , 10 , 10 , 11.

Boulons à tête carrée pour encastrer.

Num. . . . . 11 , 12 , 13.
Num. du fer. C. 7 , 9 , 10.

Boulons à tête fraisée en dessous.

Num. . . . . 14 , 15 , 16 , 17 , 18 , 19.
Num. du fer. C. 9 , 9 , 9 , 10 , 11 , 1.

Boulons à tête à champignon.

Num. . . . . 20 , 21 , 22 , 23 , 24 , 25 , 26 , 27 , 28 , 29 , 30 , 31.
Num. du fer. C. 7 , 9 , 9 , 11 , 10 , 11 , 11 , 12 , 9 , 11 , 12 , 12.

Boulons à tête longue.

Num. . . . . 32 , 33 , 34.
Num. du fer. C. 6 , 6 , 11.

Boulons à tige ronde.

Num. . . . . 35 , 36 , 37 , 38 , 39 , 40 ,   41 , 42.
Num. du fer. C. 7 , 9 , 10 , 9 , 12 , 13 , D 86 , 87.

BOULONS DE LIMONIÈRE. (3 Nᵒˢ.) *bruts.*

1... de 24, 16, chariot à canon, pont-roulant... C. 5.
2... de 12, 8, chariot à munitions, caissons et forge... C. 7. -
3... de 4... C. 9.
Leurs clavettes sont tenues par des chaînettes et des crampons
à 4 pouces du gros bout du bras droit.

BOULONS DE LIMONS A BŒUFS. (7 Nᵒˢ.) *bruts.*

1... De 24 et 16... C. 5.
2... De chariot à canon... C. 5.
3... de pont-roulant... C. 5.
4... de chariot à munitions, caissons et forge... C. 7.
5... de caissons à munitions... C. 7.
6... de 12 et 8... C. 7.
7... de 4... C. 9.

Voyez leur usage, page 86.

BOUTS D'AFFUT. (7 Nᵒˢ.)

Bords et bouts limés, le dessus brut.
1... d'affût de siége de 24... B. 2.
2... — de 16... B. 4.
3... d'affût de campagne de 12... B. 7.
4... — de 8... B. 9.
5... — de 4... B. 11.
6... d'affût d'obusier de 8 pouces... B. 7.
7... — de 6 pouces... B. 9.

Le Bout d'affût est une baude de fer qui embrasse la crosse du flasque et
couvre toute l'épaisseur du bois; ceux des numéros 3, 4, 5, 7, sont trop
faibles : ils devraient avoir 6 lignes de plus d'épaisseur qu'ils n'ont à l'endroit
où ils frottent à terre.

BRABANS D'ÉQUIGNON, (3 Nᵒˢ.) *bruts.*

C'est une espèce d'étrier en fer qui unit l'équignon à l'essieu en bois.

1... d'affût de siége de 24 et 16... A. 29.
2... — d'obusier, de haquet et chariot à canon... A. 35.
3... de haquet à nacelle et d'avant-train de siége... A. 38.

BRABANS A FOURCHE.

C'est une espèce d'étrier qui joint l'essieu de fer au corps d'essieu en bois, et qui est terminé en fourche, entre laquelle se loge l'extrémité de la coiffe de sellette.

BRABANS A PATTE. (3 nos.)

Le trou et les bouts limés, le dessus brut.
Ils sont en dessous des essieux ou des grandes sellettes, et ils servent de rondelles pour le bout de la cheville-ouvrière.

1... de chariot à canon, de haquet à bateau... B. 2.
2... de chariot à munitions, de haquet à nacelle, et caisson d'ou-
       tils... B. 4.
3... d'avant-train de caissons à munitions.

BRIDES D'ARMONS, (3 nos.) *brutes.*

1... Avant-train de montagne, de chariot à canon. A. 29.
2... — de 12, 8, chariot à munitions, caissons et forge... A. 34.
3... — de 4... A. 36.

Voyez leur usage, page 85.

Il n'y en a point à l'avant-train de siége, parce qu'il n'est pas destiné à être attelé à timon.
Il n'y en a pas au pont-roulant, parce qu'elle gênerait le mouvement du timon, qui doit être mobile et tomber lorsqu'on retire la première cheville à la romaine.

BRIDES DE CHAINE D'EMBRELAGE, (5 nos.) *brutes.*

1... D'avant-train de siége de 24 et de 16 pour la plaine... C. 6.
2... — de 24 et de 16 pour la montagne... C. 6.
3... d'avant-train de campagne de 12 et de 8... C. 6.
4... — de 4... C. 6.
5... de caissons à munitions... A. 35.

Aux affûts de campagne, le déversement du corps est tourné du côté de la sellette, la Bride embrasse les armons, et est traversée par le boulon de la tête de timon.
Au n°. 1, la Bride est fixée sur le milieu de l'écharpe par 2 boulons qui traversent aussi l'entre-toise.

Au n°. 2, la Bride est fixée sur les pattes de la cravate, près du coude, par 2 boulons qui traversent aussi les armons.

Aux caissons à munitions, la Bride est placée sur le devant de la coiffe de sellette, son cintre en dessus, et elle est traversée par les mêmes boulons.

BRIDES D'ÉTRIERS, *à bouts taraudés*, (5 Nos.) *brutes.*

1... d'avant-train de 12 et 8... A. 30.
2... — de 4 et de caissons à munitions... *id.*
4... de chariot à munitions et de caissons d'outils... *id.*

Elles sont encastrées dans le dessus de la sellette jusqu'au chanfrein.

5... de caisson à canon de 4... A. 38.

Elles fixent le coussinet porte-essieu de rechange sur l'essieu.

6... de chassis d'affût de côte. A. 22.

Elles contiennent les crapaudines encastrées dans les supports.

CHAINES D'ATTELAGE, (1 N°.) *brutes.*

1... 12, 8, 4, et obusiers de campagne.

On les met aux crochets de retraite de tête d'affût. Si un seul cheval suffit, on réunit les crochets des deux Chaînes au palonnier.

CHAINES D'EMBRELAGE, (4 Nos.) *brutes.*

1... Affût de siége de 24 et 16. .	Pour les 4 numéros :
2... — de campagne de 12 et 8.	Le grand anneau est du fer. C. 15.
3... — de 4.	Le petit anneau, du fer... C. 14 et C. 15 pour le numéro 4.
4... de caissons à munitions.	Le crochet fendu, du fer... C. 6.
	Le petit crochet, du fer... A. 32.

L'ouverture du grand crochet est tournée vers le dehors, quand il est passé dans l'anneau d'embrelage des affûts.

Le grand anneau est passé dans la bride.

CHAINES A ENRAYER (*et leurs Pattes brutes.*)
(4 Nos.)

Nº...	Pattes.	Grand Anneau.	Mailles.	Clef.
	A.	C.	C.	A.
1... d'affût de 12 et 8.	26	11	14	32
2... de caissons à munitions.	22	12	15	*id.*
3... de caissons d'outils.	*id.*	*id.*	*id.*	*id.*
4... de chariot à munition et forge. . .	*id.*	*id.*	*id.*	*id.*

Cette Chaîne est placée du côté où se tient le charretier, c'est-à-dire, contre le flasque droit des affûts, en les supposant en batterie, et sur le côté gauche des autres voitures, en les supposant en marche.

Toutes les fois qu'on enraye, il faut avoir attention que la roue porte sur le milieu d'une bande, car si elle portait sur la partie où sont les clous, la rencontre des pierres fixes pourrait les arracher. Les plaques de rai, pour les Chaînes d'enrayage, sont disposées de façon qu'on ne peut tomber dans cet inconvénient (1).

Les Chaînes d'enrayage ont été préférées aux sabots d'enrayage qui conservent les roues, parce que, sans retarder la voiture, le charretier, d'un coup de pied, peut faire sauter l'anneau qui retient le bout du crochet, qui se dépasse aussitôt de la maille de la Chaîne, et désenraye la voiture, au lieu que, pour ôter le sabot, il faudrait arrêter, faire reculer la voiture; inconvénient considérable dans une longue colonne de voitures (2).

On a la même facilité de désenrayer lorsqu'on a des enrayures en cordages.

CHAINES DE TIMON, (3 Nos.) *brutes.*

1... de haquet, chariot à canon.... et pont-roulant; elle a 9 mailles.
2... de 12 et de 8, caisson d'outils, chariot à munitions... a 8 mailles.
3... de 4, et de caissons à munitions... a 8 mailles.

Le grand anneau est du fer, C. 12, 12, 13... Les mailles, du fer C. 14, 15, 15... Le crochet du fer, A. 32.

---

(1) S'il n'y a point de plaque de rai, il faut faire passer la Chaîne entre les deux rais où se trouve une jonction de jantes.

(2) On pourrait cependant remédier à cet inconvénient en attachant le sabot à une Chaîne qui, redoublée et arrêtée à la voiture par un boulon mobile facile à retirer, laisserait reprendre son mouvement à la roue, en retirant le boulon, qui laisserait étendre la Chaîne; quand la roue serait sortie du sabot, on le releverait.

CHAINETTES, (6 Nᵒˢ.) *brutes.*

On les fait avec du fer de 2 lignes de diamètre.
L'un des bouts des Chaînettes est terminé par une *S*, et l'autre
par un anneau ; celui-ci tient au piton.
Le crochet de l'*S* qui est passé dans la Chaînette, est plus petit
que celui qui passe dans le piton.

Voyez Chevilles à la romaine et Clavettes doubles.

Il y a un 7ᵉ. nᵒ. dont l'anneau est au milieu de la longueur de
la chaîne ; chacun de ses bouts est terminé par une *S*, dont l'une
porte l'esse de l'essieu porte-roue de caissons, et l'autre sa clavette.

CHAINETTES DE SUSBANDES, (5 Nᵒˢ.) *brutes.*

1... aux affûts de siége de 24 et de 26... fer rond de 3 lignes.
2... aux affûts de campagne de 12... 2 lignes et demie.
3... — de 8... 2 lignes et demie.
4... — de 4... 2 lignes un quart.
5... — d'obusiers... 2 lignes et demie.

Le crampon est fixé contre les flasques.
Le trou du piton est dans le milieu de la largeur de la susbande : son bout
est rivé à fleur du dessous.

CHARNIÈRES. (10 Nᵒˢ.)

Le nœud limé, le reste brut.
1... de caissons à munitions... A. 27.
2... — d'outils... A. 27.
3... de coffret d'affût de campagne de 12... A. 38.
4... — de 8... A. 38.
5... — de 4... A. 38.
6... — d'obusiers de 6 pouces... A. 38.
7... — de caisson à mun. A. 38.
8... de coffre d'outils de chariot à munitions... A. 34.
9... de coffre de forge... A. 31.
10... de soufflet... A. 31.
Les mâles sont attachés au couvert.
Les femelles contre le côté droit des caissons, et le derrière des
coffrets et des coffres.

MORAILLONS ET LEUR FEMELLE, (*limés.*)

(*Mémes numéros que les charnières.*)

Il y a une ouverture ronde aux Moraillons des coffrets, pour le passage du tourniquet ; aux caissons elle est un peu ovale.

Les femelles des Moraillons sont dans la direction des mâles de charnières aux caissons ; et aux coffrets dans le milieu de la longueur du couvert.

CHEVILLES D'AFFUT DE SIÉGE ET DE CAMPAGNE.

Cheville à téte plate. (7 ^{os}.)

La tête et le carré de la tige limés , le bout gratté ; le reste brut.

1... D'affût de siége de 24... D. 75.
2... — de 16... D. 75.
3... — de campagne de 12... D. 76.
4... — de 8... D. 76.
5... — de 4... D. 77.
6... — d'obusiers de 6 pouces... D. 76.
7... — d'obusiers de 8 pouces... D. 76.

Chevilles à téte ronde, (mémes ^{os}. que les Chevilles à téte plate.)

Le dessus gratté , les bavures et le carré de la tige limés , le bout gratté et le reste brut. Pour le fer, D , 78 aux n°s. 1 et 2... C. 4 au n°. 3 et suivans.

Chevilles à mentonnet. (9 ^{os}.)

La tête et le carré de la tige limés , le bout gratté , le reste brut.

1... Aux affûts de siége de 24... D. 75.
2... — de 16... D. 75.
3... aux aff. de campagne de 12. *la première*... D. 76.
4... aux aff. de campagne de 12. *la seconde*... D. 76.
5... aux aff. de campagne de 8. *la première*... D. 76.
6... aux aff. de campagne de 8. *la seconde*... D. 76.
7... aux aff. de campagne de 4... D. 77.
8... aux aff. d'obusiers de 6 pouces... D. 76.
9... aux aff. d'obusiers de 8 pouces... D. 76.

On met des rondelles en talus sous l'écrou des Chevilles brutes.

Il faut, en brûlaut les trous, observer de prendre un fer qui ait 1 ligue de moins que la tige de la Cheville, et 3 pouces de longueur de moins que la hauteur des flasques, pour ne pas trop agrandir les trous.

CHEVILLE A LA ROMAINE. (4 Nos.)

La téte et le carré de la tige limés, la tige grattée.

1... de haquet à bateau, — à nacelle, de chariot à canon et de
    pont-roulant... C. 7.
2... de caisson à munitions... C. 9.
3... de caisson d'outils, chariot à munitions et forge... C. 7.

Ces 3 numéros sont pour les avant-trains.

4... de pont-roulant... C. 7.

Il y en a 4 de ce n°. qui traversent les fourches des moutons, et les épaulemens de la clef qui contient la charge de la voiture... Lorsqu'on jette le
pont elles traversent les bras des supports qui se logent dans les fourches des
moutons, et supportent le pont.

La cheville n°. 1, a la chaînette du n°. 6... celle du n°. 2, a
celle du n°. 5... et celle du n°. 3... a celle du n°. 6.

Le crampon est à 6 lignes derrière la patte de la pièce d'armon, et sur
l'angle extérieur de l'armon. Les pointes placées l'une au dessous de l'autre,
le trou est brûlé, et la Cheville doit y être libre pour pouvoir la retirer sans
peine au besoin. Il y en a 2 au pont-roulant, qui tiennent lieu de boulons de
timon.
    Cette Cheville sert à contenir le timon; dans les mauvais chemins, on l'ôte
pour donner du jeu au timon, et moins fatiguer les chevaux.

CHEVILLE-OUVRIÈRE *d'Avant-trains d'affût et de Caisson à munitions, (4 Nos.) brutes.*

1... de siége de 24 et 16... D. 81.
2... de campagne de 12 et 8... D. 82.
3... — de 4... D. 83.
4... de caissons à munitions... D. 83 ou C. 17.

A l'avant-train de siége et aux caissons, la Cheville-ouvrière est perpendiculaire sur le dessus de la sellette. Au n°. 2, il y a un pouce 6 lignes, et
au n°. 3, il y a 6 lignes du derrière de la sellette, au bout supérieur de la
Cheville, mesure prise à la règle.
    Il faut avoir soin de bien arrêter les clavettes des Chevilles-ouvrières des
caissons, afin qu'en route elles ne sortent pas de leur place.

1.   9

CHEVILLE-OUVRIÈRE D'AVANT-TRAIN *de haquets*, etc.
(5 Nos.) *brute.*

2... de haquet à bateau... C. 18.
3... — à nacelle... C. 17.
4... de chariot à canon... C. 18.
5... — à mun. et de caiss. d'outils... C. 17.
6... pour tous les chassis d'affût de place et de côte... C. 17.

Aux numéros 2 et 5, point de clavette... au numéro 1, la tête est fraisée ; à toutes les autres, la tête est chanfreinée.

Dans le chariot à munitions, la Cheville-ouvrière n'est point sur la sellette, mais elle est portée par la grande sassoire.

Ce changement fait que l'on peut tourner beaucoup plus court, et que la voiture verse plus difficilement.

Au chariot à munitions, caisson d'outils et forge, la Cheville-ouvrière traverse le lisoir et la grande sassoire.

Au haquet à bateau et à nacelle, elle traverse le support de devant, le lisoir, la petite sellette, la tête de la flèche et l'essieu.

Au pont-roulant et au chariot à canon, elle traverse le lisoir, la sellette, la tête de la flèche et l'essieu.

Au chassis d'affût de place, elle traversait le milieu de la longueur et de la largeur du heurtoir, et le premier madrier de la plate-forme ; au nouveau chassis elle traverse le lisoir.

Au chassis d'affût de côte, elle traverse le milieu de la longueur et de la largeur de l'entre-toise de devant du grand chassis, et de celle du milieu du petit chassis.

CLAVETTES DOUBLES. (9 Nos.)

1... Pour la cheville-ouvrière du chariot à canon... A... 31.
2... — de 12, 8, du chariot à munitions, du caisson d'outils, forge et du boulon de poulie de la chèvre ordinaire... A. 36.
3... — de 4, des cais. à mun., du boulon de limonière de 24 et 16, du chariot à canon, et du boulon de coîffe de la chèvre ordinaire... A. 38.
4... pour la cheville à la romaine, des haquets, du chariot à canon, du chariot à munitions, du cais. d'outils et du boulon de limonière de 12, de 8, de 4, des caissons, du chariot à munitions et de la forge... A. 38.
5... — des caisons à munitions... A. 38.
6... pour les coussinets porte-essieux de rechange aux caissons à munitions... A. 38.
8... de poutrelles de pont roulant... A. 38.

9... d'esses d'essieu porte-roue des caissons à munitions, et de
parc. (riblond.)
10... de boulons fixant la calotte à deux oreilles qui couvrent la
tête de la cheville ouvrière de la forge... A 38.
La chaînette du n°. 1 , sert pour la clavette n°. 6... celle du n°. 2
pour les n°s. 4 et 5... celle du n°. 6 pour les n°s. 2 et 3...
celle du n°. 7 pour le n°. 9.

Le crampon de la chaînette est à 6 lignes derrière la patte de la pièce d'armon, sur l'angle extérieur de l'armon gauche, les pointes l'une au dessus de l'autre ; celui des chevilles à la romaine est sur l'armon droit.

Aux chevilles-ouvrières, la Clavette est ouverte par le bout, et sa tête est vers le derrière de la voiture.

Aux limonières de 12 , 8 et 4 , elle est fixée sur le chanfrein du bras droit, à 2 pouces du gros bout.

Au coussinet, elle est fixée sur le derrière du coussinet, à 2 pouces du dessus, et vis-à-vis le trou du boulon.

Au n°. 8 , la tête est arrondie en demi-cercle.

Une des pattes de la clavette est beaucoup moins épaisse que l'autre, et forme le ressort qui empêche la Clavette de sortir de son logement ; cette patte est de 4 lignes plus courte que l'autre.

CLAVETTES DE SUSBANDES, (3 N°s.) *limées.*

1... Affût de siége de 24 et 16... A. 29.
2... — de campagne de 12 , 8 et obus... A. 31.
3... — de 4... A. 36.
Leur chaînette est du n°. 1 pour les 3 n°s.

Le crampon de la chaînette est attaché sur le côté extérieur du flasque ; les pointes sont dans la perpendiculaire qui passe contre le côté extérieur de la cheville à tête plate.

CLOUS.

Clous de bande de roue.

A ces Clous, comme à ceux d'applicage, il n'y a de limé que les bavures de la tête, lorsqu'elle pose sur le fer (5 numéros désignés par des lettres)... Le premier chiffre désigne le n°. du fer qui sert à faire les clous, le second chiffre marque la quantité de Clous qu'il y a à la livre.

A. 11... 7... de 24 et 16 de siége, et de triqueballe ; leur lance a
de longueur 4 pouces 6 lignes.
B. 12... 9... de 12 , d'obusiers, de haquet à bateau, de derrière
de chariot à canon, de charrettes... leur lance a de longueur
4 pouces.

C. 12... 9... de 8, de haquet à nacelle ; leur lance a de longueur
3 pouces 9 lignes.

D. 13... 15... d'affût de 4, de caisson de chariot à munitions,
d'avant-train de chariot à munitions, d'affût de campagne de
12 et 8... d'affût de siége ; leur lance a de longueur 3 pouces
6 lignes.

E. 14... 17... d'avant-train de 4, d'affût de place ; leur lance a
de longueur 3 pouces 3 lignes.

Aux affûts de place, les têtes de Clous qui dépasseront les
bandes seront limées jusqu'à fleur de fer ; on peut éviter ce travail
en bien étampant les bandes, et en proportionnant aux trous la
tête des Clous.

On ne doit se mettre en marche qu'avec un certain approvisionnement de Clous de bande de roue. Avant le remplacement
des Clous, il faut remplir leur trou sur les jantes, avec des
chevilles en bois, dites : *Clous de Champagne.*

Clous d'applicage.

Bavures de la tête limées, quand elle pose sur le fer.

R signifie tête ronde, P — plate, F — fraisée.

Tête	R.	P.	R.	F.	F.	R.	P.	R.	
Nos.	1...	2..	3..	4..	5..	6..	7..	8..	Du fer, no. 15.
A la liv.	22..	32..	30..	28..	48..	48..	48..	72...	

Tête		P.	F.	R.		P.		P.
Nos. des Clous	9..	10..	11	de roulon,	12	pour tôle	13.	
Nos. du fer	16..	16..	12		16		16.	
A la livre	72..	72..	13		256		320.	

Clous de Bateau à tête plate, carrée et à 4 pans.

Nos. des Clous	14...	15...	16...	17...	18...	19...	20.
Nos. du fer	14...	15...	15...	15...	16...	16...	16.
A la livre	14...	22...	36...	40...	68...	88...	96.

Clous à Planche à tête plate, ronde et à 4 pans.

Nos. des Clous	21...	22...	23...	24.
Nos. du fer	14...	15...	16...	16.
Nombre à la livre	14...	31...	46...	152.

Clous à tête coupée.

Nos. des Clous	25...	26...	27.
Nos. du fer	16...	16...	16.
Nombre à la livre	55...	170...	256.

Clous de Soufflet à téte ronde, du fer n°. 16, 130 à la livre.

Caboches du fer n°. 16, 3 nos.

Numéros.	Longueur de la lance.	Il y en a à la livre.
1	1 po. 9 l.	40
2	1 6	50
3	1 3	75

Clous rivés.

Il n'y a que les bavures de la tête de limées. *Voyez Jantes.*

1, 2, 3, 4 numéros de Clous rivés à tête fraisée en dessous, du fer C. 10, 11, 12, 14.

5, 6, à tête fraisée au vif, du fer C. 14 et 16.

7, 8, 9, à tête à champignon, du fer C. 14, 13, 14.

Il y a donc 5 espèces de Clous de bande de roue, 9 espèces de clous rivés, 27 espèces de Clous d'applicage, dont 3 à tête coupée, 3 espèces de Caboches, et 1 espèce de Clou pour le soufflet.

COIFFE D'ARMONS. (4 Nos.)

Le bord des pattes limé, le reste brut; toutes du fer A. 27.

2... de haquet à bateau et de chariot à canon.

3... — à nacelle.

4... de caisson d'outils et de chariot à munitions.

5... de caissons à munitions.

, Les bouts sont cloués dessus les armons, à égale distance du tétard.

COIFFE DE SELLETTE D'AVANT-TRAIN D'AFFUT. (3 Nos.)

Les bords, les bouts et le trou limés, le reste brut.

1... de siége de 24 et de 16.. D. 68.

2... de campagne de 12 et de 8.. D. 69.

3... — de 4.. D. 70.

Le dessus de la sellette a la figure du mandrin sur lequel on forme les Coiffes.

On met les Coiffes en place, rouge cerise, en observant que le centre du trou de la cheville-ouvrière soit sur le milieu de l'épaisseur de la tête.

COIFFE DE SELLETTE, DE LISOIR ET DE GRANDE SASSOIRE.
(7 Nos.)

Les bords, les bouts et le trou limés, le reste brut.

1... de Lisoir et Sellette de chariot à canon, et de Sellette de haquet à bateau... D. 71.
2... de Lisoir et grande Sassoire de chariot à munitions, et de caisson d'outils... A. 4.
4... de haquet à bateau... D. 71.
5... de haquet à nacelle... D. 71.
6... de Lisoir de caissons à munitions... A. 4.
8... de Sellette de haquet à nacelle... D. 71.
9... de Sellette de caissons à munitions... A. 4.

Il y a 2 boulons à écrou pour tenir chaque Coiffe.

CONTRE-RIVURES CARRÉES. (7 Nos.)

Nos.	Fer. A.
1.	31.
2.	id.
3.	id.
4.	35.
5.	id.
6.	38.
7.	id.

CRAMPONS, (2 Nos.) *bruts.*

1... D'avant-trains pour la plaine. C. 15.
2... de chariot à munitions et charrettes. C. 16.

Aux avant-trains, il fixe le grand anneau des chaînes de timon sur la happe à crochet.

Aux avant-trains de campagne, il y en a un second qui fixe le grand anneau de la volée de bout de timon ; il est contre le côté gauche de la happe du dessus, et enfoncé à fleur du dessus du crochet.

Au n°. 2, il fixe le crochet destiné à soutenir le hayon contre le côté extérieur du brancard au limon gauche.

A la charrette à munitions, ils fixent les crochets destinés à soutenir les trésailles contre le limon gauche, à 5 pouces en dedans des ranchets, et au milieu de la hauteur des limons.

CRAMPONS DE BOITE. (3 N^{os}.)

1... d'affût de siège de 24 et 16.
2... — de campagne de 12 , 8 et d'obusiers, de haquet à bateau
     et de chariot à canon.
3... — de 4 , de haquet à nacelle, et d'avant-trains de 12 , 8
     et 4 , et de siége.

CRAVATTES D'AVANT-TRAIN DE SIÉGE. (2 N^{os}.)

La rondelle et les pattes limées , les chanfreins grattés.

1... Pour la plaine , de canon et d'obusiers de 8 pouces... A. 30.
2... Pour la montagne... A. 26.

On les applique un peu chaudes , les pattes posant sur le milieu de la largeur
des bras de limonière ou des armons.

CROCHETS DE HAYONS ET DE TRÉSAILLES,
(2 N^{os}.) *grattés.*

1... de hayon de chariot à munitions, et de charrette à boulets.
     C. 11.
2... de trésaille de charrette à munitions. A. 38.

Ils sont fixés par le crampon numéro 2.
Au numéro 1, l'ouverture est du côté du petit bout des limons.
Au numéro 2, l'ouverture est en dedans.

CROCHETS D'ATTELAGE, (1 N^o.) *gratté.*

1... de charrettes et du camion.

Ces Crochets sont attachés sur les côtés extérieurs des limons , et au milieu
de leur hauteur. Le pli extérieur du Crochet est à 18 lignes du devant de
l'épar d'établage, et son ouverture fait face à l'essieu.

CROCHET PORTANT LA CHAINE A ENRAYER,
(3 Nos.) *gratté*.

1... Pour l'affût de 12 et 8 , chariot à munitions et pour la forge.
  A. 30.
2... de caissons à munitions. A. 38.
3... de caissons de Parc. A. 36.

CROCHETS DE RETRAITE. (4 Nos.)

Le gland , le chanfrein et le trou limés , le reste gratté.

1... d'affût de 24 et de 16... D. 73.
2... — de campagne de 12 , 8 et d'obusiers... D. 74.
3... — de 4... A. 21.
4... — de place... A. 16.

Les pattes sont traversées par le premier boulon d'assemblage de la tête d'affût aux trois premiers numéros.

Aux affûts de place , ils sont traversés par le boulon du bas de l'entre-toise de volée , la patte parallèle au-dessus des flasques.

DOUBLES CROCHETS DE RETRAITE.

Ces Crochets sont placés à la crosse des affûts de campagne.

Le Crochet qui est vers la tête d'affût , sert à y accrocher la bricole , et le canonnier la tenant à la main , retient et contient l'affût traîné en retraite par les chevaux , dans les mauvais pas où cet affût pourrait verser.

L'autre de ces doubles Crochets sert au canonnier à accrocher la bricole quand il tire lui-même la pièce en retraite.

CROCHET DE VOLÉE, *aux affûts de campagne.*
(2 Nos.)

Le premier pour le grand anneau du milieu ; il est lié à cet anneau... A. 30.
Le second pour les chaînes de Crochets de retraite de tête

d'affût ; il est lié au dernier anneau de ces chaînes. Il y a 4 Crochets de volée à chaque affût de campagne ; ils sont liés aux amorces des lamettes des volées... A. 32.

L'ouverture en dedans.

DOUILLES DE HAYONS. (2 Nos.)

La douille grattée, la tige brute... C. 6.
1... Au chariot à munitions.
2... A la charrette à boulets.

Il y a 2 écrous et 2 rosettes pour les fixer.

DOUILLES DE SERVANTES.

Au Pont-roulant. . . . . . . { 2 à pointes A. 17.
{ 2 à crochets id.

ÉCHARPES DE BRANCARD. (2 Nos.)

Les bords, les bouts et les trous limés , le dessus gratté... du fer A. et des nos. 18, 20.
De chariot à munitions et forge... de caisson d'outils.
Elles sont encastrées de l'épaisseur de leurs bords, dans le milieu de celle du dessous de l'entre-toise des brancards.

ÉCHARPES DE LIMONIÈRES. (4 Nos.)

Les bords, les bouts limés , le dessus gratté.
1.. de 24 et 16 de siége pour la plaine... A. 27.
2.. de 24 et 16 de siége pour la montagne , et de chariot à canon... A. 31.
3.. de 12 , 8 , chariot à munitions , caissons et forge.. A. 34.
4... de 4... A. 34.

Les bouts sont encastrés à fleur de bois, sur la longueur de 6 pouces.
Aux num. 2, 3 , 4 , l'Echarpe couvre le bandeau du tétard. Les Echarpes sont posées sur le milieu de la largeur des bras de l'entre-toise : elles sont un peu chauffées pour être clouées en place.
L'Echarpe de limonière est une ferrure qui recouvre en dessus les bras de limonière en partie , et l'entre-toise en entier.

ÉCROUS (*grattés*).

Il y a 10 espèces d'Ecrous en usage dans les constructions pour l'artillerie.

Il n'y en a cependant que 7 de différens équarrissages, et 6 dont les filets diffèrent successivement de 3 points.

L'écartement et la profondeur des filets du plus fort Ecrou, sont de 2 lignes 3 points ; l'écartement et profondeur du plus petit, sont d'une ligne.

Pour faciliter les radoubs, éviter le transport d'un trop grand nombre de clefs, on a employé dans la même construction, autant qu'il a été possible, des Ecrous de même équarrissage.

Les Ecrous sont du fer A. et des numéros 15, 19, 26, 29, 31, 31, 35, 38, 38, 38.

ÉCROUS DE CUIVRE *pour Vis de pointage.* (1 N°.)

1... Pour affût de siége , d'obusiers , de place et de côte.

Aux affûts de siége et d'obusier, l'Ecrou est encastré dans la semelle ; son bord antérieur est sur la jonction des deux plans.

A ceux de places et de côtes, il est dans l'entre-toise de mire.

NOTA. Comme les pièces de fer dont on arme les côtes n'ont pas la même longueur que les pièces de bronze de même calibre, on observe de placer le centre de l'Ecrou à 18 lignes en avant du point correspondant à celui que détermine , sur le dessus des flasques, la distance du derrière des tourillons de la pièce à l'extrémité de la plate-baude de culasse.

L'emplacement de l'Ecrou, dont le centre est indiqué ci-dessus, peut également servir à des pièces plus longues que celles d'après lesquelles on l'a fixé, au moyen du plateau, pour augmenter la plongée. Voyez Hausse des pièces.

ÉQUERRES DE BRANCARD ET D'ENTRE-TOISE, (1 N°.) *brutes.*

Pour charriot à munitions , caiss. de Parc et forge A. 25.

Elles sont contre le côté intérieur des brancards et de l'entre-toise.

ÉQUIGNON. (6 Nos.)

Le dessus gratté, le reste brut.

1... d'affût de siège de 24... C. 1.
2... — de 16... C. 2.
3... — d'obus. de 8 pouces et de 6 pouces... C. 3.
4... d'avant-train de siége et d'obus. de 8 pouces... C. 4.
5... de chariot à canon, de devant et de derrière, de haquet à bateau et de triqueballe... C. 3.
7... de haquet à nacelle... C. 4.

L'Equignon est une bande de fer placée sous l'essieu en bois, pour le fortifier et supporter le frottement. Il est encastré à fleur du dessous de l'essieu.

ESSES D'ESSIEU, (6 Nos.) *brutes.*

3 Nos. *à Tige ronde pour Essieux en Bois.*

1... de 24 et 16 de siége ; de 24 , 16 et 12 de places.. A. 24.
2... de 8 de pl. , d'obus., de chariot à canon, à bateau, et de triqueballe... A. 25.
3... de haquet à nacelle , de pont-roulant et d'avant-train de siége... A. 26.

2 Nos. *à Tige équarrie pour Essieux en Fer.*

4... de 12 et 8 de campagne , de charrette , de camion... A. 25.
5... de 4 , et pour tous les essieux de ce calibre... A. 25.

Aux numéros 4, 5 et 6, la tige est en ligne droite extérieurement. Le bout est coupé intérieurement pour donner plus de facilité à mettre l'Esse en place.

ESSES DE FLÈCHE, *d'Essieu porte-roue et de Trésaille, (4 Nos.) brutes.*

1... de flèche de haquet à bateau... C. 6.
2... de flèche de haquet à nacelle et de chariot à canon... A. 30.
3... de flèche de caissons , et de trésaillles de char. à munitions et de charrettes... A. 35.
4... d'essieu porte-roue de caissons... A. 35.

Aux Esses de flèche et d'essieu porte-roue, la tige doit être percée d'un trou de 6 lignes, à 6 lignes du bout, pour y passer une petite courroie.

Aux Flèches des haquets à bateau et à nacelle, et du chariot à canon, les crampons des Esses des deux chaînettes sont placés contre chaque face de la sellette, à 6 pouces du centre de la flèche, et à 2 pouces du dessus de la sellette.

A la Flèche du caisson à munitions, le crampon est contre le derrière de la hausse, dans le milieu de l'intervalle du trou de la flèche et du brancard, et dans la direction de la ligne qui passe par le haut du trou.

Aux Essieux porte-roue, le crampon est sur le bout de la fusée, à côté du trou fait pour loger le bout de l'Esse, quand on y veut placer une roue.

Aux Charrettes à munitions, les chaînettes de la ridelle gauche sont fixées aux pitons des chaînettes des trésailles.

Aux Trésailles, les crampons sont sur l'angle extérieur des ridelles à 15 lignes des trésailles; les pointes placées sur une ligne oblique au fil du bois.

ESSIEUX DE FER. (4 N^{os.})

Les fusées tournées et le corps brut.
Voyez la table des Essieux.

1... de 12.
2... de 8.
3... de 4 de chariot à munitions, de caissons, de forge, et de tous les avant-trains montés en essieu de fer.
4... de charrettes, de camion.

Les numéros 1 et 2 ne diffèrent que de 3 lignes dans leur longueur et dans l'équarrissage du corps. La distance des talons est de 12 pouces au n°. 1, et de 11 pouces au n°. 2.

L'écartement des talons du n°. 3 est de 9 pouces.

Au n°. 4, le corps de l'Essieu ne devant pas être encastré, l'Essieu n'a pas de talons; il est contenu à chaque bout par une rondelle ouverte qui le fixe solidement.

On graisse la partie du corps des Essieux qui se loge dans le bois, parce qu'on est obligé de tâtonner son encastrement, et de l'y présenter à plusieurs reprises; la graisse empêche le bois de s'éclater lorsqu'on le retire.

DE LA RÉCEPTION DES ESSIEUX EN FER.

Il faut 20 Hommes pour faire ces réceptions avec facilité, sans compter les caporaux et sergens, sans compter le garde qui assiste à la pesée, et l'ouvrier vétéran qui fait placer l'Essieu sous le mouton.

Les instrumens dont on se sert sont une plaque de fer carrée et trempée de 1 ligne d'épaisseur environ, où est un vide qui a exactement les dimensions du corps de l'Essieu... une lunette pour le gros bout de la fusée... une lunette pour le petit bout de la fusée... une boîte de roue en cuivre du calibre de l'Essieu... une esse du calibre aussi de l'Essieu... et une grande règle de fer.

Cette règle est de la longueur de l'Essieu ; elle a à ses extrémités un talon qui doit entrer dans le trou de l'esse de chaque fusée : sur cette règle sont 2 crans qui marquent la longueur des fusées et du corps de l'Essieu ; enfin elle a deux ouvertures égales pour recevoir la saillie des talons de l'Essieu.

2 Hommes placent 5 à 6 Essieux sur 2 tréteaux pour être examinés commodément ; on place ces Essieux les talons en haut, à quelque distance les uns des autres, pour pouvoir faire passer les lunettes, etc.

2 Hommes présentent la règle de fer successivement sur chaque Essieu ; les officiers vérifient la longueur totale de l'Essieu, de son corps, de ses fusées et l'emplacement des talons ; les variations peuvent être d'une ligne en plus ou en moins, quoique l'instruction ne les fixe pas encore : l'un des 2 hommes fait glisser tout le long du corps de l'Essieu, la plaque de fer, où est le vide égal au carré de l'Essieu, pour voir s'il a en dessus 1 ligne de moins qu'en dessous ; puis il passe l'esse dans chaque trou pour en vérifier la grandeur. L'autre de ces 2 hommes fait passer la fusée dans la grande lunette, qui doit aller et tourner jusqu'à l'épaulement, ensuite dans la petite lunette, qui doit entrer et tourner jusques après le trou de l'esse, enfin dans la boîte qui doit tourner autour de la fusée entière. Ensuite ces 2 hommes retournent les Essieux leurs talons en bas, et présentant encore la règle, font entrer ses talons dans les trous des esses, pour vérifier leur distance. Les officiers examinent ensuite si les Essieux ont quelques défauts dans le fer ; s'ils y en trouvent de douteux, ils les marquent avec de la craie, pour les retrouver plus aisément, et vérifier s'ils sont réels, après les deux épreuves suivantes.

2 Hommes portent successivement chaque Essieu ainsi vérifié sous un mouton de fer fondu, qui est un parallélipipède de 20 pouces de haut sur 10 pouces d'équarrissage, les 4 angles recoupés de 1 pouce, et garni à sa base d'une plaque de bronze dont le milieu saille plus que les bords. Ce mouton pèse 600 liv. environ ; il est contenu par 2 montans contre lesquels il monte et descend ; au haut des montans est une poulie sur laquelle passe le cordage attaché au mouton, et qui sert à lever ce mouton par le moyen d'un treuil qui est derrière.

5 Hommes lèvent le mouton par le moyen du treuil ; le plan de la base du mouton se trouve alors à 5 pieds au-dessus de l'Essieu placé.

1 Homme arrête le mouton par une cheville de fer ; il retire ensuite cette cheville, et lâche le mouton quand il le faut.

Sous le mouton directement est une table de fer coulé de 8 à 10 pouces de largeur ; deux espèces de demi-cylindres parallèles, de 5 à 6 pouces de diamètre, et distans entre eux, dans leur partie supérieure, de 3 pieds, terminent la longueur de cette table, dont le milieu, sur une longueur de 6 pouces, a une saillie, égale à celles des cylindres, qui finit en talus. C'est cette saillie qui doit répondre exactement entre les deux talons de l'Essieu. On fait porter l'Essieu par ses fusées sur ces portions de cylindres, en y plaçant des cales de fer entre deux, pour que le corps d'Essieu soit élevé de 3 lignes sur la saillie du milieu.

On lâche le mouton ; ce qui se fait aisément en retirant la cheville de fer qui le soutient, puis lâchant au treuil, et enfin tirant sur le cordage qui tient au crochet qui est fait en bascule, et qui sert à lever le mouton.

Les 2 mêmes Hommes qui ont porté cet Essieu sous le mouton, le portent aussi devant 2 montans, éloignés intérieurement de 3 pieds 2 pouces. En dehors contre le pied de ces montans, et perpendiculairement à leur plan, sont deux demi-cylindres pareils à ceux de la machine précédente, distans de 4 pieds.

2 Hommes, par le moyen d'un treuil qui est sur le derrière des montans, d'une espèce de crochet à 2 branches, presque à angle droit sur leur tige, qui soutiennent l'Essieu dans son milieu, d'une poulie qui est dans le haut entre les montans, et d'un cordage, élèvent l'Essieu horisontalement à 6 pieds et demi de hauteur, où deux taquets l'arrêtent et le font retomber : l'Essieu, dans cette chute, porte, par ses fusées, sur les deux demi-cylindres.

Les mêmes Hommes qui ont apporté l'Essieu, vont le porter sur d'autres trétaux où les officiers l'examinent, puis vont porter le troisième Essieu sous le mouton.

2 Hommes ont porté le second Essieu sous le mouton, dès que le premier en a été retiré, puis, etc.

2 Hommes font tourner l'Essieu (éprouvé) sur chaque face sous les yeux des officiers qui examinent s'il y a des cassures. C'est sur-tout aux talons de l'Essieu, aux épaulemens, aux trous de l'esse, qu'elles se rencontrent. S'il se trouve la moindre ouverture en travers, l'Essieu est rebuté. Celles en long ne sont pas toujours une raison de rejeter l'Essieu, parce qu'elles désignent seulement que la barre n'a pas été parfaitement soudée. Il arrive quelquefois même que la fente en travers ne faisant point paraître de blanc, on met l'Essieu au feu, et quand il est à demi-rouge, on bat dessus du côté qu'il convient pour le faire ouvrir ; pour peu qu'il s'ouvre, on le rebute. S'il reste dans le même état, on le reçoit, parce que l'on suppose que cette petite fente, qui doit être très-peu considérable, ne provient que de quelques paillettes de fer. Ces mêmes Hommes qui font tourner l'Essieu sous les yeux des officiers, le portent à la balance ; on les pèse par 5 ou par 6, et on constate le poids sur le procès-verbal.

2 Hommes portent les Essieux, de la balance au lieu où on les entasse.

ÉTRIER D'ESSIEU EN BOIS, (8 Nos.) *brut.*

1... d'affût de siége de 24... D. 56.
2... — de 16... D. 57.
3... — d'obusiers de 8 pouces... D. 58.
4... — d'obusiers de 6 pouces... D. 59.
5... d'affût de place de 24... D. 60.
6... — de 16... D. 61.
7... — de 12... D. 62.
8... — de 8... D. 63.

Ils sont percés obliquement de 3 lignes, suivant le sens de la cheville à mentonnet qui passe dans le premier trou près de l'angle vif du talon.

On forme les Etriers sur un mandrin, pour ne pas trop brûler le corps de l'essieu.

La partie antérieure est en talon, et on arrondit l'autre ; parce que, quand l'Essieu est desséché et joue dans ses étriers, on peut, d'un coup de marteau sur cette partie arrondie, resserrer l'Essieu dans son Etrier.

ÉTRIERS, *à bouts taraudés, d'Essieu en fer d'avant-train.* (2 Nos.)

Les bouts grattés et le corps brut.

1... de 12 et 8 d'obusiers de 6 pouces.
2... de 4 de chariot à munitions, de caissons.

Ils sont placés à 6 lignes des extrémités du corps d'Essieu en bois.
On réduit les bouts taraudés à 5 lignes de longueur en dehors de l'Essieu.
2 Ecrous et 2 brides d'étriers.

ÉTRIERS OU FRETTES *de Sellette et d'Essieu, d'Armons, de Fourchette, d'Empanons et leur Crampon,* (7 Nos.) *bruts.*

1... à l'avant-train de siège, et — d'obusiers de 8 pouces... A. 31. } de sellettes.

2... à l'avant-train de 12, 8, et d'obusiers de 6 pouces... A. 31.
3... à l'avant-train de 4... A. 36. } d'armons.

4... de haquet à bateau... A. 29.
5... — à nacelle... A. 31. } de fourchette.

6... de chariot à canon... A. 29.
7... de triqueballe... A. 29. } d'empanons.

Les Frettes d'empanons sont fixées en dessus par un crampon plat, placé au milieu de la largeur du bois, et diagonalement sur la Frette.
Les autres Frettes sont arrêtées par 3 à 4 caboches.

FLOTTES A CROCHET, (4 Nos.) *brutes.*

1... d'affût de campagne de 12... A. 31.
2... — de 8... A. 31.
3... — 4... A. 35.
4... — d'obusiers de 6 pouces... A. 31.

Elles tiennent lieu de rondelles de bout d'essieu.

HAPPE A ANNEAU DE BOUT D'ESSIEU. (4 Nᵒˢ.)

Les bords et les bouts limés , le reste brut.

1... d'affût de siége de 24 et 16... A. 8.
2... — d'obusiers , de haquet à bateau , de chariot à canon, de triqueballe. A. 17.
3... de haquet à nacelle , de pont–roulant , d'avant-train de siège pour la montagne,.. A. 22.
4... d'avant–train de siége pour la plaine... A. 22.

Quand la happe est attachée, il faut calibrer la fusée.

HAPPE A ANNEAU *pour le gros bout des Limo-nières.* (3 Nᵒˢ.)

Les bords et les bouts limés , le reste brut.

1... de 24 et de 16 de montagne, chariot à canon , et de pont-roulant. A. 23.
2... de 12 et de 8 , chariot à munitions , caissons et forge... A. 27.
3... de 4... A. 27.

La Happe est appliquée contre le côté extérieur du gros bout des bras de limonière ; l'anneau en est à 3 lignes, où il est entaillé de son épaisseur.

HAPPE A CROCHET FERMÉ ET A VIROLE *pour le dessous du bout de timon.* (2 Nᵒˢ.)

Les bords et les bouts limés , le reste brut.

1... d'affût de 12 et 8 , de haquet à bateau , de chariot à canon, de caisson d'outils , de chariot à munitions, de forge et pont–roulant... A. 26.
2... d'affût de 4 et de caissons à munitions... A. 30.

La Happe est placée, étant rouge, en dessous du bout du timon. On ne la retire que quand son dessus affleure le bois. Il faut , avant de la mettre en place , y loger le grand anneau qui tient les chaînes d'attelage.

HAPPE A CROCHET *pour le dessus du bout de Timon.* (3 ᴺᵒˢ.)

Les bords de la Happe limés étant soudés, le reste brut.

1... de haquets et de charr. à canon et pont-roulant. A. 25.
2... d'affût de 12 et 8, d'ob. de 6 pouces, de cais. d'out., chariot
   à munit. et forge... A. 26.
3... d'affût de 4 et de caisson à mun... A. 30.

Le dedans du crochet doit se trouver à 6 pouces du bout de timon. La Happe est placée étant rouge; on ne la retire que quand son dessus affleure le bois.
Elle est fixée en place après la Happe à virole.

HEURTEQUINS *pour Essieu en bois*, (3 ᴺᵒˢ.) *bruts.*

1... d'affût de siége de 24 et de 16... A. 8.
2... — d'ob., de haquet à bateau, de char. à canon et triqueballe... A. 17.
3... de haquet à nacelle, d'avant-train de siége et pont-roulant...
   A. 22.

Ces Heurtequins sont encastrés de leur épaisseur; il faut vérifier avec une boîte de roue, s'ils le sont en entier.
Le Heurtequin est une ferrure placée contre l'épaulement de l'essieu; il embrasse le carré du corps de l'essieu, et supporte le frottement du moyeu de la roue; ils sont placés sur le dessus des fusées, le talon encastré dans leur épaulement, et la patte dans les fusées.

HEURTEQUINS A PATTE *pour Essieu de fer, d'Avant-train.* (2 ᴺᵒˢ.)

Les bords, les bouts et le logement pour l'essieu, limés, le reste brut.

1... d'affût de campagne de 12 et 8... A. 11.
2... — de 4 de caissons et forge... A. 11.

Ils embrassent les bouts du corps d'Essieu en bois, les pattes sont encastrées de leur épaisseur dans ses côtés.

LAMETTES *de Volée, de Palonniers et de Perche de soufflet de forge. (*4 NOS.*)*

Les bords limés, le reste brut... toutes se font du fer **A.**

Il y a une grande Lamette à chaque numéro.

1... de haquets et de chariot à canon.. grande 25. petite 26.
2... d'affût de 12 et 8, de caisson d'out., de char. à munitions
      et de forge... grande 26. petite 30.
3... — de 4 et de caisson à munition... *idem.*
4... pour la perche du soufflet de forge... gr. et pet. 31.

Les amorces de Lamette de volée sont sur la partie en ligne droite de la volée du bout de timon.

Les Lamettes de tirans de volée sont de même sur le côté, en ligne droite de la volée de derrière.

Celles des bouts et des palonniers sont sur la partie cintrée du bois.

Celles des bouts de volée sont à 6 lignes des extrémités.

Celles des tirans sont à 1 pouce de celles-ci.

Celles des palonniers ne sont pas brûlées en place ; on les fixe un peu tiède, sans trop les resserrer, pour laisser la facilité d'y passer un palonnier de rechange.

Dans les Lamettes du soufflet, celles des bouts en sont à 3 lignes et demie, les amorces en dessous ; la plus petite est au bout de devant pour pouvoir être arrêtée. Celle du milieu a les amorces en dessus, il faut qu'elle puisse glisser sur la branloire pour pouvoir être arrêtée aux différens trous qui y sont percés ; elle est fixée devant les amorces par un boulon.

La Lamette est faite d'abord en plaque de fer rectangulaire, ayant deux tiges équarries au milieu de deux côtés opposés ; on arrondit ensuite la Lamette, et on soude ensemble ces deux tiges ; pour les souder on les amorce, et l'anneau que forment alors ces deux tiges en conserve le nom d'amorce.

LIENS DE FLASQUE. (7 NOS.)

Les bords et les bouts limés, le reste brut.

1... d'affût de siége de 24... B. 14.
2... — de 16... B. 14.
3... — de campagne de 12... B. 15.
4... — de 8... B. 15.
5... — de 4... B. 16.
6... — d'obusiers de 8 pouces... B. 15.
7... — d'obusiers de 6 pouces... B. 15.
On délarde l'affût avant d'y appliquer les Liens.

Les Liens s'appliquent à froid : on a soin, pour adoucir le fer, de le recuire rouge cerise, mais pas plus fort, de peur de les rendre cassans.

LIENS DE JANTES (*pour le besoin*), (9 Nos.) *bruts.*

1... d'affût de siége de 24.... A. 22.
2... — de 16... A. 22.
3... de chariot à canon, de haquet à bateau... A. 27.
4... d'affût de 12, d'obusiers, et de charrettes... A. 27.
5... d'affût de 8, de haquet à nacelle, de pont-roulant, d'avant-train, A. 27.
6... d'affût de 4, de caissons, de chariot à munitions et de forge... A. 27.
7... d'avant-train de 12, de 8, de caissons, de chariot à munitions et de forge... A. 27.
8... d'avant-train de siége... A. 27.
9... — de 4... A. 27.

Cette Ferrure se place, étant chaude, et pour ne pas trop brûler le bois, on prend la précaution de mouiller la jante auparavant ; l'on se presse aussi d'arrêter les chevillettes, et on mouille même le Lien à moitié, lorsqu'il est placé.

La longueur de la marche, les chemins, etc., décident du nombre qu'on doit prendre de ces Liens, pour remédier aux accidens qui arrivent en route.

Les dimensions de cette Ferrure n'étant relatives qu'aux dimensions des jantes, à l'inspection des roues des voitures, il sera aisé de connaître l'espèce de Lien dont on devra faire la demande, et ceux dont le développement et l'écartement, quand ils seront pliés, permettront de les rendre communs aux jantes de différentes voitures.

Quoique les dimensions de ces Liens soient déterminées dans les tables, on peut, sans inconvénient, se dispenser, lors des radoubs en campagne, d'en suivre scrupuleusement les proportions ; le point capital est que les liens serrent fortement, au moyen de leur chevillette, et réparent au mieux l'avarie de la jante.

On se sert quelquefois de Liens doubles qu'on met à la jonction des jantes ; ils sont fendus aux deux tiers de la longueur au milieu de chaque patte ; du reste, comme les Liens ci-dessus. La fourche est écartée de 2 pouces à l'extrémité.

Les Liens simples se placent sur le milieu des jantes, et les doubles sur leur jonction.

On a aussi d'autres Liens de jante qu'on appelle Liens mols : on les place à froid ; ils ont les mêmes dimensions que les Liens forts, à l'exception de la partie qui couvre la bande, qui n'a que 1 ligne d'épaisseur.

On ne fait usage des Liens que quand les jantes se fendent.

LIENS DE BRAS DE LIMONIÈRE DE FLÈCHE, ET DE RAIS (*pour le besoin*), (12 Nos.) *bruts.*

1... de Bras de limonière d'avant-train de 24 et 16 pour la plaine...
    A. 28.
2... de bras de limonière pour la montagne de 24, 16 et de cha-
    riot à canon... A. 28.
3... — de 12 et 8... A. 35.
4... — de 4... A. 35.
6... de flèche de caissons à munitions... A. 35.
7... — de chariot à canon... A. 35.
8... de rais d'affût de 24 et 16... A. 35.
9... — de 12 et 8... A. 35.
10... — de 4 et de caissons... A. 38.
11... — d'avant-train de 12 et 8... A. 38.
12... — de 4... A. 38.

Les Liens de rai sont placés à froid, la chevillette est sur le derrière du rai. La chevillette des autres Liens est en dessous.

Tous ces différens Liens sont une bandelette de fer percée à chaque extrémité d'un trou, ils servent à lier solidement des pièces de bois cassées, au moyen d'une chevillette qu'on passe dans les trous et qu'on rive ensuite. Les Liens mols s'appliquent à froid, les autres plus renforcés en fer, ne peuvent bien s'appliquer qu'à chaud.

LUNETTE ET CONTRE-LUNETTE. (7 Nos.)

Les bords, les bouts et l'ouverture limés, le reste brut... tous du fer A. Le 1er n°. est pour les cercles, le second pour les pattes.

1... d'affût de siége de 24... 25 , 8.
2... — de 16... 25 , 8.
3... d'affût de campagne de 12... 30 , 17.
4... — de 8... 30 , 17.
5... — de 4... 30 , 22.
6... d'affût d'obusier de 8 pouces... 30 , 17.
7... — de 6 pouces... 30 , 17.

La Lunette est la ferrure qui garnit le tour du trou qui est à l'entre-toise de Lunette, dans lequel on passe la cheville-ouvrière, quand on met l'affût sur l'avant-train ; la Lunette garnit ce trou en dessus, la contre-lunette en dessous de l'entre-toise.

On nomme aussi Lunette des pièces de fer bien trempées, rondes et avec une poignée, ayant leur diamètre un peu plus grand ou un peu plus petit que le calibre d'un boulet, et servant à vérifier ses dimensions.

PIÈCE D'ARMONS D'AVANT-TRAIN. (3 Nos.)

Les bords des pattes limés, le reste brut.

1... de haquet et de chariot à canon... A. 3o.
2... d'affût de 12, — de 8, de chariot à mun. de cais. d'outils de forge... A. 3o.
3... d'affût de 4 et de caisson à munitions... A. 3a.

Le corps affleure la tête du timon, et les pattes s'attachent sur les armons.

PLAQUES D'APPUI DE ROUE. (7 Nos.)

Bords et bouts limés, le reste brut.

1... d'affût de 12 et — d'obusier de 6 pouces. B. 1.
2... — de 8... B. 1.
3... — de 4... B. 6.
4... — d'obusiers de 8 pouces... B. 6.
5... de chariot à canon, de chariot à munitions, de caissons....
   B. 6.
6... de pont-roulant... B. 1.
7... de forge... B. 6.

Celles de 8 et de 4 sont fendues dans le côté qui s'applique sur la face intérieure des flasques ; une partie est pliée sur l'épaisseur entière, et l'autre sur le délardement.

A 8, la fente est dans le milieu de la largeur ; elle a 2 pouces 6 lignes de longueur.

A 4, elle est fendue inégalement sur sa largeur, et de la longueur de 5 pouces.

A la forge, il y a de plus qu'aux autres plaques, une oreille percée pour servir de rosette, sous le brancard droit, à la patte à tige du contre-cœur.

Aux voitures qui n'ont de plaques d'appui de roue que du côté droit, la patte de la chaîne à enrayer en tient lieu du côté gauche.

PLAQUES DE FLÈCHE. (4 Nos.)

Le trou et les bords limés, le reste brut.

1... de caisson à munitions... A. 9.
2... de chariot à canon... A. 5.
3... de haquet à bateau... A. 1.
4... — à nacelle, de pont-roulant. A. 1.

Celles des haquets sont encastrées de 3 lignes ; les autres sont brûlées d'une demi-ligne dans le dessus de la tête de la flèche.

PLAQUES DE GARNITURE *pour l'encastrement de l'essieu de fer.*

Elles sont appliquées contre le côté intérieur de l'encastrement de l'essieu, les coins enfoncés dans le haut de l'encastrement, et la partie pliée appliquée sur le dessous du flasque, sans y être encastrée. Par ce moyen, on empêche les flasques de se fendre dans l'angle antérieur du haut.

PLAQUES A OREILLES DE RENFORT, *pour le dessus des Affûts de place.* (4 Nos.)

Les bords limés, le dessus brut.

1... d'affût de place de 24... A. 2.
2... — de 18 et 16... A. 2.
3... — de 12... A. 2.
4... — de 8... A. 2.

Elles sont placées sur le dessus des flasques, de chaque côté du logement des tourillons. L'oreille intérieure est encastrée de son épaisseur dans le côté intérieur des flasques ; elles sont traversées par les chevilles qui sont de chaque côté du logement des tourillons.

PLAQUES DE RENFORT D'ARMONS. (3 Nos.)

Bords limés, dessus brut ; fer B. 6.

1... d'avant-train pour montagne, de 24, 16, et chariot à canon.
2... — de 12, 8, chariot à munitions, caissons et forge.
3... — de 4.

Elles enveloppent les Armons au trou du boulon de limonière extérieurement.

PLAQUES CARRÉES *d'Affûts, de Haquets, de Chariot à canon, de Tétard, de Timon et de Limonière.* (12 Nos.)

Le carré et le trou limés, le reste brut.

1... de crosse de 24 et 16... A. 9.
2... de haquet à bateau, *sous la tête de la cheville ouvrière*... A. 9.

3... de haquet à nacelle, *idem*... A. 9.
4... de chariot à canon, *idem*... A. 9.
5... de tétard de timon aux haquets et au chariot à canon, et pont-roulant. B. 11.
6... — au caisson d'outils, et au char. à munitions... B. 14.
7... — aux caissons à munitions... B. 14.
8... de tétard de limonière de 24, 16 et chariot à canon, et pont-roulant. B. 9.
9... — de 12, 8, caissons, chariot à mun. et forge... B. 11.
10... — de 4... B. 14.
11... d'étrier de muffle au soufflet de forge... B. 11.
12... de mouton de pont-roulant... B. 14.

Aux Affûts de siége, elles sont encastrées à fleur du bois sous le bandeau de crosse, et traversées par les deux boulons d'entre-toise.

Aux Haquets, elles sont clouées sur l'entaille de support, faite pour loger la tête de la cheville-ouvrière.

Au Chariot à canon, elle est clouée sur l'entaille du lisoir.

Aux Tétards, elles sont encastrées d'une ligne de plus de profondeur dans les côtés du Tétard, et sont traversées par le premier boulon de timon, ou le boulon de limonière. La longueur des pattes est dans la direction de celle du tétard.

Aux Forges, elles sont encastrées sur le dessus et au milieu de l'épar, à 8 pouces de distance d'un bord de trou à l'autre.

Au Pont-roulant, elles ne sont point encastrées, et sont placées à 4 pouces 6 lignes du bout des moutons.

RANCHETS.

Dans le haquet à bateau, *c'est de même pour celui à nacelle*, ce sont des pièces de fer d'environ 8 à 10 pouces de longueur, placées aux extrémités du support de devant, et de la sellette de derrière; ces Ranchets font un angle d'environ 120°. avec ces pièces de bois, dans lesquelles ils sont encastrés et en affleurent les bouts. Ils servent à contenir le bateau sur son haquet. On place une espèce de petit coussinet de bois entre eux et le bateau, pour mieux assujétir le bateau et conserver ses flancs, que le frottement des Ranchets détruirait.

Les Ranchets sont des espèces d'étriers arrondis et fixés solidement sur les côtés du chariot à munitions, servant à porter les timons ou flèches de rechange; il y en a 2 de chaque côté.

RAGOTS. (I N⁰.)

Les côtés limés , le reste brut.

1... De charrette à boulets , —à munitions, de camion, d'avant-train de siége pour la plaine et la montagne.

Il y en avait aussi à la forge à deux roues , qu'on a supprimée.

Les Ragots sont attachés sur l'arrondissement de l'angle extérieur du petit bout des limons ; le bout de la patte et celui du crochet font face à ce côté. Le bout du crochet est déversé de 6 lignes extérieurement. Cette ferrure sert à faciliter le recul des voitures.

RECOUVREMENT DE TALUS DE FLASQUE. (7 N⁰ˢ.)

Bords et bouts limés , le dessus brut.

1... d'affût de siége de 24... B. 3.
2... — de 16... B. 5.
3... — de campagne de 12... B. 8.
4... — de 8... B. 10.
5... — de 4... B. 12.
6... — d'obusiers de 8 pouces... B. 8.
7... — d'obusier de 6 pouces... B. 10.

Le bout inférieur recouvre celui des bouts d'affûts, et le bout supérieur est recouvert par celui de la sous-bande.

RIVETS.

Petites tiges de fer rivées par les deux bouts.

RONDELLES D'ESSIEU, (II N⁰ˢ.) *brutes.*

1... Rondelle de bout d'essieu aux affûts de siége de 24... A. 28.
2... — de 16... A. 28.
3... Rondelle d'épaulement d'essieu aux affûts de campagne de 12... A. 28.
4... — de 8... A. 28.
5... — de 4 aux caissons , chariot à munitions et forge à 4 roues... A. 35.
6... Rondelles de bout d'essieu à l'affût d'obusiers de 8 pouces , au haquet à bateau, au chariot à canon et au triqueballe. . . A. 35.
7... — au haquet à nacelle , au pont-roulant, et aux avant-trains de siége pour la montagne... A. 35.

8... — aux charrettes A. 35.

9... — aux avant-trains d'affût de campagne, d'obusiers de 6 pouces, de caissons, de chariot à munitions, de forge à 4 roues... A. 35.

10... — aux avant-trains d'affût de siége pour la plaine, et de l'obusier de 8 pouces... A. 35.

11... — aux avant-trains de haquet à bateau et de chariot à canon... A. 35.

RONDELLES DE FLÈCHES. (5 Nᵒˢ.)

Bords limés, le reste brut.

1... de chariot à canon... A. 28.
2... de haquet à bateau... A. 28.
3... — à nacelle...
4... de pont-roulant de devant.
5... de derrière... A. 35. pour les 3 derniers nᵒˢ.

Elle est attachée autour de l'ouverture faite à la sellette, et à l'essieu de derrière, pour le bout de la Flèche.

RONDELLES A OREILLES, (2 Nᵒˢ.) *brutes.*

1... de chassis d'affût de côte. A. 4.
2... de chariot à munitions, caisson de parc. A. 38.

Au numéro 1, elles sont encastrées de l'épaisseur des pattes, l'une en dessus de l'entre-toise du milieu du petit chassis, et l'autre en dessous de l'entre-toise de devant du grand chassis.

Au numéro 2, elle est sur le dessus du lisoir, les oreilles dans la direction de sa largeur.

RONDELLES OUVERTES *pour l'épaulement de l'Essieu.* (1 Nᵒ.)

Le logement pour l'essieu, les trous et les bouts limés, le reste brut... du fer A. 26.

1... Des charrettes, du camion. Elles sont fixées extérieurement contre les limons à l'encastrement de l'essieu, et servent à le contenir.

On cloue les Rondelles quand l'essieu est logé dans son encastrement, on l'ôte ensuite pour percer les trous des boulons.

On place les 4 boulons, *ayant une rosette,* le bout de la tige aboutissant à 15 ou 18 lignes du corps de l'essieu.

RONDELLES EN TALUS, (6 Nᵒˢ.) *brutes*.

1... de chevilles à mentonnet de 24 et 16. A. 25.
2... — d'obusiers de 8 pouces et de 6 pouces. A. 25.
3... de boulons d'écrous de cuivre de vis de pointage d'affût de 24... A. 27.
4... ——— de 16. A. 27.
5... ——— d'obusier de 8 pouces. A. 25.
6... ——— d'obusier de 6 pouces. A. 25.

Elles tiennent lieu de rosettes sous l'écrou de ces chevilles ou boulons.

ROSETTES ET CULOTS.

Culots. (4 Nᵒˢ.)

Pour l'obusier de 6 pouces... pour la pièce de 12... de 8... de 4.
Les Culots sont du fer A, et des nᵒˢ. 1, 5, 7, 13.

Rosettes. (6 Nᵒˢ.)

Les chanfreins et le trou limés, le reste brut.

1... de 2 pouces de diamètre. . . . . { Rosettes sans chanfrein...
2... de 3 pouces *idem*. . . . . {   B. 13 et 15.
3... tirée du culot de 8. . . . . . . {
4... tirée du culot de 4. . . . . . . { Rosettes chanfreinées....
5... de 2 pouces de diamètre. . . . . { A. 7 et 13... B. 13 et 15.
6... de 13 lignes *idem*. . . . . . . {

Le trou des Rosettes a une demi-ligne de plus que le boulon. Une seule chaude suffit pour couper les Rosettes, les percer et leur donner le chanfrein.

ROSETTE A BOUCLE ET A ANNEAU, *servant de patte à enrayer.* (2 Nᵒˢ.)

La boucle limée, le reste gratté.

1... à l'affût de 24, de 16, et d'obusiers de 8 pouces.
2... de 4 et d'obusiers de 6 pouces.

Elle est attachée contre le flasque droit, sous l'écrou du boulon de l'entretoise de support à 24 et 16, et sous la tête de ce boulon à 4.
Les Rosettes sont du fer A, et des numéros 14 et 24.
Les anneaux sont du fer C, et tous du numéro 12.

ROSETTES OVALES. (3 Nos.)

Les bords et le trou limés , le dessus brut.

1... de haquets de chariot à canon , et pont-roulant.
2... de caissons , de chariot à munitions et de forge.
3... de chèvre brisée.

Elles sont clouées sur le côté extérieur des armons ; leur grand diamètre placé dans le sens de l'épaisseur du bois.

Celle dont le trou est carré, est sur l'armon gauche : elles sont traversées par les chevilles à la romaine.

Celles numéro 3 servent à contenir la tige des boulons à tête longue d'épars, et sont encastrées à fleur du bois. Leur longueur est dans la direction de celles des hanches , et elles sont contenues par 2 clous rivés.

ROULETTES D'AFFUT ET DE CHASSIS.

Ces Roulettes sont en fer coulé : celles pour l'affût de place et pour le chassis d'affût de côte sont les mêmes.

L'essieu de ces Roulettes est en fer battu et leur est adhérent ; les Arsenaux le fournissent ordinairement aux fondeurs des roulettes. Le mouleur doit avoir attention que l'essieu fasse angle droit avec le plan de la Roulette ; l'essieu doit être percé, quand on le forge, de part en part, à 18 lignes de chaque bout du corps, d'un trou de 5 lig. de diamètre, pour y loger 2 petits boulons de même grosseur, dont les bouts doivent surmonter de 9 lignes le carré de l'essieu, afin que dans la coulée, la fonte l'embrasse et le retienne solidement dans la Roulette. On doit observer de faire ces trous sur des faces différentes:

Dimensions de l'essieu à roulettes, pesant 8 livres.		
Longueur totale.	13 pouc.	3 lig.
— du corps.	5	3
Equarrissage et diamètre des fusées.	1	6

Ces Roulettes pèsent 108 à 109 livres.

On doit les faire au prix des fers coulés : on les a payées quelquefois 210 fr. à 230 fr. le cent pesant.

ROUES (*Ferrures des*).

Les bandes d'une Roue sont ordinairement de 3 grandeurs différentes pour la longueur, parce qu'en coupant les bandes égales, on ne pourrait pas enceindre précisément la circonférence de la Roue.

Les Roues des avant-trains, hors celles des numéros 21 , 22 et 23 , n'ont que 5 bandes, dont 3 longues et 2 courtes : les autres Roues en ont 6 ; le triqueballe seul en a 7.

Les bandes s'alongent de 6 lignes en les appliquant.

On fait une oreille à chaque angle des bouts d'une bande , par un seul coup de marteau, en appuyant ce bout sur un angle de la table de l'enclume ; cette oreille les cramponne dans les jantes, et les rend moins sujettes à être arrachées par le frottement.

L'intervalle entre le bout des bandes peut être de 4 à 7 lignes.

Les bandes sont percées à chaque bout de 5 trous étampés (il n'y en a que 4 aux affûts de place)... Les 2 du bout sont accouplés... le 3ᶜ. et le 4ᶜ. sont hors du milieu (de la bande) de la moitié du trou... le 5ᶜ., au milieu de la bande, ne doit jamais dépasser la broche du rai.

Il faut, aux Roues de voitures garnies d'une chaîne à enrayer, des équerres pour l'appui de cette chaîne ; elles doivent être mises intérieurement dans l'angle du rai et de la jaute. On en met 2 diamétralement opposées à chaque Roue qui doit supporter l'enrayage, de façon que le milieu d'une des bandes de la Roue touche à terre.

On peut passer en moins, ou en plus, 1 ligne sur la largeur des bandes, et 1 demi-ligne sur l'épaisseur.

Voyez ci-après, à l'examen des Voitures partant pour un convoi, quelques autres observations sur les Roues.

(Les Ferrures sont du fer A.)	Cordons.	Frettes.	Bandes.
D'affût de 24...	33	29	8
Siége de 16...	33	29	10
D'affût de 24...	34	28	9
Place de 16...	34	28	12
12...	34	28	16
8...	34	28	18
D'affût de Campagne de 12...	35	31	17
8...	35	31	19
4...	38	36	23
d'obusiers de { 6 pouces / 8 pouces }	35	31	17
de Voitures. Caissons, chariot à munit., forge à 4 roues.	38	36	23
Charrettes, camion, forge à 2 roues.	35	31	17
Chariots à canon, haquets.	35	31	17
Haquet à nacelle.	35	31	19
Pont-roulant.	35	31	19
D'avant-trains de Haquet à bateau, et chariot à canon.	35	31	17
Haquet à nacelle.	35	31	19
12, 8, obusiers de 6 pouces, caisson, chariot à munitions.	38	36	23
4...	38	36	27
de Siége pour plaine, et obusiers de 8 pouces.	38	36	22
de Siége pour montagne.	38	36	22
de Triqueballe.	35	31	10

SEYES, (2 Nᵒˢ.) *brutes.*

1... d'avant-trains de siége , de haquet à bateau et de chariot à
    canon... C. 9.
2... — de haquet à nacelle... C. 10.

Elles traversent le milieu (dans sa largeur) de la sellette, les armons ou
les bras de limonières, et elles entrent dans le corps d'essieu ; leur tête affleure
le dessus de la sellette.

Il faut évaser l'entrée du trou pour que la tête ne fende pas le bois.

La Seye est une espèce de cheville en fer , à tête et à pointe perdues , qui ,
dans les avant-trains, sert à réunir la sellette , les armons et l'essieu, ou le
corps de l'essieu.

SOUS-BANDES. (7 Nᵒˢ.)

Les trous , les bords et les bouts limés, le logement et le dessus,
sur la longueur de 4 à 5 pouces , grattés , le reste brut.

1... d'affût de siége de 24. D. 41.
2... — de 16... D. 42.
3... — de campagne de 12... D. 43.
4... — de 8... D. 44.
5... — de 4... D. 45.
6... — d'obusier de 8 pouces... D. 46.
7... — d'obusier de 6 pouces... D. 47.

S'il ne leur manque qu'une ligne de profondeur , il faut les laisser ainsi
sans ciseler intérieurement leur surface , qui doit rester unie ; s'il leur manque
plus d'une ligne , il faut les réchauffer , et les passer de nouveau sur les 2 tiers
du cylindre.

Les trous des clous sont ovales : l'excédent du grand diamètre sur le petit
est du côté de la tête d'affût , afin que la Sous-bande ne se refoule pas, si elle
est repoussée par l'effort du recul.

Les Sous-bandes fortes qui sont pour l'encastrement de tir , ne doivent pas
aller jusqu'au bord de l'encastrement de route , parce que l'effort des tourillons , quand on tire la pièce , ferait parvenir ces Sous-bandes jusque dans
l'encastrement de tir , et en resserrerait l'entrée , de façon à ne pouvoir plus
loger les tourillons.

SUSBANDES. (7 Nᵒˢ.)

Bords et trous limés , dessus gratté , le reste brut.
1... d'affût de siége de 24... D. 48.
2... — de 16... D. 49.
3... — de campagne de 12... D. 50.

4... — de 8 ., D. 51.
5... — de 4... D. 52.
6... — d'obusier de 8 pouces... D. 53.
7... — d'obusier de 6 pouces... D. 54.

Il y en avait autrefois aux affûts de mortier; on les a supprimées à cause de leur inutilité.

TÊTES D'AFFUT. (7 N^os.)

Bords, bouts, trous limés, le reste brut.

Aux mêmes Voitures que les Sous-bandes.

A. 3, 5... B. 6, 10, 12, 6, 10.

TIRANS DE VOLÉE. (7 N^os.) *bruts.*

1... d'avant-train de chariot à canon... C. 11.
2... — de haquet à nacelle... C. 11.
4... — à bateau... C. 11.
5... — de 12 et 8... C. 12.
6... — de 4... C. 12.
7... — de caissons à munitions... C. 12.
8... — de caisson d'outils, de chariot à munitions... B. 12.

VIROLES. (13 N^os.)

1... de bout d'essieu d'affût de place de 24... A. 36.
2... d'*idem* de 16... A. 36.
3... d'*idem* de 12... A. 36.
4... d'*idem* de 8... A. 36.
5... d'essieu porte-roue aux caissons... A. 38.
6... de levier, de 12, 8 et d'obusiers... A. 38.
7... d'*idem* de 4... A. 38.
8... de flèche de haquet à bateau... A. 36.
9... d'*idem* à nacelle... A. 36.
10... de flèche de chariot à canon... A. 36.
11... de brancard de chariot à canon... A. 38.
12... de flèche de caissons à munitions... A. 36.
13... pour le bout du pied-de-chèvre... A. 31.

VIS DE POINTAGE.

C'est une Vis en fer à filets carrés, tournant dans un écrou de cuivre, placé dans un affût sous la culasse de la pièce, servant à élever ou à baisser cette culasse, et par conséquent au pointage de la pièce. Autrefois il n'y en avait qu'aux affûts des pièces de campagne, aujourd'hui elle est adaptée à tous les affûts.

1... Vis pour affûts de siége, de place et de côte. C. 20.
2... Vis pour affût d'obusier, ne diffère de la précédente que pour la longueur... C. 20.
4... Vis pour affût de 12... D. 79.
5... Vis pour affût de 8... D. 79.
6... Vis pour affût de 4... D. 80.
Vis pour bras d'affût à mortier. (Si on l'adopte pour faciliter le pointage).

Ce sont les numéros des tables qui ne parlent pas de la septième qui leur est postérieure.

Voici leurs 2 principales Dimensions pour les reconnaître.

Nos.	Longueur depuis le carré de la manivelle.		Diamètre de la vis taraudée.	
	pouces.	lignes.	pouces.	lignes.
1	14	4........	1	10
2	10	»........	1	10
4	12	6........	1	8
5	id.	»........	1	6
6	id.	»........	1	4

ARMEMENS (1)

DES BOUCHES A FEU.

BOUTE-FEU.

Bâton d'environ 2 à 3 pieds taillé en pointe d'un côté et fendu de l'autre pour recevoir le bout pendant et allumé de la mèche qu'on entortille autour.

DÉGORGEOIR. (2 Nos.)

1... Pour Bouches à feu de siége et de place sans manche ; se termine en anneau à un bout ; a de diamètre 1 ligne 3 quarts.

2... Pour Bouches à feu de campagne à manche... diamètre du fer 2 lignes faibles ; la soie et la lance sont séparées par une embase en champignon qui porte contre le bout du manche par son côté plat. Le gros bout du manche est arrondi, le petit bout est garni d'une virole de fer mince.

Au second numéro, on en lime le bout en pointe de diamant émoussée. Il y a, outre cela, les Dégorgeoirs à vrille. Voyez, à l'Assortiment des Voitures, l'article du Coffre d'outils porté sur le Chariot de division.

DOIGTIER.

C'est un petit coussinet en peau forte ou en cuir garni de crin ou de bourre, de 3 pouces en carré, recouvert d'un côté d'une peau formant comme un petit sachet, dans lequel le canonnier met les doigts de la main qui lui sert à boucher la lumière quand on charge les Bouches à feu.

_____

(1) Il serait très-utile d'avoir les tables des dimensions des armemens et assortimens des Bouches à feu ; souvent loin des arsenaux, on est obligé de faire construire ces divers objets, et on est fort embarrassé.

TÊTE D'ÉCOUVILLON (5 Nᵒˢ.)

Les 5 nos. sont semblables à ceux des refouloirs.

Les têtes d'Ecouvillon des 3 premiers nos. ont 8 cannelures, les deux autres n'en ont que 6.

Il faut 17 onces de soie de porc pour garnir une tête d'Ecouvillon des nos. 1 et 2... 11 onces pour le no. 3... 8 onces pour le no. 4.. 5 onces pour le nº. 5...

Les soies de porc de Russie, de la première qualité, ont 6 à 7 pouces de long, coûtent 44 sols la livre, et servent pour les nos. 1 et 2... celles de la seconde qualité n'ont que 5 pouces 6 lignes de longueur, coûtent 29 sols la livre, et servent pour les autres nos.

Les soies de porc d'Alsace sont très-bonnes et peuvent remplacer celles de Russie. Elles doivent avoir 4 pouces de longueur, pour s'en servir, il faudra 2 longueurs dont les petits bouts se croisent dans le milieu de la planchette.

Le fil de laiton des tresses doit avoir une demi-ligne de diamètre. 6 pieds pèsent 6 gros 3 quarts à 7 gros... Il faut le faire rougir avant de le tresser pour qu'il ne se casse pas.

La longueur des tresses faites est de 17 pouces 6 li... 15 — 6... 14 — 6... 13 — 9... 12 — «...

La torsure doit être égale, et les soies ne doivent pas pouvoir être arrachées.

Quand les soies sont pliées, on les met dans l'eau chaude pour les redresser, et on les laisse sécher.

En 1781, à Metz, 112 liv. de soie de porc du pays, coûtant 12 sols la livre, ont donné 45 livres de déchet.

Il faut 41 clous de cuivre, coûtant 4 sols le 100 de façon, pour les 4 premiers nos., et 25 clous pour les autres nos.

2 ouvriers travaillant 10 heures par jour, peuvent garnir 9 à 10 têtes d'Ecouvillons des 4 premiers nos. ou 15 à 16 du 5e.

On compte 3 Ecouvillons par Bouche à feu.

Outils pour faire les têtes d'Ecouvillon.

1 Peigne à nétoyer et à arranger les soies.

1 Rouet de passementier, dont la roue ait 36 dents et le pignon 8.

2 Pinces plates pour tordre les bouts du fil de laiton doublé.

1 Cabriolet mobile avec ses deux valets et sa clavette.

1 Planchette sur laquelle on arrange les soies, avec deux supports et son liteau.

1 Dégorgeoir à anneau pour arranger les soies sur la planchette.

2 Règles de 20 pouces de longueur servant à égaliser les soies.

1 Table.

Outils pour attacher les Tresses.

1 Support de bois entaillé dans le bas intérieurement, échancré dans le haut, percé de plusieurs trous pour recevoir 2 chevilles à tête plate.

1 Petit treuil percé de plusieurs trous et garni d'une courroie.

1 Petite enclume plate et arrondie, dont la tige se loge dans la tête.

1 Bec-d'âne pour faire le logement du cordon de laiton qui est au bout des tresses.

1 Poinçon rond à pointe émoussée pour enfoncer le bout des tresses dans le bois.

1 Chassoir de fer armé d'acier, pour enfoncer les clous qui tiennent les tresses dans les cannelures.

1 Chassoir plat de 6 lignes de largeur, à bords arrondis, pour dresser la chaîne après qu'elle est clouée.

1 Petit marteau pour chasser les clous, etc.

1 Grand treuil à crémaillère pour tenir la tresse tendue lorsqu'elle est fixée par le premier clou, au moyen du crochet qui est au bout de la courroie roulée sur le treuil.

1 Faux bout de hampe planté verticalement sur la table pour tenir l'écouvillon.

1 Petit treuil à crémaillère, pour tenir tendue la seconde moitié de la tresse, lorsque la première est clouée.

1 Bride de cuir pour tenir les soies écartées et laisser voir les fils de la tresse pour poser les clous.

1 Tricoise pour arracher les clous mal enfoncés.

1 Petit pied-de-biche pour *idem*.

Pour faire les clous, il faut 1 petit étau, 1 tenaille à vis et à main, de petites limes, 1 petit marteau.

Clous de Cuivre.

On les fait avec un fil qui a 1 ligne de diamètre.

Il en faut de 3 longueurs; les plus courts, 8 lignes, sont pour les cannelures jusqu'à l'arrondissement de la tête. Les grands 1 pouce 3 lignes, sont pour 24 et 16; les moyens, 10 lignes pour les autres.

1 Ouvrier, en 10 heures, fait environ 600 clous grands ou petits. On peut les payer 4 sols le cent.

Il faut pour

300 grands clous :   1 liv. 3 onces de fil de laiton.

300 moyens . . . .   »   6 onces et demie.

300 petits . . . . .   »   5

Poids des Refouloirs et des Ecouvillons hampés.

	Refouloirs seuls sur leur hampe.		Ecouvillons seuls sur leur hampe.		Ecouvillons et Refouloirs sur la même hampe.		Ecouvillons sur une hampe recourbée.	
	liv.	on.	liv.	on.	liv.	on.	liv.	on.
Pour pièces de siége. { de 24........	12	10	12	8	»	»	»	»
{ de 16........	12	4	12	»	»	»	»	»
Pour pièces de place. { de 12.........	»	»	»	»	10	2	»	»
{ de 8.........	»	»	»	»	9	»	»	»
{ de 4 long....	»	»	»	»	6	8	»	»
Pour pièces de campagne. { de 12.........	»	»	»	»	8	»	»	»
{ de 8 et 6....	»	»	»	»	7	»	»	»
{ de 4.......	»	»	»	»	»	»	6	8
Pour mortier et pierriers. { de 12 p., de 10 p. et pierrier....	3	8	3	8	»	»	»	»
{ de 8 pouces....	3	2	1	10	»	»	»	»
Pour ob. de 8 p., de 6 p. et de 5 p.	»	»	»	»	3	8	»	»

HAMPES DE REFOULOIRS, *de frêne ou de chêne.* (16 Nos.) (1).

Toutes les Hampes d'armemens doivent être logées dans les douilles de 6 lignes de moins que leur profondeur.

(2 nos.) Pour Hampes de pièce de siége de 24... de 16.

(3 nos.) pour pièce de place (avec écouvillon) de 12... de 8... de 4 long.

(3 nos.) pour pièces de bataille (avec écouvillon) de 12... de 8... de 6.

(3 nos.) pour obusiers (avec écouvillon) de 8 pouces... d'obusiers de 6 pouces... d'obusiers de 5 po. 7 lig.

5 nos.) pour mortier de 12 pouces... de 10 pouces à grande portée... de 10 pouces à petite portée... de 8 pouc... de pierriers.

---

(1) Les Hampes en sapin, quoique fragiles, sont bonnes pour les pièces de côte, de place, etc., parce que, quoiqu'exposées aux injures de l'air, elles ne se tourmentent pas comme les autres ; mais elles ne valent rien pour les pièces de campagne.

HAMPES D'ÉCOUVILLON, *de frêne ou de chêne.*
(17 Nos.) (1).

(2 nos.) Hampes d'écouvillon pour pièces de siége de 24...
 de 16...
(3 nos.) pour pièces de place (avec refouloir) de 12... de 8..
 de 4 long.
(4 nos.) pour pièces de bataille (avec refouloir) de 12... de
 8 (sans refouloir)... de 6... de 4.
(3 nos.) pour obusiers (avec refouloir) de 8 pouces... de
 6 pouces... de 7 po. 7 lig.
(5 nos.) pour mortiers de 12 pouces... de 10 pouces à grande
 portée... de 10 pouces à petite portée... de 8 pouces...
 de pierriers.

L'Ecouvillon de 4 de campagne est à Hampe recourbée , au moyen d'un crochet à douilles portant une poignée parallèle au corps de la Hampe. (Cette poignée est de frêne ou de chêne).

HAMPES DE LANTERNES ET DE TIRE-BOURRES,
(8 Nos. *des premières et des secondes*).

De 24 — de 16 — de 12 de place — de 8 — de 4 longue — de 12 de campagne — de 8 — de 4.

Les Hampes de tire-bourres sont les mêmes.

Leur diamètre est le même que celui des Hampes de refouloir et d'écouvillon.

Les Lanternes de 4 de campagne ont les Hampes de la même longueur que la Hampe de la Lanterne de 4 longue , et on ne leur a donné cette longueur que pour pouvoir porter plus aisément ces Lanternes sur le côté des caissons.

Toutes les Hampes de Lanterne des pièces de campagne ont 7 pieds.

LANTERNES. (5 Nos.)

De 24 — de 16 — de 12 — de 8 — de 4.
... 9 l. ... 6. ... 4 ½ ... 3. ... 2.
(ce sont les liv. de poudre qu'elles contiennent.) Elles servent à charger les pièces au besoin quand on est sans gargousses.

Les têtes de Lanternes sont d'orme , et ces Lanternes sont faites

---

(2) Même note que la précédente.

de feuilles de cuivre de 3 quarts de lignes d'épaisseur, qu'on plie sur un mandrin.

Chaque Lanterne est de 2 pièces (1) rivées et brasées à leur réunion ; la première forme le corps de la Lanterne, et la seconde forme, avec le bout carré de la première, le collet de la Lanterne.

Le bout de la pièce du corps développée est arrondi par un rayon égal à la moitié de sa largeur.

On met 2 rangs de clous de cuivre sur le pourtour du collet pour le fixer.

Outre les 5 nos. de Lanternes qui sont pour les pièces de siége et de place, il y a une Lanterne pour les pièces de campagne qui est contenue dans le crochet à patte fixé au côté gauche du caisson contre l'équerre de devant.

LEVIERS.

Levier de Siége et de Place.

La pince est équarrie ; la partie qui suit est à 8 pans, le reste est arrondi. Sa longueur totale est de 6 pieds 6 pouces. La pince a 1 pied 6 pouces de longueur, la partie à 8 pans a 1 pied 3 pouces, et la partie arrondie, 3 pieds 9 pouces. Ce même Levier, renforcé de 3 lignes, sert aux manœuvres de chèvre, de cabestan, et aux affûts de place.

On coiffe la pince des Leviers d'affût de place avec une plaque de fer, afin que leur bout ne glisse pas, quand on donne du flasque. Cette ferrure s'appelle *Armure de Levier d'affût de place.*

Cette plaque est percée de 4 trous de rivets de 3 lignes de diamètre ; ces trous doivent se correspondre quand la plaque est pliée ; on plie les plaques sur un mandrin qui a la forme du bout de la pince du Levier. Cette plaque est fixée au bout de la pince du Levier par 2 rivets.

On met 6 Leviers par affût de siége.

On met 4 Leviers, dont 2 ferrés, par affût de place.

Leviers d'Affût de Campagne (2 N^{os}.)

1... de 12, de 8, d'obusier de 6 pouces, il a de long 5 pieds 6 pouces.

2... de 4, il a de longueur 5 pieds.

Les Leviers de 8, et d'obusier de 6 pouces sont parfaitement semblables, l'arrêtoir est placé de même ; et pour les distinguer

______

(1) Il vaut mieux les faire d'une seule pièce.

de ceux de 12, dont l'arrêtoir est différemment placé, on se propose de les peindre en rouge.

1. Arrêtoir ; il est placé sur le gros bout des Leviers, il trouve son passage dans un soulèvement pratiqué dans le grand anneau de pointage. Cet arrêtoir, quand on a tourné le Levier, ne se trouvant plus vis-à-vis du soulèvement, empêche le Levier de sortir de sa place.

La distance du bord extérieur de l'arrêtoir, à l'emplacement de la virole, est pour 12 à 10 pouces... pour 8 à 9 pouces, pour 4 à 7 pouces 6 lignes.

1 Anneau à pattes ; chaque patte percée de 2 trous de rivets, de 3 lignes de diamètre. Il est attaché sur le petit bout du Levier ; le haut des pattes affleure ce bout. On rape le bois qui surmonte les pattes lorsqu'elles sont attachées, et l'on creuse aussi à la rape le bout du Levier de 4 lignes, afin que le crochet porte-Levier des affûts se loge plus aisément dans l'anneau.

1 Virole et 2 rivets d'*idem*.

Leviers d'*Affût de côte.*

Le Levier qu'on appelle *Levier de pointage* ou *directeur*, a 6 pieds 6 pouces de longueur totale. La pince qui est équarrie a 1 pied 6 pouces, la partie qui suit, et qui est à 8 pans, a 1 pied de longueur. Le reste qui est arrondi a 4 pieds. Ce Levier, logé dans l'entaille faite dans le dessus de l'entre-toise de derrière du grand chassis, et contenu par les brides placées vis-à-vis cette entaille en dessus, sert à faire mouvoir le chassis circulairement autour de la cheville ouvrière, pour donner à ce chassis la direction convenable.

Il faut 1 Levier de pointage par pièce.

Le Levier de manœuvre a de longueur totale 7 pieds. Le milieu, qui est équarri, a 2 pieds 6 pouces. Les bouts sont arrondis. En manœuvrant on ne débarre pas, on fait glisser seulement la partie carrée dans les mortaises. Mais on trouve plus commode de partager ce Levier en deux... il faut 2 Leviers de manœuvre par pièce.

Leviers d'*Affûts à mortiers.*

Leur pince est équarrie, la partie suivante est à 8 pans, le reste est arrondi. Ils ont une plaque qui sert d'armure à la pince, et cette plaque a un talon qui lui sert d'arrêtoir... Il faut 2 de ces Leviers par Mortier pour la manœuvre du coussinet à tourillons (1).

---

(1) On ne parle point ici des Leviers relatifs aux affûts pour les montagnes, parce que rien n'est déterminé sur ce point. Tout ce qui concerne ces affûts sera réuni en un article séparé ci-après.

PORTE-LANCE.

Le Porte-lance est formé de deux pièces que l'on coupe dans une feuille de tôle de 3 quarts de ligne d'épaisseur. Dans le développement de chaque pièce , on réserve sur le côté d'un des bouts une saillie qui sert à former l'enveloppe de la lance ; longueur 10 pouces 5 lignes.

On préfère de porter la lance sur le côté , plutôt que dans la douille opposée à celle du manche , pour pouvoir ne la laisser sortir du Porte-lance qu'autant que cela est nécessaire.

On pourra tirer 15 Porte-lances d'une feuille de tôle de 25 pouces sur 17 pouces.

On tuile les deux pièces , et on les réunit pour en former un cylindre creux qui a la forme d'un porte-crayon.

La saillie est tuilée de même pour recevoir la lance , et forme un second cylindre creux à côté de celui du corps du Portelance , dont il est séparé par un applatissement de 2 lignes de largeur.

Le dessous du logement de la lance est relevé extérieurement en bourrelet pour ne pas l'accrocher , parce que c'est toujours par-là qu'on doit l'y faire entrer ; ce logement est simplement un peu évasé en dessus.

On brase une virole à environ 4 pouces 9 lignes du gros bout pour contenir la réunion des deux parties ; la soudure de la virole brase aussi le Porte-lance sur la longueur d'environ un pouce dans cet endroit.

Il y a deux autres viroles (1) mobiles passées dans le Portelance ; celle qui sert la lance n'est pas soudée ; ses bouts sont seulement rapprochés ; mais celle qui presse la douille contre le manche l'est. Les angles extérieurs des viroles sont arrondis , mais les intérieurs restent carrés.

On forme avec la lime , à l'entrée de la douille du manche , dans chaque partie du Porte-lance , 2 dents que l'on replie intérieurement et perpendiculairement à la douille , pour cramponner le manche ; on relève en même-tems extérieurement d'une demiligne les bords de cette ouverture entre les dents pour empêcher la virole de sortir.

Les douilles doivent être limées en longueur , afin que les viroles coulent aisément.

Il faut un peu applatir l'ouverture de la douille parallèle au logement de la lance , afin que le canonnier ne se trompe jamais

______

(1) Au lieu de ces viroles, on a imaginé de mettre des vis : cette innovation ne vaut rien ; les vis se faussent , se rouillent , etc.

168

sur l'endroit où il doit la placer ; cela se fait sur un mandrin ovale dont le grand diamètre a 5 lignes , et le petit deux et demie.

Toutes les lances à feu auront 5 lignes et demie de diamètre extérieurement.

TÊTE DE REFOULOIR, (5 Nos.) (*d'orme.*)

De 24... de 16... de 12... de 8 et 6... de mortier de 12 pouc. , de mortier de 10 pouces , de pierriers , de 4 long, d'obusiers de 8 pouces et de 6 pouces , et de mortier de 8 pouces.

L'extrémité du collet est garnie d'une virole de cuivre rouge , tenue par un clou de même métal.

Les écouvillons de 4 tiennent lieu de Refouloirs.

TIRE-BOURRES. (2 Nos.)

1... De siége et de place.
2... De campagne.

Les branches sont pliées sur un mandrin en cône tronqué , et la douille est percée de 3 trous.

Au n°. 1 , les branches sont pliées en spirales dès leur naissance.

Au n°. 2 , on laisse un vide entre la naissance des spirales et le fond de la fourche. Ce vide est destiné au passage du crochet porte-levier des affûts de campagne qui sert à les porter.

Il ne faut qu'un mandrin pour le premier n°. Il en faut deux, faits exprès , pour l'autre ; un pour former le vide et l'autre pour former les spirales. Les pointes débordent d'une ligne le cercle que forme le corps des branches extérieurement.

Il y a des Tire-bourres d'écouvillon qu'on loge dans la tête de l'écouvillon 2 nos. pour 24 et 16 , pour 12 et 8.

Ils sont d'acier trempé à l'huile d'olive , ce qui dispense de les recuire... Il faut une clef pour les visser.

CHASSE-FUSÉE, *de hêtre ou d'orme.* (3 Nos.)

	Long. tot.		du corps...		du man...		diam.	
	po.	li.	po.	li.	po.	li.	po.	li.
1. de 12 et de 10.	6	»	1	9	4	3	2	1
2. de 8.	5	6	1	6	4	»	1	9
3. de 6.	5	6	1	6	4	»	1	9

Les 3 parties du Chasse-fusée sont le corps , le manche , qui est arrondi en dessus, et un godet en dessous du corps , pour l'emboîture des fusées.

CROCHET A BOMBES. (*Fer C. 11 brut.*) *Il a 16 pouces de développement.*

Ce Crochet est formé en *S*, dont le corps est en ligne droite, le petit bout des Crochets est un peu recourbé extérieurement à l'entrée.

On n'en fait usage que pour les bombes de 12 pouces et de 10 pouces.

CURETTE *servant à nétoyer l'ame des Obusiers, Mortiers et Pierriers.*

Un des bouts de la Curette est formé en cuiller ronde et oblique sur le manche.

L'autre bout nommé *grattoir*, est tranchant, concave, et dans la direction du manche ; il sert à gratter les crasses qui s'attachent à l'ame des obusiers, etc., et la cuiller sert à les retirer.

Le grattoir a les angles du bout arrondis de trois lignes ; il est tuilé ; sa concavité est du même côté que la cuiller.

Le manche à 8 pans est long de 20 pouces, et le grattoir de 2. Le diamètre de la cuiller est de 2 pouces.

Les bouts du grattoir et le bord intérieur de la cuiller sont limés en couteau.

ÉCLISSES OU COINS DE BOMBES (*de sapin*).

Longueur, 6 pouces... largeur, 1 pouce... épaisseur à la tête, finissant en couteau, 3 lignes.

ÉTOILE A CROCHET *servant à placer les Bombes.*

3 Nos. de 12, de 10, de 8.

1 Etoile à 4 branches, l'anneau plat.
1 bride.
1 grand crochet.
2 petits crochets coudés.

FUSÉES.

Voyez la table des Fusées.

MAILLET CHASSE-FUSÉES (*de hêtre*).

Ses dimensions sont arbitraires.

QUART DE CERCLE.

Instrument ordinairement en bois servant à donner l'élévation convenable aux obusiers et mortiers. Ceux dont on se sert à-peu-près généralement aujourd'hui servent aussi à donner l'alignement.

La facilité qu'on a de mal placer cet instrument, de s'en mal servir, la susceptibilité qu'il a lui-même de se déranger en se tourmentant, rendent le pointement trop arbitraire. Au reste, celui en usage est connu de tous les officiers d'artillerie.

Dans les obusiers, la hausse lui est préférable. Dans les mortiers on pourrait le remplacer, peut-être, par un moyen plus simple, qu'on indiquera en parlant des améliorations à faire dans le matériel.

SPATULE.

Pour chasser les coins de bombes.
    Longueur totale 24 pouces.
La palette, un corps à 8 pans, un bout équarri.

TIRE-FUSÉES. (2 Nᵒˢ.)

De 12 et de 10 pouces. — De 8 et de 6 pouces.

Les Tire-fusées sont composés d'une tenaille, d'une maille et d'un chassis.

Les mors de la tenaille sont concaves, et sont évidés à leur réunion, pour pouvoir y saisir la tête des fusées ; on donne à la portion de cercle qui embrasse la fusée, un talus vif du dedans au dehors, afin que la fusée soit saisie sans être coupée.

Le bout des branches est à talon replié extérieurement. Ces talons servent d'appui à la maille qui contient l'écartement des branches de la tenaille.

La maille est à mentonnets plats, pour donner prise à la pince des deux petits leviers, dont on se sert pour arracher les fusées.

Le cercle supérieur du chassis Tire-fusée, fournit des points d'appui à ces leviers qui ne sont ordinairement que des manches d'outils.

La tenaille ; son rivet pour tenir les mords :

Ses branches : ses mors.

La maille : ses mentonnets.

Le chassis est composé de deux cercles assemblés par 4 montans.

Les cercles sont de diamètres différens ; mais tels que chacun d'eux puisse embrasser environ 1 tiers de la bombe dont il doit servir à arracher la fusée, tandis que celui avec lequel il est assemblé servira de point d'appui aux leviers dont on fera usage pour cela.

On donne à ces cercles plus de diamètre extérieurement qu'intérieurement, afin qu'ils posent exactement sur la circonférence de la bombe.

4 Montans à patte. On forme ces pattes en entaillant le côté intérieur des montans pour y former un épaulement, sur lequel le cercle doit appuyer.

Ces montans sont espacés également autour des cercles, avec lesquels ils sont assemblés, par des rivets qui traversent les cercles et les pattes des montans.

8 Rivets.

Il faut un 3e. tire-fusée pour l'obusier de 5 po. 7 lig. Ceux dont on vient de parler sont simples, mais on les trouve peu commodes pour être assujétis sur les bombes et obus quand on s'en sert : on en a proposé d'autres qui sont à vis, qui n'ont pas cet inconvénient, mais qui ont celui d'être compliqués : on n'a point pris encore de parti là-dessus.

ASSORTISSEMENT

DES BOUCHES A FEU.

BOIS A PLATE-FORME.

	Longueur.	Largeur.	Epaisseur.	Poids (1).
Pour Canon de Siége, de Place.				
3 Gîtes.	14 pi.	5 po.	6 po.	150 liv.
1 Heurtoir. *Les pièces de place n'en ont pas.*	8	8	8	210
14 Madriers.	10	12	2	106
Pour Canon de Côte.				
3 Bouts circulaires de madriers cintrés, à 8 pouces 6 lignes de flèche.	8	8	3	80
ou				
4 Bouts circulaires de madriers cintrés, à 4 pouces 8 lignes de flèche.	6	8	3	60
Pour Mortiers de 12 pouc. et de 10 pouc. à grande portée.				
3 Lambourdes.	7	8	8	187
11 Lambourdes.	6	8	8	160
Pour Mortiers de 10 pouc. à petite portée, de 8 pouces et Pierriers.				
12 Lambourdes.	8	6	6	90

Pour les bois à plate-forme devant servir au mortier à semelle, voyez la construction des Plate-formes à Mortier.

---

(1) Ces Bois sont supposés être de chêne ; s'ils sont bien secs, ils pèsent moins : le heurtoir ne pèse alors que 189 au lieu de 210, etc.; s'ils sont en sapin, il faut diminuer le poids d'un tiers.

BOITES A PORTER LES GARGOUSSES A CANONS DE SIÉGE ET DE PLACE. (5 N^{os}.)

Une pour chaque calibre ; on les appelle aussi *Gargoussiers.*

Dans les batteries de siége , et dans la 'défense des places , on se sert de ces Boîtes pour éviter les accidens du feu.

La Boîte... le couvert... 2 viroles de cuivre... 1 cordage.

Elles pèsent pour 24 , 4 liv.–12 onces... pour 16 , 3 liv.–12 onces... pour 12 , 2 liv.–12 onces... pour 8 , 2 liv.–8 onces... pour 4 , 1 liv.–8 onces.

BOITE DE CUIR DE VACHE , *pour porter environ 12 lances à feu.*

La Boîte , le couvert , la banderolle.

Elle coûte 50 sols , et pèse 12 onces.

Elle contient environ 12 lances à feu.

BRICOLE DE CUIR POUR TRAÎNER LE CANON , *garnie de son Anneau et de sa Clef.*

Coûte en vache , 50 sols , en cuir de roussi , 3 liv. 15 sols ; elle pèse 1 liv. 7 onces.

Cette Bricole est composée de la banderolle en cuir, d'un trait, d'un anneau triangulaire , et de la clef.

La Banderolle développée , a 60 pouces de longueur , et 2 pouces 9 lignes de largeur. Le trait développé, a 96 pouces de longueur et 5 lignes de diamètre. Le trait , la boucle formée , et l'anneau fixé , a 78 pouces de longueur ; la boucle a 3 pouces.

Le trait est fait de bon chanvre à 4 brins de 4 fils chacun , chaque brin est cordé séparément.

La boucle est formée par le cordier , et garnie avec de la ficelle.

L'anneau a la forme d'un triangle , dont les angles sont arrondis , et dont les côtés de l'angle du sommet sont parallèles sur la moitié de la hauteur du triangle , et rejoignent l'arrondissement de ceux de la base par un arc concave... Il est fixé à la banderolle , dont les bouts se réunissent dans le côté large de l'anneau ; un des bouts , après avoir été passé dans l'anneau , se replie de 3 pouces sur l'autre bout. Les trois épaisseurs que forme la banderolle auprès de l'anneau , sont bredies ou cousues ensemble avec une lanière de cuir.

Le trait est logé dans le petit arrondissement de l'anneau ; son bout est passé 4 à 5 fois entre les brins du cordage ; le premier passage est près de l'anneau.

Le crochet, qu'il faut nommer *l'arrêt*, est fixé à 3 pieds 6 pouces du bout du trait, la boucle étant formée. Cela se fait en passant dans le piton de la clef le bout qui doit être attaché à la bricole, et en passant ensuite ce même bout dans le milieu des brins du cordage, à l'endroit où il doit être fixé.

COFFRET D'AFFUT DE CAMPAGNE, *pour les Bouches à feu de* 12... 8... 4... *obusiers de 6 pouces.*

Les planches de sapin ou d'orme blanc.
Le pignon d'orme.
2 Bras de Coffrets, attachés contre les bouts du coffret par des étriers.

Ferrures.

La tôle du couvert.
2 Charnières... 2 rivets d'assemblage de charnière... 5 clous rivés de charnière.
1 Moraillon et sa femelle.
4 Equerres de tôle épaisse pour le coffret. Elles embrassent les angles du Coffret ; le bout qui en dépasse le fond est fendu, et ses parties sont repliées l'une sur l'autre.
1 Tourniquet de Coffret d'affût de campagne ; son rivet, et sa plaque tenue par 3 clous.
1 Boulon à tourniquet de Coffret de 4, portant le tourniquet... ses 2 rosettes et son écrou.
1 Boulon, n°. 31, qui, à 8 et obusier, traverse la séparation qui est à droite du tourniquet.
1 Anneau rond, tenu par un piton à pattes, derrière le Coffret de 8 seulement, pour le tenir sur les armons de l'avant-train quand on tire à la prolonge ; parce que ce Coffret étant plus long, ne peut, comme les autres, se loger entre les armons. On y passe la clef du bout de chaîne fixé à la sassoire de l'avant-train... ses 2 clous rivés.
2 Etriers à bras de Coffrets. Ils embrassent par leur milieu le dessous du Coffret dans sa longueur. Leurs bouts repliés sur ceux du Coffret, embrassent le dessus des bras.

4 Boulons qui traversent les bras... 4 écrous...
1 Double équerre percée de 24 trous de clous embrassant le milieu
    du dessous du Coffret.
Clous d'ap. du nª. 13 pour 12. . 8. . . 4. . . obus.
                    189. . 197. . 173. . 193.
    Les Coffrets ne diffèrent que par leurs divisions intérieures.
    Le Coffret de 12 est divisé en trois cases, et contient 9 car-
touches.
    Celui de 8, en 5 cases, et en contient 15.
    Celui de 4, en 6, et en contient 18.
    Le Coffret d'obusier est divisé en trois cases, par 2 séparations
dans le sens de la largeur.
    Les cases extrêmes ont 6 pouces 3 lignes de largeur et con-
tiennent chacune 2 cartouches à balles. La case moyenne n'a que
3 pouces 3 lignes, et contient les 4 gargousses. (Le coffre de
ce Coffret a 18 pouces 3 lignes de longueur, 13 pouces 3 lignes
de large, et 12 pouces 10 lignes de haut.)
    On creuse d'une ligne et demie chacun des côtés intérieurement
sur toute la hauteur, vis-à-vis le milieu de chaque grande case,
pour pouvoir y loger les boîtes à balles ; cet arrondissement se fait
avec un rayon de 6 pouces 3 lignes.

    Pour le Coffret de 6 et de l'obusier de 5 pouces 7 lignes, voyez page 22.

ENRAYURE.

    Les Enrayures sont composées d'un cordage à 2 boucles, formées
par le cordier, et d'un billot courbe, qui a la forme d'un piquet
à tente.
    Elles tiennent lieu de chaîne à enrayer aux affûts et aux voitures
à 4 roues, où il n'y en a pas : et on en fait usage pour les voitures
où il y en a, lorsque ces chaînes viennent à casser.
    Il y en a de 12 et de 15 lignes de diamètre ; elles sont toutes
4 brins, mais sans noyau. Les premières sont composées de
8 fils et les autres de 108.

Longueur et Poids des Enrayures d'un pouce de diam.

	Longueur.		Poids.	
Pour affût de 12 (1)	5 pi.	6 po.	3 l.	8 on.
— de 8	5	1	3	6
— de 4 , et obusier de 6 pouc. .	4	8	3	4
de chariot à munitions	5	10	4	4
de caissons à munitions	6	5	3	12
de caissons d'outils	3	10	3	2
de forge à 4 roues	7	3	4	2

Longueur, etc. de celles de 15 lignes de diamètre.

Pour affût de 24 , de 16 (2) , et d'obusiers de 8 pouces	5	8	4	14
de chariot à canon	11	8	7	12
de haquet à bateau , à nacelle et pour pont-roulant	10	»	7	4

Les longueurs se mesurent du dedans d'une boucle au-dedans de l'autre ; la longueur intérieure des boucles est de 8 pouces.

Pour vérifier les Enrayures, enfoncez dans un madrier 4 chevilles espacées , suivant les longueurs des Enrayures et des boucles , et présentez-y les Enrayures.

Aux voitures garnies de rosette à boucles , ou de chaîne à enrayer , l'Enrayure est passée dans l'anneau de la rosette ou de la chaîne.

Au chariot à canon , elle embrasse le brancard gauche , contre le taquet de devant.

Au haquet à bateau , à nacelle et au pont-roulant , elle embrasse la flèche contre le devant du taquet.

Le billot est formé dans un morceau de bois qui a 10 pouces de longueur , 3 pouces de largeur et 18 lignes d'épaisseur : tous les angles du billot sont arrondis.

La tête est percée d'un trou de 4 lignes pour le passage de la ficelle qui l'attache à l'Enrayure.

La ficelle est à 4 brins ; elle a 2 lignes de diamètre , et 27 pouces de longueur totale. Etant passée , dans le nœud de l'une des

---

(1) Le vol continuel des Enrayures à l'armée d'Italie pendant la guerre de 1792 , avait forcé de mettre des chaînes aux affûts et voitures de campagne.

(2) Il faut 8 pieds 6 pouces de cordage pour faire cette Enrayure. Ajoutez cette même différence à la longueur des suivantes , pour estimer la longueur du cordage nécessaire à leur confection.

boucles de l'Enrayure, dans la tête du billot, et 4 à 5 fois entre les brins qui la composent, ses bouts étant réunis ensuite par un nœud droit, elle conserve environ 13 pouces de longueur.

Toutes les Enrayures de rechange seront semblables à celles des voitures où il n'y a pas de chaîne à enrayer.

FAUX ESSIEU EN BOIS (*Dimensions d'un*).

	po.	li.
Longueur du corps, les angles de dessous abattus. . . .	33	»
Equarrissage du corps.	3	3
Hauteur de l'épaulement à la fusée { En dessus.	»	9
{ Sur les côtés.	»	$4\frac{1}{2}$
Distance du bout à l'entaille pratiquée en dessous pour faciliter le brelement de la chaîne ou du cordage. . .	7	9
Profondeur de l'entaille.	»	9
Distance de l'entaille au centre du trou du crochet. . .	3	»

L'entaille sera adoucie jusqu'à 2 pouces et demi du bout; le reste du bois sera conservé de toute son épaisseur.

	po.	li.
Longueur totale de la fusée.	20	10
Diamètre { au gros bout ou à l'épaulement.	2	6
{ à 15 pouc. 10 lig. de ce même épaulement. .	2	»

Le diamètre du reste de la fusée se rapprochera le plus qu'il sera possible de ce premier.

Ferrures.

Equignon.

		po.	li.
Longueur	{ Du bout jusqu'à l'endroit entaillé pour la virole.	42	»
	{ De la partie entaillée pour la virole. . . .	1	»
Largeur en dessus	{ Du corps sur la longueur de 22 pouces. .	1	3
	A l'entaille pour la virole.	»	8
	Au bout de l'entaille.	»	6
	Au trou des esses et des boulons.	1	5
Largeur en dessous	{ Du corps sur la longueur de 22 pouces. .	1	»
	A l'entaille pour la virole.	»	6
	Au bout de l'entaille.	»	5
Epaisseur	{ Du corps sur la longueur de 22 pouces. .	1	»
	A l'entaille pour la virole.	»	7
	Au bout de l'entaille.	»	6

		po.	li.
Distance {	Du bout de l'équignon au centre du premier boulon.	2	»
	Entre les centres des 2 boulons.	18	»
	De l'entaille au premier trou de l'esse. . .	»	3
	Entre les centres des trous de l'esse. . . .	3	»
	Les trous de l'esse ont 9 lig. de longueur sur 6 de largeur.		

1 Virole, comme à l'Essieu porte-roue.

		po.	li.
2 Boulons pour l'équignon {	Longueur de leur tige.	3	»
	Diamètre d'*idem*, équarri sur la longueur d'un pouce sur la tête.	»	6
	Epaisseur de la tête.	»	3
	Equarrissage de la tête encastrée dans le bois.	1	»

		po.	li.
2 Double Crochet fixant la chaine, rivé au-dessus de l'Essieu. {	Diamètre de la tige.	»	5
	Equarrissage sous la tête. . .	»	9

Les 2 crochets seront pliés en sens contraire, tout court, de façon à recevoir la maille de la chaîne, fixant le faux Essieu à l'Essieu cassé.

	po.	li.
Développement de chaque crochet depuis l'embase. . .	3	6
Diamètre du fer d'*idem*.	»	4
Equarrissage de l'embase, épaisse de 6 lignes.	1	»
1 Contre-rivure.	»	»

		po.	li.
1 Chaine. {	Longueur 12 à.	14	»
	Longueur intérieure des mailles.	1	6
	Largeur intérieure des mailles.	»	8

Le diamètre du fer sera de 3 lignes. Un des bouts de la chaîne sera arrêté par un anneau, dans lequel la chaîne puisse passer, et l'autre bout par un crochet proportionné au reste.

MASSE A FRAPPER ET A DAMER.

Longueur 1 pied, équarrissage 7 pouces. La Masse est d'orme ; le manche est de frêne : sa longueur totale est de 3 pieds 1 pouce ; son diamètre d'1 pouce 9 lignes, et d'1 pouce 4 lignes ; elle pèse 16 liv.

Les arêtes sont abattues en chanfreins inégaux, afin de conserver 6 pouces de largeur à la face à damer.

LA PROLONGE.

Ses 2 anneaux , son arrêt... elle pèse 15 liv. , et avec ses anneaux et son arrêt , 18 liv. (1).

Longueur totale , 44 pieds ; diamètre , 11 lignes. Elle est à 4 brins et 56 fils.

Le piton de l'arrêt est fixé au bout de la Prolonge dans une boucle qui se forme en passant le bout de la Prolonge deux fois entre les brins de celui par où elle a été commencée. Il faut environ 2 pieds de cordage pour faire cette boucle , qui doit avoir environ 9 pouces de longueur intérieure.

2 anneaux. Le premier est passé dans la prolonge à 11 pieds du bout qui est sans clef : le second à 11 pieds de celui-ci. On les fixe à leur place, en passant le bout de la Prolonge dans l'anneau et dans les brins du cordage.

Il faut 11 pieds de la Prolonge pour l'attacher aux pitons de l'avant-train. Le reste de la longueur est ordinairement replié derrière la sassoire, où elle est tenue par les équerres à tige, placées au petit bout des armons.

Lorsqu'on veut faire traîner le canon en retraite , à la Prolonge, on passe la clef dans l'anneau d'embrelage, on la passe ensuite dans l'un des anneaux de la Prolonge pour la réduire à la moitié ou aux 2 tiers de sa longueur.

SACS A CARTOUCHES *pour le service et la manœuvre des Pièces de campagne.*

Le Sac , le Couvert , la banderolle.

Le Sac à cartouches de 12 , a 30 pouces de développement , celui des autres n'en a que 24.

Ils coûtent 7 liv. à Strasbourg.

Celui pour canon de 12 pèse 3 liv. Celui pour canon de 8 , 2 liv. , et pour obusier , 2 livres 6 onces.

---

(1) On a prétendu qu'il fallait une prolonge différente pour 12 et 8 , et on lui a donné 13 lignes de diamètre ; d'autres ont raccourci la prolonge de 4. C'est une complication superflue et une innovation, sous un prétexte illusoire. Quand le chanvre est bon, la Prolonge, telle qu'elle est décrite ici suffit ; s'il ne l'est pas, elle serait peut-être encore trop faible pour 4.

SAC DE CUIR *pour Étoupilles.*

Le Sac, le couvert, la ceinture.
De peau de veau souple et de moyenne épaisseur, coûte 4 liv.,
et pèse 14 onces.

SEAU D'AFFUT DE CAMPAGNE.

1 Seau *de chêne...* 1 tampon... douves...
1 Anse de Seau à piton et à anneau pour 12, 8, 4 et obusier,
servant à l'accrocher au crochet de retraite de droite, quand
on fait feu en marchant, ou à son crochet ordinaire, etc.
2 Pattes à piton, où s'accroche l'anse, chacune percée de
2 trous de clous : elles sont posées sous les cercles, et leur bout
est replié extérieurement sur le cercle d'en bas.
3 Cercles de Seau, assemblés chacun par 2 rivets ; la tête des
clous des pattes sert d'arrêtoirs aux cercles.
1 Poignée pour le tampon avec 2 pointes qui l'attachent au
milieu du tampon, en le traversant, ainsi que sa petite bande ;
elles sont rivées en dessous.
1 Petite bande de tampon percée de 2 trous pour les pointes
du tampon.
10 Clous d'applicage.
Le même Seau sert pour 12, 8, 4 et obusier de 6 pouces ; le
diamètre intérieur en haut est de 9 pouces, et le diamètre en
bas de 7 pouces 6 lig.

TABLE DES ARMEMENS

Et Assortimens des Bouches à feu de Siége.

	Canons de 24 et 16.	Obusier de 8 pouces.
Vis de pointage.	1	1
Leviers non ferrés.	6	4
Ecouvillons.	3	3
Refouloirs.	1	3
Lanternes (par 3 pièces).	1	1
Tire-bourres (par batterie).	2	2
Dégorgeoirs non emmanchés.	2	2
Cornets d'amorce.	1	1
Doigtiers.	1	1
Boute-feux.	2	2
Masses.	2	2
Gargoussiers.	1	1
Heurtoirs.	1	1
Gîtes.	3	3
Madriers.	14	14
Quart de cercle (1).	»	1
Fusées d'obus.	»	»
Chasse-fusées.	»	2
Maillets.	»	2
Tire-fusées et son chassis (par batterie). . .	»	1
Coins ou éclisses.	»	»
Spatule.	»	1
Curette.	»	1
Enrayures en cordage au lieu de chaîne. . . .	1	1
Chapiteaux.	1	1

(1) En se servant des Tables de Tir Lombardines, on n'aura plus besoin de Quart de cercle. On trouvera un extrait de ces Tables à la fin de cet Ouvrage.

TABLE DES ARMEMENS

Et Assortimens des Bouches à feu de Place et de Côte.

	Pièces de Place.	Pièces de Côte.
Vis de pointage.	1	1
Leviers non ferrés.	2	»
Leviers ferrés.	2	»
Levier de pointage.	»	1
Leviers de rouleau.	»	2
Ecouvillons.	3	3
Refouloirs.	1	1
Lanternes (par 3 pièces).	1	1
Tire-bourres (par batterie).	2	1
Dégorgeoirs non emmanchés.	2	2
Cornets d'amorce.	1	1
Doigtiers.	1	2
Boute-feux.	2	2
Gargoussiers.	1	1
Chassis (dit grand chassis pour pièces de côte).	1	1
Petit chassis.	»	1
Coins d'arrêt.	2	»
Coins de recul.	2	»
Coussinet d'auget.	1	»
Chevilles-ouvrières.	1	1
Gîtes.	3	»
Madriers.	14	»
Bouts de madriers (pour plate-forme arrondie, de côte).	»	3 ou 4

TABLE DES ARMEMENS

Et Assortimens des Bouches à feu de Campagne.

	Canons de 12, 8 et 4.	Obusiers de 6 pouces.
Platines (si on les adopte)................	2	»
Vis de pointage......................	1	1
Leviers de pointage (3 seulement pour 4)...	4	4
Ecouvillons........................	3	3
Refouloirs.........................	3	3
Tire-bourre (par 2 pièces).............	1	1
Dégorgeoirs emmanchés..............	2	2
Dégorgeoirs à vrille.................	1	1
Doigtiers..........................	2	2
Sacs à étoupilles...................	1	1
Sacs à cartouche (1 de moins pour 4).......	3	3
Boîtes à lances à feu.................	1	1
Boute-feux........................	1	1
Porte-lances (manches de)...........	2	2
Bricoles (4 seulement pour 4).........	8	8
Seau............................	1	1
Coffret à cartouches................	1	1
Prolonges........................	1	1
Quart de cercle (1).................	»	1
Chasse-fusées.....................	»	2
Maillets..........................	»	2
Tire-fusée et son chassis (par batterie)...	»	1
Enrayures de rechange..............	1	»
Lanternes (1 par 2 pièces, dans 12 et 8)..	1	»

(2) Il n'en faut plus : il faut tirer avec la hausse. Voyez la note précédente.

TABLE DES ARMEMENS

Et Assortimens des Mortiers et des Pierriers.

	Mortier.	Pierrier.
Coin de mire avec ses cales ou hausses. . . .	1	1
Leviers non ferrés.	4	4
Leviers ferrés. . , ...	2	2
Ecouvillons..	3	3
Refouloirs.	3	3
Dégorgeoirs non emmanchés..	2	2
Cornets d'amorce..	1	1
Porte-lances.	1	1
Boute-feux.	2	2
Quart de cercle.	1	1
Curettes.	1	1
Crochets à bombes.	2	»
Spatules.	2	»
Fusées.	»	»
Chasse-fusées..	2	»
Tire-fusées et son chassis..	1	»
Maillets.	2	»
Coins de bombes ou éclisses.	»	»
Plateaux et panniers à 2 anses pour pierriers..	»	»
Lambourdes. (Il n'y en a que 12 aux mortiers de 8 pouc. et de 10 pouc. à petite portée).	14	12
Entonnoirs.	1	1
Mesures (de différentes grandeurs).	3	3
Fiches.	2	2
Fil-à-plomb.	1	1

ASSORTIMENT

ET CHARGEMENT DES VOITURES.

CHARIOT DE DIVISION OU A MUNITIONS.

Ce Chariot peut porter 250 outils à pionniers, ou 5 tonnes de poudre de 200 livres chaque, (debout) ou etc., (ce qu'on veut). (1).

Coffre d'Outils et de Pièces de rechange pour le Chariot de division.

Le coffre, *les planches de sapin.* On fait dans le dessous du coffre le logement des écrous de l'écharpe du Chariot, et celui de la patte supérieure des ranchets de ce côté.

Le couvert, qu'on renforce en dessous de 2 liteaux de chêne; on fait une entaille dans les liteaux pour y loger la traverse de la scie qui y est contenue par 2 crochets.

Ferrures.

2 Charnières assemblées par des rivets ; 62 clous pour les attacher.

1 Moraillon et sa femelle recouvrant la jonction des feuilles du couvert.

1 Crampon pour le cadenas, et sa plaque percée de 2 trous pour le crampon, et de 2 trous de clous.

2 Feuilles de tôle pour le couvert et ses 58 clous ; ces feuilles sont réunies dans le milieu de la longueur du couvert par des rivets.

4 Equerres de tôle épaisse pour les coins du coffre : 2 de devant,

---

(1) On charge toujours trop cette voiture, qui est très-légère dans toutes ses parties, et dont les roues de l'avant-train, très-élevées, ne peuvent passer sous la voiture, ce qui fait qu'elle se détruit très-vîte, sur-tout dans les pays à chemins tournans; il faut ne la charger qu'à 1500 livres au plus, et à 1200 livres dans les chemins difficiles.

2 derrière ; elles embrassent les angles du coffre ; le bout qui en dépasse le fond est fendu , et ses parties sont repliées l'une sur l'autre ; le bout inférieur de celles de derrière recouvre le fond des entailles pour les pattes de ranchet.

8 Equerres pour les angles du coffre qu'elles embrassent.

6 Equerres embrassant les angles du bout avec le fond pour renforcer le dessous du Coffre.

367 Clous d'applicage.

Arrangement intérieur du Coffre.

1 Boîte à chandelles ; elle est à coulisse et à biseau en dessus... on forme à un bout une petite case pour un briquet et son assortiment ; elle est appuyée contre le plateau cannelé, placé au fond et du côté droit de la caisse qui est dans la séparation de derrière.

1 Case de derrière , faite par une séparation parallèle à ce derrière, à la distance de 7 pouces... dans cette case on attache 3 liteaux , 1 contre le derrière du Coffre , les 2 autres contre les côtés ; leur dessus est à 1 pied 9 lignes du fond. Ces liteaux soutiennent une caisse ouverte qui forme une seconde case en dessus de celle qui reste en dessous des liteaux ; cette caisse ouverte a 2 pitons à patte de chaque côté, où on attache des poignées de ficelle pour la tirer et la replacer facilement. Cette caisse contiendra les compas, les vrilles , etc.

1 Plateau cannelé sur le fond du côté droit de la caisse qui est dans la case de derrière.

2 Crochets mobiles pour tenir la scie , attachés contre les liteaux du couvert du côté des charnières par des vis en bois qui traversent leur patte et leur servent de pivot. 2 Contre-rivures ovales pour les vis.

2 Etriers contre les côtés du Coffre , l'un à droite , l'autre à gauche , placés horisontalement; leurs pattes percées de 3 trous.

2 Grands crochets contre le devant du Coffre ; ils sont à doubles pattes placées verticalement.

2 Petits crochets à doubles pattes et plats contre le devant du Coffre.

1 Crochet à patte , arrondi pour les 2 clefs à écrous.

Ils sont attachés contre le Coffre , dans le sens de sa hauteur.

1 Crochet plat et à patte , placé en dessous de ce dernier, pour soutenir et fixer les clefs à écrous contre le côté droit du Coffre.

1 Etrier à patte et à talon contre le côté droit du Coffre dans le sens de sa hauteur pour empêcher le balottement des clefs.

1 Crampon carré à pointe, du côté droit.

1 Crampon courbe à pointe , du côté droit.

L'un en dessous de l'autre, à côté du grand plateau ; on y place les dégorgeoirs à vrille.

1 Etrier courbe à pattes , l'une clouée contre la séparation , et l'autre contre le côté gauche.

1 Plaque de tôle à côté, dans l'angle gauche du fond , pour l'appui du bout des tarières logées dans l'étrier courbe qui est en dessus. C'est un quart de cercle avec un rebord.

1 Etrier long à pattes et à talons, contre le derrière , ou côté droit du coffre , dans le milieu de la séparation et dans le sens de la hauteur. Cet étrier sert à empêcher le balottement des clefs. Il y a un petit support au milieu de l'étrier, 2 rivets et 2 contre-rivures.

1 Liteau *d'orme* coupé de 13 entailles , pour contenir contre la séparation , les tranchans des ciseaux, limes et becs-d'ânes ; ce Liteau est placé parallèlement à l'étrier long qui est en dessus.

1 Plateau cannelé pour recevoir les mèches à dégorger les lumières des pièces de canon. Il a 6 cannelures , il est cloué contre la séparation et touche au côté droit du coffre.

1 Plateau cannelé placé à gauche pour recevoir les tiers-points d'Angleterre. Il est placé entre le coude gauche de l'étrier long , et l'étrier courbe.

Approvisionnement du Coffre d'Outils , porté sur le devant du Chariot de division.

Cet Approvisionnement est le même pour les Outils dans les divisions des quatre espèces de Bouches à feu de campagne , et il n'y a qu'un Chariot et qu'un Coffre par division. Dans l'équipage de Pont de bateaux , on porte 2 de ces Coffres sur le devant de 2 des Chariots à munitions destinés à cet équipage ; on en supprime seulement les mèches de vilebrequins et le dégorgeoir à vrille.

Outils d'Ouvriers en bois.

Quantités.

    1.   Amorçoir en fer.
    1.   Bec-d'âne de 6 lignes.
    3.   Ciseaux à planche , 1 de 10 lignes... 1 de 15 lignes... 1 de 22 lignes.
    1.   Cognée à charron.
    2.   Compas droits.
    1.   Essette.
    1.   Fermoir de 15 lignes , le manche en fer.
    1.   Gouge carrée.
    1.   — ronde de 8 lignes , emmanchée.
    1.   — ronde de 15 lignes , le manche en fer.
    4.   Haches à tête.

Quantités.

1. Hache à main.
1. Masse à enrayer, de 8 livres, en fer.
1. Pierre à affiler.
2. Planes.
1. Scie à main.
4. Serpes.
3. Tarières, dont 1 de 7 lignes, 1 de 9 lignes, 1 de 12 lignes.
2. Manches de tarière.
2. Tiers-points emmanchés pour scies.
4. Vrilles, dont 1 d'1 ligne et demie, 1 de 2 lignes, 1 de 3 lignes, 1 de 6 lignes.

Outils d'Ouvriers en fer.

1. Ciseau à froid, de 8 pouces de longueur et de 8 lignes d'équarrissage.
2. Clefs doubles d'écrou : un bout de 20 lignes à fourche ; l'autre bout de 15 lignes, fermé.
1. Dégorgeoir à vrille.
1. Fût de Vilebrequin en fer.
3. Limes, dont 1 plate, de 1 au paquet ; 1 demi-ronde d'*idem*, 1 triangulaire.
1. Marteau de 3 liv. à panne fendue.
1. Marteau dit Rivoir.

3. Mèches de vilebrequin à dégorger les lumières, dont { 1 à grain d'orge. 1 en taillant plat. 1 en cuiller vide.

3. Mèches de vilebrequin pour percer dans le bois { de 3 lignes. de 4 lignes. de 5 lignes.

1. Poinçon rond de 8 pouces de longueur, et de 8 lignes d'équarrissage vers la tête.
1. Repoussoir de fer pour les chevilles de la tête de timon.
1. Tranche à froid.
1. Tricoise.

Pièces de Rechange de ce Coffre, pour les divisions des Bouches à feu.

	DIVISIONS			
	de 12	de 8.	de 4.	d'ob.
Bandes à fourches..... { 1 de limon. / 1 de brancard. / 1 de flèche. / 2 d'armons.	5	5	5	5
Boulons d'essieu, { de 9 pouces 3 lignes...	1	1	1	1
de caissons { de 7 pouces.......	1	1	1	1
Chevilles { d'avant-train de caisson à munitions....	1	1	1	1
ouvrières { de chariot à munitions....	1	1	1	1
Clavettes de susbandes, dont moitié avec chaînette.........	4	4	4	4
Clavettes doubles de chacun des numéros 2, 3, 4, 5.........	2	2	2	2
Clons d'applicage { du n°. 1.........	25	id.	id.	id.
du n°. 3.........	50	id.	id.	id.
du n°. 5.........	200	id.	id.	id.
du n°. 6.........	200	id.	id.	id.
du n°. 10.........	100	id.	id.	id.
du n°. 12.........	300	id.	id.	id.
du n°. 13.........	200	id.	id.	id.
du n°. 23.........	50	id.	id.	id.
du n°. 27.........	300	id.	id.	id.
Caboches, dont ¼ de chaque n°......	48	id.	id.	id.
Clous de bandes de roues { du n°. B...........	18	»	»	18
du n°. C...........	»	18	»	»
du n°. D...........	36	36	36	36
du n°. E...........	»	»	18	»
Clous étamés.................	200	id.	id.	id.
Crampons de boîtes { du n°. 2...........	2	2	3	2
du n°. 3...........	2	2	4	2
34 Ecrous de boulons { des nos. 4, 5, de chaque..	4	id.	id.	id.
des nos. 6, 7, 8, idem..	6	id.	id.	id.
des nos. 9, 10, idem....	4	id.	id.	id.
Esses d'essieu de 12............	4	4	»	»
Esses d'essieu de 4.............	8	8	16	8
Esses d'essieu d'obusiers.........	»	»	»	4

		DIVISIONS			
		de 12	de 8.	de 4.	d'ob.
Esses d'essieu porte-roue, servant aux trésailles, au besoin.		12	10	10	2
Flottes à crochets pour leurs affûts respectifs.		2	2	2	2
Liens mols et leurs Chevillettes, à raison de 2 pour chaque lien	de flèche du n°. 6. . . .	1	1	1	1
	de Jantes simples — du n°. 4. . . .	2	»	»	2
	du n°. 5. . . .	»	2	»	»
	du n°. 6. . . .	6	6	8	6
	du n°. 7. . . .	4	4	»	4
	du n°. 8. . . .	»	»	4	»
	de Rais — du n°. 9. . . .	4	4	»	4
	du n°. 10. . . .	4	4	8	4
	du n°. 11. . . .	4	4	»	4
	du n°. 12. . . .	»	»	4	»
Rondelles de bout d'essieu de 4.		2	2	2	»
Sushandes avec sa chaînette.		1	1	1	1

Voyez pour les cordages ci-après, pag. 192.

Pièces de Rechange du Coffre porté sur le devant de 2 des Chariots de Division de l'Equipage de Ponts.

Bandes à fourches..			1
Chevilles ouvrières	de Haquet	à bateau.	2
		à nacelle.	1
	de Chariot à munitions..		1
Clavettes doubles	du n°. 1..		»
	du n°. 2..		4
	du n°. 4..		4
Clous d'applicage	du n°. 2..		50
	du n°. 5..		200
	du n°. 7..		200
	du n°. 10..		200
	du n°. 12..		100
	du n°. 23..		50
	du n°. 24..		100
Caboches, dont $\frac{2}{3}$ du n°. 1..			200
Clous de bandes de roue	du n°. B.		36
	du n°. C.		36
	du n°. D.		18
Crampons de boîte de chacun des nos. 2, 3.			2
Ecrous de boulons	de chacun des nos.	5, 6.	4
		7, 8.	6
		9, 10.	4
Esses	d'Essieu	du n°. 2..	4
		du n°. 3..	2
		du n°. 4..	»
		du n°. 5..	2
	de Flèche et Trésailles	du n°. 1..	4
		du n°. 2..	2
		du n°. 3..	2
Liens mols et leurs Chevillettes, à raison de 2 pour chaque lien	de flèche du n°. 7..		1
	de Jantes simples	du n°. 3..	6
		du n°. 4..	2
		du n°. 5..	2
	de Rais	du n°. 8..	6
		du n°. 9..	6
		du n°. 11..	4
Rondelles de bout d'essieu de chacun des nos. 6, 7, 8..			2

Cordages pour les Divisions des Bouches à feu, et pour les Equipages de Ponts.

	Bouches à feu.	Equipages de Ponts.
Commandes.	4	4
Cordages de 4 lignes de diamètre (toises de).	12	»
Enrayures de rechange avec leur billot pour affût.	1	1
Enrayures de rechange , etc. de chariot à munitions.	1	1
Enrayures , etc. de caissons à munitions. . .	1	»
Enrayures pour forge.	»	1
Ficelle (paquet d'1 demi-livre).	1	1
Mèche (paquet de 6 toises).	1	1
Traits de paysans.	4	4

Menus Approvisionnemens.

	Bouches à feu.	Equipages de Ponts.
Briquet et son assortiment.	1	1
Chandelles de 5 pouces de long , et de 9 lignes de diamètre.	24	24
Flambeaux de 28 pouces de longueur. . . .	3	3
Lanterne à éclairer.	1	1
Porte-flambeaux.	1	1
Sacs à terre , vides.	6	6

Remplacement.

	Bouches à feu.	Equipages de Ponts.
Dégorgeoirs emmanchés.	4	4
Porte-lances.	4	4

(et un Tire-fusée dans la division d'Obusiers.

CHARGEMENT DU COFFRE D'OUTILS, *porté sur le devant du Chariot d'une Division de Canon de 12.*

	Dimensions.		Emplacement.
	pouc.	lig.	
La Scie à main, { Longueur totale.	28	»	Elle est tenue contre le dessous du couvert, par les crochets mobiles, la lame du côté des charnières.
{ Hauteur.	17	»	
3 Haches , longueur totale du manche..	29	»	Dans le fond du coffre.
4 Serpes.	»	»	Idem , entre les manches des haches , les lames croisées.
La cheville-ouvrière du chariot à munitions.	»	»	
2 Boulons d'essieu de caissons.	»	»	Dans le fond du Coffre.
1 Hache à main , longueur totale du manche.	14	»	
1 Amorçoir... longueur. . .	13	»	
1 Des manches de tarière , longueur..	18	»	
La gouge carrée , longueur. .	18	»	
La gouge ronde de 15 lignes , à manche de fer, longueur.	18	»	Dans l'étrier courbe.
Les 3 tarières... longueur. .	18	»	
Le repoussoir , de 10 lignes de diamètre à la tête.... longueur..	16	»	
2 Tiers-points d'Angleterre , emmanchés..	»	»	Dans la coulisse du plateau , à côté de l'étrier courbe.

	Dimensions.		Emplacement.
	pouc.	lig.	
La tricoise.	»	»	Dans l'étrier long à patte et à talon.
La gouge ronde de 8 lignes, longueur du manche. . .	4	»	
Les 3 ciseaux à planche, longueur du manche.	4	»	
Le fermoir, longueur. . . .	10	»	
Le bec-d'âne, longueur du manche..	4	»	
La lime plate, la ronde, longueur des manches.	4	»	
2 Dégorgeoirs... longueur du manche.	4	»	
2 Autres dégorgeoirs... longueur du manche.	4	»	
La lime triangulaire, longueur du manche. . . .	4	»	
La vrille de 6 lignes, dont la mèche a 11 pouces, et le manche..	6	»	Entre les limes et les dégorgeoirs.
Le dégorgeoir à vrille. . . .	»	»	Dans les crampons à côté de l'étrier long.
Les 6 mèches de vilebrequin. { 3 pour percer dans le bois. 3 pour les lumières. . . .	» » » »	» » » »	Dans la coulisse du plateau fixé à la séparation dans l'angle du Coffre.
2 Planes, longueur du tranchant au plus.	8	3	Dans les 2 crochets à patte de devant.
La cognée de charrons, longueur totale du manche. .	24	»	Dans le petit crochet à double patte de la gauche ; son manche sous l'autre crochet.
La 4e. hache, longueur totale du manche.	29	»	Dans le petit crochet à double patte de la droite, le manche, appuyé sur la tête de la cognée, et contenu par la tête de l'essette.
L'essette, longueur totale du manche..	22	6	Dans le grand crochet à double patte, son manche collé au devant du Coffre, sous celui de la cognée, et contenu sous celui de la cognée, auquel il est lié par une ficelle.

	Dimensions.		Emplacement.
	pouc.	lig.	
2 Doubles clefs d'écrou, longueur totale.	13	»	Pendues au crochet attaché contre le côté droit, et contenues par l'étrier à patte et à talons de ce côté.
Le marteau à panne fendue, longueur totale du manche.	14	»	Dans l'etrier fixé au côté droit.
La susbande.	»	»	
La cheville ouvrière du caisson à munitions.	»	»	
Les 2 manches de tarières, longueur totale..	18	»	
La bande à fourche, longueur totale.	23	»	

NOTA. Elle doit être recuite avant de la placer, parce qu'on la met à froid.

La masse à enrayer.	»	»	
La tranche à froid.	»	»	
Les flottes à crochets.	»	»	
Les rondelles de bout d'essieu.	»	»	
Les liens de flèche et de jantes, réunis par une ficelle.	»	»	Dans le fond du Coffre.
Les liens de rais, réunis de même.	»	»	
Le paquet de mèches.	»	»	
Le fût de vilebrequin..	»	»	
1 Sac à terre, contenant tous les clous d'applicage, de bandes de roue et les clous étamés, tous séparés par numéros, dans des petits sacs étiquetés du numéro des clous qu'ils renferment.	»	»	
Un 2ᵉ. sac à terre, contenant les esses... les clavettes... les crampons... les écrous... les chevillettes de lien... le ciseau à froid... le poinçon.	»	»	
Le rivoir.	»	»	Entre ces 2 sacs à terre.

13*

	Dimensions.		Emplacement.
	pouc.	lig.	
Les 3 enrayures garnies de leur billot.	»	»	Dans le fond de la case de derrière.
Le paquet de ficelle, les 12 toises de cordage de 4 lig.	»	»	
Les 4 traits de paysan. . . .	»	»	
Les 4 commandes.	»	»	
4 Sacs à terre, vides. . . .	»	»	
Les 2 compas, longueur. . .	5	9	Dans la boîte à compas.
Les 3 petites vrilles..	»	»	
La pierre à affiler.	»	»	
La boîte ou caisse à chandelles..	»	»	Contre la boîte à compas.
La lanterne à éclairer. . . .	»	»	Le chapiteau contre la boîte à chandelles.
Les 4 porte-lances.	»	»	À côté de la lanterne.
Les 3 flambeaux, longueur.	28	»	Contre le derrière de la caisse cachant les porte-lances.
Le porte-flambeau.	»	»	Contre le devant de la caisse.
Les 2 derniers sacs à terre, vides..	»	»	Entre les flambeaux et le porte-flambeau.

NOTA. On a donné les dimensions essentielles de quelques pièces pour pouvoir les placer.

OBSERVATIONS *sur quelques Pièces faisant partie de l'approvisionnement du Coffre.*

LA LANTERNE à éclairer. Toute de fer-blanc percé, le chapiteau l'est jusqu'à 2 pouces de la pointe, et son ouverture supérieure est recouverte par une rose plissée de 2 pouces 6 lignes de diamètre ; elle est carrée, et a 11 pouces 6 lignes de haut : l'équarrissage est de 4 pouces ; le chapiteau a 5 lignes de plus. Il y a un anneau en fer dans le haut.

LA BOÎTE A CHANDELLES (de sapin). Le couvert est à coulisse et à biseau en dessus. On réduit sa longueur intérieure à 10 pouces 6 lignes, par une séparation de 3 lignes d'épaisseur, pour former du reste une case pour le briquet et son assortiment.

BOÎTE A COMPAS. C'est un simple morceau de bois de 5 pouces 10 lignes de long, 3 pouces de large, et 6 lignes d'épaisseur, fixé par 2 clous contre le fond de la case supérieure du côté droit ; il assujétit la Boîte à chandelles et la Lanterne. On y forme le logement de 2 Compas, qui y sont à découvert.

LES MÈCHES DES VILEBREQUINS à dégorger les lumières des pièces., au besoin. Il y en a de 3 espèces ; à grain d'orge... en taillant plat, en cuiller vide : elles sont d'acier. On en a de 2 longueurs ; les grandes se portent dans les Coffres de division, et les petites dans les Coffrets portés sur le devant des Caissons. Elles servent à dégorger les lumières bouchées par la terre ou des graviers. On peut, faute de Vilebrequin, monter ces mèches dans des manches à grosses Vrilles.

DÉGORGEOIR A VRILLE. Une poignée à bouts arrondis... une tige à 8 pans d'équerre sur le milieu de la longueur de la poignée... le bout est arrondi et taillé en vis en bois sur la longueur de 9 lignes.

Ces Dégorgeoirs servent à débarrasser les lumières de l'étoffe qui s'y loge en tirant ; leur poignée est en fer, et leur tige d'acier.

PORTE-FLAMBEAU. Il est formé d'une large virole de tôle un peu forte, placée au bout d'un manche qui y est logé, de 2 pouces.

Cette Douille sert à porter le bout du Flambeau, qu'on contient dans son logement par le moyen d'une vis à oreille qui presse un ressort contre le Flambeau.

La Douille est brasée ; on brase aussi vers son bord supérieur une bande de fer pour y former l'écrou de la vis à oreille.

Le Ressort est triangulaire et tuilé en dedans de la douille, devant la vis, afin qu'elle presse le Flambeau sans s'y enfoncer. Le Ressort est tenu à la douille par un clou rivé, et par 5 à 6 clous placés sur la hauteur de la partie du manche, logé dans la douille.

ASSORTIMENT, APPROVISIONNEMENT ET CHARGEMENT DES CAISSONS.

Coffret d'Outils et de Pièces de rechange pour les Caissons.

Ces Coffrets sont portés sur les brancards des Caissons ; ils affleurent le bout de devant de ces brancards ; ils y sont fixés au moyen des pattes à crochet et à talon fixées aux Coffrets, de celles à piton et à tête plate fixées au brancard du Caisson, et de la clef attachée au Coffret ; outre cela ils sont contenus par des liteaux fixés aux Coffrets, afin qu'il ne puisse y avoir de ballottement.

Il y aura 3 Coffrets de cette espèce par division ; 2 de ces Coffrets seront doublés d'une boite de fer-blanc qui y sera clouée, et ils contiendront chacun environ 36 à 40 livres de graisse. Ces Coffrets seront fermés avec un cadenas.

Lorsque les divisions ne sont que de 6 bouches à feu, il n'y a que 2 coffrets.

Noms des parties du Coffret.

1 Coffret de chêne.
La garniture du Coffret en tôle du n°. 26.
2 Charnières... 1 moraillon et sa femelle... 3 rivets d'assemblage de charnière... 5 clous rivés de charnière... 1 tourniquet et ses 2 clous rivés... 2 bandelettes pour les bouts du Coffret qu'elles embrassent, percées au milieu de leur longueur, d'un trou carré pour le crampon à piton.

2 Anneaux triangulaires servant de poignées... 1 patte à talon. Le talon est d'équerre sur le côté extérieur de la patte, il est fendu pour le passage de la tête de la patte à tête plate fixée au brancard gauche du caisson. La patte est encastrée dans le bout gauche du Coffret... 2 clous rivés pour cette patte.

1 Patte à crochet arrondi, encastrée dans le milieu du bout du Coffret qui est du côté droit du caisson : le dessous du crochet affleurant celui du Coffret.

1 Patte à tête platte, percée d'un trou pour le passage de la clef fixée au Coffret. Elle est placée contre le côté extérieur du brancard gauche, ses épaulemens affleurant le dessus du brancard, elle est percée comme celle à piton.

1 Patte à piton percée d'un trou de boulon et de 2 trous de clous. Elle est placée contre le côté extérieur du brancard droit, le bas du trou affleurant le dessus du brancard.

2 Boulons pour fixer les pattes aux brancards... leurs 2 écrous, leurs 2 rosettes.

1 Clef... sa chaînette... le crampon de chaînette fixé au côté gauche du Coffret. Le coude de la clef est du même côté que le panneton.

98 Clous d'applicage.

1 Plateau à 4 coulisses, fixé par 4 clous contre le derrière du Coffret dans l'angle gauche : 3 de ces coulisses sont pour les mèches des vilebrequins à dégorger les lumières : la quatrième est pour le dégorgeoir à vrille.

3 Liteaux de chêne, l'un contre le derrière du Coffret pour remplir l'intervalle entre lui et le caisson ; il affleure le bord supérieur du Coffret, et sa largeur sert d'appui au couvert, quand on ouvre le Coffret ; il est fixé par 4 clous. Les 2 autres liteaux sont contre le dessous du Coffret, pour le contenir sur les brancards ; ils sont fixés par 3 clous chacun.

Nota. On place sans ordre les pièces de l'approvisionnement de ce Coffret, excepté les 3 mèches de vilebrequins et le dégorgeoir à vrille, trop sujets à se casser, qu'on place dans les coulisses du plateau.

Approvisionnement du Coffret d'outils porté sur le devant du Caisson de 4.

Outils d'Ouvriers en bois.

Quantités.

   1.. Ciseau de 10 lignes.
   1.. Hache à main.
   1.. Plane.
   1.. Scie à couteau.
   2.. Serpes.
   2.. Tiers-points pour scies.
   1.. Vrille d'une ligne et demie.
   1.. — de 2 lignes.
   1.. — de 3 lignes.
   1.. — de 6 lignes.
   1.. Pierre à affiler.

Outils d'Ouvriers en fer.

   1.. Ciseau à froid.
   1.. Clef d'écrou à 2 fourches, de 14 pouces de longueur totale, dont une des fourches est de 17 lignes, et l'autre de 13 lignes.
   1.. Dégorgeoir à vrille.

Quantités.

1.. Fût de vilebrequin.
1.. Lime plate de 2 au paquet.
1.. — demi-ronde *idem.*
1.. — dite tiers-point.
1.. Marteau à panne fendue.
1.. — dit rivoir.

Mèches de vilebrequin pour dégorger les lumières. . . { 1.. A grain d'orge. / 1.. En taillant plat. / 1.. En cuiller vide.

1.. Poinçon rond, de 8 pouces de longueur et de 8 lignes d'é-quarrissage.
1.. Repoussoir.
1.. Tricoise.
1.. Tenaille à placer les liens.
1.. Tenaille à main.

Pièces de rechange.

2.. Boulons d'essieu de caisson. } 1.. de 9 pouces 3 lignes. / 1.. de 7 pouces.

1.. Cheville ouvrière de caisson.
2.. Clavettes de susbandes de 4 , dont 1 avec chaînette.
2.. Clavettes doubles de chaque nos. , 3 et 5.

251.. Clous d'applicage pêle-mêle dans un sac à terre avec les clous de bande et les cabohes. { du nº. 6 .... 13. / — 8 .... 13. / — 10 .... 25. / — 12 pour couverture de caisson. .... 75. / — de chacun des numéros 13 et 23. .... 50. / — 27 .... 75.

13.. Caboches, dont moitié de chaque nos. 2 et 3.
75.. Clous étamés, en paquet, dans le sac des clous d'applicage.
25.. Clous de bande de roue, de chaque nos. D. , E.
1.. Crampon de boîte du nº. 3.

Ecrous des boulons des numéros. ; ; . . . . { 5... 1. / 6... 1. / 7... 1. / 8... 2. / 9... 2. / 10... 1.

2.. Esses d'essieu de 4.
1.. — d'essieu porte-roue.
1.. Flotte à crochet d'affût de 4.

7.. Liens et leurs chevillettes ,   { 1.. de flèche , n°. 6.
    à raison de 2 par lien.   { 2.. de jantes.
                              { 4.. de rais.

1.. Rondelle de bout d'essieu de 4.
1.. Susbande de 4 avec sa chaînette.
2.. Esses à remplacer les mailles des chaînes cassées.

Menus Approvisionnemens.

1.. Briquet et son assortiment dans une boîte.
6.. Cordages de 4 lignes *toise de.*
1.. Ficelle, *petit paquet d'1 quart de liv.*
1.. Flambeau de 18 pouces de longueur.
1.. Porte-flambeau de 18 pouces de longueur.
1.. Sac à terre, vide.

Remplacement.

2.. Dégorgeoirs.
1.. Porte-lance.

APPROVISIONNEMENT ET CHARGEMENT DU CAISSON ET DU COFFRET DE 12.

Il faut 3 Caissons par pièce de 12.

Chaque Caisson contient 68 coups, dont :

48 Cartouches à boulets, 12 cartouches à grosses balles, 8 cartouches à petites balles.

99 Étoupilles, 11 lances à feu, 22 sachets remplis de poudre, 12 toises de mèche.

Dans l'un des 3 Caissons, on place 10 bricoles.

* La Case de devant contient : 3 sacs à charge, c'est-à-dire à cartouches... 1 sac à étoupilles... 1 étui à lance à feu... 3 dégorgeoirs, dont 2 ordinaires et 1 à vrille.... 2 porte-lances..... 2 doigtiers... 2 spatules pour bourrer les étoupes.

Le Coffret de la pièce de 12 contient... 9 cartouches à boulet.... 12 étoupilles... 2 lances à feu... 1 bout de mèche.

Donc chaque pièce de 12 a 213 coups à tirer.

Le Caisson de 12 et de 8 contient 16335 cartouches à fusil, de 18 à la livre.

Le Coffret de l'artillerie de l'an 11, pour la pièce de 12, doit contenir 3 cartouches à boulets, et 3 cartouches à balles : plus 6 livres d'étoupes avec les lances à feu et étoupilles nécessaires.

C'est un vice d'arrangement que de mettre dans le Coffret, des cartouches avec des boulets ; parce que, lorsqu'on peut tirer à cartouches, ou a toujours besoin de cartouches ; ainsi il faut en avoir son coffret plein. Mais, dira-t-on, ce Coffret est immobile, et peu importe. Passons sur ce poids inutile qui surcharge l'avant-train ; mais cette immobilité, qui laisse toujours le Coffret exposé, lorsque le moindre creux du terrain l'abriterait ; mais l'inconvénient d'aller chercher au caisson, qu'on tient distant et à l'abri quand on peut, d'aller chercher, dis-je, les cartouches une à une, tandis que deux canonniers y allaient lestement avec leur Coffret vide ; et d'autres inconvéniens plus majeurs encore qu'on trouvera dans l'examen de ce système... Est-ce là perfectionner ?

DÉTAIL DE SON CHARGEMENT *dans 4 divisions, et 20 Cases en travers de la longueur.*

Première Division de l'avant à l'arrière.

Cases.

1re. Case de devant.

Voyez son Chargement , page ci-contre. *

2 C.. 4 Cartouches à petites balles , et 2 sacs à poudre couchés.
3.. *Idem.*
4.. 2 Sacs à poudre couchés sur 4 sacs à poudre debout.
5.. 4 Cartouches à boulet.

Seconde Division.

6..
7..
8.. } 4 Cartouches à boulet chacune.
9..
10..

Troisième Division.

11..
12..
13.. } 4 Cartouches à boulet chacune.
14..
15..

Quatrième Division.

16.. 4 Cartouches à boulet.
17.. 2 Sacs à poudre couchés sur 4 sacs à poudre debout.
18.. 4 Cartouches à grosses balles , et 2 sacs à poudre couchés.
19.. *Idem.*
20.. *Idem.*

APPROVISIONNEMENT *et Chargement du Caisson et Coffret de 8.*

Il faut 2 Caissons par pièces de 8.
Chaque Caisson contient 92 coups, dont :
62 Cartouches à boulet, 10 cartouches à grosses balles, 20 cartouches à petites balles.
122 Etoupilles... 16 lances à feu... 30 sachets remplis de poudre.
12 Toises de Mèche.
Dans l'un des 2 Caissons, on place 10 bricoles.

* La case de devant contient : 3 sacs à charge... 1 sac à étoupilles... 1 étui à lances à feu... 3 dégorgeoirs, dont 2 ordinaires et 1 à vrille... 2 porte-lances... 2 doigtiers... 2 spatules pour bourrer les étoupes.

Le Coffret de la pièce de 8 contient... 15 cartouches à boulet... 20 étoupilles... 3 lances à feu... 1 bout de mèche.

Donc, chaque pièce de 8 a 199 coups à tirer.

Le Caisson de 8 ou de 12 contient 16,335 cartouches à fusil, de 18 à la livre.

La distribution de ce caisson pourrait servir au canon de 6. Voici la longueur intérieure des cases ; leur largeur étant celle du caisson, 18 pouces, ne permet d'y mettre, comme dans le 8, que 4 files de cartouches.
La 1re. sur le devant, de 5 pouces 5 lignes pour armemens, pourrait être portée à 6 pouces 3 lignes pour le 6.
La 2e. de 1 pied 8 pouces 4 lig. est insuffisante pour la file de 6 cartouches ; exigeant 20 pouces 11 lignes 3 points et du jeu. La file sera donc de 5.
Les 3e. 4e. et 5e. sont de 25 pouces 9 lignes, ce qui pourra permettre de faire les files de 7 qui exigent 24 pouces 5 lignes 1 point $\frac{1}{2}$, il n'y aura que 1 pouce 4 lignes de jeu, et le 8 en a le double.
Ainsi on pourra porter 104 coups, pourvu qu'il y en ait 30 à cartouches à balles, comme dans le 8. Il faudra donc aussi 2 caissons par pièce de ce calibre.
Le coffret de 6 doit contenir 18 coups à boulets, 3 coups à balles, et 10 livres d'étoupes, avec lances, étoupilles, etc., nécessaires.

DÉTAIL DE SON CHARGEMENT *dans 4 Divisions en travers, et 17 Cases, dont 1 en travers, et 16 en long.*

Première Division de l'avant à l'arrière.

Cases.

1.. Case de devant en travers.

Voyez son Chargement , page ci-contre *

2.. (du côté des charnières.) 10 cartouches à petites balles.
3.. 10 Sacs à poudre.
4.. Idem.
5.. 10 Cartouches à petites balles.

Seconde Division.

6..
7..
8.. } 6 Cartouches à boulet chacune.
9..

Troisième Division.

10..
11..
12.. } 6 Cartouches à boulet chacune.
13..

Quatrième Division.

14.. 6 Cartouches à boulet.

15.. } (1re. *partie à droite.*) 2 Sacs à poudre.
     (2e. *partie à gauche.*) 10 Cartouches à grosses balles.

16.. } (1re. *partie à droite.*) 8 Sacs à poudre.
     (2e. *partie à gauche.*) 2 Cartouches à boulet.

17.. 6 Cartouches à boulet.

APPROVISIONNEMENT *et Chargement du Caisson et Coffret de* 4.

Il faut un Caisson par pièce de 4.

Chaque Caisson contient 150 coups , dont :

100 Cartouches à boulet , 26 cartouches à grosses balles , 24 cartouches à petites balles.

200 Étoupilles , 25 lances à feu , 20 sachets à poudre , 12 toises de mèche.

Dans ce Caisson on place 6 bricoles.

* La case de devant contient : 2 sacs à charge... 1 sac à étoupilles... 1 étui à lances à feu... 3 dégorgeoirs , dont 2 ordinaires et 1 à vrille... 2 porte-lances... 2 doigtiers... 2 spatules pour bourrer les étoupes.

Le Coffret de la pièce de 4 contient 18 cartouches à boulets... 24... étoupilles... 3 lances à feu... 1 bout de mèche.

Donc, chaque pièce de 4 a 168 coups à tirer.

Le Caisson de 4 contient 15,935 cartouches à fusil, de 18 balles à la livre.

DÉTAIL DE SON CHARGEMENT *dans* 4 *Divisions en travers, et* 21 *Cases, dont* 1 *en travers et* 20 *en long.*

Première Division de l'avant à l'arrière.

Cases.

1..   Case de devant (seule en travers).

   Voyez son Chargement, page ci-contre *.

2..   (*Du côté des charnières.*) 6 Cartouches à boulet.

3..⎫
4..⎬ 6 Cartouches à grosses balles dans chaque case
5..⎭

6..   6 Cartouches à boulet.

Seconde Division.

7..   8 Cartouches à boulet.
8..   *Idem.*
9..   8 Cartouches à grosses balles.
10.. 8 Cartouches à boulet.
11.. *Idem.*

Troisième Division.

12..⎫
13..⎪
14..⎬ 8 Cartouches à boulet dans chaque case.
15..⎪
16..⎭

Quatrième Division.

17.. 8 Cartouches à boulet.

18..⎫
19..⎬ 8 Cartouches à petites balles.
20..⎭

21.. 8 Cartouches à boulet.

APPROVISIONNEMENT *et Chargement du Caisson et du Coffret d'Obusier.*

Il faut 3 Caissons par Obusier.
Chaque Caisson contient 52 coups, dont :
49 à Obus, et 3 à Cartouches à balles.
70 Etoupilles, 9 lances à feu, 52 sacs à poudre, et 12 toises de mèche.
Dans un des 3 Caissons on place 10 bricoles.

Dans les 1re., 4e. et 5e. cases de la troisième division, on met 3 sacs à charge... 1 sac à étoupilles... 1 étui à lances à feu... 2 dégorgeoirs, dont un ordinaire et un à vrille... 2 porte-lances... 2 doigtiers... 1 entonnoir... 1 mesure d'une livre... 1 mesure d'un quart de livre... 4 chasse-fusées... 2 maillets... 200 éclisses... 2 manchettes de bombardier... 2 spatules pour bourrer les étoupes.

Dans les 2 autres cases de la même division, on met les sacs à poudre qu'on porte vides. Si on porte ces sacs pleins de poudre, on suivra le détail de chargement de la page suivante... Quand l'artillerie fut régénérée en 1765, on voulait porter les Charges des Obusiers à part des Caissons sur une voiture qui devait les suivre : mesure prudente ; car si le feu prenait à un Caisson d'Obusier chargé, ce serait un volcan inabordable ; ce qui peut arriver en portant les sachets remplis.

Le Coffret de l'Obusier contient :
4 Cartouches à balles... 6 étoupilles... 1 lance à feu... 1 bout de mèche... 4 sachets.

Donc, chaque Obusier a 160 coups à tirer.

Ce Caisson, pour l'obusier de 5 pouces 7 lignes ou de 24, ne peut contenir que 33 obus et 3 cartouches à balles, donc il faut 1 caisson de plus, pour porter le même approvisionnement ; ce qui provient de ce qu'il faut ensabotter cet obus à cause de la longueur de l'ame de son obusier ; tant un inconvénient jette dans un autre, quand on innove par esprit de système. On pourrait peut-être se passer du sabot, en se servant d'un refouloir à peu près du calibre de l'ame, creusé en demi-sphère du calibre de l'obus, et percé au fond d'un trou pour la fusée. Le Coffret doit contenir 6 obus, 2 cartouches à balles, et 5 livres d'étoupes, avec les lances, étoupilles nécessaires.

En divisant le Caisson en 2 étages, on peut porter 66 obus, sauf les inconvéniens qu'on pourra apercevoir ultérieurement.

DÉTAIL DE SON CHARGEMENT *en 4 Divisions en travers de la longueur.*

Première Division.

Partagée dans le bas par 3 liteaux en 4 séparations transversales, contenant chacun 3 obus. Cette 1ʳᵉ. couche sera de. . . . . 12 obus.

Dans l'intervalle de 4 obus on en met 1 en dessus; cette 2ᵉ. couche sera de. . . . . 6 obus.

Dans la 1ʳᵉ. Division il y aura donc. . . . . 18 obus.

Au dessus de la première Division (dans le premier des 3 caissons destinés à chaque obusier), on mettra : 5 sacs à charge... 1 sac à étoupilles... 1 étui à lances.

Seconde Division.

Disposée comme la première. Elle contient 18 obus.

Troisième Division.

Cases.

1... 2 Dégorgeoirs... 2 porte-lances... 2 doigtiers... 1 entonnoir... 2 mesures... 4 chasse-fusées... 200 éclisses... 2 maillets.

2... ⎫ dans chacune , ⎧ 25 sachets à charge, dont 20 debout, en 2 lits,
3... ⎭   ⎩ et 5 couchés en dessus.

4... 3 Sachets couchés pour cartouches à balles... 70 étoupilles en 7 paquets, à côté de 3 sachets... 9 lances à feu... manchettes de bombardiers... 1 paquet de mèche de 12 toises.

5... 10 Bricoles. On les met seulement dans le premier des 3 caissons, etc.

Quatrième Division.

Partagée comme les 2 premières, par 2 liteaux, en 3 séparations transversales, qui contiennent dans la première couche. . . . . 9 obus.

Et dans la seconde couche. . . . . 4 obus.

Dans la quatrième Division, il y aura (1). . . . . 13 obus.

Dans la case en arrière, on met 3 cartouches à balles.

---

(1) Lorsqu'on n'a pas de chariot de division, qui doit porter dans son coffre (pag. 192) le tire-fusée, il faut ôter l'obus supérieur qui est sur le devant contre la case des cartouches à balles, pour y placer ce tire-fusée et sa tenaille à côté; on le met couché, le petit diamètre contre cette case : on loge l'obus du même rang dans l'intérieur du tire-fusée.

I.   14

PRÉCIS DU CHARGEMENT *des Coffrets et des Caissons.*

	Coffrets.	Caissons.	Total du nombre de coups par pièce.
***De* 12.**			
Coups à boulets.	9	48	
Coups à grande cartouche.	»	12	
Coups à petite cartouche.	»	8	213
Total. . . .		68	
***De* 8.**			
Coups à boulet.	15	62	
Coups à grande cartouche.	»	10	
Coups à petite cartouche.	»	20	199
Total. . . .		92	
***De* 4.**			
Coups à boulet.	18	100	
Coups à grande cartouche.	»	26	
Coups à petite cartouche.	»	24	168
Total. . . .		150	
D'obusiers de 6 pouces.			
Coups à obus.	»	49	
Coups à grande cartouche.	4	3	160 (ou 159.)
Total. . . .		52	

Chargement
du Caisson de 12.

48 .à Boulet
12 .à G.Cart.
8 .à petite Cart.
68 .Coups.

Chargement
du Caisson de 8.

62 .à Boulet.
10 .à G. Cart.
20 .à petite Cart.
92 .Coups.

Chargement
du Caisson de 4.

100 .à Boulet.
26 .à G. Cart.
24 .à petite Cart.
150 .Coups.

Chargement
du Caisson d'Obusier

49 .à Obus
3 .à G. Cart.
52 .Coups.

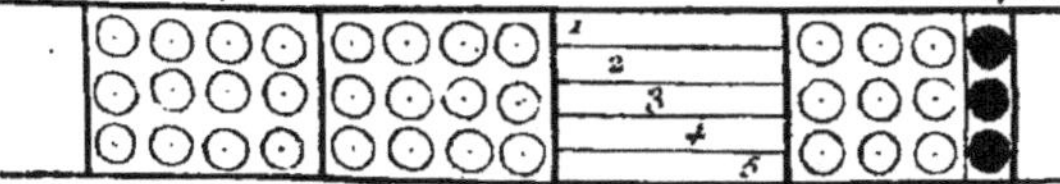

Pièces de Rechange que portent les Caissons.

Tous les Caissons doivent porter une roue de rechange , petite ou grande, d'affût ou de caisson. Dans les divisions, de 12 , de 8 et d'obusier , (1) il n'y a que de 3 espèces de roues ; on pourra en porter un tiers de chaque espèce , à-peu-près. Comme dans la division de 4 , il y en a de 4 espèces, et qu'il n'y a que 8 Caissons, et par conséquent 8 roues de rechange , on en portera 3 d'affût , 2 d'avant-train de 4 , 2 grandes de Caisson ou de Chariot à munitions , *elle est commune aux deux voitures* , et 1 d'avant-train de Caisson ou de Chariot.

Dans chaque division de 12 ou de 8 , on porte un neuvième des essieux de 12 ou de 8 en essieu de rechange, et un vingtième des essieux de 4 employés dans les mêmes divisions. Les essieux de rechange de 12 et de 8 , se portent sur le chariot de division , et ceux de 4 à côté des Caissons... ainsi : dans la division de 12 on porte en rechange 1 essieu de 12, parce qu'il y en a 9 dans la division , et 3 essieux de 4 parce qu'il y en a 59 de ce calibre dans la même division.

Dans la division de 8 , on porte en rechange 1 essieu de 8 , parce qu'il y en a 9 dans la division ; et 2 essieux de 4 , parce qu'il y en a 43 de ce calibre dans cette division.

Dans la division de 6 et dans celle d'obusiers de 24 , les roues et les essieux étant les mêmes que ceux de 4 , on n'en portera que de ce calibre.

Dans la division de 4 obusiers , on porte en rechange 2 essieux de 4 , parce qu'il y en a 31 de ce calibre dans cette division.

Dans la division de 4 , on porte en rechange 2 essieux de 4 , parce qu'il y a 36 essieux de ce calibre dans cette division.

Dans toutes les divisions, chaque Caisson porte encore 1 timon ou flèche de rechange , *il faudra les 2 tiers en timons.* 2 pelles carrées , 2 pic-hoyaux , et dans les étriers , les lanternes à nettoyer les pièces.

Dans chaque division de 12 ou de 8 , on portera sur le chariot de division 3 volées *avec leurs palonniers* de rechange , et dans les divisions d'obusiers et de 4 , on pourra n'en porter que 2.

Pour le placement de ces objets, voyez la Nomenclature des caissons, page 48 , et ci-après la table de la composition des Divisions.

Tout ceci est à modifier lorsqu'on compose les divisions en 2 ou 3 calibres, ainsi qu'on le fait maintenant.

---

(1) Les roues de ces 3 espèces d'affût sont trop pesantes pour être portées par l'essieu porte-roue : on les portera sur le chariot de division , mais on ne peut y en mettre que deux.

14*

Étoupement des Caissons.

Les Caissons chargés doivent être garnis d'étoupe , pour conserver les sachets pleins de poudre , et pour prévenir les accidens.

Il faut 25 à 30 liv. d'étoupe par Caisson : elles doivent être
bien sèches , blanches et non noires comme celles qui proviennent
de vieux cordages goudronnés , et ne jamais employer le foin.

Il faut bourrer fortement d'étoupe le pourtour du boulet et
légèrement le pourtour des sachets , en faisant ensorte de
maintenir d'à-plomb ceux liés aux cartouches , pour qu'ils ne
ballottent pas et ne frottent pas contre les planches des séparations , etc.

Quand les Caissons d'obusiers sont exactement construits , les
tringles ou traverses contiennent suffisamment les obus ; il n'est
pas besoin de les étouper en entier, on met seulement un peu
d'étoupe dans le bas sous les obus du premier lit (1).

Quand une partie des cartouches d'une case est consommée ,
et qu'on doit se remettre en marche , il faut que celui qui est
chargé du Caisson , *c'est un conducteur d'artillerie ordinairement*,
remplisse d'étoupe la partie vide , pour empêcher les cartouches
restantes de se renverser, de se crever, etc.

Le boulet ou la boîte doit toujours être mis en bas et le sachet
en haut.

Il faut avoir soin en chargeant et en déchargeant un Caisson ,
de ne pas mettre les étoupes par terre , parce qu'en les ramassant
on peut y mêler un petit gravier, qui , mis dans le Caisson ,
pourrait occasionner un grand accident. Cette précaution minu-
tieuse est essentielle.

Le général O***. avait imaginé de séparer chaque cartouche
dans les Caissons, au moyen d'une petite planchette. Les dimensions du Caisson ne permettant pas de donner une certaine
épaisseur à cette planchette , elles se brisaient toutes , et le chargement était pénible à faire. Si on changeait les dimensions des
Caissons , et que cette planchette eût de la solidité , je crois que
cette disposition serait avantageuse : on l'a suivie dans le Wurst ;
mais il faut que les planchettes soient moins hautes que les cartouches , pour pouvoir saisir aisément celles-ci.

---

(1) Il n'en est pas de même pour les caissons d'obusiers de 24 : les obus
étant ensabottés , et le sabot étant forcément en bas , si les obus sont mal
étoupés , ils brisent leurs sabots.

APPROVISIONNEMENT ET CHARGEMENT DU WURST.

Le Wurst est un caisson plus petit, par conséquent plus léger, portant l'approvisionnement des bouches-à-feu de l'artillerie à cheval. Le corps du caisson est suspendu ; le dessus est couvert de cuir et arrondi pour servir au besoin de monture aux canonniers. Une tablette, qui règne dans toute la longueur des deux côtés, leur sert d'étrier. La forme de ces caissons n'étant pas, je crois, définitivement arrêtée, on n'en a pas donné la nomenclature : d'ailleurs, on trouvera aisément le nom des pièces qui les composent, si l'on connaît bien celles des autres caissons.

Ces caissons sont pour le canon de 8 et pour les obusiers de campagne : voici le nombre des coups qu'ils contiennent, d'où l'on pourra déduire aisément le reste de l'approvisionnement qu'ils doivent porter.

Wurst de 8.

Le Wurst de 8 est partagé en travers en 4 grandes divisions.

Chaque division est partagée en 3 séparations dans le sens de la longueur du Wurst.

Chaque séparation est divisée en cases carrées.

La 1re et la 4e division contiennent chacune 15 cases.

La 2e et la 3e division contiennent chacune 18 cases.

Ce qui fait des cases pour 66 coups.

On met les armemens en dessus.

Wurst d'Obusier.

Le Wurst d'obusier est partagé en travers en 4 grandes divisions.

Chaque division est partagée en 2 séparations dans le sens de la longueur du caisson.

Chacune de ses séparations est divisée en cases carrées.

Les 1re et 4e divisions contiennent chacune 6 cases.

La 2e, à commencer du devant, contient 10 cases.

La 3e contient 8 cases.

Ce qui fait des cases pour 30 coups.

Les 1re, 3e et 4e divisions sont recouvertes par des volets, comme un caisson d'infanterie ; on place le reste du chargement et l'assortiment sur ces volets.

APPROVISIONNEMENT DU CAISSON D'OUTILS.

Garniture intérieure du Caisson d'Outils.

2 Grands liteaux de chêne cloués contre les épars, laissant entre eux et les côtés du caisson, l'espace nécessaire pour y placer tous les petits outils emmanchés, les fermoirs, les amorçoirs et les tricoises... 22 clous.

2 Traverses inférieures, de frêne ou de chêne, portant l'une les essettes emmanchées, l'autre leurs manches, entrant dans les entailles des liteaux.

2 Traverses supérieures de frêne, dont l'une porte la coignée; et l'autre, qui est à charnière, remplit deux objets : le premier, de contenir les manches des coignées, lorsqu'elle est en place ; le second, lorsqu'elle arcboute contre le couvert, de le contenir et de l'empêcher d'être fermé par un coup de vent... 2 taquets et 6 clous pour la première... pour la seconde, 1 charnière, dont la femelle est fixée contre le côté droit du caisson... 1 rivet d'assemblage de charnière... 3 clous rivés de charnière... 1 patte à fourche servant à contenir le bout de cette seconde traverse... 3 clous pour cette patte... 1 clef servant à fixer cette traverse... 1 chaînette à mailles torses pour porter cette clef.

1 double treillage dans lequel se placent les tarières et la gouge carrée. Les treillages en chêne, les liteaux et montans sont d'orme : chaque treillage est formé par 2 liteaux, 3 tringles qui leur sont parallèles, et 20 tringles qui leur sont perpendiculaires; d'où résultent 63 divisions d'une dimension, et 21 d'une plus grande... 18 clous à tête coupée, et des clous d'épingles pour les tringles... 1 feuille de tôle sous le treillage inférieur.

1 Liteau d'orme,
1 Traverse de chêne, et ses
   2 taquets d'ormes, pour
   la loger.
{ Ce liteau et cette traverse laissent entre eux et les treillages, l'espace nécessaire pour y loger les manches de tarières et 4 manches de passe-partout... 5 clous.

1 Petit liteau d'orme soutenant le bout des amorçoirs qui, sans cela, s'engageraient trop avant dans leur logement... 2 clous.

8 Crochets porte-planes fixés au couvert par 24 vis en bois.

Garniture extérieure du Caisson d'Outils.

2 Moraillons à patte avec leur tourniquet, et 1 crochet à patte, destinés à porter des scies ; les moraillons sont assemblés avec leur patte par un rivet... 3 vis en bois.

ÉTAT DES OUTILS D'OUVRIERS EN BOIS,

Nécessaires pour une demi-compagnie d'Ouvriers en campagne, portés dans le Caisson d'outils, et dans un long Coffre de supplément, fermant à clef.

(*Les Outils du Coffre sont marqués d'une ★.* *Ceux d'une petite Caisse que l'on met dans les Caissons d'une* ✝ (1).	Pour 10 Charrons.	Pour 5 Charpent.	Pour 1 Tonnelier.	TOTAUX.
Amorçoirs, dont 3 à manche de bois. .	8	3	»	11
Bec-d'âne, depuis 2 jusqu'à 8 lignes. .	10	8	»	18
Besaiguës.	»	2	»	2
Bouvets (paires de).	»	3	»	3
★ Chasse-boîte pour roues de 12, et 8, de campagne..	1	»	»	1
★ Chasse-boîte pour roues de 4. . . .	1	»	»	1
Ciseaux, depuis 6 jusqu'à 24 lignes. .	10	15	2	27
Coignées.	10	5	»	15
★ Colombe à joindre (son pied, son fer et son coin).	1	»	»	1
✝ Compas grands et petits.	10	3	»	13
Petits couteaux.	»	»	3	3
★ Cric d'assemblage.	1	»	»	1
Epaules de mouton.	»	2	»	2
Equerres de fer.	»	2	»	2
Essettes, dont 10 emmanchées. . . .	10	2	2	14
Etabli de menuisier (sur la voiture de charbon.	»	»	»	2
Fermoirs en fer.	5	»	»	5
— à manche en bois.	12	»	»	12
✝ Fers de varlopes et rabots..	8	15	»	23
✝ Forets pour faire le logement de la balle dans le mandrin à cartouche. .	»	»	3	3
Gouges à tourneurs, 1 de 9 lignes, 1 de				

(1) Dimensions extérieures de la petite Caisse, dont le dessus est à coulisse.
{ Longueur. . . . 21 pouces 3 lignes. / Largeur. 5   3 / Hauteur. . . . . »   » }

	Pour 10 Charrons.	Pour 5 Charpent.	Pour 1 Tonnelier.	TOTAUX.
5 lignes, 1 pleine de 8 lignes, 1 en cuiller vide..	»	»	»	4
Gouge à tourneur pour creuser, à grain d'orge, dit grattoir, et couteau à crochet.	»	»	»	3
— grandes rondes sans manche..	8	»	»	8
— petites rondes emmanchées.	»	12	»	12
— carrées.	15	»	»	15
Grattes.	»	»	3	3
Guillaumes et feuillerets, moitié de chacun.	»	10	»	10
Guimbardes.	»	1	»	1
Haches à main.	10	1	1	12
— à tête.	4	5	»	9
+ Lignes à charpentier (ou à ligner, moitié fil, moitié laine).	3	3	»	6
Limes ou tiers-points pour scies.	6	8	»	14
Maillets.	6	6	»	12
Manches de tarières.	12	»	»	12
— de passe-partout.	34	»	»	34
— de scie de long.	2	»	»	2
— d'essettes.	4	»	»	4
— de tiers-points.	12	»	»	12
Marteaux fendus.	»	5	»	5
* Masses à enrayer, de 8 livres en fer.	3	»	»	3
Massettes.	1	»	1 en cuivre.	2
Mèche de vilebrequin, dont 12 montées (celles de tonnelier sont de 3 lignes).	10	15	9	34
Meule montée (sur la voiture de charbon).	1	»	»	1
Mouchettes.	»	3	»	3
Passe-partouts.	16	2	»	18
+ Pied-de-roi en fer.	2	2	1	5
+ Pierres à affiler.	8	»	»	8
Piochons à charpentiers.	»	1	»	1
Planes droites.	12	2	2	16
— courbes.	»	»	3	3
+ Pointes à tracer.	3	3	»	6
Pondax ou Bondax.	»	1	»	1
Pot à colle et son manche.	1	»	»	1
Rabots.	»	5	»	5
+ Rapes en bois.	»	2	»	2

	Pour 10 Char-rons.	Pour 5 Char-pent.	Pour 1 Ton-nelier.	TOTAUX.
Rivoirs ou petits marteaux.	2	»	»	2
Scies de long , le manche du haut rivé en place.	»	1	»	1
— à main..	2	8	»	10
— grandes.	6	1	»	7
— à couteau.	»	1	»	1
— tournantes..	»	2	»	2
« Sergens.	3	»	»	3
* Serre-rais.	1	»	»	1
*Grands tarauds pour ouvrir les moyeux de 12, 8 et 4.	3	»	»	3
Tarières de tout calibre , depuis 6 lignes jusqu'à 18.	72	12	»	84
Tire-fonds.	»	»	3	3
Tour en l'air.	»	»	»	1
Tricoises.	3	3	»	6
Trusquins.	»	1	»	1
* Valets d'établi.	»	2	»	2
Varlopes.	2	3	»	5
Demi-varlopes.	2	3	»	5
Vilebrequins en bois.	»	»	»	6
— en fer.	»	»	»	7
+ Vrilles grandes..	2	7	»	9
— moyennes.	6	7	»	13
— petites.	6	9	»	15

DISPOSITION DU CHARGEMENT *pour trouver les Outils.*

Etat des Outils.			Quantités.	Emplacement.
Amorçoirs	à manches de bois......		3	Dans le liteau de droite en avant du troisième épar.
	en fer de	12 lig.	2	Dans le même liteau en arrière du troisième épar.
		10	2	
		9	2	
		3	2	
Bec-d'ânes de.....		8 lig.	3	Dans le liteau à gauche en arrière du premier épar.
		6	3	
		5	3	
		4	3	
		3	3	
		2	3	
Besaiguës..........			2	Dans le fond du caisson.
Bondax............			1	Idem.
Bouvets...........			3	Dans le dessus du Chargement du dessus du caisson.
Chasse-boîtes........			2	Dans le coffre de supplément.
Ciseaux	à planches de	24 lig.	3	Dans le liteau de droite en arrière du premier épar.
		22	3	
		18	3	
		15	4	
		12	6	
		9	3	
		6	3	
	de tourneur de	21	1	
		15	1	
Coignées de	charpentier....		5	Sur la première traverse supérieure de devant.
	charron.....		10	
Colombe à joindre.......			1	Dans le coffre de supplément.
Compas, grands et petits...			13	Dans la petite caisse.
Couteaux de tonnelier.....			3	Dans le liteau de gauche contre le bout de devant.
Cric d'assemblage.......			1	Dans le coffre de supplément.
Epaules de mouton.......			2	Dans le fond du caisson.

État des Outils.	Quantités.	*Emplacement.*
Equerres (grandes) en fer, de charpentier.	2	Dans le fond du caisson.
Essettes { emmanchées.	10	Sur les traverses inférieures sous les coignées.
Essettes { démanchées.	4	Les essettes sous les manches des premières. Les manches sur ceux des premières.
Etablis de menuisiers.	2	Sur des voitures de charbon.
Fermoirs { à manches de bois de { 12 lig.	3	Dans le liteau de gauche vers le derrière.
{ 10	3	
{ 9	3	
{ 6	3	
{ à manches de fer de { 15	2	
{ 9	3	
Fers de rechange de varlope et de rabot.	23	Dans la petite caisse.
Forets pour mandrin à cartouche à fusil.	4	Idem.
Gouges (emmanchées, petites et rondes) de { 15 lig.	2	Dans le liteau de droite vers le bout de devant du caisson.
{ 12	2	
{ 9	2	
{ 6	2	
{ 4	2	
{ 2	2	
Gouges (sans manches , grandes et rondes) de. . . . { 30 lig.	2	Dans le fond entre les premier et deuxième épars sur les passe-partouts.
{ 24	2	
{ 21	2	
{ 18	2	
Gouges carrées de. . { 12 lig.	4	1 Dans chaque case num. 37, 49, 53 et 57.
{ 10	3	1 Dans chaque case num. 33, 45 et 49.
{ 8	4	1 Dans chaque case num. 29, 33, 41 et 45.
{ 7	4	1 Dans chaque case num. 29, 37, 41 et 53.

État des Outils.	Quantités.	Emplacement.
Gouges pour tourner les sa-bots, de { 9 lig.	1	Dans la case num. 61 du treillage.
6 —	1	
8 (pleine).	1	
6 (à cuiller vide).	1	
4 (à grain d'orge).	1	Dans la case num. 65 du treillage.
Grattoir.	1	
Couteau à crochet.	1	
Grattes de tonnelier.	3	Dans l'angle droit contre les manches des passe-partouts.
5 Guillaumes et 5 feuillerets.	10	Dans le milieu du caisson.
Guimbarde.	1	Idem.
Haches à main.	12	Dans le fond du caisson près du treillage.
Haches à tête.	9	Dans le milieu du caisson.
Lignes à ligner.	6	Dans la petite caisse.
Maillets.	12	Dans le dessus du Chargement.
Manches { de passe-partout.	34	30 sous les essettes, 4 avec ceux des tarières.
de scie de long.	2	Dans le dessus du Chargement.
de tarières.	12	Entre les treillages et la cinquième traverse.
de tiers-points.	12	Dans un petit sac.
Marteaux à panne fendue.	5	Dans le fond du caisson.
Massettes, 1 en fer, 1 en cuivre.	2	Idem.
Masses à enrayer de 8 livres.	3	Dans le coffre de supplément.
Mèches de vilebrequin de { 5 lig.	10	12 Montées dans le fond du caisson.
4 —	9	
3 —	9	Le reste dans la petite caisse.
2 —	6	
Meule montée.	1	Sur une voiture de charbon.
Mouchettes.	3	Dans le milieu du caisson.
Passe-partouts.	18	12 Dans le fond du caisson, 6 dans les moraillons porte-scies extérieurement.
Pieds-de-roi en fer.	5	Dans la petite caisse.

État des Outils.	*Quantités.*	*Emplacement.*
Pierres à affiler.	8	Dans la petite caisse.
Piochon.	1	Dans le fond du caisson.
Planes { droites de { 8 pouces de lame. . . .	14	Dans les 4 premiers crochets porte-planes.
11 ½ pouces de lames. .	2	Dans les 2 suivans.
courbes.	3	Dans les 2 derniers.
Pointes à tracer.	6	Dans la petite caisse.
Pot-à-colle.	1	Dans le coffre de supplément.
Rabots.	5	Dans le milieu du caisson.
Rapes en bois.	2	Dans la petite caisse.
Rivoirs.	2	Dans le milieu du caisson.
Scie de long (le manche du haut rivé en place).	1	Dans le moraillon extérieur.
Scies (grandes) avec leur monture.	7	Dans le fond du caisson.
Scies à main { liées avec leur monture. . .	6	
montées. . . .	4	Dans le dessus du Chargement.
Scies tournantes montées. . .	2	Idem.
Scie à couteau.	1	Dans le liteau de droite, entre les deuxième et troisième épars.
Sergens.	3	Dans le coffre de supplément.
Serre-rais.	1	
Tarauds (grands) pour ouvrir les moyeux.	3	

État des Outils.	*Quantités.*	*Emplacement.*
Tarières de 18 lig.	3	1 Dans chacune des cases du treillage num. 46, 47, 48.
17	3	1 Dans idem, num. 42, 43, 44.
16	6	1 Idem num. 38, 39, 40, 50, 51, 52.
15	6	1 Idem, num. 34, 35, 36, 54, 55, 56.
14	6	1 Idem, num. 30, 31, 32, 58, 59, 60.
13	6	1 Idem, num. 26, 27, 28, 62, 63, 64.
12	6	1 Idem, num. 22, 23, 24, 66, 67, 68.
11	8	1 Idem, num. 17, 18, 19, 20, 69, 70, 71, 72.
10	8	1 Idem, num. 13, 14, 15, 16, 73, 74, 75, 76.
9	8	1 Idem, num. 9, 10, 11, 12, 77, 78, 79, 80.
8	8	2 Idem, num. 5, 6, 7, 8.
7	8	3 Idem, num. 81 et 82... 2 num. 83.
6	8	2 Idem num. 1, 2, 3, 4.
Tiers-points pour scies, grands, petits.	14	Dans la petite caisse.
Tire-fonds.	3	Dans chacune des cases du treillage num. 13, 21, 25.
Tricoises.	6	Dans le liteau de gauche, entre le troisième épar et la traverse.
Trusquin..	1	Dans le dessus du chargement.
Valets d'établi.	2	Dans le coffre de supplément.
5 Varlopes et 5 demi-Varlopes.	10	Sur les manches de scies, d'essettes et de coignées.
Vilebrequins { en bois..	6	} Dans le milieu du caisson.
Vilebrequins { en fer..	7	
Vrilles, dont 9 grandes, 13 moyennes, 15 petites. . . .	37	Dans la petite caisse.

ORDRE DU CHARGEMENT *pour placer les Outils.*

Nota. Il faut suivre l'ordre des numéros qui sont au commencement des lignes pour placer les Outils... La dimension qu'on donne est celle de la plus grande pièce de l'Outil, afin qu'il puisse entrer dans la place qu'on lui destine.

Noms des Outils.	*Dimensions.*		*Emplacement.*
	pouc.	lig.	
1. Les 12 Gouges emman-chées.	»	»	Dans le grand liteau de droite, à commencer de l'angle du Caisson par celles de 12 lignes, et finissant par celles de 2 lignes.
2. Les 25 Ciseaux à planches.	»	»	Dans le même lieu, à la suite des gouges et dans le même ordre qu'elles.
3. Les 2 Ciseaux de tour-neur.	»	»	Idem, à la suite des ciseaux à planches.
4. La Scie à couteau.	»	»	Idem après les ciseaux de tourneur.
5. Les 3 Amorçoirs à manche de bois.	»	»	Idem entre la scie à couteau et le 3e. épar.
6. Les 8 Amorçoirs en fer. .	»	»	Idem entre le 3e. épar et le bout du liteau.
7. Les 3 Couteaux de ton-nelier.	»	»	Dans le grand liteau de gauche et dans l'angle du Caisson.
8. Les 18 Becs-d'âne.	»	»	Dans le même liteau, entre le 1er. et le 2e. épars : ceux de 8 lignes contre le 1er. épar.
9. Les 12 Fermoirs à manche de bois.	»	»	Idem après les becs-d'âne.
10. Les 5 Fermoirs en fer. . .	»	»	Idem après les fermoirs précédens.
11. Les 6 Tricoises.	»	»	Dans le grand liteau de gauche, entre le 3e. épar et le bout du liteau.
12. 2 Tarières de 6 lignes. . .	16	»	Dans chaque num. 1, 2, 3, 4 du treillage.
13. 2 Tarières de 8 lignes. . .	16	6	Idem num. 5, 6, 7, 8.
14. 1 Tarière de 9 lignes. . .	17	»	Idem num. 9, 10, 11, 12.

Noms des Outils.	pouc.	lig.	Emplacement.
15. { 1 Tarière de 10 lignes.. .	17	6	Dans le num. 13.
{ 1 Tire-fond.	»	»	
16. 1 Tarière de 10 lignes.. .	17	6	Dans chacun des num. 14, 15, 16.
17. 1 Tarière de 11 lignes.. .	18	»	Id. num. 17, 18, 19, 20.
18. 1 Tirefond.	»	»	Dans le num. 21.
19. 1 Tarière de 12 lignes. . .	18	6	Dans chacun des num. 22, 23, 24.
20. 1 Tirefond..	»	»	Dans le num. 25.
21. 1 Tarière de 13 lignes. . .	19	»	Dans chacun des num. 26, 27, 28.
22. { 1 Gouge carrée de 7 lig. { 1 — de 8 lig..	21	»	Dans le num. 29.
23. Tarière de 14 lignes. . . .	19	6	Dans chacun des num. 30, 31, 32.
24. { 1 Gouge carrée de 8 lig. { 1 — de 10 lignes. . . .	21	»	Dans le num. 33.
25. 1 Tarière de 15 lignes.. .	20	»	Dans chacun des num. 34, 35, 36.
26. { 1 Gouge carrée de 7 lig. { 1 — de 12 lignes.. . . .	21	»	Dans le num. 37.
27. 1 Tarière de 16 lignes.. .	20	6	Dans chacun des num. 38, 39, 40.
28. { 1 Gouge carrée de 7 lig. { 1 — de 8 lignes.	21	»	Dans le num. 41.
29. 1 Tarière de 17 lignes.. .	21	»	Dans chacun des num. 42, 43, 44.
30. { 1 Gouge carrée de 8 lig. { 1 — de 10 lignes.. . . .	21	»	Dans le num. 45.
31. 1 Tarière de 18 lignes. . .	21	»	Dans chacun des num. 46, 47, 48.
32. { 1 Gouge carrée de 10 lig. { 1 — de 12 lignes.. . . .	21	»	Dans le num. 49.
33. 1 Tarière de 16 lignes. . .	20	6	Dans chacun des num. 50, 51, 52.
34. { 1 Gouge carrée de 7 lig. { 1 — de 12 lignes.. . . .	21	»	Dans le num. 53.
35. 1 Tarière de 15 lignes. . .	20	»	Dans chacun des num. 54, 55, 56.
36. 1 Gouge carrée de 12 lig.	21	»	Dans le num. 57.
37. 1 Tarière de 14 lignes. . .	19	6	Dans chacun des num. 58, 59, 60.

Noms des Outils.	Dimensions.		Emplacement.
	pouc.	lig.	
38. { 4 Gouges de tour- neur. { 1 de 6 lig. .	18	6	} Dans le num. 61.
1 de 9 lig. .	idem.		
1 de 8 lig. .	idem.		
1 de 6 lig. en cuiller vid.	idem.		
39. 1 Tarière de 13 lignes.. .	19	»	Dans chacun des num. 62, 63, 64.
40. { 3 outils à tourner les sa- bots. { 1 Gouge à grain d'orge	19	6	} Dans le num. 65.
1 Grattoir..	idem.		
1 Crochet à couteau. .	idem.		
41. 1 Tarière de 12 lignes. .	18	6	Dans chacun des num. 66, 67, 68.
42. 1 ⌐ de 11 lig.	18	»	Id. num. 69, 70, 71, 72.
43. 1 — de 10 —	17	6	Id. num. 73, 74, 75, 76.
44. 1 — de 9 —	17	»	Id. num. 77, 78, 79, 80.
45. 3 — de 7 —	16	»	Id. num. 81, 82.
46. 2 — de 7 —	16	»	Dans le num. 83.
			NOTA. Le num. 84 est occupé par le piton fixant le cordage du couvert, et par le nœud de ce cor- dage.
47. { 12 Manches de tarières, dont. . . . { 3 de. .	15	»	} Remplissant l'intervalle entre le treillage et la cinquième traverse.
3 de. .	16	»	
3 de. .	17	»	
3 de. .	18	»	
4 Manches de passe- partouts.	14	»	
48. Les 30 autres manches de passe-partouts.	»	»	A 2 de hauteur sur le fond, le bout arrondi appuyant contre le bout de devant du caisson.
49. { 10 Essettes emman- chées.	20	»	Sur les 2 traverses infé- rieures, la tête appuyée contre la première tra- verse supérieure.
4 Essettes non emman- chées, avec leurs manches.	»	»	Les essettes sur le bout à virole des manches à passe partout.... Leurs manches sur les man- ches des autres essettes.

Noms des Outils.	Dimensions.		Emplacement.
	pouc.	lig.	
50. { 10 Coignées de charrons........	24	»	Sur la première traverse supérieure, les manches contenus par la traverse à charnière.
5 Coignées de charpentiers.......	20	»	
51. 12 Lames de passe-partout............	»	»	Sur le fond du caisson appuyant au liteau parallèle au treillage, les dents vers le centre.
52. Les 8 grandes gouges rondes sans manche. ...	21	»	Parallèlement entre elles sur les passe-partouts, la tête appuyant au bout à virole de leur manche.
53. Les 2 besaiguës......	46	»	Sur les lames des passe-partouts, appuyant l'une aux épars de droite, l'autre aux épars de gauche.
54. { Les 2 grandes équerres de charpentier....	»	»	} Entre les besaiguës.
Le pondax.......	»	»	
Le piochon........	22	6	
55. { Grandes scies liées avec leur monture. ...	60	»	Sur les passe-partouts et les gouges, le bout de devant touchant au bout à virole des manches de passe-partouts.
6 petites scies *idem*. .	30	»	
56. { Les 12 haches à main.	»	»	Dans l'intervalle du bout des scies aux manches des tarières.
Les 2 épaules de mouton.	»	»	
57. Les 2 massettes......	»	»	Entre les épaules de mouton et les manches de tarières.
58. Les 5 demi-varlopes. ..	24	»	En travers sur les scies et les manches d'essettes et de coignées.
59. Les 5 varlopes......	28	»	En longueur sur les scies, appuyant aux demi-varlopes.
60. Les 12 mèches de vilebrequins montées.	»	»	Dans les intervalles que laissent entre elles les varlopes.

Noms des Outils.	Dimensions.		Emplacement.
	pouc.	lig.	
61. Les 3 Grattes.........	12	»	Contre les manches des tarières.
62. { Les 5 marteaux à panne fendue........	»	»	Entrelacés sur le bout des scies et les haches à main.
Les 2 rivoirs........	»	»	
63. { Les 5 guillaumes....	»	»	Sur les demi-varlopes et les varlopes.
Les 5 feuillerets....	»	»	
64. { Les 3 bouvets......	»	»	Sur les marteaux.
Les 5 rabots.......	»	»	
Les 3 mouchettes...	»	»	
65. Les 9 haches à tête....	»	»	Entrelacées sur les varlopes et les rabots.
66. La poupée du tour-en-l'air et son arbre.......	»	»	Contre le treillage.
67. Les manches pour le bas de la scie de long......	»	»	Sur les manches des haches.
68. La petite caisse qui renferme tous les petits outils. { 5 Pieds-de-roi..	»	»	En travers, appuyant contre les manches des coignées.
2 Rapes en bois.	»	»	
14 Tiers-points, grands et petits.	»	»	
22 Mèches de vilebrequin....	»	»	
4 Forets pour faire le logement de la balle dans les mandrins......	»	»	
23 Fers de varlopes et rabots.	»	»	
13 Compas, gr. et petits......	»	»	
6 Pointes à tracer.......	»	»	
37 Vrilles de différ. grandeurs..	»	»	
6 Lignes à ligner.			
8 Pierres à affiler........	»	»	

Noms des Outils.	Dimensions.		*Emplacement.*
	pouc.	lig.	
69. { Les 6 fûts de vilebrequin en bois. . . .	»	»	Entrelacés dans le dessus du Chargement.
Les 7 fûts de vilebrequin en fer.	»	»	
La guimbarde.	»	»	
Le trusquin.	»	»	
70. { Les 2 scies tournantes.	»	»	Idem.
Les 4 scies montées. .	»	»	
71. Les 12 maillets.	»	»	5 entre le bout de devant et la tête des coignées, les autres entre le vide des scies.
72. Les 12 manches de tierspoints.	»	»	Dans un petit sac entre les maillets.
73. Les 14 planes droites (longueur de la lame). . . .	8	»	7 dans les 1er. et 2e. crochets porte-planes, fixés au couvercle; 7 dans le 3e. et le 4e. d'idem.
74. Les 2 planes droites de tonnelier.	11	6	Dans les 5e. et 6e. crochets porte-planes.
75. Les 3 planes courbes. . .	»	»	Dans les 7e. et 8e. crochets porte-planes.
76. { Les 6 derniers passepartouts.	»	»	Dans les moraillons et le crochet à patte portescie, sur le côté gauche du caisson extérieurement.
La scie de long. . . .	»	»	

APPROVISIONNEMENT ET CHARGEMENT DU CAISSON,
pour les Ustensiles d'artifice.

On garnit l'intérieur du Caisson d'ontils, destiné à porter les Ustensiles d'artifice nécessaires en campagne, de 4 plateaux, 2 étriers et 1 moraillon.

1 Plateau servant à contenir les chaudières de cuivre et leurs trépieds ; cloué contre le fond du Caisson, son centre à 9 pouces 6 lignes du côté droit et du bout du Caisson... 4 clous pour le fixer.

1 Plateau servant à contenir le mortier de fonte et le petit bout de son pilon, cloué contre le fond du Caisson, dans l'angle gauche, il est creusé dans son milieu pour le logement du fond du mortier de fonte. Il est échancré vers l'angle du Caisson pour recevoir le bout du pilon. Il est évidé en arc de cercle, sur son bout de devant, pour le logement du chassis tire-fusée... 4 clous pour fixer le plateau.

1 Plateau servant à contenir les chassis tire-fusées à bombes. Son centre est éloigné du bout du Caisson de 16 pouces 3 lignes : son centre est éloigné du côté gauche du Caisson de 5 pouces 5 lignes. Il doit contenir le grand cercle du chassis tire-fusée de 12 et de 10 pouces dans lequel il se loge, et être évidé en dessus pour le logement du grand cercle de celui de 8 pouces et 6 pouces, qui se place dans l'autre ; 3 clous pour fixer ce plateau.

1 Plateau mobile. La double marmite à colle se place renversée sur ce plateau dans le dessus duquel il y a des logemens propres à recevoir les bords des marmites et la saillie des pitons, où s'accrochent leurs anses. Il y a encore un autre logement pour recevoir les bords des bassins de la petite balance, qui, logés l'un dans l'autre, sont recouverts par la double marmite à colle.

1 Etrier servant à contenir le pilon du mortier de fonte. Ses pattes sont clouées contre le côté de l'angle gauche du bout de derrière du Caisson ; 6 clous pour les fixer.

1 Etrier à pattes et à moraillon pour porter le cadre à sécher les étoupilles, cloué contre le dessous du pignon placé vis-à-vis la charnière de derrière... 2 vis en bois... 4 clous pour le contenir... 1 moraillon... 1 piton lié à la demi S du moraillon... 1 piton à tête plate, percée d'un trou pour le passage d'une clef... 1 clef, sa chaînette, son crampon.

L'étrier et le moraillon sont fixés, l'un par 4 clous et 2 vis en bois, l'autre par ses pitons contre le milieu du dessous des pignons placés vis-à-vis les charnières.

Ordre d'arrangement des objets contenus dans le Caisson.

Nota. Dans toutes les Caisses, excepté les première, troisième et neuvième, on assujétit tout ce qui y est contenu avec des étoupes.

Toutes les Caisses sont placées à plat, hors la sixième qui est de champ. Les Caisses sont placées : la

Première, sur les liteaux qui recouvrent les écrous des boulons d'écharpe, les nœuds des charnières appuyant contre le bout de devant du Caisson ;

Seconde, sur le fond, contre la Caisse n°. 1, remplissant l'intervalle qui se trouve entre les liteaux, *sa longueur dans le sens de la largeur du Caisson ;*

Troisième, sur la Caisse n°. 2, appuyant au n°. 1.

Quatrième, sur la Caisse n°. 2, entre la Caisse n°. 3 et les épars du Caisson ;

Cinquième, sur la Caisse n°. 4, appuyant aux épars ;

Sixième, de champ sur la Caisse n°. 3, appuyant contre le côté droit du Caisson et contre la Caisse n°. 5 ;

Septième, sur la Caisse n°. 3, appuyant aux n°s. 5 et 6, laissant, entre elles et le côté gauche du Caisson, la place nécessaire pour y loger la Caisse n°. 9 ;

Huitième, sur la Caisse n°. 3 ; entre la Caisse n°. 1, et les Caisses n°s. 6, 7 et 9 ;

Neuvième, sur la Caisse n°. 3, entre les Caisses n°s. 5, 7, 8 et le côté gauche du Caisson.

La Caisse n°. 1 a un couvert avec des charnières : la Caisse n°. 9 est sans couvert ; les autres ont un couvert à coulisse qui se tire par la droite.

La Caisse n°. 1, se ferme par un petit ressort à patte clouée sur le devant de la Caisse, et une petite plaque de frottement, placée contre le bord de la planche du couvert.

La Caisse n°. 2, a dans la séparation placée dans la grande case du milieu, une entaille pour laisser passer le manche du ciseau du ferblantier.

Les Caisses n°s. 1, 6 et 7 sont de sapin. Les Caisses n°s. 2, 3, 4, et 5 ont le fond en sapin et le reste en chêne. La Caisse n°. 8, a les bouts en chêne, et le reste en sapin. La Caisse n°. 9 est en chêne.

Caisse n°. 1. Longueur 2 pieds 3 pouces 6 lignes, largeur 6 pouces, hauteur 1 pied 2 pouces 3 lignes. Sa longueur est divisée en 5 cases de 11 pouces 6 lignes de hauteur, contenant chacune une lanterne. Au-dessus de ces cases est une Caisse de 2 pouces 4 lignes de hauteur, dont la longueur est divisée en

3 cases : les deux extrêmes sont égales, et ont 10 pouces 6 lignes de longueur, *longueur de 2 chandelles ;* ces deux cases sont destinées à contenir chacune 2 couches de 15 chandelles ; ce qui fait 60 chandelles ; la case du milieu est pour le briquet et son assortiment.

Caisse n°. 2. Longueur 2 pieds, largeur 13 pouces, hauteur 4 pouces 5 lignes. Sa longueur est divisée en 3 cases. Les 2 extrêmes sont égales et ont 2 pouces 10 lignes de largeur. La case de la droite est divisée en 2, inégalement, ainsi que la case du milieu.

Dans la première division de la grande case du milieu.	5 Modèles de cuivre, 1 de chacun des sabots de 12, 8, 4 et de 6, et 1 du culot pour cartouches de 4. 2 Compas de fer.
Dans la seconde division de la même case.	5 Calibres pour vérifier les dimensions des sabots de 12, 8, 4 et de 6, et du culot pour cartouches de 4. 5 Lunettes servant aux tourneurs, pour les mêmes sabots et culot. 8 Calibres servant aux tourneurs des sabots, pour les dimensions extérieures, et les cavités des sabots. 10 Marteaux pour ensabotter... 1 ciseau de ferblantier.
Dans la première division de la case de la droite.	12 Poinçons pour percer les bandes. 12 Ciseaux à froid, pour fendre les bandes. 5 Profils, 4 de sabots, et 1 du culot, etc.
Dans la seconde division de la même case.	1 Mandrin à griffe pour tourner les sabots. 3 Modèles en cuivre, de fusées à bombes. 8 Mèches de Vilebrequin. 5 Peignes servant aux tourneurs de sabots.
Dans la case de la gauche.	2 Scies à couteau. 10 Dégorgeoirs. 6 Rapes en bois. 3 Petites Vrilles.

Caisse n°. 3. Longueur 2 pieds 3 pouces 6 lignes, largeur 7 pouces 6 lignes, hauteur 5 pouces. Cette Caisse a dans un bout à gauche une case recouverte, de 2 pouces 3 lignes de hauteur, qui occupe toute sa largeur, et qui contient 6 bouts de canon pour calibrer les cartouches à fusil, et 2 calibres en fer pour vérifier les mandrins des cartouches à fusils. Le reste de la Caisse contient 200 mandrins pour cartouches à fusil.

Caisse n°. 4. Longueur 2 pieds 3 pouces 6 lignes, largeur 5 pouces 6 lignes, hauteur, 5 pouces 4 lignes.

Dans la première case. { 18 Baguettes de fer pour charger les fusées à bombes, dont 6 de 7 pouces 3 lignes... 6 de 5 pouces... 6 de 2 pouces 9 lignes. 14 Lanternes, dont 6 à charger les lances à feu, 6 à charger les fusées à bombes, et 2 pour charger les fusées de signaux.

Dans la seconde case. { 6 Entonnoirs pour charger les lances à feu.

Dans le fond de la troisième case. { 2 Pieds-de-roi en fer. 6 Baguettes de fer de 9 pouces 6 lignes, pour charger les fusées à bombes. 2 Broches de fer pour fusées de signaux. 10 Baguettes de bois, pour rouler et charger les fusées de signaux, dont 4 de 15 pouces, 4 de 10 pouces, 2 de 7 pouc.

Dans le dessus de la même case. { 2 Règles de fer. 6 Baguettes de fer, pour charger les lances à feu. 12 Baguettes de bois, pour rouler les lances à feu.

Caisse n°. 5. Longueur, 2 pieds 3 pouces 6 lignes, largeur, 3 pouces 6 lignes, hauteur, 6 pouces 4 lignes. Elle est divisée en 2 cases inégales. Celle de gauche contient les ustensiles à étoupilles qui sont : 8 queues de rat, 10 aiguilles, 2 calibres en cuivre pour vérifier la grosseur des roseaux, et 9 doubles lunettes à calibrer les balles de fer pour cartouches, dont 1 de 36, 1 de 24, 1 de 16, 2 de 12, 2 de 8, 2 de 4. Dans ces 3 derniers calibres une des lunettes est pour les grosses balles, l'autre pour les petites... La case de droite contient 4 boîtes pour charger les étoupilles.

Caisse n°. 6. *Cette Caisse est mise de champ, et est pour cette raison numérotée sur le côté ;* longueur, 11 pouces 3 lignes, largeur, 5 pouces 3 lignes, hauteur, 3 pouces 6 lignes. Elle contient 60 mesures pour cartouches à fusil de 40 à la livre.

Caisse n°. 7. Longueur, 11 pouces 3 lignes, largeur, 3 pouces 6 lignes, hauteur, 5 pouces 6 lignes. Elle contient 2 ciseaux, 6 canifs, 6 couteaux et 4 pierres à aiguiser.

Caisse n°. 8. Longueur, 2 pieds 3 pouces 9 lignes... largeur, 3 pouces 3 lignes, hauteur, 2 pouces 6 lignes. Elle contient des fléaux de balance.

Caisse n°. 9. Cette Caisse cubique est numérotée sur le côté, parce qu'elle est sans couvert. Elle a 4 pouces de hauteur, et contient les poids de marc de 4 livres. (ou les remplaçans en kilogr.)

Caisse n°. 16. Cette Caisse est une tonne dont on verra le détail plus bas n°. 16 pour suivre l'ordre du placement.

10... 4 Patrons de fer-blanc pour modeler les sacs à gargousses,

1 de 12, 1 de 8, 1 d'obusier, 1 de 4, 1 de 6, logé entre le bout de devant du Caisson et la Caisse n°. 1.

11... Petite table pour mêler les compositions... On la met à plat dans le fond du Caisson, remplissant l'intervalle des épars du milieu à ceux qui se trouvent vis-à-vis la charnière de derrière.

12... Machine pour carreler les sabots (*a* page 240). On la met, sa longueur dans le sens de la largeur du Caisson, dans le fond de ce Caisson, entre les épars du milieu, appuyant à la table à mêler les compositions, et ses mortaises à gauche.

13... 1 Varlope pour rouler les cartouches des fusées de signaux et d'autres artifices, servant de modèle à une autre de 4 pieds de longueur, qui n'a pu entrer dans le Caisson. On la place dans le fond du Caisson, contre la tonne, sa longueur dans le sens de la largeur du Caisson. Elle sert de cale à la tonne pour la faire toucher contre les épars.

14... 3 Guillaumes de la machine à carreler les sabots ; on les place entre cette machine et les poignées de la varlope, les fers passant dans les vides de ces poignées.

15... Voyez 39.

16... Tonne de chêne. Elle a un couvercle et n'a qu'un fond. Longueur, 2 pieds 3 pouces sans le couvercle... largeur au milieu, 1 pied 4 pouces 4 lignes, largeur aux bouts, 1 pied 3 pouces 4 lignes. On place cette Tonne couchée, et touchant aux premiers épars de devant, contre lesquels, mais de l'autre côté, s'appuient les Caisses. Cette Tonne contient 4 tamis avec tambour, dont 2 de soie et 2 de crin ; et 2 sacs de cuir, pour battre et pour écraser la poudre et le charbon.

17... Mortier à piler le souffre. On le place dans l'angle gauche de derrière du Caisson, et on met son pilon entre le mortier et cet angle.

18... Les Trépieds des chaudières. On les place renversés entourant le premier plateau qui est fixé dans l'angle droit de derrière du Caisson.

19... 2 Chaudières de cuivre l'une dans l'autre. On les place sur le premier plateau dans l'angle à droite du Caisson, du côté des charnières, touchant les tire-fusées et le mortier.

20... 2 Tire-fusées l'un dans l'autre avec leurs :

21... 2 Tenailles et leur maille placées dans les Tire-fusées, où elles sont contenues par :

22... 1 Petit maillet.

On place les Tire-fusées ainsi l'un dans l'autre avec ce qu'ils contiennent, sur le troisième plateau destiné à les contenir, leur grand diamètre en bas touchant le quatrième épar et le devant du Caisson.

23... Pot à colle, ou double marmite contenant, 1°. une seconde marmite, 2°. les Bassins de la petite Balance. On le place sur le Plateau mobile dans l'angle gauche de devant de la Table à mêler les compositions.

24... Masse pour battre la poudre. Elle est placée, la masse portant sur son rond, dans l'angle droit de la table n°. 11 du côté des charnières du Caisson, et le manche horisontal passant entre le Pot à colle n°. 23 et le second Baril.

25... 24 Passe-boulets de tous les calibres liés ensemble, 2 grands et 2 petits de chaque calibre : on les met à plat sur la Table n°. 11, entre la Masse n°. 24, et le Pot à colle n°. 23 ; la poignée vers le second Baril.

26... 2 Barils à bourse, le premier contenant 4 brosses à nettoyer les tables ; le second 12 pinceaux à colle et 4 entonnoirs pour charger les bombes et gargousses. On place ces Barils sur la table n°. 11 ; le premier vers son milieu du côté des charnières, le second touchant le premier et le Pot à colle n°. 23 ; tous les deux portant sur leur fond.

27... Le Plateau et le Bassin de la grande Balance. On les place au-dessus du Baril à bourse le plus en avant.

28... Boîte contenant les poids de fer de 5 livres, 4 livres, 3 livres, 2 livres, 1 livre. On la place sur la table en avant du second Baril, contenue par un gros maillet placé dans l'angle de la Table, et un petit maillet placé entre le pot à colle n°. 23, le Baril à bourse et cette Boîte.

29... 5 Grandes et 12 petites Gamelles. On les place, les unes dans les autres, dans les Chaudières n°. 19.

30... Boîte de fer-blanc, contenant 18 mesures de fer-blanc de différentes grandeurs ; elles contiennent les quantités suivantes de poudre, 1, 2, 4, 8 onces, 1 livre, 1 livre 1 quart, 1 livre et demie, 1 livre 3 quarts, 2 livres, 2 livres et demie, 2 livres 2 tiers, 3 livres, 4 livres, *il y a 2 mesures de 4 livres 1 quart*, 5 livres, 6 livres, 8 livres... On place cette Boîte dans le Mortier n°. 17.

31... 2 Haches à main, l'une entre les Caisses n°. 1 et 8, l'autre entre celles n°s. 8 et 6, le taillant en bas formant comme un coin, qui contient le balottement des Caisses, l'angle antérieur touchant au côté droit du Caisson.

32... 2 Serpes, sous la Caisse n°. 8, les lames croisées et glissées sous les manches de Haches.

33... Petit Vilebrequin emmanché fait en cône tronqué pour percer les baguettes des fusées de signaux ; on le met sur les manches des Serpes.

34... 2 Tricoises qu'on place sur la Caisse n°. 8.

35.. Rivoir sur la Caisse n°. 8 entre les Haches à main.

36... Tour en l'air pour tourner les sabots des cartouches à canon, et les fusées à bombes. On place les Poupées sur la Machine à carreler les sabots et appuyant à la masse. On loge l'Arbre entre les Caisses et la Tonne sur la Caisse n°. 8.

37... 18 Chasse-fusées à bombes, 6 de chaque calibre : on les répand sans ordre dans l'intervalle qui se trouve entre les Caisses et la Tonne. On met avec eux 2 Chassoirs de tonnelier.

38... 24 Maillets de différentes grandeurs pour battre les fusées ; il y en a 12 grands et 12 petits. On les place dans les interstices des objets contenus dans la moitié du Caisson à droite sur le derrière.

39... 20 Mandrins pour gargousses à canon, dont : 2 de 24, 2 de 16, 4 de 12, 4 de 8, 6 de 4, et 2 de 6... On les place contre la Tonne n°. 16 dans le même sens, hors un qu'on place en avant, la poignée à droite, portant sur le Pot à colle n°. 23. On peut encore les placer comme il suit, et peut-être l'arrangement vaudra mieux... 1 de 24, 4 de 4, et les 2 de 6 seront mis dans le fond du Caisson entre les Caisses et la Tonne, et les autres derrière la Tonne n°. 16, dans le dessus du chargement.

40... Chien de tonnelier. On le place sur les Mandrins des gargousses à canon.

41... Ecumoire en cuivre pour le salpêtre, et une en fer pour prendre les balles dans la Marmite à colle. On les place contre les Spatules et dans le même sens.

42... 2 Spatules pour le salpêtre. On les place à côté l'une de l'autre, en long, sur le milieu du chargement, la pelle sur la Tonne n°. 16.

43... 2 Cadres pour sécher les mèches à attacher aux roseaux d'étoupilles et aux autres artifices ; ils sont retenus par 2 étriers dans l'angle du couvert du Caisson.

44... Moule à balles de 20 à la livre, dans l'angle gauche de derrière du Caisson.

Les objets placés, on garnit d'étoupes les vides.

Ordre alphabétique des Objets contenus dans le Caisson.

Le premier nombre à gauche marque la quantité des Objets, le second à droite est le n°. de l'ordre du Chargement, où on aura recours pour les trouver.

Quantités.		Nos.
10	Aiguille servant à percer les roseaux des étoupilles,	5.
	Arbre du tour en l'air,	36.
6	Baguettes de fer pour charger les Lances à feu,	4.
12	Baguettes de bois pour rouler les Lances à feu,	4.
10	Baguettes de bois pour rouler et charger les Fusées de signaux,	4.
24	Baguettes en fer pour charger les Fusées à Bombes,	4.
2	Balances. *Voyez* Bassins et Fléau.	
2	Barils à bourse,	26.
	Bassin de la grande Balance,	27.
	Bassins de la petite Balance,	23.
4	Boîtes pour charger les Etoupilles,	5.
	Boîte contenant 5 poids de fer,	28.
	Boîte de fer-blanc contenant 18 mesures pour la poudre,	30.

Quantités.		Nos.
6	Bouts de canon pour calibrer les cartouches à fusil,	3.
	Briquet et son Assortiment,	1.
2	Broches pour Fusées de signaux,	4.
4	Brosses dont 2 à nettoyer les Tables, et 2 à rassembler les Compositions,	26.
2	Cadres à sécher les mèches, etc.	43.
2	Calibres en cuivre pour régler la grosseur des roseaux d'Etoupilles,	5.
13	Calibres servant aux Tourneurs pour sabots, etc.	2.
6	Canifs,	7.
60	Chandelles,	1.
18	Chasse-fusées,	37.
2	Chassoirs de Tonnelier,	37.
2	Chaudières de cuivre,	19.
	Chien de Tonnelier,	40.
12	Ciseaux à froid,	2.
2	Ciseaux à toile et à papier,	7.
	Ciseaux ou Tenaille à couper le fer-blanc,	2.
2	Compas de fer,	2.
6	Couteaux à papier,	7.
	Culot de cuivre, modèle de celui en bois pour la cartouche de 4,	2.
10	Dégorgeoirs,	2.
	Ecumoire en cuivre pour écumer le salpêtre,	41.
	Ecumoire en fer, pour, etc.	41.
6	Entonnoirs pour charger les Lances à feu,	4.
3	Entonnoirs pour charger les Gargousses,	26.
1	Entonnoir pour charger les Bombes,	26.
2	Fléaux de balance,	8.
17	Gamelles grandes ou petites,	29.
3	Guillaumes,	14.
2	Haches à main,	31.
5	Lanternes à éclairer,	1.
14	Lanternes pour Fusées à Bombes, Fusées de signaux, etc.	4.
5	Lunettes à vérifier les sabots et le culot de 4,	2.
24	Lunettes ou Passe-boulets,	25.
9	Lunettes ou Passe-balles,	5.
2	Lunettes ou Calibres en fer, pour vérifier les mandrins des Cartouches à fusil,	3.
	Machine à carreler les sabots (a p. 240),	12.
24	Maillets à battre les fusées,	38.
1	Mandrin à griffes pour tourner les sabots,	2.
20	Mandrins pour gargousses à canon,	39.
200	Mandrins pour cartouches à fusil,	3.
	Marmite (seconde) dans la première ou Pot à colle,	23.
10	Marteaux à ensaboter,	2.
	Masse pour battre la Poudre,	24.

Quantités.		Nos.
8	Mèches de Vilebrequin ,	2.
60	Mesures pour cartouches à fusil ,	6.
18	Mesures de fer-blanc de différentes grandeurs pour la Poudre ,	30.
3	Modèles de fusées à Bombes ,	2.
	Mortier à piler le Soufre ,	17.
	Moule à balles de 20 à la livre ,	44.
9	Passe-balles ou Lunettes doubles pour vérifier les balles de fer, etc.	5.
24	Passe-boulets ou Lunettes pour , etc.	25.
4	Patrons de fer-blanc pour modeler les sacs à gargousses ,	10.
5	Peignes servant aux Tourneurs des sabots , etc. pour prendre leurs dimensions exactement et avec facilité ,	2.
2	Pieds-de-roi ,	4.
4	Pierres à aiguiser ,	7.
	Pilon du mortier ,	17.
12	Pinceaux à colle ,	26.
	Plateau de la grande Balance ,	27.
5	Poids de fer ,	28.
	Poids de marc de 4 livres ,	9.
12	Poinçon pour percer les bandes de fer-blanc ,	2.
	Pot à colle ou double Marmite ,	23.
5	Profils de sabots ou de culot ,	2.
8	Queues de rat ,	5.
6	Rapes en bois ,	2.
2	Règles de fer de 18 pouces de longueur, 1 pouce de largeur et 2 lignes d'épaisseur ,	4.
	Rivoir ,	35.
4	Sabots en cuivre pour modèle de ceux en bois ,	2.
2	Sacs de cuir pour battre et écraser la poudre et le charbon ,	16.
2	Scies à couteau ,	
2	Serpes ,	32.
2	Spatules pour le salpêtre ,	42.
	Table (petite) pour mêler les compositions ,	11.
2	Tamis de crin avec leur tambour (1 fin , 1 ordinaire),	16.
2	Tamis de soie avec leur tambour ,	16.
	Tenaille ou ciseau à couper le fer-blanc ,	2.
2	Tenailles de Tire-fusées (dans les Tire-fusées) ,	20.
2	Tire-fusées l'un dans l'autre ,	20.
	Tonne ,	16.
	Tour en l'air ,	36.
2	Trépieds pour les Chaudières ,	18.
2	Tricoises ,	34.
	Ustensiles pour étoupilles ,	5.
	Varlope pour rouler les cartouches ,	13.
	Vilebrequin (petit) ,	33.
	Vrilles (petites) ,	2.

Dimensions que doivent avoir quelques Ustensiles d'Artifices, pour pouvoir entrer dans le Caisson.

Grande Balance en cuivre.

Bassin. Diamètre au rebord, 1 pied 1 pouce ; diamètre après le rebord, 1 pied ; hauteur, 4 pouces 9 lignes.

Plateau. Diamètre, 11 pouces 3 lignes... épaisseur au milieu, 1 pouce 6 lignes.

Fléau. Longueur, 2 pieds 2 pouces... longueur de la chappe, 10 pouces.

Petite Balance. (Bassins en cuivre).

Longueur du Fléau, 15 pouces.... de la chappe, 6 pouces.... diamètre des Bassins, 7 pouces... hauteur, 3 pouces.

Baril à Bourse.

Diamètre aux bouts extérieurs, 10 pouces 3 lignes... au milieu, 10 pouces 9 lignes... hauteur, 1 pied... largeur développée de la Bourse en cuir, 2 pieds 4 pouces... hauteur, 11 pouces... hauteur du Couvert de la Bourse, 1 pouce 9 lignes.

Boîte ovalisée de fer-blanc, contenant des poids de fer.

Grand diamètre, 6 pouces 3 lignes... petit diamètre, 2 pouces 4 lignes... hauteur, 5 pouces.

Cadre pour sécher les Etoupilles.

Il se replie sur lui-même, au moyen de deux charnières placées diagonalement dans les deux angles intérieurs.

Longueur, 5 pieds 1 pouce 9 lignes... largeur, 3 pieds 8 pouces 6 lignes... largeur des Côtés, 1 pouce 9 lignes... épaisseur, 1 pouce 3 lignes.

Sur l'épaisseur des longs côtés, sont 30 Chevilles saillantes, d'1 pouce de chaque côté.

Grande Chaudière à oreilles et à fond arrondi.

Diamètre supérieur, 1 pied 4 pouces 6 lignes... hauteur, 11 pouces 10 lignes... longueur des oreilles, 3 pouces.

Petite Chaudière idem.

Diamètre supérieur, 1 pied 4 pouces 6 lignes... hauteur, 11 pouces 10 lignes... longueur des oreilles, 3 pouces.

Ecumoire pour le Salpêtre. La Cuiller en cuivre.

Diamètre de la Cuiller, 6 pouces... longueur de sa douille, 6 pouces 9 lignes... longueur du manche, 2 pieds.

Grande Gamelle qui en contient 3 autres successivement diminuées d'1 pouce de diamètre et de 3 lignes de profondeur.

Diamètre supérieur, 1 pied 3 pouces... diamètre inférieur, 7 pouces... hauteur, 5 pouces.

Les Maillets à poignée sont de dimensions arbitraires.

Double Marmite à colle.

Diamètre de la grande, 9 pouces... (cylindrique arrondie en bas). Sa profondeur, 6 pouces 9 lignes... Son élévation, pieds compris, 8 pouces... L'oreille de l'anse est par côté en dehors.

La Petite se termine en tulipe. Diamètre au haut, 9 pouces... au milieu, 6 pouces 8 lignes... Sa hauteur, 5 pouces 3 lignes. Elle n'a point de pied, l'oreille de l'anse est en dessus.

Masse pour battre la Poudre.

Diamètre de la Masse aux bouts, 7 pouces... au milieu, 7 pou. 6 lignes... hauteur, 9 pouces... diamètre du manche au petit bout, 1 pouce 3 lignes... au grand bout, 1 pouce 9 lignes... longueur, 24 pouces.

Mortier en bronze avec 2 poignées dans le milieu.

Diamètre supérieur, 9 pouces 6 lignes... diamètre inférieur, 8 pouces 3 lignes... diamètre au milieu, 6 pouces 2 lignes... diamètre à 2 pouces du haut, 8 pouces... hauteur totale, 9 pouces 6 lignes... profondeur, 8 pouces.

Son Pilon de fer en Tulipes inégales par les 2 bouts... hauteur, 1 pied 4 pouces... diamètre au bout du haut, 1 pouce 10 lignes... diamètre du cylindre, 1 pouce 3 lignes... diamètre au gros bout, 2 pouces 9 lignes.

Sac de Cuir pour battre la Poudre. L'entrée est cylindrique, puis une partie conique joint celle-ci à une partie sphérique.

Diamètre de la cylindrique, 6 pouces 10 lignes... de la sphérique, 7 pouces 4 lignes... hauteur totale, 2 pieds 1 pouce... de la partie cylindrique, 15 pouces... de la partie conique, 3 pouces... de la sphérique, 1 pied.

Spatule en fer pour remuer le Salpêtre.

La cuiller est ovale. Le grand diamètre a 11 pouces 6 lignes, le petit 5 pouces 3 lignes... longueur de la douille, 4 pouces en dehors de la cuiller, et 2 en dedans... longueur du manche, 3 pieds 6 pouces.

Table à mêler les Compositions. A Coins arrondis, à Trape au milieu de la longueur d'un côté.

Longueur, 2 pieds 3 pouces 9 lignes... largeur, 1 pied 11 pouces 1 ligne... épaisseur du Madrier de la Table, 1 pouce... hauteur des Rebords, 2 pouces au-dessus de la Table... longueur de la Trape, 4 pouces... Rayon de l'arrondissement des Coins, 3 pouces 6 lignes.

Tonne contenant les 4 Tamis, cerclée de 4 Cercles en fer, de 15 lignes de largeur.

Diamètre aux bouts, 1 pied 3 pouces 4 lignes... au milieu, 1 pied 4 pouces 4 lignes... hauteur, 2 pieds 3 pouces... Son Couvercle cerclé *idem* a de diamètre 1 pied 3 pouces 5 lignes... Sa hauteur est de 2 pouces... il y a 2 poignées en fer.

Trépied en fer.

Diamètre supérieur, 1 pied 4 pouces 6 lignes... hauteur, 10 pouces... largeur des pieds et du cercle, 1 pouce 2 lignes.

NOTES.

(a) Machine à carreler les Sabots.

Cette Machine est une pièce de bois percée de 4 trous pour laisser passer les Sabots. Ces trous ont 4 pointes, chacune répondant à l'extrémité de deux diamètres perpendiculaires l'un à l'autre. Ces trous inégaux ont de diamètre 4 pouces... 5 pouces 6 lignes... 2 pouces 9 lignes... et 3 pouces 3 lignes 3 points... c'est le diamètre du Sabot des pièces de 12, de 8, de 4, et de 6.

On passe le Sabot de force par ces trous, et les 4 pointes y marquent 4 rainures.

Cette pièce de bois est entaillée pour recevoir les Sabots qui y sont fixés par le moyen d'un coin appelé clef. Une rainure, qui traverse ces entailles vers un bord, sert à guider un guillaume à joue, qui, en passant, trace sur le Sabot la rainure qu'il doit avoir pour recevoir les 2 bandelettes de fer-blanc qui l'unissent au Sabot.

Il y a 3 guillaumes : un pour carreler les Sabots de 12 et de 8, un pour ceux de 4, et le troisième pour carreler ceux de 6.

CHARGEMENT DU CAISSON D'OUTILS TRANCHANS.

Le Caisson qu'on appelle en général Caisson de Parc, et que suivant son Chargement on appelle Caisson d'Outils, Caisson d'Artifices, peut être aussi approvisionné en Outils tranchans. Il contient alors 200 Haches et 400 Serpes.

Les Haches sont brelées au moyen de deux cordages et de crochets placés contre les côtés du Caisson à différentes hauteurs auxquels on arrête ces cordages par un bout.

On les place sur deux rangs entrelaçant leurs manches, le plat des Haches l'un sur l'autre, le tranchant du même côté, hors celle du bout contre le côté du Caisson qui s'y appuie de sa tête et dont le tranchant regarde les autres : le bout des manches de chaque rang doit être contre le derrière des têtes de l'autre rang. Ces 2 rangs forment une 1re. couche. On forme de même les suivantes en commençant alternativement de chaque côté jusques au bout du côté des Caissons, ce qui forme une 1re. division de haches, qui en contient 82. On en forme une 2e. du même nombre.

Les Serpes sont contenues par des liteaux ou traverses qui sont retenues par les mentonnets de deux montans fixés contre les côtés du Caisson. Il y a 12 traverses, sous chacune desquelles on place 28 Serpes, 14 sur chaque rang. Les lames à plat, l'une sur l'autre ; les tranchans se regardant de 2 en 2, et s'entrelaçant avec celles du vis-à-vis dans chaque couche. Les traverses appuient sur le milieu des Serpes. Par ce moyen on place 336 Serpes.

Ce Chargement du Caisson serait alors du poids de 1500.

Si l'on veut lui faire contenir les 200 haches et les 400 Serpes, il ne faut plus mettre de traverses ; et elles sont très-utiles pour empêcher le balottement des Serpes. Alors on place 200 Serpes, les manches croisés sur les fers, ce qui forme une 1re. division ; on en fait une 2e. de même, et elles aboutissent à 5 pouces du bord supérieur des côtés du Caisson. Sur cet espace restant, on place 36 Haches qui, avec les 164 déjà placées, font le complet des Haches.

Mais ce Chargement excède le poids de 1800 livres, ce qui est trop lourd. A mesure qu'on prend des Serpes, elles balottent, ce qui est vicieux et détruit les Outils et le Caisson.

APPROVISIONNEMENT

DES FORGES.

APPROVISIONNEMENT DES FORGES DES ÉQUIPAGES DE CAMPAGNE.

55 livres environ de charbon de terre, dans la Caisse à charbon.
 1 Bigorne et son bloc portés sur l'âtre.
 1 Seau accroché derrière l'épar.

Approvisionnement du Coffre fixé derrière la Forge.
Outils de Forge.

 4 Chasses... 2 carrées et 2 rondes.
 1 Clef d'écrou à 2 fourches ; un des bouts de 20 lignes, l'autre
    de 15 lignes.
 4 Ciseaux à froid.
 4 Clouyères pour clous de bandes, 1 de chaque numéro, B, C,
    D, E.
11 Clouyères pour clous d'applicage, 1 de chaque numéro, 1, 3,
    5, 6, 8, 10, 12, 13, 23, 27, 28.
 1 Diable.
 2 Étampes, 1 pour percer les bandes, et 1 pour étamper ces
    bandes.
 2 Limes de 1 au paquet, dont 1 plate et l'autre demi-ronde, et
    1 rape à chaud demi-ronde.
 1 Marteau-à-devant à panne, d'équerre sur le manche.
 1 Marteau-à-devant à panne, dans le sens du manche, dit traverse.
 2 Marteaux à main.
 1 Marteau à panne fendue.
 1 Marteau, dit Rivoir.
 1 Mouillette.
 1 Palette.
 1 Perçoir, ou virole de 3 pouces de hauteur, non soudée.
 4 Poinçons emmanchés, 2 ronds, 1 carré, 1 plat.
 4 Poinçons à main, de 8 pouces de longueur, à 8 pans, dont
    2 ronds, et 2 carrés.

1 Ratissette ou crochet.
3 Tenailles droites.
1 — à Crochets droits , dont une mâchoire recourbée.
1 — à Boulons.
1 — ronde pour liens.
2 — à embattre, de 32 pouces de longueur totale , en crochet
    pour le bout des bandes.
1 — pour *idem*... longueur *idem*... pour le milieu des bandes.
1 Tisonnier.
5 Tranches : 2 à froid , 2 à chaud , 1 à gouge.
2 Tricoises : 1 grosse , 1 ordinaire.

Approvisionnement en Pièces de rechange.

4 Bandes à fourche.

28 Clavettes doubles.
{
du numéro 2 . . . . . . 4.
du numéro 3 . . . . . 6.
du numéro 4 . . . . . 6.
du numéro 5 . . . . . 12.

(1000 Clous d'applicage)
{
de chaque numéro 1 et 3... 100.
de chaque numéro 5 et 6... 200.
du numéro 8. . . . . . . 100.
du numéro 10. . . . . . 200.
du numéro 25. . . . . . 100.

100 Caboches 1 tiers de chaque n°.

600 Clous de bandes de roues.
{
de chaque numéro B. et C... 100.
de chaque numéro D. et E... 200.

10 Crampons de boîtes.
{
du numéro 2. . . . . 4.
du numéro 3. . . . . 6.

18 Esses d'essieu, 6 de 12 et 8... 6 de 4... 6 porte-roues.
24 Flottes à crochet , 4 de 12... 4 de 8... 4 de 4... 2 d'obusiers
    de 6 pouces.
20 Liens doubles de jantes et leurs chevillettes à raison de
    2 pour chaque lien , dont :

A plier au feu.
{
2 d'affûts de 12 et d'obusier.
2 — de 8.
4 — de 4 , de chariot et de caissons.
8 d'avant-train de 12 , 8 de chariot et de
    caissons.
4 d'avant-train de 4.

20 Liens doubles de jantes , etc. mois des mêmes espèces qu'on
vient de désigner.

4o Liens simples de jantes et leurs, etc. autant de chaque espèce que les doubles, soit mols, soit à plier au feu.

28 Liens mols et leurs Chevillettes, à raison de 2 pour chaque lien, dont :
- 4 de flèche de caisson à munitions.
- 6 de rais d'affût de 12, 8, de chariot et caisson.
- 6 de rais d'affût de 4.
- 6 de rais d'avant-train de 12, de 8, de chariot et de caissons.
- 6 de rais d'avant-train de 4.

8 Rondelles de bout d'essieu d'avant-trains de 12, 8 et 4.

7 Barres de fer de 32 pouces de longueur, dont :

Numéro du fer.

1 A. 23. Pour bandes de roues de 12 et d'obusiers.
1 A. 19. Pour bandes de roues de 8.
1 A. 22. Pour bandes de roues de 4, chariot et caissons.
1 A. 27. Pour bandes de roues d'avant-train de 4.
1 C. 7.
1 C. 9. } Pour Boulons.
1 C. 11.

APPROVISIONNEMENT DU COFFRET MOBILE *logé entre les Brancards sur le devant de la Forge, contenant les Outils de Serrurier, et quelques Pièces de rechange.*

Outils de Serrurier.

1 Clef d'écrou à 2 fourches, dont un des bouts de 20 lignes, l'autre de 15 lignes.

1 Etau de 5o livres et de 36 pouces de hauteur totale. Voyez page 77.

1 Filière percée de 4 trous, dont un à 7 lignes, 1 à 6, 1 à 4 lignes et demie de diamètre.

5 Limes : 1 carreau d'un au paquet, 2 plates de 2 au paquet, 2 demi-rondes de 2 au paquet.

2 Limes triangulaires : 1 d'une au paquet, 1 de 2 au paquet.

2 Limes triangulaires, *dites tiers-points* d'Angleterre, dont 1 de 4 pouces, et 1 de 6 pouces.

2 Marteaux dit Rivoirs.

6 Tarauds pour écrous : dont un de chaque n°. 7, 8, et 2 de chaque n°. 9, 10.

2 Tenailles... 1 à chanfrein... 1 à vis.

1 Tourne à gauche.

1 Pied de biche.
1 Ciseau à froid.
1 Poinçon plat.
2 Poinçons ronds... 1 grand... 1 petit.
1 Pointeau pour marquer l'emplacement des trous.
1 Compas de 6 pouces.
1 Pointe à tracer.

Pièces de Rechange.

12 Clavettes de susbandes avec chaînettes, dont
{ 2 de 12.
2 de 8.
8 de 4.

1700 Clous d'applicage.
{ de chacun des numéros 12 et 27. . 600.
du numéro 13. . . . . 400.
du numéro 28. . . . . 100.

200 Clous étamés.

46 Ecrous de Boulons.
{ 6 de chacun des numéros 4, 5, 6.
8 de chacun des numéros 7, 8.
6 de chacun des numéros 9, 10.

Calibres et Profils.

1 Calibre dont les divisions varient d'une demi-ligne , depuis 1 demie jusqu'à 7 et demie : et d'une ligne depuis 8 lignes jusqu'à 24. Il est percé , dans le milieu , de trous des diamètres de 4 et demie , 5 , 6 , 7 , 8 , 9 , 10 et 12 lignes.
1 Equerre de fer.
1 Peigne à vérifier les tarauds.
1 Pied-de-roi en fer.
1 Profil de chacune des susbandes développées de 12 , 8 , 4 , d'obusiers de 6 pouces et de 24.

Menus Approvisionnemens.

10 Livres d'Acier.
3 Sacs à terre.
1 Bidon pour l'huile.

APPROVISIONNEMENT DES FORGES *dans les Equipages de Pont de Bateaux.*

L'Approvisionnement *de la Forge* est le même que celui de l'Equipage des Pièces de campagne.

L'Approvisionnement *du Coffre de derrière* est aussi le même, jusqu'aux

Pièces de Rechange.

  4 Bandes à fourche.

24 Clavettes doubles, dont 6 de chacun des nᵒˢ. 1, 2, et 12 du nᵒ. 4.

850 Clous d'ap- {   50 du numéro 2,
plicage.   200 de chacun des numéros 5, 7, 10,
               100 de chacun des numéros 12, 23.

100 Caboches dont 2 tiers du nᵒ. 1.

300 Clous de bandes de roues dont 100 de chacun des nᵒˢ. B, C, D.

 10 Crampons de boîte ; 6 du nᵒ. 2, et 4 du nᵒ. 3.

24 Esses d'essieu : 6 de chacun des nᵒˢ. 2, 3, 4 et 5.

18 Esses de flèche : 6 de chaque nᵒ. 1, 2 et 4.

12 Liens doubles de jantes et leurs Chevillettes, à raison de 2 par Liens : 4 de chaque nᵒ. 3, 4, 5. Ces Liens doubles sont des Liens mols, il en faut le même nombre à plier au feu.

12 Liens simples de jantes, et leurs, etc. mêmes nᵒˢ. et même quantité que les doubles, soit mols, soit à plier au feu.

  4 Liens mols et leurs, etc. de flèche nᵒ. 7.

24 Liens mols de rais et leurs, etc. 6 de chaque nᵒ. 9, 10, 11, 12.

14 Rondelles de bout d'essieu : 4 de chaque nᵒ. 3 et 8... 2 de chaque nᵒ. 4, 5, 6.

Barres de fer de 32 pouces de long, dont,

Numéro du fer.

1 A. 17. Pour bandes de roues de haquet à bateau.

1 A. 19. Pour bandes de roues de haquet à nacelle.

1 A. 22. Pour bandes de roues de chariot,

1 C. 7. }
1 C. 9. } Pour Boulons.
1 C. 11. }

L'Approvisionnement du *Coffret mobile* de devant est le même jusqu'aux

Pièces de Rechange.

1400 Clous d'applicage : 100 de chaque n°. 13 et 28... 600 de chaque n°. 23 et 27.
  40 Ecrous : il en faut 6 de chacun des n°s. 5 , 6 , 9 , 10, et 8 de chaque n°. 7 et 8.
   1 Calibre pareil à celui décrit ci-devant.
   1 Equerre de fer.
   1 Peigne à vérifier les tarauds.
   1 Pied-de-roi en fer.

Menus Approvisionnemens.

  10 Livres d'acier.
   3 Sacs à terre.
   1 Bidon pour l'huile.

NOTE SUR LA PEINTURE DES ATTIRAILS, etc.

C'est avec l'huile de lin, moins chère que celle de noix, qu'on prépare les couleurs.

Pour la rendre plus dessicative , on fait bouillir cette huile pendant 3 heures , *ou jusqu'à ce que l'écume ait disparu* , à petit feu, en y tenant suspendu dans un linge , 2 onces de litharge d'or *rouge*, à 8 *sols la livre* , et 1 once de couperose blanche *à* 30 *sols la livre* , par pot. Cette litharge et cette couperose se mettent en une espèce de pierre , dont on peut mêler encore dans les couleurs pour les faire sécher dans les 24 heures.

La Couleur olive se fait avec de l'ocre jaune et du noir , à la nuance qu'on veut ; elle est ordinairement faite de 5 livres d'ocre jaune , et d'une demi-once de noir de fumée.

Le Noir des Ferrures se fait avec le même noir de fumée , auquel on a joint un peu d'ocre pour lui donner de la consistance... Il faut 2 livres et demie pour une livre de noir (1).

Le Rouge avec de l'ocre rouge.

Le Blanc avec de la céruse.

On met 2 Couches sur tous les attirails. On met une couche sur tout pour avoir plutôt fait , et on met ensuite une seule couche noire sur les ferrures. La première Couche doit être très-claire.

____

(1) Si le noir est gras , il faut 4 livres d'huile pour 1 livre de noir , et cette quantité de couleur suffit pour 18 couverts de caisson.

DÉTAILS *sur la Peinture des Attirails d'Artillerie.*

On peut compter sur l'exactitude de ces détails ; ils ont été faits avec soin et intelligence par Labolle, officier d'ouvriers.

Composition et Prix des Couleurs pour faire un Pâté Olive. (Nᵒ. 1.) (*Paris, an 9.*)

Quantité de livres.		ESPÈCES.	Prix de la livre.		Somme.	
liv.	onc.		francs.	cent.	francs.	cent.
36	»	D'ocre jaune.	0,	12	4,	32
3	»	De noir de charbon fin. . . .	0,	30	0,	90
1	8	De litharge.	0,	60	0,	90
20	»	Huile de lin.	0,	75	15,	»
		3 journées d'un homme pour le broyage, à 3 francs par				
60	8	jour.	Total. . .		21,	12

La composition étant finie, la livre coûte 0, 50 centimes.

Composition du Noir pour la première couche des Ferrures. (Nᵒ. 2).

Quantité de livres.		ESPÈCES.	Prix de la livre.		Somme.	
liv.	onc.		francs.	cent.	francs.	cent.
2	8	De noir de charbon fin. . . .	0,	30	0,	75
2	»	D'huile de lin..	0,	75	1,	50
»	2	De litharge.	0,	60	0,	075
		Trois heures d'un homme employé pour le broyage, par heure..	0,	30	0,	90
4	10	Total. .			3	225

La livre revient à (,697) environ 7 centimes.

Composition de l'Huile cuite. (N°. 3).

Quantité de livres.		ESPÈCES.	Prix de la livre.		Somme.	
liv.	onc.		francs.	cent.	francs.	cent.
12	»	D'huile de lin..	0,	75	9,	»
1	»	De terre d'ombre..	0,	30	0,	30
»	10	De litharge.	0,	60	0,	45
20	»	De copeaux pour la cuisson. .	0,	60	0,	60
33	10	Total. . .			10,	35

La livre revient environ, mais pas tout à fait, à 0,76 centimes.

Composition pour la première couche des Ferrures prêtes à être employées. (N°. 4).

Quantité de livres.		ESPÈCES.	Prix de la livre.		Somme.	
liv.	onc.		francs.	cent.	francs.	cent.
1	8	Du composé n°. 2..	0,	70	1,	05
1	»	Du composé n°. 1..	0,	50	0,	50
1	»	D'essence de thérébentine.. .	0,	625	0,	625
3	8	Total. . .			2,	175

La livre revient à (0,621) 62 centimes environ.

Composition de la deuxième couche en Noir pour les Ferrures prêtes à être employées. (N°. 5).

Quantité de livres.		ESPÈCES.	Prix de la livre.		Somme.	
liv.	onc.		franc.	cent.	franc.	cent.
0	4	De noir de fumée très-fin. . .	5,	»	1,	25
1	14	D'huile cuite.	0,	76	1,	425
1	4	D'essence de thérébentine.. .	0,	625	0,	881
3	6	Total. . .			3,	556

La livre revient à 1 franc 05 centimes.

Composition de la première couche Olive prête à être employée. (N°. 6).

Quantité de livres.		ESPÈCES.	Prix de la livre.		Somme.	
liv.	onc.		franc.	cent.	franc.	cent.
14	»	De couleur n°. 1.	o,	5o	7,	»
7	9	D'essence de térébenth. pour délayer.	o,	625	4,	76
21	9	Total. . .			11,	76

La livre revient à 0,54 centimes.

Composition de la deuxième couche Olive prête à être employée. (N°. 7).

Quantité de livres.		ESPÈCES.	Prix de la livre.		Somme.	
liv.	onc.		francs.	cent.	francs.	cent.
2	8	D'huile cuite.	o,	76	1,	9o
12	»	Du composé n°. 1..	o,	5o	6,	
1	4	D'huile de lin.	o,	75	o,	93
4	8	D'essence de térébenthine.. .	o,	625	2,	81
20	4	Total. . .			11,	64

La livre revient à (0,574), 57 centimes.

Tems d'un homme, et Couleurs nécessaires pour peindre un Caisson.

	Prix de la liv. et du tems.	Sommes.	Totaux.
Première Couche Olive.	fr. cent.	fr. cent.	fr. cent.
Couleur n°. 6, 6 liv. 7 onces ½ à. .	0, 54	3, 56	} 4, 63
Tems d'un homme 3 heur. 15 min..	0, 30	0, 97	
Deuxième Couche Olive.			
Couleur n°. 7, 2 liv. 12 onces à.. .	0, 57	1, 56	} 2, 19
Tems d'un homme, 2 heur. 7 min.	0, 30	0, 63	
Première Couche des Ferrures.			
Couleur n°. 4, 11 onces à..	0, 62	0, 42	} 1, 77
Tems d'un homme, 1 heure 11 m. ¼.	0, 30	0, 35	
Deuxième Couche des Ferrures.			
Couleur n°. 5, 8 onces et demie à..	1, 05	0, 53	} 1, 20
Tems d'un homme, 2 heur. 15 min.	0, 30	0, 67	
Dépense pour 1 Caisson.			9, 79

Tems d'un homme, et Couleurs nécessaires pour peindre un Chariot à munitions.

	Prix de la liv. et du tems.	Sommes.	Totaux.
Première Couche Olive.	fr. cent.	fr. cent.	fr. cent.
Couleur n°. 6, 9 l. 13 onc. et demi à.	0, 54	5, 30	} 6, 80
Tems d'un homme, 5 heures à. . .	0, 30	1, 50	
Deuxième Couche Olive.			
Couleur n°. 7, 3 livres 4 onces à. .	0, 57	1, 85	} 2, 60
Tems employé, 2 heures 30 min. à.	0, 30	0, 75	
Première Couche des Ferrures.			
Couleur n°. 4, 4 onces à.	0, 62	0, 15	} 0, 22
Tems employé, 15 minutes à. . . .	0, 30	0, 07	
Deuxième Couche des Ferrures.			
Couleur n°. 5, 4 onces à.	1, 05	0, 26	} 0, 71
Tems employé, 1 heure 30 min. à. .	0, 30	0, 45	
Dépense pour 1 Chariot à munitions.			10, 33

*Frais pour repeindre un Caisson dont la Peinture était
très-usée.*

	Prix de la liv. et du tems.	Sommes.	Totaux.
Une Couche Olive.	fr. cent.	fr. cent.	fr. cent
Couleur n°. 6, 6 liv 6 onc. à . . .	0, 54	3, 44	} 4, 64
Tems employé, 4 heures à	0, 30	1, 20	
Une Couche de Noir pour les Ferrures.			
Couleur n°. 5, 1 livre à	1, 05	1, 05	} 1, 87
Tems employé, 2 heur. 45 min. à.	0, 30	0, 82	

Frais pour repeindre 1 Caisson. 6, 51

*Frais pour repeindre un Chariot dont la Peinture était
moins usée que celle du Caisson.*

	Prix de la liv. et du tems.	Sommes.	Totaux.
Une Couche olive.	fr. cent.	fr. cent.	fr. cent.
Couleur n°. 6, 7 liv. 8 onc. à . . .	0, 54	4, 05	} 5, 25
Tems employé, 4 heures à	0, 30	1, 20	
Une Couche de Noir pour les Ferrures.			
Couleur n°. 5, 4 onces à	1, 05	0, 24	} 0, 75
Tems employé, 1 heure 45 min. à.	0, 30	0, 51	

Frais pour repeindre un Chariot 6   »

Pour les affûts à une seule Couche, il faut :	En couleur (dont $\frac{1}{9}$ noire environ), huile ou essence.	Heures pour les peindre.
	livres.	heures.
A l'affût de 4 (celui-ci à 2 couches).	8 $\frac{3}{4}$ *	10
Aux autres de campagne, 1 liv. à $\frac{3}{4}$ de plus.		
— de siége, avec son avant-train.	7	10
— de place de 24, avec chassis et coin.	9	12
— de côte de 24, grand et petit chassis. . . .	11	15
— à mortier en bois, avec coins.	2 $\frac{1}{2}$	4
— à mortier à flasques de fer et coins.	1 $\frac{1}{2}$	2

On doit peindre les canons de fer de côte, durant la paix, afin de les conserver ; on le fait avec une couleur noire au goudron : à l'huile elle vaut mieux, parce qu'elle ne s'en va pas en écailles, et il en faut moins ; mais elle est plus chère. Au goudron, en l'an 9, à Toulon, elle coûtait 0,42 la liv.

Pour la pièce {
de 36 il faut 14 onc. couleur, et 30 min. pour la peindre.
de 24 . . . 12 28
de 18 . . . 11 24
de 12 . . . 9 20

NOTA. Si on faisait peindre par un entrepreneur, il faudrait y ajouter son profit et les faux frais pour brosses, pierre à broyage, pots, etc. ; ce qu'on peut évaluer à 15 ou 18 pour 100.

On ajoute dans ce mode de peinture des Attirails, à ce qui se pratique d'ordinaire dans les arsenaux, l'essence de thérébentine : elle aide à la dessiccation ; mais dans le beau tems on peut supprimer ce luxe.

---

* Cette dépense est d'environ 8 francs : en 1770 elle coûtait 6 livres.

EXAMEN DES VOITURES AVANT DE PARTIR POUR UNE ROUTE.

Les Roues.

1°. Avec une massette frappez sur chaque rai : le son désigne s'il est fendu.

2°. Examinez le rai à la patte et à la broche : si l'épaulement ne porte pas sur le moyeu ou sur la jante, la roue a besoin d'être châtrée. Il faut une demi-heure à deux ouvriers, l'un en bois et l'autre en fer, pour le faire, lorsqu'ils sont outillés et sans gêne.

3°. Sondez avec une pointe à tracer, le bois du moyeu vers les rais, et des rais vers le moyeu ; c'est là que l'eau séjournant pourrit le bois. Si la pointe entre, enlevez un peu de bois d'un coup de ciseau pour voir s'il est sain.

4°. Frappez sur les cordons pour voir s'ils joignent ou sont cassés ; observez si les caboches ne sont pas trop enfoncées, de peur que le moyeu, en se retirant, ne permette aux frettes et cordons de passer par dessus ces caboches et de se perdre.

5°. Observez si la roue a 3 lignes à la jonction extérieure des jantes (c'est ce qu'on nomme le déjour); si elles n'y sont pas, c'est une annonce qu'il faut les châtrer bientôt.

6°. Observez si les jantes à la jonction intérieure n'ont pas des talons de bois qui, fendus, soient prêts à sauter; s'il s'en trouve, on peut les retenir avec un lien mol ; mais il faut changer la jante en arrivant.

(Un ouvrier, avec un fer d'échantillon convenable, fait 4 liens de rai par heure, ou 2 de jantes.)

7°. Observez si les bandes joignent la jante : s'il y a du jour, la bande, en appuyant, fait ressort, les clous jouent dans leur logement, la bande tombe. Frappez sur les bandes pour connaître si les jantes sont pourries ; si elles le sont, la bande se détache de la jante. L'eau filtre sous la bande, particulièrement à l'endroit des clous, et pourrit la jante dans son milieu.

8°. Examinez si les boîtes battent dans le moyeu.

Le Corps de Voiture.

9°. Examinez et sondez les bois ; par-tout où ils sont assemblés, dans la partie horisontale, vers l'épaulement du tenon ; l'eau y séjourne et le pourrit. Les armons sur-tout, étant toujours dans cette position, périssent les premiers. Entretoises *idem*, etc., Essieux de bois vers l'épaulement, à la naissance de la fusée, *idem*.

10°. Observez si toutes les clavettes, chaînettes, rondelles, flottes, etc., et les lanières qui arrêtent quelques-unes de ces parties, y sont.

11°. Examinez si l'armement et l'assortiment des pièces se trouvent à leur place.

12°. Dans les Caissons, examinez si les côtés ne se séparent pas des brancards ; faites calfater la fente, et recouvrez-la d'un liteau pour empêcher la poudre de tamiser. (Ce moyen employé est vicieux, car on ne fait que masquer le danger.)

13°. Vérifiez s'il y a des tampons de bois sur les têtes des boulons dans l'intérieur du caisson ; si les clous du côté du corps ne pénètrent point dans l'intérieur. Assurez-vous que le trou dans le lisoir pour la cheville ouvrière, a son évasement dans le haut ; voyez s'il y a des rivets à ce lisoir (1).

Remarquez si les chaînons de toutes les chaînes sont soudés.

14°. Examinez, mais par un beau tems, le chargement intérieur des Caissons, et si l'Assortiment extérieur est complet.

----

(1) Le Lisoir du caisson étant trop faible, on y a ajouté de chaque côté de l'entaille, à 1 pouce environ, 1 rivet pour le fortifier ; cette innovation doit être suivie parce qu'elle n'influe en rien sur les autres parties, et qu'elle est bonne, à moins qu'on ne renforce ce lisoir en faisant mieux.

NOTES SUR L'ARRANGEMENT DES VOITURES , etc.
D'ARTILLERIE DANS LES MAGASINS.

Quand ces Voitures ne seront pas sur des planchers , il faudra faire porter les roues sur des madriers , et les autres parties qui toucheroient le sol, sur des chantiers.

Affûts de Siége.

Otez les avant-trains.

Placez le premier Affût, sa longueur dans le sens de la longueur de l'espace à occuper, et la tête de l'Affût tout-à-fait à une des extrémités de cet espace ; faites entrer le second Affût, la crosse la première , en la soulevant , dans le rouage du premier du côté de sa crosse , jusqu'à ce que les roues touchent les essieux ; faites porter la crosse du second Affût sur le haut des flasques du premier , et rapprochez les roues autant qu'on pourra.

Faites entrer le troisième Affût la crosse la première , en la soulevant dans le rouage du second : faites porter cette Crosse sur la tête d'Affût du second , et appliquez roue contre roue , ainsi de suite.

Observez de mettre alternativement dans chaque côté une roue en dedans et une roue en dehors ; par exemple, si dans la file droite , le premier Affût a la roue en dehors , tous les Affûts impairs l'auront de même , et tous les Affûts pairs l'auront en dedans.

Pour les *Avant-trains.* Otez les roues; placez les bras de limonière à côté les uns des autres : placez-en autant vis-à-vis , les bras de ceux-ci entrelacés avec les premiers : faites ainsi 3 à 4 lits, et placez les roues debout entre les bras de limonières , ou sur les côtés.

Affûts de Campagne.

Ces Affûts s'emmagasinent comme ceux de Siége.

Pour les *Avant-trains. En général, dans tous les avant-trains à timon, on ôte les volées de bout de timon , et on les engerbe ensemble...* Otez les volées de bout de timon , les coffrets et les roues.

Placez 2 avant-trains à plat, vis-à-vis l'un de l'autre , les timons entrelacés , leurs bouts aboutissant contre la cheville ouvrière. Placez à plat , sur chaque avant-train , derrière la sellette , une roue , le petit bout du moyeu en bas, la cheville ouvrière passant entre deux rais.

Faites à côté une disposition semblable, si le terrain le permet.

Sur ce premier lit d'Avant-train faites-en un second de même, en observant de faire porter le dessous de la sassoire des Avant-trains du second lit, sur le gros bout du moyeu de la roue, qu'on vient de placer derrière la sellette de chaque Avant-train du premier lit.

On fera de même un troisième lit et on n'engerbera pas plus haut, s'il est possible. Placez sur les côtés le restant des roues.

Pour les *Leviers.* Placez-les en treillage, alternant, dans chaque lit, le gros bout et le petit bout.

Pour les *Coffrets.* Placez-les à côté les uns des autres portant à terre par leurs bras.

Nota. Ce qu'on vient de dire sur les Avant-trains convient parfaitement à l'Avant-train de 4; mais celui de 12 n'ayant pas une sassoire semblable, cet engerbement n'est pas aussi solide, et on est obligé de mettre des cales sous les roues pour l'affermir.

Affûts d'Obusiers.

Les *Affûts* se disposent comme les Affûts de campagne.

Les *Avan-ttrains* d'obusiers de 8 pouces comme les Avant-trains de siége.

Les *Avant-trains* d'obusiers de 6 pouces, comme les Avant-trains des pièces de 12.

Affûts de Place.

Otez les roues.

Placez le devant de l'Affût en bas, la roulette en haut et en dehors, les bouts d'essieu appuyant contre les flasques l'un de l'autre et se touchant. Placez debout une partie des roues appuyées contre les flasques et soutenues par ces bouts d'essieu : l'autre partie des roues se met à plat par-dessus les flasques ainsi rangés sur plusieurs lignes.

Pour les Chassis. Faites un lit de Chassis placés dans leur situation naturelle les uns contre les autres. Faites un second lit par dessus, en renversant les Chassis de ce lit, l'auget en bas portant entre deux Chassis du premier lit. Soutenez les semelles, en plaçant sous elle les coussinets d'auget.

Affûts de Côte.

Leur arrangement est semblable à celui des Affûts de place et est même plus simple.

On engerbera séparément les grands et les petits Chassis.

Chariots à Canon.

On les place ordinairement à côté et à la file les uns des autres, dans leur situation ordinaire. On pourrait cependant en ôter les roues qu'on mettrait ensemble et engerber les corps de Chariot sur 3 ou 4 de hauteur.

Chariots à Munitions.

Otez les Avant-trains , qu'on dispose , etc.
Engerbez les corps des Chariots dans leur sens naturel sur 4 de hauteur , mais pas au-delà.
Placez les roues debout les unes contre les autres.

Caissons à Munitions.

Otez les Avant-trains qu'on engerbe comme les Avant-trains d'affût.
Otez les grandes roues , placez-les debout appuyant l'une sur l'autre.
Adossez les Caissons contre un mur , légèrement inclinés , et vous les mettrez sur plusieurs rangs, dont la première file sera de Caissons , montrant leur couvert , le derrière du Caisson en bas ; et la seconde file montrant le dessous des Caissons , le devant du Caisson en bas , l'essieu de derrière par conséquent en haut, appuyant sur le dessus des Caissons voisins : on alternera ainsi les files.

Pontons, et leurs Haquets.

(Pour ceux qui restent).

Placez un Ponton sur 2 chantiers ; placez un autre Ponton renversé sur celui-ci , les plats-bords contre les plats-bords.
Pour les *Haquets* , ôtez les avant-trains ; engerbez-les comme les avant-trains d'affût... ôtez les grandes roues : placez les brancards dans leur sens naturel l'un sur l'autre, et ne les engerbez qu'à trois de hauteur. Placez les roues dans les vides que laissent les brancards entre eux , à cause de l'élévation des tasseaux.

Bateaux, Nacelles et leurs Haquets.

Engerbez dans leur sens naturel les bateaux à 2 de hauteur , et les Nacelles à trois , en observant de placer entre eux des chantiers pour les soutenir , et partager le poids sur le Bateau ou la Nacelle qui se trouve dessous.

Pour les *Haquets* ; ôtez les roues, ôtez l'assemblage du timon de ses armons et de la sassoire. Otez les esses de flèche pour la séparer de ses empanons.

Placez le timon , tenant au timon et à la sassoire , dans le sens de la longueur de l'espace à occuper. Placez le devant du haquet, auquel est unie la flèche , sur le timon , la flèche dans le même sens que ce timon , les ranchets en bas. Placez en dessus la partie des empanons renversée, l'essieu parallèlement à la flèche. Faites à côté un arrangement tout semblable, en sorte que les essieux soient en dehors des flèches et des timons. Arrangez de même vis-à-vis 2 Haquets , en faisant entrelacer les flèches et les timons de ceux-ci , avec ceux des 2 premiers Haquets placés. Mettez une partie des roues entre les flèches et les timons.

Faites un second lit composé de 4 Haquets sur celui qu'on vient de faire , en suivant la même disposition ; et vous aurez ainsi engerbé 8 Haquets.

Le reste des roues se mettra par dessus ou sur les côtés.

Charrettes et Camions.

On les place ordinairement à côté et à la file les uns des autres... ou on ôte les roues ; et on engerbe les corps à 3 de hauteur.

NOTES SUR LES EMBARQUEMENS D'ARTILLERIE.

S'il ne s'agit que de quelques bouches à feu à embarquer sur des bateaux, voyez les manœuvres de force.

On peut avoir à embarquer 1º. des Bouches à feu avec leurs armemens, assortimens et munitions ; 2º. un Équipage entier d'artillerie.

Dans tous les cas, ayez l'état de ce que vous devez embarquer avec une colonne assez large pour les observations.

Dans tous les cas, faites l'état du poids des objets à embarquer : demandez des bâtimens dont le port, non compris leur lest (1), soit du tiers en sus du poids total que vous avez à porter, et cela à cause du volume des attirails... s'il n'y avait que des bouches à feu et des projectiles, demandez des bâtimens d'un port égal au poids à porter.

Le port des bâtimens s'estime par tonneaux, le tonneau est de 2000 liv. pesant.

Tous les capitaines de navire ont une attestation du port de leur bâtiment : s'ils ne l'avaient pas, voici une formule de jeaugeage : multipliez les trois dimensions du bâtiment réduites en pieds l'une par l'autre ; divisez par 94, le quotient sera le nombre de tonneaux.

Préférez les bâtimens pontés à ceux qui ne le sont pas, sur-tout s'il y a des munitions à porter.

Quand vous embarquerez, n'écoutez-pas les refus des capitaines des bâtimens : ils se disent surchargés long-tems avant de l'être en effet : (sur-tout lorsqu'on les paie par voyage et non par ton-neau) ; voyez souvent si dans les arrangemens du chargement dont ils sont maîtres, ils emploient bien la capacité du navire : et demandez à la marine un homme entendu qui décide quand le chargement sera complet, et s'il est bien ordonné.

L'Artillerie à embarquer est pour un simple transport, ou pour une expédition militaire.

Pour un simple transport, chargez autant que chaque bâtiment le permettra, en mettant ensemble les objets relatifs au même calibre : afin que si un bâtiment se perd, tout reste assorti.

Si c'est pour une expédition, mettez ensemble l'Armement,

---

(1) Souvent on accorde des bâtimens qui n'ont pas de lest, et dont le port qu'on vous énonce comprend ce lest : il faut s'en expliquer avec la marine ; car, s'il y est compris, il faut en déduire le tiers pour le lest. Le fond de cale humide, ou faisant eau, endommageant à coup sûr les attirails d'Artillerie quels qu'ils soient, ne doit pas être employé, à moins d'urgence.

l'Assortiment et les Munitions de chaque bouche à feu , une par une dans chaque bâtiment , avec les voitures nécessaires à chacune pour le transport de ses munitions en tout ou en partie , lorsqu'on débarquera... Si ce sont des Bouches à feu de siége , joignez-y les outils à plate-forme , les poudres , les projectiles , les fusées chargées (comprises dans l'armement , mais répétées ici de peur d'oubli.) Les paniers et plateaux à pierriers , les gargousses , la chèvre assortie , la mèche , tous objets nécessaires à mettre ensemble avec chaque bouche à feu... On pourra et on devra quelquefois mêler les calibres dans chaque navire , même les espèces de bouches à feu , suivant les besoins à venir , qu'il faudra prévoir d'après le plan et le but de l'expédition.

Embarquez dans l'ordre qui suit :

Les Projectiles , *Bombes et Obus vides.*
Les Bouches à feu.
Les Plate-formes.
Les Affûts démontés de leurs roues , mises en dessus ou debout.
Leurs Avant-trains *idem*, ou leurs Chevrettes.
Les Voitures démontées , *idem.*
Leurs Avant-trains , *idem.*
Les Poudres , les Charbons en tonneaux.
Les Caisses à munitions de l'équipage de montagne.
Les Engins à lever et leur assortiment.
Les Caisses d'artifices , de menus achats , de fusées , de gargousses.
Les Armemens , Assortimens et Caisses contenant les ferrures qu'on ôtera des affûts et voitures en les démontant.
Les Outils à pionniers.
Les Bois de rechange.
Les Ferrures de rechange en caisses.
Les Paniers et Plateaux à pierriers.
Les Gabions-Saucissons , Sacs à terre , etc. , si on en porte , les Chevaux de frise.
Les autres Approvisionnemens du parc en caisses , barils , tonneaux , etc.

Nota. Si on voulait faire quelqu'établissement de Forge, de Boutique, etc., et qu'on crût ne point trouver de ressources, il faudrait porter du charbon de terre et de bois, des briques, des tuiles, de la chaux, du plâtre, des bois , etc., et on mettrait ces objets sur des navires séparés, à moins d'en mettre quelques-uns en lest sur les batimens chargés d'Attirails d'Artillerie.

En général , il faut mettre les premiers au fond les objets pesans : et tout ce qui est léger , facile à dégrader et d'abord nécessaire , en dessus.
Il faudra démonter les Affûts et Voitures ; mais auparavant :
Numéroter, *d'une façon durable* , les Affûts , et marquer ces

numéros sur vos états, à la colonne d'observations, *ou sur un état particulier à la fin.*

Marquer à la même colonne le nom ou le numéro des Bouches à feu, et sur quel affût *désigné par son numéro*, chacune doit être placée.

Numéroter les Voitures d'un autre numéro que les Affûts.

Numéroter chaque Avant-train du numéro de son Affût ou de sa Voiture respective.

Les Caisses de l'équipage de montagne doivent toutes être marquées au dehors, de façon qu'on puisse toujours reconnaître à quel calibre elles appartiennent, et si elles sont Caisses d'armement, d'assortiment ou à munitions.

Les Chevrettes d'affûts-traîneau doivent porter le numéro de leur affût.

Renfermer dans des caisses, calibre pour calibre, si c'est un simple transport : bouche à feu par bouche à feu, si c'est pour une expédition, les menus Armemens, comme dégorgeoirs, porte-lances, fusées, chasse-fusées; maillets, crochets-à-bombe, éclisses, fiches, spatules, tenailles de tire-fusée, fil-à-plomb, quart de cercle :

Et les menus Assortimens comme : gargoussiers, sacs à cartouches, à étoupilles et à lances, bricoles, prolonges, enrayures.

Marquer sur chaque Caisse le mot Armement ou Assortiment, (*en abréviations A R. A S.*) le calibre et le numéro de l'Affût.

Si les constructions dans chaque espèce d'Affût ou de Voiture ne sont pas exactement uniformes, *telles qu'elles se faisaient dans les 5 arsenaux primitifs avant les guerres de 1792*, numérotez d'un numéro semblable les pièces de chaque Affût ou Voiture que vous en séparerez, comme flèches, avant-trains, roues, essieux, etc.

Si vous n'embarquez pas sur chaque bâtiment des Affûts du même calibre, et que vous n'ayiez pas au débarquement, pour remonter ces Affûts, un ouvrier ou quelqu'un qui reconnaisse à quel calibre appartiennent les pièces démontées, quoique vos constructions soient uniformes, numérotez en ce cas d'un numéro semblable les pièces de chaque Affût ou Voiture que vous en séparerez, pour éviter les tâtonnemens et accélérer le remontage.

Séparez les Affûts et les Voitures de leur Avant-train.

Otez les roues des Affûts, Voitures et Avant-trains.

Otez les Essieux; mais si l'écoutille est assez grande pour qu'on puisse embarquer sans les ôter, il faut les conserver : l'opération pour les remettre étant longue, nécessitant d'avoir des ouvriers, et exposant à casser des boulons, etc., sur-tout si l'on est pressé, et qu'on ait des ouvriers mal-adroits, ce qui arrive très-souvent.

Mettez dans des caisses les Ferrures que vous ôtez, comme : esses, flotes, rondelles, écrous, boulons, clavettes, susbandes, etc. écrivez sur les caisses le mot Ferrures (*F E R.*) le calibre de l'Affût, ou l'espèce de Voiture avec son numéro, et mettez dans la même caisse une clef relative aux écrous à replacer.

NOTA. Pour les Caissons à munitions.

S'il y a des Caissons en nombre, ne permettez pas qu'on les engerbe dans le bâtiment, ni qu'on mette rien de lourd par dessus. Si vous n'ôtez pas les essieux de derrière, placez les Caissons l'un à côté de l'autre; les parties d'essieu saillantes du corps du Caisson se touchant dans toute leur longueur: puis dans chaque intervalle, placez un Caisson dont le devant joigne ces parties d'essieu jumellées, ainsi de suite.

Il faut, si l'on peut, laisser l'Essieu porte-roue; si on l'ôte, il faut retirer son étrier en le déboulonnant: ou il arrive qu'en faisant glisser le Caisson sur des rouleaux, on casse ou fausse cet étrier, ce qui empêche de pouvoir porter la roue de rechange.

Les équipages des Bâtimens sont chargés de l'embarquement et du débarquement, ce qu'ils font lestement au moyen de leurs palans, de leurs vergues, etc. Il ne faut leur fournir ordinairement que quelques rouleaux et quelques chantiers pour approcher les attirails du bord autant que l'on pourra, et faciliter le passage de la rive au bâtiment.

S'il y a plusieurs Navires et que ce soit pour une expédition, il faudra les faire numéroter en blanc avec des chiffres de 2 à 3 pieds en dehors, vers le milieu du flanc dans le haut, pour les distinguer de loin, et en noir sur une des voiles, et marquer sur l'état à la colonne d'observations le numéro de chacun, vis-à-vis chaque attirail qu'il porte, et à la fin de l'état avoir une table du nom des bâtimens, de leur capitaine, de leur port et de leur numéro respectif, pour y avoir recours au besoin.

Il faut que chaque Capitaine ait une lettre de voiture détaillée, signée du garde, et en prendre une copie signée de lui, parce qu'il est responsable des effets: et il ne faut en payer le fret que lorsqu'il aura le récépissé du garde à qui il doit remettre son chargement.

Enfin, il faut demander une escorte à la marine, si c'est en tems de guerre.

Pour débarquer ou pour transborder, l'Officier d'artillerie commandant aura recours à son état, et fera faire ces opérations suivant les besoins du service.

Si on débarque tout, suivez l'ordre contraire à celui d'embarquement.

Remontez le plus vîte que vous pourrez les Voitures qui doivent servir aux transports.

Réunissez les objets, espèces par espèces, assez loin du bord pour ne pas être embarrassé.

Si on ne transporte pas tout de suite toutes les munitions, et qu'on les réunisse en une espèce de parc, ne confondez pas les calibres , séparez bien les différens attirails , pour les transporter ensuite sans confusion lorsqu'il sera nécessaire.

Si on transborde , si on laisse des objets sur les Bâtimens, il faut les noter et en faire donner note au capitaine , pour éviter les reproches , les discussions , et faire les dispositions ultérieures.

Si le Débarquement de l'expédition devait avoir lieu en présence , ou à portée de l'ennemi , il faudra modifier le chargement relativement aux circonstances qu'on pourra prévoir , mettre les Pièces de campagne , leurs munitions , etc. , de façon à pouvoir être débarquées les premières avec le plus d'aisance possible ; ainsi que les outils à pionniers , pour pouvoir se retrancher tout de suite , ou faciliter les chemins afin d'aller en avant , ou prendre des positions protectrices : et les chevaux de frise pour se défendre contre la cavalerie.

DU PASSAGE DE L'ARTILLERIE DANS LES HAUTES MONTAGNES.

Depuis les nouvelles constructions d'Attirails d'Artillerie faites postérieurement à 1765, l'Artillerie française peut tenter avec succès les passages les plus difficiles. D'abord les affûts de campagne, sur-tout celui de 4, au moyen du tir à la prolonge, franchissent les ravins, les fossés, et marchent à l'ennemi avec les munitions des coffrets, tandis qu'avec les pelles et pioches, toujours portées à côté des caissons, on pratique des rampes pour le passage de ces caissons, et des autres voitures. Secondement la méthode qu'on a suivie, de n'assembler les flasques des affûts qu'avec des entre-toises embrevées, et le tout contenu au moyen des boulons serrés par des écrous, donne la facilité de désassembler au besoin toutes les parties en bois d'un affût quelconque et de les porter séparément, ce qui en facilite les transports et peut les faire passer par les chemins les plus impraticables.

On en a fait une assez belle épreuve en l'an 8, au passage du Grand Saint-Bernard.

Le premier Consul voulait, pour reconquérir l'Italie promptement, tomber à l'improviste sur les Autrichiens, et arriver sur eux par tous les débouchés des Alpes ; l'Artillerie pouvait passer par la plupart avec plus ou moins de peine ; mais on pensait généralement que le Grand Saint-Bernard lui opposait un obstacle insurmontable. Ce col était mal reconnu ; il importait au succès de l'opération qu'on n'y fît pas de reconnaissance, ni de travaux de pionniers ; mais le premier Consul savait tout ce que pouvait l'artillerie ; il voulut qu'elle y passât ; elle se mit en route et franchit le Grand Saint-Bernard les premiers jours de prairial.

Le général d'artillerie M**. prescrivit la marche à tenir dans cette opération ; le chef de Br. A. fut chargé de l'exécution, et il suppléa, par son activité et ses lumières, à la pénurie de moyens où il se trouva. Cette pénurie de moyens, la nouveauté de l'opération, la rapidité avec laquelle il fallait la faire, ne permirent peut-être pas de prendre tous les soins nécessaires : on tâchera, après avoir succinctement dit ce qu'il fit, et ce qu'il faudra faire encore, de joindre quelques observations qui pourront être utiles un jour à ceux qui tenteraient le même passage.

4 ou 500 paysans de ces montagnes, distribués en compagnies servirent à faire ces transports ; les demi-brigades y furent quelquefois employées. C'est à tort que quelques soldats montrèrent de la répugnance à porter l'Artillerie : le canon est autant leur arme que le fusil, et ce transport ne les ravalait pas.

Ce fut au village de Saint-Pierre qu'on démonta l'Artillerie ; les ferrures, les munitions furent enfermées dans des caisses faites à Villeneuve et à Orsières, et portées à dos de mulet. Le corps des

caissons vide et séparé de son couvert était porté par 12 hommes,
le couvert par 6, les roues, le corps d'avant-train, les timons, les
flèches, les flasques, les entre-toises par le nombre nécessaire.
Les bouches à feu furent fixées dans des billots de sapin creusés,
et tirées à bras d'hommes. Il n'y avait point de pièce de 12. On
payait 900 fr. par pièce de 4 avec son caisson, et 1200 fr. les autres
bouches à feu.

Ce fut par delà le Saint-Bernard, au village d'Estroubles que l'Artillerie fut remontée, et que descendant la vallée d'Aoste, elle alla
passer le Pô sous Pavie, et triompher à Maringo.

C'est en remontant cette Artillerie, qu'on a bien senti l'inconvénient des constructions irrégulières et vicieuses qu'on s'est per-
mises dans la révolution, hors des cinq arsenaux primitifs, par la
force des circonstances, mais qu'on a trop long-tems continuées
sans nécessité.

L'Artillerie arrivée à Genève, peut être transportée à Villeneuve, à l'autre bout du lac, sur des bateaux, à-peu-près dans
24 heures, avec un bon vent, ou par terre, en passant par
Lausanne, en trois ou quatre jours ; ce chemin est assez beau,
mais fort étroit ; il faut faire précéder les colonnes d'Artillerie par
quelques soldats de l'escorte, et faire ranger dans les élargis les
voitures qui viennent du côté opposé, afin que ces colonnes ne
soient pas arrêtées par l'engorgement du chemin.

C'est à Genève qu'il faut commencer à mettre les limonières à
la place des timons, pour conserver ceux-ci, et avoir un attelage
de file plus commode dans un chemin étroit et tournant.

Entre la petite ville de Villeneuve et le Lac, on peut parquer
assez commodément, sans rien dévaster, 3 à 4 divisions ; mais le
terrain est un peu humide. Villeneuve d'ailleurs offre peu de ressources.

De Villeneuve, on trouve un beau chemin jusqu'à Martigny,
qui en est à 8 lieues, qu'on peut faire en un jour dans le beau
tems, et en deux, si l'on veut s'arrêter à Bex. Martigny est divisé
en ville et bourg distant d'un quart de lieue. Entre la ville et le
bourg sur la gauche du chemin, il y a des terrains commodes
pour parquer. Martigny offre plus de ressources que Villeneuve.

Peu après la sortie de Martigny, on commence à monter très-
rapidement par des chemins étroits, et à passer plusieurs fois des
torrens et la Drance, sur des ponts très-peu solides, et qu'il faut
faire reconnaître ; là, les tournans très-courts sont des pas dangereux en plusieurs endroits, les chemins sont pratiqués sur des
arbres jointifs et plantés dans la pente de la montagne. Il faut aussi
envoyer à 150 ou 200 toises en avant des colonnes d'Artillerie,
quelques soldats de l'escorte pour faire arrêter, dans les élargis
très-rares, les voitures qui viennent du côté opposé, et même les
mulets de bât, afin de pouvoir passer sans retard et sans risquer
de se précipiter dans l'abîme des vallons. Ce chemin est toujours
de même l'espace de 7 lieues jusqu'à Saint-Pierre : l'entrée et la

sortie des villages sont encore des passages plus difficiles, à cause de la rapidité des pentes et du mauvais pavé. On peut, dans la belle saison, faire ces 7 lieues en un jour, ou en 2 en s'arrêtant à Orsières, qui est à-peu-près, à mi-chemin, mais plus près de Saint-Pierre. Ce chemin pourrait, à peu de frais, être réparé et devenir plus commode.

Avant d'entrer dans le village de Saint-Pierre, on trouve, à droite sur-tout, et à gauche un petit plateau assez étendu pour parquer et démonter l'Artillerie ; et c'est là où il faut nécessairement faire cette opération. On pourrait, en s'y prenant 15 jours avant, et y employant quelques milliers d'ouvriers, obtenir encore 2 lieues de chemin pour les voitures par-delà Saint-Pierre ; mais il n'y a point de plateau où l'on pût parquer et démonter. Ce chemin serait cependant plus commode. Tel qu'il est, des traîneaux peuvent y passer. A cette distance commencent les neiges.

On pourrait aussi, du moins à la fin de mai, avoir dans la partie couverte de neiges, des groupes d'ouvriers qui ouvriraient les chemins, et au moyen de traîneaux lourds et garnis de planches en dessous qui passeraient d'abord dans ces nouveaux chemins, en presser la neige et la consolider assez pour pouvoir faire passer peut-être toute l'Artillerie sur des traîneaux.

Les traîneaux sur lesquels on porte les pièces de 4 et de 8, dont on parlera à l'article de l'Artillerie de Montagne, peuvent servir dans ce passage : on s'en est servi pour venir jusqu'à 2 lieues de Saint-Pierre où commencent les neiges : quoique leur voie soit fort étroite, on trouva plus expéditif de placer les pièces dans des troncs de sapin et de les traîner par-tout ; mais, où il n'y eut pas de neige, les pierres usèrent le bois, et la pièce en froissant les pierres, se dégrada ; souvent la pièce tournait et se dégradait encore ; il faudrait peut-être l'enfermer dans deux demi-cylindres de sapin et la cercler, en laissant beaucoup de longueur au bout qui est en avant, pour résister long-tems au frottement qui le ronge très-vîte. Ce moyen vaut mieux que les traîneaux, pour les pièces.

Il faut, avant de démonter les Voitures, les marquer d'un numéro, marquer du même numéro chaque pièce, enfermer les Ferrures à mesure dans une seule Caisse marquée de même. Il faut faire partir toutes les parties de chaque Voiture ensemble, et séparer chaque voiture par une escorte de quelques hommes, avec au moins un sous-officier pour les empêcher de se confusionner, et que ce sous-officier soit comme un garde, responsable de son convoi dont il doit avoir l'état avec tous les détails.

Sur ces traîneaux de montagne (1) on peut mettre le corps d'affût

---

(1) On avait tâché de rendre ces traîneaux propres à passer les neiges ; dans ceux qu'on fit faire à Auxonne, le dessous reçut dans sa longueur une forme très-arrondie : on devait dans les neiges retirer les roulettes, et n'avoir qu'un traîneau à neige.

séparé de son essieu : on peut, pour plus de facilité, en ôter les entre-toises, et mettre les flasques l'un contre l'autre ; et franchir le mont en entier, ou du moins aller jusqu'aux neiges. Là on peut avoir des traîneaux de sapin qui ne soient que 2 pièces de bois grossièrement équarries, courbées en dessous dans leur coupe, et jointes par deux entre-toises à la distance de l'épaisseur de 2 flasques. Alors on passera les neiges aisément ; les traîneaux de montagne suivront à vide, pour reprendre les affûts après les neiges, ou quand le traîneau de sapin, usé par les pierres, pourrait laisser dégrader les flasques.

De ces Flasques qu'on devait porter, quelques-uns furent traînés, et arrivèrent hors de service pour toujours.

Les Caissons, par leur longueur, sont l'attirail le plus difficile à transporter ; on les vida, on les porta à bras comme on a dit : mais ce moyen est dangereux pour les hommes et pour l'attirail.

Sur les traîneaux de montagne, le Caisson, à cause des échantignolles, se trouvant très-élevé, on risque de verser et de culbuter sans ressource : d'ailleurs, à cause de sa longueur, le derrière heurte la terre dans les bascules et se dégrade ; on peut remédier à ce dernier inconvénient par un coussinet en bois placé au bout du Caisson en dessous ; mais l'autre inconvénient est sans remède.

On avait pensé, qu'en substituant à son essieu un essieu court qui ne débordât sa largeur que de la quantité nécessaire pour y mettre des roulettes, et en faisant porter le devant sur le petit avant-train de la pièce de 8 de montagne, on pourrait conduire le Caisson : et ces objets furent préparés à Auxonne, mais les transports militaires ne les ayant point apportés à tems, on ne put en faire l'essai.

Les Charrettes-Caissons étaient plus commodes pour ce passage, elles venaient de Paris et arrivèrent trop tard.

La chapelle du mont Saint-Bernard, où l'on passe, est à 2400 toises au-dessus du niveau de la mer : la pente vers l'Italie est excessivement rapide, et demande beaucoup de soin, si l'on se sert de traîneaux dans les transports, pour les retenir en retraite, afin d'éviter les plus graves accidens.

On remonte l'Artillerie à Estroubles ; on pourrait le faire une lieue plutôt, à Saint-Remy, qui, comme Estroubles, est un village sans ressources.

Il faut une demi-Compagnie d'Ouvriers à Saint-Pierre, et une entière à Estroubles, avec des forges de campagne en proportion, pour le passage de 50 Bouches à feu avec leurs munitions.

CORDAGES *servant à l'Artillerie.*

	Longueur		Diamètre		Brins	Fils	Prix		Poids
	T.	Pi.	po.	li.	nombre.	nombre.	liv.	sols.	liv.
Pour les Ponts de Bateaux.									
Cinquenelle, (boucles comprises	60	»	2	»	4	216	196	17½	525
Cordage d'ancre	60	»	1	»	3	60	57	17	128
Amarres pour bateau (1)	7	2	»	11	4	56	4	6	9½
Commandes, compris la boucle de 4 po. à 1 bout	»	9	»	6	4	24	»	»	1⅛
Combleau	13	»	1	2	4	80	18	6	40½
* Grande maille	80	»	»	8	3	44	38	10	85½
* Petite maille	80	»	»	6	3	20	23	6	52½
Bretelles	»	»	»	»	3	4	»	»	»¾
Pour les Ponts de Pontons.									
Cinquenelle	60	»	1	»	3	60	57	17	128
Cordage d'ancre	40	»	»	11	3	57	32	8	72
Amarres pour ponton	2	»	»	6	4	20	»	13½	1½
Commandes	»	»	»	»	»	»	»	»	1⅛
Pour les deux espèces de Chèvres.									
Cable	18	»	1	6	4	140	»	»	100
Prolonge double, boucle de 18 pouces faite	12	»	1	»	4	80	»	»	19
Prolonge simple	7	2	»	11	4	56	»	»	9½
Trait à canon développé	2	»	1	1	4	56	»	»	»
Trait de manœuvre, boucle comprise	1	3	»	6	4	24	»	»	1⅛
Trait de paysans	2	»	»	8	4	40	»	»	2½
Ficelle	12	»	»	3	»	»	»	»	1

(1) On les nomme aussi Traversières ou Croisières, suivant leur emplacement.

* On les appelle ligne sur le Pô : elles ont 125 toises de longueur, 10 ou 8 lignes de diamètre, suivant qu'elles sont pour 4 ou 2 chevaux, et pèsent 90 ou 60 kilogrammes.

Amarres pour Bateau. On en met 4 au Bateau le plus voisin de la rive, et deux seulement aux autres Bateaux.

Elles sont fixées aux poupées par un nœud droit.

On en emploie 3 à contenir le Bateau sur son haquet; 2 ayant leurs bouts fixés aux anneaux d'embrelage embrassent, par leur milieu, les becs du Bateau, on les roidit avec des billots de 3 pieds de longueur; la 3ᵉ. Amarre ayant ses bouts noués ensemble, embrasse le corps du Bateau et la flèche par leur milieu; on la roidit avec un levier dans le Bateau.

On en met 3 pour former 6 haubans au mât, quand on remonte le Bateau; elles embrassent le mât dans le milieu par un nœud de batelier au-dessus des taquets fixés aux mâts: leurs bouts s'amarrent aux trous de rames aux anneaux et aux pitons de clameaux à pointe et à crochet.

Il n'y a qu'une *Traversière* au premier et au dernier Bateau d'un Pont; mais il y en a 2 à tous les autres.

Le nœud formé à un de leurs bouts les arrête intérieurement au trou percé pour elles dans le bordage à l'emplacement de la 1ʳᵉ. pièce de prolongation de la ceinture du côté de l'arrière-bec: étendues en croix et fixées aux chevilles, placées dans les trous semblablement percés à l'avant-bec, elles concourent à consolider l'assemblage des Bateaux.

Amarres pour Ponton. On fait une boucle à un des bouts de chaque Amarre... On passe une Amarre dans chacun des 4 anneaux des Pontons quand ils sont à l'eau. Lorsque le pont est construit, les premières et les dernières sont arrêtées à des piquets sur la rive, les autres se croisent; leur bout passe dans l'Anneau du Ponton voisin, et est arrêté à la Cinquenelle où il tient lieu de commande.

Bretelles. Elles sont faites d'une bande de Sangle et de 2 bouts de menu cordage. La Sangle doit être faite de bonne ficelle. On forme avec les brins de la ficelle, à chacun de ses bouts, une boucle de 15 lignes de long et de 4 lignes de diamètre; on passe dans ces boucles le menu cordage qui y tient par une boucle lacée, c'est-à-dire par le moyen de celle que le cordier fait au bout des cordages en les formant.

On réunit les 2 cordons en les nouant ensemble dans le milieu de leur longueur.

Longueur de la Sangle entre les boucles, 2 pieds.

Largeur de la Sangle, 2 pouces 3 lignes.

Longueur des Cordons, dont 4 pouces pour les boucles, 5 pieds 4 pouces... diamètre des Cordons, 2 lignes et demie.

On prolonge les Cordons par des cordages de même grosseur. La longueur de ces alonges est proportionnée à la distance de la Maille où chacun des 4 hommes doit se tenir pour n'être pas gêné en marchant.

<table>
<tr><td rowspan="4">Longueur des bouts de cordages servant d'alonge aux cordons des bretelles, les nœuds compris.</td><td>du premier de devant 3 toises.</td></tr>
<tr><td>du second. . . . . . 4</td></tr>
<tr><td>du troisième. . . . . 5</td></tr>
<tr><td>du quatrième. . . . . 6</td></tr>
</table>

Les Cordons sont à 4 brins et à 4 fils... la Sangle est à 57 fils.

La Cinquenelle. Une Cinquenelle suffit pour 12 Bateaux. Elle doit être à 4 brins, avec une ame de chanvre non filée au milieu, afin que les brins s'arrangent mieux. Chacun des brins doit avoir été formé en corde à 3 brins, avant d'être cablés ensemble. On fait une boucle à chaque bout qui a intérieurement 1 pied 6 pouces, il faut 8 pieds de cordage pour chacune.

La Cinquenelle pour les Pontons est le Cordage d'ancre pour les Bateaux. La moitié de ce cordage suffit pour un Pont de 13 à 14 Pontons. Un entier suffit pour un Pont de 30 à 32.

Combleau. Sert à atteler les chevaux au haquet.

Commandes pour Bateau. Il y en a 4 à chaque Bateau qui sont passées dans les seconds trous pour les chevilles de rames, et servent à attacher les Cinquenelles sur les becs des Bateaux. On en porte 4 autres par Bateau, pour lier les poutrelles qui bordent le dessus du pont à celles qui sont au-dessous.

4 de ces Commandes étant attachées aux ranchets, ayant leurs bouts réunis par un nœud facile à défaire, servent aussi à charger dans l'eau le Bateau sur son haquet... Les bateliers employés à cette manœuvre, s'en servent pour diriger le Bateau, et, en attachent ensuite les bouts aux anneaux d'embrelage des Bateaux ; si l'eau est trop profonde, et qu'il y ait trop d'intervalle entre le Haquet et le Bateau, on s'en sert pour soulever le Haquet, et on en fixe les bouts de manière à ce que cet intervalle ne soit pas trop fort, et que le Bateau se trouve porté sur le Haquet, lorsqu'après avoir fait avancer le Haquet, le Bateau ne sera plus dans le cas d'être soutenu sur l'eau.

Grandes Mailles. Elles doivent être de très-bon chanvre. Elles servent à remonter les Bateaux avec des chevaux.

Petites Mailles. Elles servent à remonter les Bateaux avec des hommes.

Prolonge double. On s'en sert pour équiper la chèvre à haubans, en place de cable de chèvre dans des manœuvres du cabestan, du vindax et autres.

Prolonge simple. C'est une Amarre de Bateaux. On en fait usage dans les manœuvres des canons de campagne, et dans toutes les manœuvres à bras.

A tous les avant-trains d'affûts à canon de campagne, il y en a une garnie de 2 anneaux et d'un arrêt, dont on fait usage dans les feux de retraite.

Traits à Canon. Le cordier forme une boucle à un des bouts en les construisant, et on réduit, la longueur du trait formé, à 8 pieds, la boucle comprise, ce qui se fait en passant l'autre bout deux fois dans le corps du Trait.

On peut par ce moyen l'alonger ou le raccourcir à volonté.

On s'en sert pour breler les Canons sur leurs chariots, et pour l'attelage de toutes les grosses Voitures.

Traits de Manœuvre. Ce sont des commandes de Bateaux. On en fait usage dans les manœuvres de Chèvre pour lever avec une poulie double ou simple une pièce de canon par les 2 anses.

Pour fixer des Poulies à la tête de la Chèvre lorsqu'on l'équipe à plus de 4 brins.

Pour bosser le Cable au second Epar lorsqu'il se trouve roulé trop près des carrés du treuil pour que l'on puisse continuer la manœuvre, et pour breler dans les manœuvres autres que celles de la chèvre. Il y a une boucle de 4 pouces à un des bouts.

Traits de Paysans. Ils sont formés et raccourcis comme les Traits à canons.

On s'en sert pour breler les petits fardeaux et pour l'attelage des Voitures légères.

Sur le choix des Cordages.

La couleur ne décide pas de la bonté des Cordages, parce que cette couleur dépend de la qualité des eaux courantes ou dormantes dans lesquelles on a fait rouir le chanvre. Cependant la couleur des Cordages sert à présumer de leur bonté ; la plus estimée est le gris de perle ou argentin, puis la verdâtre, puis la jaunâtre. Il faut rebuter le Cordage de couleur brune ou mouchetée de brun ; elle annonce que le chanvre a été trop roui ou même pourri, et n'est composé que de chanvre femelle.

Il faut préférer les Cordages dont le chanvre a une odeur forte, et rebuter ceux qui sentent le pourri, le moisi, l'échauffé.

Un Cordage est défectueux, si les brins ou torons sont d'inégale grosseur, s'ils sont plus ou moins tordus, les uns que les autres, soit séparément, soit en composant le Cordage ; dans tous ces cas, le Cordage est faible et se rompra aisément... il faut cependant que ses torons soient assez fortement unis, car sans cela le Cordage deviendrait lâche, mol, et se décomposerait sans avoir servi.

Un Cordage est défectueux lorsque, sans en avoir fait usage, il paraît cotonneux ; ce défaut vient de ce que les brins du chanvre sont trop courts ; si on y trouve des squilles de chenevottes, le chanvre n'a pas été bien peigné, bien affiné : dans ces deux cas, le cordage n'aura pas la force qu'il pourrait avoir.

D'après les expériences de Musschembrock et de Dubamel, il est prouvé que la force des Cordes est moindre que la somme des forces des fils qui la composent ; car sans entrer dans toutes les raisons que M... et D... donnent, il est évident que les directions de la force des fils tordus font des angles ; ainsi leur résultante est moindre que la résultante de leurs forces, lorsque leurs directions sont parallèles.

Ces angles deviennent plus obtus à mesure qu'on tord davantage les cordes, donc il faut peu tortiller les cordages en les commettant. Ceux qui sont commis au tiers le sont trop : on doit les commettre au quart : ceux qui le sont au cinquième sont les plus forts ; mais si le chanvre est court, ils risquent de se décomposer aisément.

J'appelle hauteur de l'hélice la ligne droite menée sur un cordage du point où commence un toron ou un de ses fils, jusqu'au point où ce toron ou bien ce fil finit une révolution entière.

Si l'on fait un triangle rectangle, dont un des petits côtés soit égal à la hauteur de l'hélice, dont l'autre côté soit égal à la circonférence du Cordage, et que l'on tire l'hypotenuse, la différence de l'hypotenuse à la hauteur de l'hélice ou 1er. côté sera la quantité dont le Cordage se sera raccourci en le commettant.

Dans les Cordages à 4 torons, l'axe reste vide ; on met quelquefois dans ce vide une mèche en chanvre ou en étoupes, qu'on appelle ame. On peut absolument s'en passer, mais les Cordages en sont plus difficiles à bien commettre. Cette mèche ne doit être que le sixième d'un toron.

Il ne faut pas que ces mèches soient commises en Corde comme on le fait quelquefois mal-à-propos ; parce que le commetage les roidit, et que se commettant encore dans la fabrication du Cordage, elles se rompent en une infinité d'endroits au moindre effort, cessent dès-lors de prêter de l'appui aux torons, les laissent se rapprocher inégalement, etc.

Pour faire les meilleures mèches, faites un faisceau de fils tel qu'il doit être pour sa grosseur prescrite ci-devant : tortillez ce faisceau en même tems et dans le même sens que les torons, votre mèche sera faite. Commettez ensuite le Cordage ; comme les torons tournent alors dans un sens opposé à leur tortillement, la mèche se détortillera, restera lâche, molle, pourra un peu s'alonger quand le cordage sera tendu, cassera moins, et sera la plus avantageuse que l'on sache faire jusqu'à présent.

L'ame n'ajoute rien à la force du Cordage, car si elle résiste, ne pouvant presque pas s'alonger, elle porte tout le poids et se rompt bien vite ; si elle ne résiste pas, elle ne supporte rien.

On peut faire l'ame d'un Cordage avec des étoupes ou du

chanvre de 2 brins : l'essentiel est qu'elle ne soit ni commise ni tortillée autrement qu'on ne l'a expliqué.

Les Cordages à mèche à raison de cette mèche qui, par elle-même n'ajoute rien à leur force, sont plus lourds et plus coûteux : cette ame ou mèche en se rompant, laisse les torons se rapprocher, se tendre inégalement, et amène en conséquence la destruction du Cordage : cette ame enfin conserve l'humidité, s'échauffe, se pourrit et pourrit les torons ; mais les cordages à mèches sont plus unis, plus flexibles, et comme ils n'ont pas besoin d'être aussi tordus que les autres, ils en sont plus forts.

OUTILS A PIONNIERS ET TRANCHANS.

	Poids total.	Poids de l'acier.	Prix.
	liv. ouc.	ouces.	fr. cent.
Pelle carrée ou bêche.			
Passée sur la meule de 4 pouces par derrière et 3 pouces par devant. L'acier est au dessous de la pelle.	3 4	5 $\frac{1}{2}$	2, 75 3, 58 a 4, 29 b 3, 47 c
Manche de chêne, de frène, d'érable long de 3 pieds.	1 10	»	
Pelle ronde ou escoupe.			
Battue à l'eau... son taillant est fait à la meule ; ou y passe aussi légèrement le dessous de 4 pouces..	2 15	»	1, 80 2, 14 a 2, 57 b 2, 75 c
Manche *idem*, long de 3 pieds..	1 10	»	
Pioche, ou pic-hoyau.			
La pointe finit en grain d'orge par dessus. L'acier est entre deux fers au pic. Il y a 5 onces d'acier au pic, et 6 onces et demie au hoyau. Le taillant du hoyau et la pointe du pic sont aiguisés à la lime.	4 4	11 $\frac{1}{2}$	2, 70 3, 87 a 4, 64 b 3, 60 c
Manche *idem*, long de 3 pieds 1 pouce.	1 9	»	
Pic à roc.	6 »	8	
Manche (*de chêne*).	1 9	»	
Hache (1).			
Elle est trempée et aiguisée à la meule dans toute sa surface. L'acier est sur le fer.	3 12	12	2, 50 3, 64 a 4, 37 b 3, 30 c
Manche de frène, longueur 2 pieds 8 pouces..	1 9	»	
Serpe.			
L'acier est entre deux fers ; elle est aiguisée à la meule dans toute sa surface..	1 2$\frac{1}{2}$	5 $\frac{1}{2}$	1, 50 1, 77 a 2, 12 b 1, 70 c
Manche de frène, longueur 7 pouces..	» 4$\frac{1}{2}$	»	

Les premiers prix sont les anciens avant la révolution.
a Prix de l'an 10.
b Prix de l'an 11.
c Prix de l'an 12.

---

(1) La hache des sapeurs de la garde impériale a coûté 42 fr. 54 cent.

Notes.

Les pelles et les haches ne sont pas reçues si elles pèsent 6 onces de plus, ou 4 onces de moins ; la pioche 6 onces de plus, ou 6 onces de moins... et la serpe 5 onces de plus, ou 3 onces de moins...

Pour préserver les pelles de la rouille, on les chauffe légèrement, et on les enduit de poix noire.

Pour préserver les haches et les serpes de la rouille, on les trempe dans un lait de chaux.

De la Réception des Outils.

Il faut les recevoir avant d'être emmanchés.

On examinera s'ils sont sans crevasses, sur-tout si l'intérieur de l'œil de la hache et de la pioche sont bien nets, si le fer est bien soudé avec l'acier, s'ils ont le poids demandé dans la table, s'ils sont aciérés de la quantité d'acier nécessaire.

La Pelle carrée, le hoyau de la Pioche et la Hache.

On distingue l'acier d'avec le fer sur un outil aiguisé nouvellement. L'acier est d'une couleur différente, et l'on voit jusqu'où il s'étend, à de petits défauts de soudure. Pour mieux s'en assurer on fera monter une pointe d'acier, trempé bien dur, sur un manche de deux pieds de longueur, c'est-à-dire à pouvoir appuyer sur l'épaule, comme un couteau de menuisier ; on pressera la pointe contre l'outil en la conduisant depuis le milieu de sa longueur jusqu'au tranchant : cette pointe mordra sur le fer, et glissera sur l'acier, sur-tout s'il est bien trempé.

Trois hommes, en 3 heures, font une pelle carrée à la forge. Il faut moins de tems au martinet.

Le pic de la Pioche.

On peut se servir du même moyen pour le pic, quoiqu'il ne doive être trempé que de 9 lignes, mais on connaîtra mieux s'il y a de l'acier en frappant sur une pierre dure, et en regardant en dessus et en dessous la jonction du fer à l'acier, qui paraît presque toujours, quand il y en a la quantité suffisante... Il faut une demi-heure pour faire une pioche à une forge ordinaire : on ne peut la faire au martinet.

Pelle ronde.

On y mettra un manche postiche, et pesant fortement dessus,
le bout de la pelle contre terre, on verra si elle plie aisément ;
alors elle ne sera pas assez étoffée : et si elle ne se redresse pas,
c'est qu'elle n'aura pas été battue à l'eau. A la dernière chaude
en l'applanissant on y jette de l'eau, ce qui lui donne du ressort ;
puis on la réchauffe et la courbe. Le plus grand cintre, à la pointe,
ne doit être que de 14 lignes.

Il faut cinq quarts d'heure pour faire une pelle ronde à la forge ;
la moitié de ce tems pour les faire au martinet, elles en sont plus
unies et valent mieux.

La Hache et la Serpe.

Le tranchant de la hache et de la serpe s'éprouve sur du bois de
chêne bien dur et bien sec.

La douille de la hache doit être examinée avec attention. Si
l'on y voit des crevasses qui communiquent du dedans au dehors,
ou dans la plus grande partie de son épaisseur, elle doit être
refusée.

Il faut une heure et demie pour faire une hache ; et une heure
pour faire une serpe.

NOTES SUR LE DÉBIT DES BOIS, CADRES, etc.

On nomme Cadre, dans l'Artillerie, le plus petit morceau de bois d'où l'on puisse tirer une pièce de dimensions données pour Affûts, Voitures, etc.

En général, il faut que le Cadre bien dressé, non voilé, ait 3 lignes d'épaisseur de plus que la pièce qu'il doit fournir.

Il faut, pour débiter les Bois, et en faire les approvisionnemens pour les Arsenaux, connaître les dimensions des Cadres de toutes les pièces des Affûts, Voitures, etc. On va les donner.

A l'article Bois on trouve de quelle espèce d'arbres on doit tirer telle ou telle pièces : on a cependant désigné l'espèce de celles qui ne se font pas en chêne.

Dans le débit des Bois, faites enlever radicalement l'aubier, parce qu'il se pourrit promptement et communique ce vice au reste du bois. Si c'est un débit en général, sans objet, exiger des Bois d'un pied d'équarrissage, de 15 pieds de longueur, coupés au-dessous de la naissance des grosses branches, équarris à vive-arête, sans aubier, sans nœuds, roulure, gelivure, gerçure, ni éclats formés par l'abattage, qui ne soient pas gras, et comme on dit enfin, qu'ils soient de bonne qualité.

Dans les Bois de sciage : mettez en dehors le cœur des arbres : renfermé, il fermente et corrompt la pièce ; et faites servir les courbes naturelles du Bois à former les pièces cintrées.

Dans les approvisionnemens rappelez-vous : que les radoubs consommant beaucoup de certaines pièces comme essieux, jantes, rais, épars, ridelles, il faut augmenter leur nombre relativement aux autres articles.

Que les vices intérieurs inaperçus d'abord, les injures du tems, la maladresse des ouvriers feront mettre bien des pièces au rebut lors de la construction des voitures : qu'ainsi, pour un nombre déterminé qu'il en faudra faire, il faut avoir un vingtième des grosses pièces, et un dixième des petites de plus que le nombre nécessaire ; et songer cependant que ces pièces rebutées ne seront pas entièrement perdues, mais serviront aux pièces semblables des calibres inférieurs, ou seront transformées en d'autres qui exigent moins de Bois.

Nota. Les Cadres pour flasques ont de 2 à 3 pieds de plus de longueur que les flasques même, parce que ces Cadres se fendent souvent de cet excès de dimension, sur-tout lorsqu'après le débit, on les laisse exposés aux injures de l'air ; mais dans cet excédant, on pourra trouver des entre-toises de mire, de couche et de support. Les Cadres de flasque trop courts ou défectueux, seront employés de même... Les Cadres de petit calibre se fendent le plus.

Dans le débit pour Cadres d'entre-toises, il sera économique de choisir des pièces de bois qui puissent fournir plusieurs longueurs de Cadres. Il en sera de même pour d'autres Cadres de pièces ayant peu de longueur. C'est ce qu'on a entendu en disant *à la toise.*

Dans le débit des rais, prenez des arbres bien droits, bien sains, ayant peu d'aubier, venus dans des terrains secs, point au-dessous de 60 ans dans ces bons terrains, point au-dessous de 100 dans les autres moins bons. On débite ces arbres, du pied aux premières branches seulement, pour rais ; en billes de 2 pieds 6 pouces de longueur, pour affût ; de 2 pieds pour avant-train, et de 3 pieds 8 pouces pour triqueballe.

Les billes du pied de l'arbre sont les plus dures... 64 billes de différens diamètres et de 30 pouces de longueur, faisant 267 pieds cubes, donnent 677 rais ; ainsi le rai consomme 800 pouces cubes de bois, qui, à 3 liv. la solive, portent son prix à 9 sols 4 den.

Le débit des jantes peut se faire par le sciage ou le fendage au coin. 75 pieds d'orme cubant 121 mètres cubes, ont donné, par le sciage, 2850 jantes, et par le fendage 2160 : celles-ci valent mieux ; mais il vaut mieux faire le premier débit en plateaux d'épaisseur convenable qu'en billes.

Flasques de Siége et de Campagne en Chêne.	Longueur.			Largeur.			Epaisseur.		
	pi.	po.	li.	pi.	po.	li.	pi.	po.	li.
de 24.	14	»	»	1	11	»	»	8	6
— 16.	13	6	»	1	9	»	»	8	»
— 12.	12	»	»	1	7	»	»	6	6
— 8.	11	»	»	1	6	»	»	6	»
— 6. (C'est le Cadre exact. Voy. la note).	8	6	»	1	1	6	»	6	»
— 4.	10	6	»	1	3	»	»	5	»
d'obusiers de 8 pouces.	11	»	»	1	6	»	»	6	6
—————— de 6 pouces.	10	6	»	1	6	»	»	6	»
—————— de 5 pouc. 7 lig. (C'est le Cadre exact. Voy. la note).	8	11	»	1	4	6	»	6	»

Entre-toises de Volée de Mire ou de Couche d'Affûts de Siége et de Campagne.	Longueur.			Largeur.			Epaisseur.		
de 24.	1	6	»	»	8	6	»	7	»
— 16.	1	4	»	»	8	»	»	6	6
— 12.	1	3	»	»	9	6	»	5	6
— 8.	1	1	»	»	8	6	»	5	»
— 6.									
— 4.	»	11	»	»	7	6	»	4	6
d'obusiers de 8 pouces.	1	6	»	»	8	6	»	6	6
—————— de 6 pouces.	1	4	»	»	7	6	»	6	»
—————— de 5 pouces 7 lig.									

	Longueur.			Largeur.			Épaisseur.		
	pi.	po.	li.	pi.	po.	li.	pi.	po.	li.
Entre-toises de Lunette ou de Crosse.									
de 24.	1	9	»	2	2	»	»	9	»
— 16.	1	8	»	2	1	»	»	7	6
— 12.	1	5	»	1	5	»	»	6	6
— 8.	1	4	»	1	4	»	»	6	»
— 6.									
— 4.	1	2	»	1	2	»	»	5	6
d'obusiers de 8 pouces.	1	8	»	1	5	»	»	6	6
——— de 6 pouces.	1	7	»	1	5	»	»	6	6
——— de 5 pouces 7 lig.									
Entre-toises de Support d'Affût de Campagne et d'Obusier.									
de 12.	»	9	6	»	5	6	»	5	6
— 8.	»	8	6	»	5	»	»	5	»
— 6.									
— 4.	»	7	6	»	4	6	»	4	6
d'obusiers de 8 pouces.	1	»	6	»	5	6	»	5	6
——— de 6 pouces.	1	»	6	»	5	»	»	5	»
——— de 5 pouces.									
Semelles d'Affût de Siége, etc.									
de 24.	1	8	»	1	2	»	»	6	»
— 16.	1	7	»	1	»	»	»	6	»
— 12.	2	11	»	1	2	»	»	4	»
— 8.	2	8	6	1	»	6	»	4	»
— 6.									
— 4.	2	2	»	»	10	6	»	4	»
d'obusiers de 8 pouces.	2	5	»	»	11	»	»	7	»
——— de 6 pouces.	1	11	»	»	10	»	»	7	»
——— de 5 pouces 7 lig.									
de vindax.	2	6	»	1	»	»	»	4	6
Flasques d'Affût de Place, de Côte, etc.									
de 36 de côte.	7	6	»	1	4	»	»	7	8
— 24.	7	»	»	1	3	»	»	7	»
— 16 de place et de côte.	7	»	»	1	3	»	»	6	6
— 12.	6	6	»	1	3	»	»	6	6
— 8.	6	3	»	1	3	»	»	5	6
de cabestan.	6	6	»	1	1	»	»	5	»

Entre-toises de *Volée* d'*Affût* de Place et de Côte.

	Longueur.			Largeur.			Epaisseur.		
	pi.	po.	li.	pi.	po.	li.	pi.	po.	li.
de 36 de côte.	2	1	6	1	10	»	»	7	6
— 24 de côte.	1	10	»	1	8	»	»	7	6
———de place.	2	2	»	1	5	»	»	7	»
— 16 de côte.	1	10	»	1	3	»	»	6	6
———de place.	2	2	»	1	3	6	»	6	6
— 12 de côte.	1	10	»	1	2	3	»	6	»
———de place.	2	2	»	1	2	»	1	6	»
— 8 de place.	2	2	»	1	»	6	»	5	6

Entre-toises de *Mire* d'*Affûts* de Côte et de Place.

	Longueur.			Largeur.			Epaisseur.		
de 36 de côte.	2	6	6	1	6	»	»	7	6
— 24 de côte.	1	10	6	1	6	»	»	7	»
———de place.	2	»	6	1	6	»	»	7	»
— 16 de côte.	1	11	6	1	6	»	»	6	6
———de place.	1	10	6	1	6	»	»	6	6
— 12 de côte.	1	4	»	1	6	»	»	6	»
———de place.	1	10	6	1	6	»	»	6	»
— 8 de place.	1	6	»	1	6	»	»	5	6

Supports de *Roulettes* d'*Affûts* de Place et de Côte.

	Longueur.			Largeur.			Epaisseur.		
d'Affût de place.	1	7	»	»	10	»	»	8	»
———— de côte.	1	5	»	1	»	»	»	10	»

Semelles de *Support*.

	Longueur.			Largeur.			Epaisseur.		
d'Affût de place.	2	8	6	1	4	»	»	7	»

Echantignolles d'*Affût* de Côte.

	Longueur.			Largeur.			Epaisseur.		
de 36 de devant.	2	9	»	»	8	»	»	7	6
———de derrière.	2	7	»	»	7	»	»	7	6
— 24 de devant.	2	8	»	»	7	»	»	7	»
———de derrière.	2	6	»	»	6	6	»	7	»
— 18 et 16 de devant.	2	7	»	»	7	»	»	6	6
———de derrière.	2	6	»	»	6	6	»	6	6
— 12 de devant.	2	6	»	»	7	»	»	6	»
———de derrière.	2	4	»	»	6	6	»	6	»

	Longueur.			Largeur.			Epaisseur.		
	pi.	po.	li.	pi.	po.	li.	pi.	po.	li.
Rouleaux d'Affût de Côte.									
de 36 gros.	7	»	»	1	8	»	1	8	»
——— petit.	6	»	»	1	6	»	1	6	»
— 24 gros.	6	10	»	1	8	»	1	8	»
——— petit.	5	8	«	1	6	»	1	6	»
— 18 et 16 gros.	6	10	»	1	8	»	1	8	»
——— petit.	5	8	»	1	6	»	1	6	»
— 12 gros.	6	10	»	1	8	»	1	8	»
——— petit.	5	8	»	1	6	»	1	6	»
Lisses ou Côtés du grand chassis d'Affût de côte.	14	»	»	1	1	»	»	10	»
Echantignolles de Chassis d'Affût de Côte.									
de 36.	5	3	»	1	9	»	»	8	»
des autres calibres.	5	»	»	1	9	»	»	8	»
Entre-toises de Chassis d'Affût de Place et de Côte.									
— de devant du grand chassis de 36.	5	»	»	1	»	»	»	8	»
——————— des autres calibres.	5	»	»	1	»	»	»	8	»
— du milieu et de derrière d'*idem* de 36.	idem.			idem.			idem.		
————— des autres calibres.	idem.			idem.			idem.		
— de chassis d'affût de place.	5	»	»	»	9	»	»	8	»
Heurtoir de chassis d'affût de place.	5	»	»	»	9	»	»	7	»
Semelles.									
— de chassis d'affût de côte.	14	»	»	»	9	»	»	5	6
— de chassis d'aff. de pl. de 24 et 16.	14	»	»	»	9	»	»	4	6
————————— de 12 et 8.	13	6	»	»	9	»	»	4	6
— d'auget de 24 et 16.	13	6	»	»	9	»	»	4	6
————— de 12 et 8.	12	3	»	»	9	»	»	4	6

Tringles de Chassis.

	Longueur.			Largeur.			Epaisseur.		
	pi.	po.	li.	pi.	po.	li.	pi.	po.	li.
— d'affût de place de 24 et 16. . .	14	»	»	»	5	6	»	6	6
—————————de 12 et 8. . . .	12	6	»	»	5	6	»	6	6
— d'auget de 24 et 16..	13	»	»	»	4	»	»	3	»
—————de 12 et 8.	11	6	»	»	4	»	»	3	»
Taquets de grand chassis d'affût de côte..	à la toise.			»	8	»	»	9	»
Coins de recul d'affût de place.. .	à la toise.			»	6	»	»	8	»
Coins d'arrêt d'affût de place.. .	à la toise.			»	6	»	»	5	6
Coussinet d'auget..	à la toise.			»	10	»	»	8	6
Côtés de petit chassis d'affût de côte.	4	»	»	»	11	»	»	7	6

Entre-toises de petit Chassis d'Affût de Côte.

	Longueur.			Largeur.			Epaisseur.		
— de celles du bout de 36.. . . .	4	7	»	»	7	6	»	5	6
—————————des autres. .	4	6	»	»	7	6	»	5	6
— de celles du milieu de 36.. . .	4	»	»	»	11	»	»	9	»
—————————des autres. .	3	9	»	»	11	»	»	9	»

Chassis pour l'Avant-train de Place.

	Longueur.			Largeur.			Epaisseur.		
Brancards..	8	»	»	»	6	»	»	5	»
Entre-toise..	à la toise.			1	»	»	»	10	»

Madriers et Planches pour Caissons.

	Longueur.			Largeur.			Epaisseur.		
Bouts de caisson à munitions (orme).	1	10	»	2	»	»	»	1	9
Principales séparations d'*id*. (sapin).	1	8	»	2	»	»	»	1	9
Bouts de caisson d'outils (orme). .	2	7	»	1	8	»	»	2	»
Pignons de caisson à munitions (orme)..	1	10	»	»	9	»	»	1	9
Pignons de caisson d'outils (orme).	2	10	»	»	11	»	»	2	»
Côtés du caisson à munitions (peuplier, etc.)..				1	4	»			
Côtés du caisson d'outils (peuplier, etc.).									

	Longueur.			Largeur.			Epaisseur.		
	pi.	po.	li.	pi.	po.	li.	pi.	po.	li.
Brancards.									
— de caisson à munitions	12	»	»	»	7	»	»	4	6
—————— d'outils	12	»	»	»	6	6	»	5	»
— de chariot à munitions, forge	12	6	»	»	6	6	»	5	6
— de chariot à canon	12	»	»	»	6	»	»	6	6
Limons.									
— de charrettes à munitions	19	6	»	»	9	»	»	5	6
—————— à boulets et de camion	14	»	»	»	9	»	»	5	»
Echantignolles de derrière.									
Pour caissons à munitions	3	»	»	»	6	»	»	4	6
Pour chariot à munitions et forge	2	6	»	»	5	6	»	5	6
Epars de fond.									
de caissons à munitions de devant	1	8	»	»	7	»	»	2	6
—————— des autres	1	8	»	»	3	»	»	2	6
de charrettes à munitions à boulets de derrière	3	2	»	»	5	6	»	2	9
—————— des autres	3	2	»	»	4	6	»	2	3
de chariots à munitions et forge de derrière	3	»	»	»	5	»	»	2	9
—————— des autres	3	»	»	»	4	»	»	2	9
de camion de derrière	3	2	»	»	5	6	»	3	»
—————— des autres	3	2	»	»	4	6	»	2	3
de caissons d'outils	2	5	»	»	4	»	»	2	3
de cabestan	5	6	»	»	6	6	»	5	»
de vindax	3	6	»	»	6	6	»	5	»
Hausses.									
de caissons à munitions	1	9	»	»	6	»	»	4	6
— d'outils	2	4	»	»	4	9	»	4	3
de chariot à munitions et forge	2	10	»	»	4	9	»	4	3
de charrettes à munitions à boulet et camion	2	8	»	»	5	»	»	4	3

	Longueur.			Largeur.			Epaisseur.		
	pi.	po.	li.	pi.	po.	li.	pi.	po.	li.
Lisoirs.									
de caissons à munitions..	2	8	»	»	6	»	»	5	»
———d'outils et chariot à munitions.	2	10	»	»	6	»	»	6	»
de forge.	2	10	»	»	6	»	»	7	»
de chariot à canon.	3	9	»	»	8	6	»	7	6
de haquets à bateau..	3	9	»	»	8	6	»	7	6
——— à nacelle..	3	8	»	»	7	6	»	6	6
——— de pont roulant..	3	10	»	»	9	6	»	7	6
Ridelles.									
— de chariot à munitions.	11	6	»	»	3	»	»	3	»
— de charrette à munitions.	13	»	»	»	3	»	»	3	»
— de charrette à boulets..	8	»	»	»	3	»	»	3	»
Support d'Essieu Porte-roue.									
— de caisson à munitions.	1	4	»	»	4	»	»	4	»
— de caisson d'outils..	2	2	»	»	4	6	»	4	»
Entre-toises.									
— de caisson d'outils.	2	8	»	»	5	6	»	6	»
— de chariot à munitions et forge.	3	2	»	»	6	6	»	5	6
— de chariot à canon.	1	9	»	»	5	6	»	6	6
— de support de lisoir dans haquet à bateau...	»	8	»	»	7	6	»	6	6
———dans haquet à nacelle.	»	11	»	»	5	6	»	5	6
Epars montans de Côtés et de Hayon.									
— de caisson d'outils.	1	8	»	»	3	6	»	1	9
— de chariot à munitions.	1	6	»	»	3	6	»	1	9
— de charrette à munitions.	1	6	»	»	3	6	»	1	9
——— à boulets..	1	4	»	»	3	6	»	1	9

	Longueur.			Largeur.			Epaisseur.		
Traverses à tourillons du devant et derrière de Chariots à munitions et des Charrettes.	pi.	po.	li.	pi.	po.	li.	pi.	po.	li.
— à munitions et à boulets.. . . .	3	2	»	»	3	»	»	3	»
Roulons.									
— de chariot à munitions et des 2 charrettes..	1	6	»	»	1	4	»	1	4
Trésailles.									
— de chariot à munitions et des 2 charrettes..	3	8	»	»	6	6	»	2	»
Burettes.									
— de chariot à munitions.	12	4	»	»	8	»	»	1	3
— de charrette à munitions . . .	13	7	»	»	8	»	»	1	3
—————————— à boulets et camion.	7	»	»	»	8	»	»	1	3
Bois de Chassis de Camion.									
— Pour côtés..	6	6	»	»	5	»	»	5	»
— Pour traverses.	3	3	»	»	5	»	»	5	»
Supports.									
— de chariot à canon.	2	3	»	»	8	»	»	4	6
— de haquet à bateau..	4	8	»	»	6	6	»	6	6
————————— à nacelle..	2	8	»	»	5	6	»	5	6
Moutons du Pont-roulant.									
— du train de devant.	3	2	»	1	»	»	»	4	6
— du train de derrière..	3	5	»	1	»	»	»	4	6

	Longueur.			Largeur.			Epaisseur.		
	pi.	po.	li.	pi.	po.	li.	pi.	po.	li.
Armons.									
(D'après les Patrons on profite, ou donne les courbures).									
— d'avant-train de siége de 24, 16 et obusiers. . . .	4	2	»	»	7	6	»	5	»
———————— de chariot à canon.. . .	7	6	»	»	7	»	»	5	3
———————— de haquet à bateau.. . .	8	»	»	»	7	»	»	4	9
———————— de haquet à nacelle et pont-roulant.	7	6	»	»	6	»	»	4	6
———————— de 12, 8 et obusiers de 6 pouces.. . . . . . . ,	6	»	»	»	5	»	»	4	6
———————— de 4.	6	»	»	»	4	6	»	3	9
———————— de caisson à munitions. .	6	»	»	»	4	9	»	4	»
———————— de caisson d'outils, chariot à munitions et forge .	6	»	»	»	5	3	»	4	»
Empanons (d'après les Patrons)									
— de chariot à canon.	4	5	»	»	8	»	»	5	»
— de haquet à bateau.	4	10	»	»	8	»	»	5	»
———————— à nacelle et de pont-roulant.	4	6	»	»	8	»	»	4	6
— de triqueballe..	4	4	»	»	7	»	»	5	»
Fourchettes de Haquet.									
— à bateau..	4	»	»	1	2	»	»	5	»
— à nacelle.	3	6	»	1	»	»	»	4	6
Sellettes.									
— d'Affût de siége pour plaine et pour montagne..	4	3	»	1	4	»	»	5	2
———————— de 4.	»	»	»	»	10	»	»	5	8
— de caisson à munitions.	4	»	»	»	8	»	»	8	»
— de caisson d'outils, chariot à munitions..	4	»	»	»	6	6	»	7	»
— d'affût de 12, 8, 4, et d'obusiers de 6 pouces.	4	»	»	»	10	»	»	6	2
— de derrière de chariot à canon, (petite) de haquet à bateau. .	3	10	»	»	7	6	»	7	6

	Longueur.			Largeur.			Épaisseur.		
	pi.	po.	li.	pi.	po.	li.	pi.	po.	li.
Sellette (petite) de haquet à nacelle, de pont-roulant et de devant de chariot à canon.	3	10	»	»	6	6	»	7	6
— de derrière de haquet à bateau.	4	10	»	1	1	»	»	7	6
——————— à nacelle.	3	10	»	1	1	»	»	6	6
— de triqueballe..	3	10	»	1	»	»	»	7	6

Essieux Porte-roues (d'orme).

	Longueur.			Largeur.			Épaisseur.		
— de caissons.	4	6	»	»	7	»	»	5	»

Sassoires.

	Longueur.			Largeur.			Épaisseur.		
— de 12, 8, et d'obusiers de 6 pouces (d'orme).	4	»	»	»	7	6	»	4	»
— de 4 (d'orme).	4	9	»	»	7	»	»	3	6
— de caissons à munitions.. . . .	4	3	»	»	4	»	»	3	6
— de chariots à munitions et caisson d'outils..	5	»	»	»	8	6	»	5	6
— (petite) de chariot à canon et haquet à nacelle.	4	4	»	»	4	»	»	3	6
— (grande) de haquet à nacelle, à bateau et pont-roulant. . . .	5	4	»	»	5	»	»	4	3

Essieux.

	Longueur.			Largeur.			Épaisseur.		
— de 24 de siége.	7	6	»	»	11	»	»	9	6
——————— de place.	7	»	»	1	»	»	»	10	6
— de 16 de siége.	7	2	»	»	10	»	»	8	6
——————— de place.	6	10	»	»	11	»	»	9	6
— de 12 de place..	7	»	»	»	9	»	»	7	6
— de 8 de place.	6	6	»	»	10	»	»	8	6
— d'obusiers de 8 et de 6 pouces..	6	3	»	»	9	»	»	7	6
— d'avant-train d'affût de siége pour la plaine.. .	6	8	»	»	8	»	»	6	»
——————— pour la montagne.	6	8	»	»	8	»	»	6	6
— de chariot à canon et de devant de haquet à bateau.	7	»	»	»	9	»	»	7	6
— de derrière de haquet à bateau.	7	6	»	»	11	6	»	7	6
— de devant et de derrière de haquet à nacelle.	6	10	»	»	9	»	»	6	6
— de pont-roulant.	6	8	»	»	8	»	»	6	6
— de triqueballe..	6	10	»	»	9	»	»	7	6

	Longueur.			Largeur.			Epaisseur.		
	pi.	po.	li.	pi.	po.	li.	pi.	po.	li.
Corps d'essieux en bois.									
— pour tous les essieux de fer.. .	3	9	»	»	6	6	»	7	6
Flèches (suivant les patrons cintrés).									
— de caissons à munitions (d'orme).	9	6	»	»	5	6	»	7	6
— de chariot à canon.	11	6	»	»	7	6	»	5	6
— de triqueballe..	15	6	»	»	8	6	»	6	6
— de haquet à bateau.	19	6	»	»	9	6	»	9	6
————— à nacelle.	15	6	»	»	8	6	»	8	6
— de pont-roulant..	16	6	»	»	8	6	»	8	6
Timons (1) (*suivant les Patrons cintrés.*)									
— de 12, 8, obusier de 6 pouces, caisson, chariot à munition et forge (orme ou chêne).	12	»	»	»	5	6	»	5	»
— de 4 (orme ou chêne).	11	6	»	»	5	»	»	4	»
— de chariot à canon et haquet à bateau.	12	6	»	»	6	6	»	5	6
— de haquet à nacelle et pont-roulant.	12	»	»	»	5	6	»	6	»
Volées de derrière.									
— de 12, 8, obusiers de 6 pouces, de caissons, de chariot à munitions et forge.	4	6	»	4	»	»	»	3	6
— de chariot à canon, haquets et pont-roulant.	4	8	»	4	6	»	»	4	»
Volées de bout de timon.									
— de 12, 8, obusier de 6 pouces, 4 et caissons à munitions. . . .	3	2	»	»	3	6	»	2	9

(1) Doivent être tirés de bois fendus au coin ; tous ceux provenans de plateaux refendus à la scie, cassent trop aisément. Mêmes observations que pour les Leviers.

I.

	Longueur.			Largeur.			Epaisseur.		
	pi.	po.	li.	pi.	po.	li.	pi.	po.	li.
— de caisson d'outils, chariot à munitions et forge..	4	»	»	»	3	9	»	3	»
— de chariot à canon, haquets et pont-roulant.	4	»	»	»	4	6	»	3	9

Palonniers.

	Longueur.			Largeur.			Epaisseur.		
— de 4 et caissons à munitions. .	2	9	»	»	2	9	»	2	6
— de 12, 8, obusiers de 6 pouces, caisson d'outils, chariot à munitions et forge.	2	9	»	»	3	3	»	2	6
— de chariot à canon, haquets et pont-roulant.	2	9	»	»	3	9	»	2	9

Bras de limonière (suivant les Patrons).

	Longueur.			Largeur.			Epaisseur.		
— de 24, 16, obusier de 6 pouces et chariot à canon pour la plaine et pour la montagne..	9	6	»	»	6	3	»	5	3
— de 12, 8, caissons, chariot à munitions et forge.	9	3	»	»	5	9	»	4	»
— de 4.	9	3	»	»	5	6	»	3	6

Entre-toises de limonière.

(Dans cet article et les 2 suivans, il n'y a que quelques lignes de différence pour le 4).

	Longueur.			Largeur.			Epaisseur.		
Pour toutes les limonières. . . .	2	6	»	»	5	»	»	4	»

Têtards de limonière.

	Longueur.			Largeur.			Epaisseur.		
Pour toutes les limonières. . . .	2	2	»	»	5	»	»	4	6

Epars de limonière.

	Longueur.			Largeur.			Epaisseur.		
	pi.	po.	li.	pi.	po.	li	pi.	po.	li.
Pour toutes les limonières.	2	7	»	»	4	»	»	1	6

Moyeux (sans aubier quelconque).

	Longueur.			Diamètre.		
— d'affût de siége de 24.	»	25	»	»	19	»
————————— de 16.	»	23	»	»	18	»
————— de campagne de 12.. . .	»	21	»	»	15	6
————————— de 8. . . .	»	21	»	»	14	6
————————— de 4. . . .	»	18	»	»	13	6
————— de place de 24.	»	25	»	»	20	»
————————— de 16.	»	25	»	»	19	»
————————— de 12.	»	23	»	»	18	»
————————— de 8..	»	21	»	»	17	»
— d'obusier de 8 et de 6 pouces. .	»	21	»	»	16	»
— de charrettes, camions.	»	21	»	»	15	6
— de chariot à canon, haquet à bateau..	»	21	»	»	16	»
— de haquet à nacelle.	»	21	»	»	14	6
— de chariot à munitions, caissons et forge.	»	18	»	»	13	6
— de triqueballe..	»	21	»	»	18	»
— d'avant-train d'affût de siége pour la plaine. . .	»	18	»	»	12	6
————————— pour la montagne.	»	18	»	»	12	6
— d'affûts de campagne de 12, 8, caissons et chariot à munitions.	»	18	»	»	12	6
— d'affûts de 4..	»	18	»	»	11	6
— de chariot à canon et haquet à bateau..	»	21	»	»	16	»
— de haquet à nacelle.	»	21	»	»	14	6

Rais.

	Longueur.			Largeur.			Epaisseur.		
— de 24, 16 de siége et de place..	2	6	»	»	6	»	»	8	»
— de 12 et 8 de place et de campagne, d'obusiers, chariot à canon, charrettes, camions, des 2 haquets et pont-roulant.	2	6	»	»	5	»	»	7	»
— de triqueballe..	3	3	»	»	6	»	»	8	»
— de caissons, chariot à munitions et forge.	2	6	»	»	5	»	»	7	»

	Longueur.			Largeur.			Epaisseur.		
	pi.	po.	li.	pi.	po.	li.	pi.	po.	li.
— d'avant-train de 24, 16, de chariot à canon, haquet et pont-roulant.	2	»	»	»	5	»	»	7	»
————— de 4.	2	»	»	»	5	»	»	7	»
Jantes (suivant les Patrons) en orme, excepté pour les Affûts de place.									
— de 24 et 16 de siége.	2	8	»	»	7	6	»	5	»
————— de place.	2	6	»	»	6	6	»	5	»
— de 12 et 8 de place.	2	6	»	»	5	6	»	4	6
— de 4, caissons, chariots et forge.	2	8	»	»	4	9	»	3	9
— de 12 et 8 de bateau, obusiers, charrettes, camions, chariot à canon, haquets.	2	8	»	»	5	6	»	4	»
— de triqueballe..	3	3	»	»	7	6	»	5	»
— d'avant-trains de siége..	2	»	»	»	4	9	»	3	9
————— de chariot à canon, haquets et pont-roulans.. .	2	6	»	»	5	6	»	4	»
————— de 4, caissons, chariot à munitions et forge.. . .	2	6	»	»	4	6	»	3	9

Leviers *

(en chêne, orme ou frêne).

		Larg.		Epaiss.	
		po.	li.	po.	li.
— ordinaires de manœuvre, longueur 7 pieds. . . .	Au commencement de la pince.	2	9	2	3
	A 18 pouces de la pince.	3	3	2	9
	Equarrissage au petit bout.	2	3	2	3
— ferrés pour affût de place, de chèvre et de cabestan, longueur 7 pieds.	Au commencement de la pince.	3	»	2	6
	A 18 pouces de la pince.	3	6	3	»
	Equarrissage au petit bout.	2	3	2	3
— du vindax, longueur 6 pieds 3 pouces (totale).	La partie équarrie a 1 pi. de longueur.	3	10	3	4
— de 12, 8, et obusiers de bataille, long. 5 pieds 10 pouces.	A 15 pouces de la pince.	3	3	3	3
	Au gros bout.	3	»	3	»
	Au petit bout.	2	3	2	3
— de 4 de bataille, longueur 5 pieds 4 pouc.	A 1 pied de la pince. . .	2	10	2	10
	Au gros bout.	2	6	2	6
	Au petit bout.	2	»	2	»
— directeur de chassis d'affût de côte, longueur 7 pieds.	A 18 pouces du gros bout.	4	»	4	»
	Au gros bout.	3	6	3	6
	Au petit bout.	2	6	2	6
— d'affût de côte pour les rouleaux, long. 7 pieds 3 pouces.	Au milieu, sur la longueur de 2 pieds 6 pouces. . .	3	4	2	10
	Au gros bout.	2	3	2	3
— de pointage pour affût à mortier, longueur totale 4 pieds 3 pouces ; longueur de la pince 1 pied 1 pouce.	A 13 pouces de la pince.	3	3	2	6
	Au bout de la pince.. . .	2	9	2	»
	Au petit bout.	2	»	2	»

* Le bois des Leviers doit être de droit fil, non gras, de bonne qualité, sans aubier, refendu au coin, sans nœuds ni éclats provenant de la fente ; les bouts intacts de toute gelivure et gerçure.

	Longueur.			Largeur.			Epaisseur.		
	pi.	po.	li.	pi.	po.	li.	pi.	po.	li.
Entre-toises des affûts de fer coulé.									
— de devant pour mortiers de 12 pouces, 10 pouces à grande portée	1	10	»	1	7	»	1	5	»
— de derrière d'idem.	1	10	»	1	4	»	1	3	»
— de devant pour mortiers de 10 pouces à petite portée et pierrier.	1	8	»	1	4	»	1	2	»
— de derrière d'idem.	1	8	»	1	3	»	1	»	»
— de devant pour mortiers de 8 pouces.	1	4	»	1	2	»	1	»	»
— de derrière d'idem.	1	4	»	1	4	»	«	10	»
Coussinets à Tourillons pour Affûts à mortiers.									
— de 12 pouces et 10 pouces à grande portée..	1	3	»	1	2	»	»	6	6
— de 10 pouces à petite portée et pierrier.	1	3	»	1	»	»	»	8	»
— de 8 pouces..	1	3	»	»	10	»	»	7	6
Coins de mire pour Mortiers.									
— de 12 pouces et 10 pouces à grande et petite portée, et pierrier.	1	6	»	»	9	6	»	6	3
— de 8 pouces..	1	»	»	»	6	6	»	5	3
Cales en Coin pour Mortiers.									
— de 12 pouces et 10 pouces à grande et petite portée et pierriers.	1	»	»	»	4	»	»	4	»
— de 8 pouces..	«	10	»	»	3	6	»	3	6
Bras de tous les coffrets.	3	6	»	»	4	»	»	3	»
Bras de brouettes..	6	»	»	»	4	»	»	3	»
Merains.									
— pour seaux d'affûts.	1	»	»	»	4	»	»	1	»
— pour baquets de forge..	2	3	»	»	5	»	»	1	3

	Longueur.			Largeur.			Epaisseur.		
Chèvres.	pi.	po.	li.	pi.	po.	li.	pi.	po.	li.
Hanches (sapin)	17	»	»	»	7	»	»	6	»
Pieds	15	6	»	»	6	6	»	6	6
Echantignolles	5	6	»	»	6	»	»	5	6
Premier épar	9	6	»	»	5	»	»	3	3
Deuxième épar	7	»	»	»	5	»	»	3	»
Troisième épar	5	»	»	»	5	»	»	3	»
Treuil de chèvre (en orme)	7	6	»	»	9	6	»	9	6
——— de cabestan (*idem*)	5	»	»	»	10	»	»	10	»
——— de vindax (*idem*)	4	6	»	1	»	»	1	»	»
Pont-roulant.									
Moutons	3	2	»	1	»	»	»	5	»
Supports	7	»	»	»	6	»	»	5	»
Bras de support	1	2	»	»	7	»	»	5	6
Volets	7	6	»	2	4	»	»	1	6
Clef pour contenir la charge	4	»	»	»	11	»	»	3	6
Ponts.									
Plats bords du bateau n°. 1	20	»	»	»	5	»	»	2	6
——— du bateau n°. 2									
——— du bateau n°. 3									
——— de la nacelle	3	»	»	1	»	»	»	2	6
				»	6	»	»	3	6
Montans de semelle du bateau n°. 1	4	6	»						
——— du bateau n°. 2									
——— du bateau n°. 3									
Bordages du bateau n°. 1, 1re. pl.	39	»	»	2	»	»	»	2	6
——— 2e. planche				1	7	»	»	2	3
——— 3e. planche				1	7	»	»	2	3
——— du bateau n°. 2									
——— du bateau n°. 3, 1re. pl.									
Bordages de la nacelle, 1re. pl.				1	8	»	»	2	3
——— 2e. planche				1	»	»	»	2	3

	Longueur			Largeur			Epaisseur		
	pi.	po.	li.	pi.	po.	li.	pi.	po.	li.
Ceinture de la nacelle..				»	4	»	»	3	3
Courbes du bateau n°. 1.				»	6	»	»	6	6
———— de la nacelle..				»	5	»	»	5	»
Ceinture du bateau n°. 1..	19	4	»	»	5	»	»	2	6
Prolongation de la ceinture du bateau n°. 1.	13	»	»	»	5	»	»	4	»
Semelles pour le dessous du bateau n°. 1.	25	»	»	1	»	»	»	1	3
Pièces formant les mortaises de traverse, bateau n°. 1.				»	5	»	»	3	»
Planches du fond du bateau, n°. 1.							»	2	6
Mât pour remonter la nacelle.. . .	13	»	»	»	4	»	»	4	»
— à fourche pour porter les mailles.	5	»	»	»	6	»	»	5	»
Mât (sapin).	21	»	»	»	5	6	»	5	6
Gouvernail (sapin)..	21	»	»	»	5	»	»	5	»
Chevilles du Gouvernail.	2	2	»	»	2	2	»	2	»
Perches de grande rame (sapin). .	13	»	»	»	5	»	»	5	»
———— de petite rame (sapin). .	6	6	»	»	3	»	»	3	»
———— de croc (sapin).	13	»	»	»	2	6	»	2	6
Palettes de gouvernail (sapin). . .	9	»	»	1	2	»	»	1	9
———— de grande rame.	5	6	»	»	11	»	»	1	3
———— de petite rame.	3	»	»	»	9	»	»	1	3
Grande écope..	4	6	»	»	8	6	»	5	6
Petite écope.	1	10	»	»	6	6	»	5	»
Poutrelles de bateau (sapin).. . .	28	»	»	»	5	6	»	5	6
———— de pont-roulant (sapin).	15	»	»	»	3	6	»	4	6
Madriers de bateau (sapin).. . . .	17	»	»	1	»	»	»	2	»
————de pont-roulant (sapin).	7	»	»	2	4	»	»	1	6

TABLE DES QUANTITÉS

De Bois en grume ou débités, du Poids des Ferrures, des Journées d'Ouvriers et du Charbon, nécessaires à la confection des principaux Attirails d'Artillerie.

Dans le poids des Ferrures n'est pas compris celui de l'Essieu en fer des Voitures à Essieu de fer, *voyez-en le poids à la table des Essieux*; ni celui de la Roulette des Affûts de place qui pèse 113 liv.

Comme les Chassis d'Affût de place diffèrent peu entre eux, les quantités sont relatives au Chassis moyen.

Dans le Chassis d'Affût de côte, les Roulettes ne sont pas comprises. Elles pèsent 207 liv.

Dans le Soufflet de Forge ne sont pas comprises 5 demi-journées de Souffletier pour sa garniture en cuir.

Les quantités de cette Table sont portées au maximum : mais elles sont déterminées d'après des observations faites sur le travail des compagnies d'Ouvriers employées dans les arsenaux, c'est-à-dire sur des Ouvriers exercés et surveillés : on serait bien loin de compte si, d'après cette Table, on estimait le travail qu'a dû faire le ramas d'hommes, se disant Ouvriers, qu'on a occupés dans les Parcs d'Artillerie des Armées, durant les guerres de 1792 : ce maximum ne serait pas même un minimum : il en serait de même pour les consommations en bois, etc. Les Ouvriers d'aujourd'hui n'ont pas encore la promptitude des Ouvriers d'avant la révolution.

Attirails.	Bois en grume.			Bois débité.		
	sol.	pi.	po.	sol.	pi.	po.
Affût de Siége de 24 sans Avant-train	31	3	3	26	2	1
— de 16 sans Avant-train	27	3	»	22	5	6
Avant-train de Siége de 24 , etc. pour plaine	9	»	6	7	3	5
— pour la Montague	9	»	6	7	3	5
Affût de Campagne de 12	16	4	»	13	5	4
— de 8	15	»	7	12	3	6
*						
— de 4	9	4	4	8	»	7
Avant-train de 12 , etc.	9	3	7	8	»	»
— de 4	8	1	2	6	5	»
Coffret d'Affût de Campagne						
4 Leviers pour Affûts de Campagne						
Seau pour Affût de Campagne						
Affût d'Obusier de 8 pouces	17	5	5	14	5	6
— d'Obusier de 6 pouces	16	5	9	14	»	10
**						
Affût de Place de 24	38	1	7	31	5	4
— de 16	34	4	6	28	5	9
— de 12	30	»	»	25	»	1
— de 8	Idem.			Idem.		
Chassis d'Affût de Place	9	»	5	8	1	2
Chassis de Transport				1	5	4
Affût de Côte de 24	24	3	5	20	2	10
Chassis d'Affût de Côte	20	5	6	17	2	9
Chariot à Canon avec Avant-train	34	5	7	29	»	7
— à Munitions , idem	22	4	2	18	5	6
Caisson d'Outils , idem	20	3	4	17	»	9
Avant-train (seul) du Caisson d'Outils	7	1	9			
Caisson à Munitions	21	5	3	18	»	5
Avant-train du Caisson à Munitions	8	»	»			
Charrette à Munitions	19	1	»	15	2	4
— à boulets	15	5	10	12	4	11
Camion	14	5	»	12	2	»
Bateau { pour planches	39	1	5	32	4	2
Bateau { pour courbes	54	2	5	45	2	»
Nacelle { pour planches	11	2	6	9	3	1
Nacelle { pour courbes	6	»	6	5	»	5
Haquet à bateau avec Avant-train	38	4	2	32	1	6
Son Avant-train						
Haquet à nacelle avec Avant-train	30	1	»	25	»	9
Forge avec Avant-train et Soufflet	17	2	6			
Soufflet (seul)						
Chèvre brisée						
Chèvre ordinaire						
Cabestan						

* L'Af. et l'av.-train de la Pièce nouv. de 6.
** ——————————— de l'Obus. de 5 po. 7 lig. ou de 24.

Cette estimation paraît la plus vraie , mais plusieurs arsen. la portent beaucoup au-delà.

Poids des Ferrures.	Journées d'Ouvriers		Charbon.
	en bois.	en fer.	
liv.			liv.
943	21	80	2900
795	20	76	2000
216	12	36	600
260	15	30	800
507	18	68	1500
450	18	68	1400
300	14	60	1000
214	14	38	650
180	12	32	550
13	2	4	75
5	$1\frac{1}{2}$	1	50
5		1	25
505	18	50	1400
535	18	68	1500
438	35	40	700
430	33	40	600
370	32	40	600
320	Idem.	Idem.	550
33	8	5	100
41	2	3	100
220	20	28	450
120	28	10	300
670	40	60	1300
404	56	56	900
535	38	92	1300
196	15	70	500
534	45	84	1250
208	15	24	500
245	25	16	300
265	22	16	300
255	20	24	400
	490	27	
	107	9	
750	45	88	1900
605	37	80	1200
796	45	64	2300
36	3	5	100
124	32	5	350
86	32	4	500
28	4	7	100
	44	190	
	44	197	

POIDS DES AFFUTS, *Voitures, etc. de l'Artillerie.*

Affûts de Siége de	24	16	Obus.
	liv.	liv.	liv.
Le corps de l'Affût............	1461	1190	842
Ses 2 Roues.................	803	675	489
L'Avant-train...............	284	284	284
Ses 2 Roues................	225	225	225
Total...	2773	2374	1840

Affût de Campagne de	12	8	4	Obus.
	liv.	liv.	liv.	liv.
Le corps de l'Affût..........	895	731	445	725
Ses 2 Roues.............	489	433	354	489
L'Avant-train............	381	381	331	381
Ses 2 Roues.............	251	251	204	251
La Volée de bout de timon et ses 2 palonniers............	16	16	16	16
Total...	2032	1812	1350	1862

Affût de Place de	24	16	12	8	4
	liv.	liv.	liv.	liv.	liv.
Le corps d'Affût.......	1370	1225	1054	925	510
Ses 2 Roues.........	601	513	435	381	381
Le grand Chassis.......	622	626	id.	id.	id.
Les 2 Coins de recul....	18	18	id.	id.	id.
Les 2 Coins d'arrêt.....	15	id.	id.	id.	id.
Les 2 Coins servant à mettre l'affût sur le chassis...	6	id.	id.	id.	id.
Le Coussinet d'auget....	19	id.	id.	id.	id.
La Cheville ouvrière....	8	id.	id.	id.	id.
Le Chassis de transport..	142	id.	id.	id.	id.
La Cheville à piton....	22	id.	id.	id.	id.
Le corps de l'Avant-train.	284	id.	id.	id.	id.
Ses 2 Roues.........	225	id.	id.	id.	id.
Total...	3332	3099	2840	2657	2242

Affût de Côte de

	36	24	18 et 16	12
	liv.	liv.	liv.	liv.
L'Affût..	1585	1485	1345	1215
Le grand Chassis.	1840	1710	id.	id.
Le petit Chassis.	255	238	id.	id.
La Cheville-ouvrière.	11	11	id.	id.
Les 2 Leviers de manœuvre. . . .	24	24	id.	id.
Le Levier de pointage..	19	19	id.	id.
Total. . .	3734	3487	3347	3217

Affût de Fer coulé pour Mortiers, etc.

	de 12 et 10 po.	10 po. à petite portée.	8 po.
	liv.	liv.	liv.
Le Corps d'Affût.	2616	1739	820
Le Coussinet à tourillons..	31	30	24
Le Coin de mire et la calle en coin.. . . .	11	11	5
Les 2 Leviers ferrés.	12	12	12
Total. . .	2670	1792	861

Chariots à

	(1) Canon.	Munitions.
	liv.	liv.
Le corps du Chariot et son Avant-train.. . .	907	954
Les 2 Roues de derrière..	523	386
Les 2 Roues de devant.	399	290
La Volée du bout du timon..	30	20
La Cheville-ouvrière et sa clavette.	»	8
Total. . .	1859	1658

(1) On en monte aussi sur des roues d'Avant-train, d'Affût de siége, et sur des roulettes pour les Places.

Caissons à Munitions.

	Poids du Corps.	Poids total.
	liv.	liv.
De 12 et 8 pour Munitions à Canon de 12.	622	1644
De 12 et 8 pour Munitions à canon de 8.	651	1673
De 12 et 8 pour Cartouches d'Infanterie.	666	1688
De 12 et 8 pour munitions d'Obusiers de 6 pouces. .	613	1635
De 4 pour Munitions à canon de 4..	620	1642
De 4 pour Cartouches d'infanterie.	638	1660

Dans tous les Caissons, les objets suivans pèsent :

Les 2 Roues de derrière . . . . 386 liv.
L'Avant-train, flèche comprise. 318
Ses 2 Roues 290
La Volée de bout de timon. 16
Le Coussinet d'essieu de rechange 12

Caissons d'Outils.

Le corps du Caisson . . . . 686 liv.
Ses 2 Roues. 386
Le Corps de l'Avant-train. 364
Ses 2 Roues. 290
La Cheville ouvrière et sa Clavette 8

                                    TOTAL. . 1734

Caisson d'Outils approvisionné.

En Outils d'ouvriers en bois, pour une demi-compagnie. 2657 liv.
Coffre de supplément à l'approvisionnement précédent . 360
En Ustensiles d'Artifices nécessaires en campagne. . . . 2438

Charrettes et Camions

	à munit.	à boul.	cami.
	liv.	liv.	liv.
Le Corps..	615	460	495
Les 2 Roues.	485	490	472
TOTAL. . .	1100	950	967

Forges.

La Forge . . . .   862 liv.
Son Soufflet   120
Le Coffret mobile de devant   42
Les 2 Roues de derrière   386
Le corps de l'Avant-train   364
Ses 2 roues   290
La Cheville ouvrière et sa Clavette   8
Contre-poids   16

                                              TOTAL. . .   2088

La Forge approvisionnée. 3o6o
Bateau. 38oo
Nacelle. 14oo

Haquets à	Bateau.	Nacelle.
	liv.	liv.
Le corps du Haquet, l'Avant-train compris. . . .	1099	787
Les Roues de derrière.	542	425
Les Roues de devant.	399	358
TOTAL. . .	2040	157o

Agrès pour les Ponts.

Voyez page 67.

Cordages.

Voyez page 269.

Ancres.	grande.	moy.
	liv.	liv.
L'Ancre.	13o	9o
Le Jas.	68	3o
TOTAL. . .	198	120

Le Vindax.

Le Vindax . . . . 254 liv.
Ses 2 Leviers 66

Pont-roulant.

Les 2 Trains 1060
Les 2 Roues de derrière 4o6
Les 2 Roues de devant 346
Les 12 Poutrelles 720
Les 18 grands Volets et les 2 petits 976

Total. . 35o8

Agrès du Pont-Roulant.

Les 2 Coulisses . . . . 225 liv.
Les 2 Directeurs 3o
Chevalet de Pont 195
Nacelle . . . .

Avant-train de Montagne de	Siége.	Campagne.		Caisson.
		Pour 12-8.	Pour 4.	
	liv.	liv.	liv.	liv.
Le corps de l'Avant-train	245	328	3oo	242
Les 2 Roues	210	251	204	290
La Limonière et son boulon	140	100	85	102
(Ce Boulon sert pour toutes les Limo- nières).				
Total . . .	595	679	589	634

Chèvre.	ordin.	brisée.
	liv.	liv.
La Chèvre	424	490
Son Pied	59	58
Total . . .	483	548

Chevrette. . . . . 24 liv.

Triqueballes.	à Roues (1)		
	ordin.	basses.	à vis.
Le corps du Triqueballe.	395	236	597
Les 2 Roues.	840	434	840
Total. . . .	1235	670	1437

Crics.

Voyez page 71.

Chevalets. . . . . 112 liv.

Armemens des Bouches à feu, etc.

Ecouvillons et Refouloirs hampés. *Voyez page* 163.

	Tête d'écouvill.		Lanterne.		Tire-bour.	
	liv.	onc.	liv.	onc.	liv.	onc.
de Siége et de Place. { de 24.	4	»	15	10	8	8
— . 16.	3	»	15	8	8	8
— 12.	1	9	11	8	8	8
— 8.	1	5	9	»	8	8
— 4.	1	»	5	8	5	»
de Campagne { — 12.	1	9	7	5	5	8
— 8.	1	5	7	»	5	»
— 4.	1	»	5	8	3	12

Dégorgeoirs pour Canon de siége et de place . . . . . . 1 onc.
Dégorgeoirs pour Canon de campagne . . . . $3\frac{3}{4}$
Porte-lances 7
Gargoussiers. *Voyez page* 173.

---

(1) On s'en sert dans les Places. On peut en monter aussi sur des roues de charrettes : le Triqueballe pèse alors 736 liv.

Leviers.

		liv.	onc.
Ordinaires pour siége , place, etc. , ...		10	8
Ferrés pour Canon de place		15	«
Pour Affût de Campagne. { de 12 , 8 et Obusiers		9	8
{ de 4		6	«
Pour Affût de Côté. { équarri au milieu		12	«
{ de pointage ou directeur.		19	«
Pour l'usage du Coussinet de l'Affût à Mortier. { en blanc		5	8
{ ferré		6	«

Pour Mortiers.

	liv.	onc.
Curettes	1	8
Crochet à Bombes	1	8
Fusées. *Voyez la Table des Fusées.*		
Chasse–fusée	«	7
Maillets-chasse–fusée	1	«
Tire-fusées pour Mortier de 12 pouces et de 10 pouces .	30	«
— Pour Mortier de 8 , etc.	22	8
Spatules pour chasser les Coins de Bombes.	«	14

Plate-forme.

Voyez page 172.

		liv.	onc.
Seaux pour Affût de campagne.		10	8
— Pour Forge		11	6
Coffrets d'Affût de Campagne. { de 12.		48	«
{ de 8		45	«
{ de 4		40	«
{ d'Obusier de 6 pouces.		45	«

Coffret d'Outils , etc., pour les Caissons à Munitions.

Vide , il pèse 25 liv. Approvisionné , 80 liv.

Enrayures.

Voyez page 175.

Coffre d'Outils, etc., du Chariot de Division.

Vide, il pèse 106 liv.

Approvisionné pour Division de 12, il pèse . . . . . . 361 liv.
— — — pour Division de 8. 350
— — — pour Division de 4. 341
— — — pour Division d'Obusiers. 380
— — — pour l'Equipement de Pont de Bateau . 388

Tombereau à bras.

	à Roues	
	grandes.	petites.
	liv.	liv.
Le corps du Tombereau.	257	262
Les 2 Roues.	310	225
Total. . .	567	487

	liv.	ouc.
Traîneau	225	«
Charettes à bras. Ordinaires	74	«
— — à Bombes et à Fardeaux.	65	«
Civières à bras. Ordinaires.	38	«
— — à boulets	34	«
Le { Le Pétard.	46	«
Pétard. { Son Plateau	40	«
Crochet ou Croc de Sappe non hampé.	7	«
Réchaud de rempart	7	8
Charrue pour tracer les Parcs d'Artillerie	112	«
Masse à frapper et à Damer	16	«

Chevaux de frise.

	liv.	ouc.
Poids du corps.	41	«
Poids des 33 Lances	66	«
Total. . .	107 liv. « onc.	

Affût.	de canon de 6.	d'obusier de 5 po.
	kilog.	kilog.
Corps d'Affût..	336	384
2 Roues avec Rondelles , Flottes. . . .	177	173
Corps d'Avant-train.	200	206
2 Roues avec Rondelles , etc.	132	140
Coffret et son Boulon.	44	5o
Total. . .	889	953

Semelle pour Mortier à Plaque de 12 pouces. . . . . . . 260 kil.
Ses 4 Boulons.. . . . .

DE L'ARTILLERIE

DE MONTAGNE.

Rien n'était décidé en France, sur l'Artillerie particulièrement propre aux pays de montagne, avant les guerres de 1792, parce que la situation politique de cet état avec ses voisins, ne lui faisait pas présumer qu'elle pût en avoir besoin. Dans la conquête de la Corse, faite 20 ans auparavant, on n'avait employé que peu d'Artillerie dans les montagnes : on s'était servi de traîneaux pour y porter quelques pièces de 4, on avait fait usage de quelques pièces anciennes à la Rostaing; et on en était resté là sans perfectionner les attirails dont on s'était servi et sans rien décider sur leur construction.

Dans les guerres de 1792, l'armée d'Italie a eu principalement besoin de ce genre d'Artillerie; mais à cause que rien n'était arrêté sur ce point, qu'on n'avait que peu ou nuls renseignemens, peu d'ouvriers d'Artillerie, peu d'officiers, on n'a fait que tâtonner dans ce qu'on a construit; et comme on travaillait à la hâte, pressé par les circonstances, sans pouvoir mûrir ses idées, sans faire des essais, etc. il n'est pas étonnant qu'on n'ait pas obtenu des résultats satisfaisans. Voici un résumé succinct de ce qu'on y a fait, pour prêter quelques lumières à ceux qui voudront mieux faire : car on imagine qu'on cherchera à sortir de l'indétermination où l'on est resté flottant jusqu'à ce jour.

On a employé en Artillerie à l'armée d'Italie : les fusils de rempart... les pièces de 3... de 4... de 8... de 12... les obusiers de 6 pouces... les mortiers de 8 pouces.

Les Fusils de Rempart.

Les Fusils de rempart exécutés sur un chevalet, arme ancienne, ont paru de bon service : *Voyez leur article ci-après.* Il faudrait n'en avoir que d'un seul calibre, *dont la balle fût de 12 à la livre* et alléger un peu le chevalet.

On observera ici que de petits obusiers à bombettes, fondus, je crois, par ordre du maréchal de Maillebois, dans la dernière guerre d'Italie, trouvés dans l'arsenal d'Antibes, ont paru inexécutables, tant par l'incertitude du tir, que par leur percussion de recul, quoique portés par une espèce de fourche que le tireur appuie à un coussinet contre son épaule. On n'en parle ici que pour mémoire, parce qu'on a voulu renouveler cette arme.

Les Pièces de 3.

Les Pièces de 3 avaient été prises sur les Piémontais : il s'en est trouvé de bien des formes, à tourillons creusés, de lourdes, de moins lourdes, enfin de légères, et c'est de ces dernières seules qu'on a fait usage ; elles pèsent environ 160 liv., sont plus courtes d'un pied que la pièce de 4 légère : elles sont sans grain, sans anses, le fond de l'ame en tronc de cône, le grand diamètre vers la bouche.

Jusqu'à la prise de Saorgio, l'armée d'Italie n'eut jamais que 9 de ces Pièces légères, et après elle n'en eut jamais plus de 18 *jusqu'en* 1795, ce qui fit qu'on les ménageait, que n'ayant pas fait de longues canonnades, et n'ayant pas osé en pousser une à bout, on n'a pu s'assurer si ces Pièces très-légères, par rapport à leur calibre, sont de longue durée ; ce qui est douteux, car leur portée est bonne, et la charge forte, vu leur épaisseur. Si elles sont de bon service pour la durée, il faut y ajouter des anses et un grain, l'évasement de leur lumière ayant paru un défaut constant.

L'arrêté de l'an XI a fait reculer de ces Pièces ; le fond de l'ame est cylindrique ; elles pèsent 160 livres. Il y en a une trentaine à Turin ; mais l'Empereur, en les voyant, a dit, en l'an 13, que ce n'était bon à rien, et de les refondre. Comme on n'a pas eu besoin de métal, on ne les a pas encore refondues. On les a fait éprouver. Leur portée, avec la charge d'un quart, pointée de but en blanc, a été de 236 toises, le recul de 12 pieds ; avec la charge d'un tiers, la portée a été de 256 toises, le recul de 15 pieds : enfin, poussée à bout toujours avec la charge d'une livre, tirée de minute en minute, au 574ᵉ. coup, des éraillemens se sont manifestés à l'astragale, se sont étendus à la bouche, et jusqu'à 4 pouces du milieu des tourillons : après 624 coups, la Pièce était hors de service ; au 640ᵉ., elle a éclaté en morceaux : rafraîchie de 20 à 30 coups, l'eau qu'on y versait avait la chaleur insupportable de l'eau bouillante. L'Affût pesait 206 livres. D'après cette épreuve faite par le colonel Carmejeanne, cette Pièce paraît d'un bon service pour la montagne.

On observera encore ici que, quoiqu'il existe dans l'Artillerie un mémoire *manuscrit* sur la forme la plus convenable à donner aux chambres de mortier pour se procurer les plus grandes portées, et que dans ce mémoire l'on prouve que la figure des chambres est indifférente ; cependant il est à présumer que cette forme de chambre en cône tronqué renversé est plus favorable, car on la retrouve dans plusieurs bouches à feu étrangères, qui toutes donnent, ou ont la réputation de donner de grandes portées ; telles sont ces Pièces de 3 ; telles sont des Pièces de 4 (1), n'ayant

____

(1) Ces Pièces de 4 anglaises, destinées, je crois à la Marine, seraient

pas 2 pieds 6 pouces de longueur ; tels enfin des mortiers en bronze de 5 pouces, coulés sur semelle, pesant environ 120 liv. et portant jusqu'à 700 toises. Ces dernières bouches à feu ont été prises sur les Anglais ou sur les Espagnols.

Les Pièces de 3 légères avaient deux espèces d'affûts : les uns à rouage, les autres à chevrette ; les premiers avaient été pris sur les Piémontais : les seconds avaient été construits par les Français, qui n'ont pas fait faire des premiers, mais les consommaient seulement. Cependant l'affût à rouage paraît préférable, en ce que la Pièce est plus élevée, plus commode à servir, ne culbute (2) pas comme celui à chevrette lorsqu'on tire la Pièce, et est aussi léger : il est seulement plus long à construire ; l'un et l'autre se porte à dos de mulets et ne pèse qu'autour de 120 liv. L'affût à rouage a une semelle de pointage en fer ; elle est à charnière du côté de la tête d'affût ; et au moyen d'un boulon qui la traverse à l'autre bout, ainsi que les flasques, on peut la fixer à 3 hauteurs différentes. On a par là, quoiqu'avec une vis de pointage assez courte, la facilité de pouvoir tirer la Pièce fort au-dessous et fort au-dessus de l'horizon, ce qui est nécessaire dans les montagnes. Au reste le bouton de la pièce est percé : la vis de pointage se termine en fourche, et ses branches sont percées pour recevoir un boulon qu'on fait passer aussi dans le bouton de la Pièce, ce qui empêche la culasse de fouetter quand on tire.

On pourrait peut-être aussi y adapter des roues excentriques pour diminuer le grand recul qu'occasionne sa légéreté ; puisque cet affût est toujours porté à dos de mulet.

---

peut-être d'un bon service pour les montagnes, à cause de leur grande légéreté. Elles sont portées sur une fourche de fer à tige ronde, d'environ 15 pouces de longueur, où leurs tourillons sont retenus dans leur encastrement par des susbandes à clavettes. La tige de la fourche entre dans une semelle de fer coudée 2 fois à angle droit : la partie du milieu, qui est verticale, n'a pas plus de 4 pouces : la plus longue des deux parties horisontales n'en a que 18 de longueur sur 3 de largeur comme les deux autres, et a un vide d'un pouce dans le milieu suivant la longueur, au moyen de quoi elle pourrait porter un coin de pointage en bois avec un goujon pour le contenir. La fourche entre dans la troisième partie de la semelle... On pourrait encastrer cette semelle dans un bloc de bois, etc... Ces Pièces de 4 ne peuvent soutenir la charge de 5 quarts de livre de poudre.

(2) Pour éviter le grand et prompt recul de cette Pièce trop légère qui fait culbuter son Affût à chevrette, malgré la caisse pratiquée au bout des flasques vers les roulettes, qu'on remplit de terre pour l'appesantir, on pourrait essayer de mettre à la chevrette des roulettes excentriques semblables aux roues de l'affût du colonel la Grange. Les roulettes porteraient sur leur petit rayon dans l'exécution de la Pièce. Cette idée a été employée avec succès, dit-on, sur les vaisseaux.

Les Pièces de 4.

Les Pièces de 4 ont paru d'un bon usage sur leur affût-à-traîneau ; quoique la ferrure du dessous de l'affût s'use très-promptement, ainsi que le devant des entre-toises et des roulettes. Mais il faut qu'on ait soin :

1°. Dans les descentes, de retenir l'affût avec une prolonge mise en retraite.

2°. De diriger l'affût au moyen d'un levier courbe mis dans l'ame de la pièce, soit dans les tournans, soit dans les chemins sinueux et difficiles.

3°. De porter la Pièce ainsi que l'affût au moyen du levier brisé et des leviers portereaux dans les pas dangereux, étroits, obstaculeux.

4°. De dégager souvent les pierres qui s'amoncèlent entre les flasques en avant, pour conserver l'entre-toise, qui sans cela s'use encore trop vîte.

5°. De faire en sorte que l'affût s'appuie par les flasques sur les plaques d'entre-toise de chevrette, soit en perçant de plusieurs trous de boulons les flasques ou les montans de chevrette, pour mettre ce boulon à différentes hauteurs, soit en mettant les tirans à la longueur convenable au moyen des divers trous qu'ils ont à un bout, soit en les raccourcissant, s'il en est besoin.

Les Pièces de 8 et de 12.

Les Pièces de 8 et de 12 ont paru d'un mauvais service sur leur affût porte-corps, et on en a fait peu d'usage.

Elles exigent un grand nombre de mulets de trait, et sur-tout de bât pour leur approvisionnement, ce qui est un premier embarras.

Ces Pièces sont trop lourdes pour avoir un affût-traîneau à chevrette : elles étaient portées sur un affût à hautes roulettes du côté de la volée, et sur un avant-train à limonière et à petites roulettes. Les roulettes de l'avant-train sont basses, afin de pouvoir passer sous l'affût quand il faut tourner, et leur petitesse ne peut surmonter les pierres et les rochers qui les calent souvent dans les chemins des montagnes ; enfin, malgré l'encastrement de route qu'on y a pratiqué pour partager le fardeau, malgré la plus grande solidité donnée au bois des roulettes, à leur boîte, à leur ferrure, elles se brisent aisément sous le grand poids qu'elles supportent par les chaos multipliés et violens qu'elles essuient dans ces mêmes chemins.

Pour conserver l'affût des pièces de 8 et de 12, on a imaginé de garder cet affût pour le tir seulement, et de faire voyager les

Pièces sur un traîneau à 2 roulettes dit à bascule, parce qu'en marchant il bascule continuellement. Ce traîneau est à limonière. Mais l'augmentation d'attirails et de chevaux que ce traîneau nécessite, son tirage de bas en haut qui est pénible, l'embarras de passer promptement la Pièce du traîneau sur l'affût, ou de l'affût sur le traîneau ; sur-tout enfin la nécessité, la difficulté et le danger de le retenir dans les descentes rapides, au moyen d'un cordage de retraite, si l'on n'enraye pas, *ce qui produit un tirage trop fatigant*, rendent le service de ces Pièces très-pénible dans les montagnes.

L'Obusier de 6 pouces.

L'Obusier de 6 pouces est sur un affût-traîneau à chevrette ; il peut être tiré sans chevrette ; enfin il peut être tiré sous un grand angle en retirant la semelle mobile, etc.

Cette bouche à feu fort utile, dans les pays de montagne, et pèsant un peu moins que la Pièce de 4, use beaucoup plus vîte son affût, malgré qu'il soit bien plus solide ; ce qui provient de ce que le poids se trouvant plus réuni, surcharge les parties qui le portent immédiatement.

Si cet affût était à avant-train il durerait davantage : il faut y essayer ce changement ; et si on ne le fait pas, il faut avoir pour cette bouche à feu les soins prescrits pour la pièce de 4.

Au reste, le transport des munitions rend cette arme embarrassante par le grand nombre de mulets qu'elle exige.

Le Mortier de 8 pouces.

On a fait peu d'usage du Mortier de 8 pouces : cependant on présumait qu'il serait très-utile. Il ne pèse pas plus que la pièce de 4 ; mais comme son poids serait encore moins réparti sur un affût-traîneau que celui de l'obusier, ce qui en opérerait très-promptement la destruction, et qu'il faudrait en tirer les roulettes pour l'exécuter, on avait fait un affût en bois pour tirer le Mortier de 8 pouces, et un traîneau à bascule et à limonière pour le porter. A la troisième campagne on n'avait pas encore éprouvé la durée et la bonté de cet affût, pour en déterminer la construction irrévocablement.

Cet affût était, ou devait être aisé à démonter, pour qu'on pût le porter à dos de mulet. Les flasques longs de 4 à 5 pieds étaient des madriers en carré long, ayant l'écartement et toute l'épaisseur que permettent de leur donner la culasse du Mortier et la longueur des tourillons ; ils étaient assemblés par 2 entre-toises embrevées, et des boulons à douilles, écrous et rosettes ; un coussinet, arrêté par 2 chevilles en fer, soutenait le Mortier en avant, et pouvait recevoir les coins de mire pour tirer sous un grand angle. Les sous-bandes , ferrures cassantes sous les Mortiers *lorsqu'elles sont mal corroyées* , longues et difficiles à construire , étaient remplacées à chaque flasque par une plaque , intérieure et extérieure à l'affût , qui entourait l'encastrement. Ces deux plaques à chaque flasque recouvraient 6 bandes de fer de 10 à 12 pouces de longueur qui partaient des bords de l'encastrement en forme de rayons vis-à-vis l'une de l'autre , 3 intérieurement et 3 extérieurement ; 2 couples de ces bandes fortifiaient l'encastrement au recul : chaque couple de ces bandes d'appui était fixé par deux boulons , à quelques pouces l'un de l'autre , qui traversaient les flasques.

On n'avait d'abord fait appuyer ces bandes que contre les plaques qui entouraient l'encastrement ; mais il vaut mieux qu'elles partent de l'encastrement même et affleurent le bois , au bord de l'encastrement de leur épaisseur.

Si l'usage prouve que cette ferrure est solide , comme elle est aisée à faire , on pourrait s'en servir dans les affûts-traîneaux à la place des sous-bandes , ferrure difficile et longue à forger loin des arsenaux.

Il résulte de cet examen qu'il ne faut , je crois , employer dans les montagnes que les fusils de rempart , les pièces de 3 , de 4 , l'obusier de 6 pouces , et tout au plus encore le Mortier de 8 pouces ; et que pour les pièces de 8 et de 12 , il ne faut en mener que le moins qu'on pourra , et lorsque quelque retranchement , petit fort , ou château , etc. fera prévoir qu'on a besoin de ces calibres et qu'on pourra les employer avec succès ; car de songer à les mettre en position , c'est multiplier l'embarras pour un objet que le 4 remplit plus facilement : en effet , ce calibre suffit pour tirer contre des hommes , des affûts , des voitures : il fournit aisément la portée où l'Artillerie est meurtrière , ou peut être comptée pour quelque chose.

En demandant des pièces de 8 et de 12 pour mettre en position dans les montagnes , on l'a fait par analogie à ce que les batteries de position en plaine sont la plupart de ce calibre , sans songer que forcé à avoir dans une armée du 12 et du 8 pour les retranchemens , abattis , étendues de position d'armée , largeur de rivière , etc. , il était tout simple d'employer ce canon plus pesant à ces batteries qui avaient moins besoin d'être mobiles , et dont souvent le 4 remplirait l'objet. Dans les montagnes , ce ne sont plus les mêmes obstacles , les mêmes circonstances : c'est la difficulté naturelle ou artificielle des approches d'une position qui la défend plus que le relief de son retranchement ; et si on ne peut la battre que de 4 à 500 toises , l'incertitude du tir rendra le 8 et le 12 aussi inutiles que le 4 : ce ne sera plus le cas de faire agir l'Artillerie. On n'aura pas non plus de grandes étendues de terrain en avant d'un front de bataille , à traverser par des feux croisés , pour avoir besoin du 12 et du 8. Si ce sont des défilés , des passages à battre, le 4 suffit, comme on a déjà dit, contre des hommes et des voitures.

Il faut, dans l'Artillerie de Montagne, rapprocher tant que l'on pourra les constructions des différens calibres, en sorte que les différens affûts aient, autant que possible, des pièces parfaitement égales pour faciliter les rechanges (1).

A l'armée d'Italie, presque jusqu'au moindre clou tout était différent : ce qui venait de ce qu'on avait construit au fur et à mesure des besoins, sans aucun plan : et que les Officiers d'Artillerie ne pouvant suivre les divers attirails dans l'emploi qu'on en faisait pour en reconnaître les défauts, on construisait toujours suivant la première idée.

Il faut une grande simplicité et solidité dans les caisses à munitions et pour assortimens ; il faut que leur intérieur soit exempt de tout fer pour éviter les accidens, et il faut qu'il y ait le moins de ferrures possible ; parce qu'autrement ces caisses, outre la grande dépense, la longueur des constructions, tentent l'avidité des fripons, espèce qui foisonne dans les armées.

On avait malgré cela multiplié les targettes, les équerres, les anses, les mentonnets, les charnières, les cadenas, etc. quel embarras ! quelle dépense !

A la 3ᵉ. campagne on en avait construit de solides, de simples, bonnes enfin, sans ferrures, n'ayant que quelques clous noyés dans le bois, telles à-peu-près que celles décrites ci-devant pour la Charrette-caisson.

On avait préféré des barils à trappe pour porter les cartouches d'infanterie, *parce qu'on se servait pour les faire des barils de poudre vides*, ils en contenaient 1250 sans pierres. On peut employer aussi les caisses pour transporter ces munitions.

Dans les Tables d'Artillerie faites pour l'exécution de l'arrêté du 12 floréal an XI, on a composé l'Artillerie de Montagne de canons de 6 pesant 7 à 750 livres, de 3 pesant 160 livres, et de l'obusier de 5 pouces 7 lignes 2 points. Cette simplification est bonne : on l'avait demandée, comme on vient de le voir, dès l'an 9. Mais malgré la simplicité qu'on avait sur-tout jugée nécessaire dans les constructions à cette Artillerie, on a multiplié les ferrures, et donné des formes bizarres, difficiles et contournées aux flasques ; ils étaient droits et ils étaient bons : et tandis qu'on proscrivait le cintre des flasques aux affûts de campagne, comme cause de leur destruction, par la nécessité souvent de les contre-tailler pour donner ce cintre, on a cintré prodigieusement les nouveaux affûts de montagne, en plusieurs parties du flasque, et on les a

____

(1) Cette simplification, de la plus grande importance, est aussi très-nécessaire à l'Artillerie de plaine. Pour s'en convaincre, il ne faut que jeter les yeux sur les Tables générales, où l'on verra les plus petites différences entre les Pièces semblables qui ont souvent à-peu-près le même effort à faire.

encore contre-taillés sans motif. Les grandes roulettes ont été mises vers le milieu des affûts , et restent suspendues sans toucher terre, quand la pièce est en batterie. On a même imaginé , dans le 3 , je crois seulement, de suspendre dans le milieu des flasques des sacs de peau pour porter 20 livres de terre dans chacun, apparemment pour appesantir l'affût , ce qui ne l'empêche pas de reculer et culbuter , sur-tout lorsqu'on tire au-dessous de l'horizon sous l'angle de 20°. La raison en est que ces sacs ridicules sont mal placés. La caisse pratiquée vers la crosse de l'ancien affût, augmentait la difficulté du recul et du culbutage par la position du poids , et dispensait des *ridicules*. Tous les affûts nouveaux ont des vis de pointage, ce qui est convenable et en harmonie avec le reste de l'Artillerie. Comme tous ces changemens n'ont été ni motivés , ni essayés (sauf l'affût de 3 pour en essayer la pièce et les ridicules), ni même construits, on n'en donne point ici la nomenclature , on a laissé subsister l'ancienne , excepté pour la forge qui ne paraît pas défigurée.

FUSILS DE REMPART.

Espèce de gros Fusils très-variables dans leurs dimensions , construits anciennement , et dont on fait encore usage ; on les faisait alors sans platine.

Ils ont de 6 à 7 pieds de longueur... le canon de 5 pieds 6 pouces... le calibre de 11 lignes plus ou moins... les balles de 10 jusqu'à 14 à la livre... La baguette en fer est à tire-bourre... le poids du Fusil est d'environ 50 livres... le bassinet était recouvert d'une plaque en fer ; le serpentin , qui portait une mèche et y mettait le feu , jouait au moyen d'une espèce de bascule qui se trouve à la place de la sous-garde des Fusils ordinaires. Aujourd'hui on y met des platines.

Dans son exécution , ce Fusil qui a , vers les trois huitièmes, à partir de la crosse , une espèce de fourche à pivot, est porté par un chevalet un peu coudé vers sa tête, où se trouve un trou pour recevoir cette fourche ou poignée.

Ce chevalet est , en petit, semblable à ceux des scieurs de long. Il est composé d'une pièce de bois qu'on nomme le corps , qui d'un bout porte à terre , et de l'autre est porté par 2 pieds divergens.

Le corps a 6 à 7 pieds de longueur sur 3 pouces 6 lignes , et 2 pouces 6 lignes d'équarrissage à la tête qui est coudée : une partie du coude est horizontale et a 7 à 8 pouces de long , elle supporte l'arme , et est tout-à-fait au bout : l'autre partie qui fait le haut de la partie inclinée à la même longueur de 7 à 8 pouces ; le corps est ensuite délardé et réduit à 2 pouces ou 30 lignes d'équarrissage jusqu'au bout , les angles abattus , en sorte que le bois est à 8 pans.

Dans la tête est une mortaise , où s'assemblent les 2 pieds qui vont en divergeant jusqu'à 27 pouces de distance , et ont 3 pieds de longueur sur 2 pouces de largeur et 18 lignes d'épaisseur.

A un quart de la longueur des pieds , à commencer du bas , est une entaille pour recevoir une traverse.

Un arc—boutant ou tirant en fer un peu courbé , attaché au corps en dessous , s'accroche à un piton qui est au milieu de la traverse.

Les 2 pieds et le corps s'assemblent par un boulon qui les traverse , et qui est lié au corps par une chaînette.

A 6 pouces du trou de ce boulon horizontal , est un trou vertical sur le bout de devant de la tête du chevalet pour recevoir la fourche ou poignée qui porte le Fusil.

Le chevalet pèse 50 livres.

On met 450 cartouches à Fusil de rempart dans un baril qui en contient 1250 d'infanterie.

2 Barils font la charge d'un mulet.

AFFUT DE 3, *portatif, à Roulettes* (1).

Cet Affût est très-léger , il ne pèse qu'environ 120 livres : il est de construction piémontaise ; on s'y est conformé en France sans changement considérable.

Cet Affût est composé de 2 flasques assemblés par 3 entre-toises *de tête ou de tir , de support et de crosse ou de Roulettes* , retenues chacune par 1 boulon. Celle de crosse est faite comme une auge ; on y met des pierres ou du sable , etc. , pour donner de la pesanteur à l'Affût dans l'exécution de la pièce , afin qu'il recule moins.

Il y a 2 roulettes vers l'entre-toise de crosse percées de 2 trous de part en part , placés vers le bout d'un diamètre : ces trous servent à recevoir une cheville en fer qui , empêchant les Roulettes de tourner , diminuent le recul de l'Affût lorsqu'on exécute la pièce.

Les flasques sont taillés dans un madrier de 4 pieds 6 pouces de longueur totale ; de 8 pouces 2 lignes de largeur , et de 2 pouces 6 lignes d'épaisseur. Ils sont un peu délardés en dessous , de 13 pouces de la tête jusqu'à 15 pouces de la crosse. Ils sont aussi délardés au-dessus de l'entre-toise de crosse , pour pouvoir faire appuyer sur les flasques les chevilles qui empêchent le recul.

Pour exécuter la pièce , on l'élève en faisant porter les flasques sur une chevrette placée sous la tête d'Affût ; les flasques et la

---

(1) Cet Affût à chevrette est tiré de Saint-Remy, Tome II , page 211 , planc. 74 , édit. de 1745. Il est du sieur Faure, et les changemens qu'on y a faits , soit en 1792 , soit en l'an 11 , sont d'une bonté équivoque.

chevrette sont traversés par un boulon retenu par une clavette,
et la chevrette porte 2 tirans de 2 pieds 7 pouces 6 lignes de longueur qui s'accrochent à 2 pitons fixés aux flasques.

La Chevrette est portée par 2 Roulettes : c'est une espèce de
chassis composé de 4 pièces de bois : voyez-en la description ci-
après à l'article de l'Affût-traîneau de 4.

Nomenclature de l'Affût de 3 à Roulettes.

2 Flasques.
3 Entre-toises et 2 coins.
1 Chevrette.
1 Essieu de fer.
2 Etriers d'essieu.
2 Rondelles d'épaulement d'essieu.
2 Esses de bout d'essieu.
2 Roulettes.
2 Boîtes.
2 Bandes de Roulettes d'une seule pièce.
2 Plaques de Roulettes.
2 Chevilles d'enrayage et leur chaînette.
2 Sous-bandes.
2 Susbandes.
2 Têtes d'Affût.
2 Chevilles à tête plate.
2 — à mentonnet.
6 — à tête ronde.
3 Boulons d'assemblage.
10 Rosettes.
3 Ecrous.
2 Pitons de tirans de chevrette, leur écrou, leur rosette.

AFFUT DE 3, *portatif, à Rouage.*

Cet Affût, de construction piémontaise, est moins solide et plus
difficile à porter que le précédent, quoique aussi léger ; mais il
ne culbute pas : la pièce s'exécute plus aisément, et en conséquence il est préférable à celui à chevrette.

On ne l'a pas adopté en France ; on s'est servi de ceux qu'on a
pris à l'ennemi, et on n'en a pas fait construire de nouveaux.

Pour le porter à dos de mulet, il faut en ôter la pièce et les
roues.

AFFUT-TRAINEAU *de* 4.

L'Affût - Traîneau de 4 est composé de 2 flasques parallèles, assemblés par 3 entre-toises (de tête ou de tir, de support, de crosse ou de roulettes). Il est porté d'un côté sur 2 roulettes, et a sa tête traînante de l'autre côté en route, et appuyée sur une chevrette à roulettes quand on exécute la pièce. Cet Affût a 2 encastremens, celui de tir vers sa tête.

Les Flasques sont cintrés en dessus, arrondis du côté des roulettes, et délardés en dessous, formant une courbe de 16 lignes de flèche, qui s'étend depuis 12 pouces du bout traînant jusqu'à l'arrondissement de l'autre bout.

Les Roulettes boîtées en cuivre sont percées chacune de 2 trous, diamétralement opposés, pour être enrayées.

Du côté des roulettes et en dedans des flasques, sont 2 chaînes qui tiennent le palonnier où on attèle les chevaux ; on les nomme chaînes d'attelage. Dans le milieu de chaque chaîne est un grand anneau pour y placer un levier portereau ; puis au moyen du 2e. levier passé dans les encastremens de tir, recouverts de leurs susbandes clavettées, on transporte à bras l'Affût dans les pas difficiles... A chaque Chaîne est un bout de chaîne portant une cheville en fer servant à enrayer les roulettes quand on est en batterie, pour diminuer le recul de l'Affût.

Les susbandes retenues par une longue chaînette qui s'attache à 1 piton fixé au milieu de leur partie convexe , servent à retenir la pièce dans 2 encastremens tour-à-tour.

Nomenclature.

2 Flasques.
3 Entre-toises et 2 coins.
2 Roulettes.
1 Essieu en fer.
1 Palonnier tenu par les chaînes d'attelage.
1 Chevrette.
3 Boulons d'assemblage.
4 Chevilles à tête plate.
4 Chevilles à mentonnet.
2 Chevilles à tête ronde.
6 Ecrous.
6 Rosettes.
2 Susbandes à piton.
2 Chaînettes.
2 Pitons de Chaînettes.
2 Clavettes.

2 Sous-bandes.
4 Plaques à oreilles pour les encastremens de route.
2 Gonds de Tirans de Chevrette.
2 Recouvremens de dessous de flasque , s'étendant depuis les sous-bandes jusqu'en dessus de l'autre bout des flasques : ces bandes sont renforcées dans la partie qui traîne.
2 Chevilles d'enrayage.
2 Chaînettes de Chevilles d'enrayage tenant au milieu des :
2 Chaînes d'attelage placées du côté des Roulettes , en dedans des flasques.
2 Pitons de chaînes d'attelage et leurs :
2 Ecrous.
2 Plaques d'appui d'essieu carrées et encastrées dans le bois.
2 Plaques de Roulettes.
2 Boîtes de cuivre.
2 Bandes de Roulettes d'une seule pièce chacune.
2 Rondelles d'épaulement.
2 Esses , mises non verticalement pour éviter d'être rivées par la rencontre des pierres.

Chevrette d'Affût.

(La Chevrette est semblable, mais non la même pour tous les Affûts qui en ont).

2 Montans.
1 Entre-toise.
1 Corps d'Essieu.
1 Essieu de fer.
2 Roulettes.
2 Etriers d'essieu.
2 Frettes.
2 Bandeaux de Montans.
2 Tirans de Chevrette. Ces Tirans assujétissent la Chevrette à l'Affût en s'y encastrant, à l'Affût de 3 dans des pitons par leur crochet, ou dans des gonds par leur crémaillère aux autres calibres.
2 Pitons de Tirans, leur écrou, leur rosette.
2 Plaques d'Entre-toise sur lesquels appuyent les flasques (1).

____

(1) Les recouvremens de dessous les flasques venant à s'user, l'Affût ne porte plus sur les plaques de l'entre-toise de Chevrette , malgré la crémaillère des tirans faite pour obvier à cet inconvénient; il faudra donc :

Alonger la crémaillère au besoin, ou :

Remonter les tirans en perçant 2 emplacemens pour leur piton, ou :

Percer 2 nouveaux trous pour baisser le boulon de Chevrette, ou dans

2 Boulon de Chevrette , sa clavette double , sa chaînette.
2 Plaques de Boulon.
2 Rondelles d'épaulement d'Essieu.
2 Rondelles de bout d'Essieu.
2 Bandes de Roulettes d'une seule Pièce.
2 Esses de Roulettes.

Levier-brisé servant à tout calibre.

Ce Levier est fait de 2 pièces de bois coupées en sifflet, se réunissant au moyen de 2 boîtes en fer , et d'1 boulon d'assemblage tenu par une chaînette, et traversant les 2 bouts en sifflets.

Ce Levier sert à porter la Pièce à bras dans les mauvais pas : il est rond ; sa longueur est de 12 pieds 6 pouces ; son diamètre aux 2 bouts est de 2 pouces 6 lignes , et de 4 pouces vers son milieu au commencement du sifflet.

6 Anneaux, à piton tournant, sont également espacés sur ce Levier. Les Leviers-portereaux sont passés dans ces anneaux , lorsqu'on porte la Pièce qui est suspendue au Levier-brisé par le moyen de 3 collets à billot, dont le 1er. est à la culasse , le 2e. aux anses , et le 3e à la volée.

Levier-portereau.

Ce Levier a 4 pieds de longueur et 1 pouce de diamètre ; il est un peu diminué vers les bouts ; il a 1 cran dans son milieu pour contenir l'anneau du Levier-brisé , dans lequel on le passe pour porter la Pièce,

Levier-droit.

Ce Levier a 5 pieds de long et 2 pouces de diamètre ; il est un peu diminué vers les bouts.

On s'en sert pour mouvoir l'affût dans le pointement , pour contenir la Pièce en le passant par un bout dans une anse , etc.

---

ceux qu'on construira, percer le trou dans les montans de Chevrette de forme ovale, le grand diamètre dans le sens des montans, en sorte que les recouvremens, quelque usés qu'ils soient, s'appuyent toujours sur l'entre-toise ; par ce moyen, les tirans n'ont plus besoin d'être à crémaillère. Cette correction est des officiers d'Ouvriers Cherer et Labolle : elle obvie à tout.

Levier-courbe.

Ce Levier a 4 pieds 6 pouces de longueur totale, et 3 pouces de diamètre au coude. La partie coudée a environ 15 à 18 pouces de long. Les 2 parties du Levier vont en diminuant, à commencer du coude.

La partie la plus courte est la plus grosse ; c'est cette partie qu'on met dans l'ame de la Pièce, lorsque la bouche à feu marche sur son traîneau, pour la contenir, l'empêcher de verser, la diriger dans les tournans, etc.

Collet-à-billot.

Le Collet-à-billot est un cordage de 8 à 10 lignes de diamètre et de 26, 30 ou 33 pouces de long, ayant une ganse à un bout et un billot à l'autre, de 4 pouces de longueur pour entrer dans la ganse et tenir le cordage doublé lorsqu'on embrasse la Pièce avec ce Collet-à-billot, et qu'on la suspend au Levier brisé qui passe dans tous les Collets-à-billot. Ils ont différentes longueurs, suivant qu'ils embrassent la Pièce à la volée, aux anses, à la culasse, afin de la tenir dans une position horisontale... Ces différentes longueurs sont une complication inutile ; il faut avoir des Collets-à-billots d'une seule longueur, choisir la plus grande, embrasser le bouton au lieu de la culasse, tourner celui des anses 2 fois autour d'une anse, et la Pièce sera à-peu-près suspendue horizontalement.

Coins de Pointage ou de Mire.

Il y a 2 espèces de Coins de Pointage par Pièce : l'un, à crochets, embrasse l'entre-toise de support en avant ; ce crochet est en dessous ; en dessus est une coulisse.

L'autre Coin est à poignée, et entre dans la coulisse du premier. Ils sont percés et liés ensemble par un cordage de 5 à 6 lignes.

Chargement d'une Pièce de 4 sur Affût.

Il faut :
4 Mulets de trait pour la Pièce, 6 si l'on peut.
9 Mulets de bât pour l'approvisionnement, dont :
5 Mulets porteront 10 Caisses à munitions.

Le 6e. Mulet portera :
1 Levier-brisé, quelquefois 2 quand il y aura 2 Pièces.

15 Leviers-portereaux { 6 pour la Pièce. / 4 pour l'Affût. / 5 de Rechange.

1 Levier-courbe, quelquefois 2.
1 Levier-droit, quelquefois 2.
4 Collets-à-billot, dont 1 de rechange.
2 Coins de mire ou de pointage, dont 1 à crochet.
3 Ecouvillons.
1 Tire-bourre.
1 Seau.

Le 7e. Mulet portera :
  La Caisse d'assortiment, contenant : 2 Sacs à charge... 1 Sac à
    étoupilles... 1 Etui à lances... 3 Dégorgeoirs... 2 Doigtiers...
    2 Porte-lances... 1 Boute-feu.
  200 Etoupilles .. 25 Lances à feu... 12 Toises de Mèche.
    1 Petite Caisse, contenant : 1 Marteau... 1 Tenaille...
    Des Clous... De la Ficelle... 2 Serpes.

    En contre-poids, les Outils à Pionniers et 1 ou 2 Pro-
    longes simples, arrangées de façon à être prises aisément
    sans tout décharger.

Le 8e. Mulet portera :
  Les Piquets, les Masses et la Prolonge des Mulets ; et quand
    il y aura une section de 2 Pièces, conjointement avec le
    8e. mulet de l'autre pièce de la section, il portera l'affût et la
    chevrette de rechange.

Le 9e. Mulet portera :
  Les Sacs des Canonniers quand ils manœuvreront la Pièce.

Nota. Quelque nombre de Bouches à feu qui soient ensemble, il faut
toujours faire le Chargement distinctement pour chaque Bouche à feu.

Ce chargement explique celui de toutes les autres Bouches
à feu : ils ne diffèrent entre eux que pour le nombre de Caisses
à munitions dont 2 font toujours le chargement d'un mulet.

AFFUT PORTE-CORPS *de 8 et de* 12.

On appelle cet Affût Porte-corps, parce qu'au moyen d'un Avant-
train, il a 4 roulettes qui portent entièrement le fardeau sans le
laisser traîner. Il est le même pour 8 et pour 12. Les dimensions
pour ce dernier calibre sont seulement un peu plus fortes.

L'Affût a 2 encastremens : celui de tir dans la partie la plus élevée
des Flasques, celui de route dans la partie suivante abaissée. Ces
2 encastremens sont joints par une doucine : les Flasques vont
ensuite en diminuant de hauteur et se creusant un peu, ils prennent la figure d'une crosse de Flasque ordinaire arrondie en des-

sous ; ils ont leur écartement plus considérable à la tête qu'à la crosse.

2 Flasques.
3 Entre-toises *de tête ou de tir, de support, de crosse.*
1 Semelle joignant les 2 premières entre-toises.
2 Roulettes.
1 Essieu de fer.
1 Avant-train.
2 Têtes d'Affût.
2 Recouvremens de dessous de Flasque enveloppant la crosse en dessous et en-dessus.
4 Boulons d'assemblage , dont 2 à l'entre-toise de crosse.
8 Rosettes et 8 Ecrous.
2 Susbandes à piton... 2 Chaînettes... 2 Pitons.
4 Clavettes... 4 Chaînettes... 4 Pitons.
2 Chevilles à tête plate.
2 — à mentonnet.
8 Ecrous.
1 Plaque de lunette.
1 Anneau d'embrelage.
1 Crampon de levier de pointage.
2 Etriers d'essieu.
2 Bandes de Roulettes , chacune d'une pièce.
2 Boîtes de cuivre.
2 Plaques d'appui d'essieu.
2 Rondelles d'épaulement.
2 Rondelles de bout d'essieu.
2 Esses.

Avant-train.

2 Armons.
1 Corps d'essieu.
1 Sellette.
1 Limonière.
1 Essieu de fer.
2 Roulettes.

1 Coiffe de sellettes.
1 Cheville ouvrière.
2 Etriers d'essieu et de sellette.
2 Boulons traversant la sellette et le corps d'essieu.
2 Ecrous.
1 Chaîne d'embrelage... sa bride.
1 Bride ou coiffe d'armons.
1 Boulon de limonière.
2 Equignons.
2 Roulettes.
2 Bandes de roulettes, chacune d'une pièce.
2 Esses d'essieu en fer.

AFFUT-TRAINEAU D'OBUSIER.

Les Flasques de cet Affût ont à-peu-près la forme de ceux de l'Affût de 8 , mais les diminutions des Flasques en dessus forment des lignes droites.

Cet Affût a 2 encastremens : il a des chaînes d'attelage conformes à celles de l'Affût-traîneau de 4.

2 Flasques.
3 Entre-toises *de tir , de support , de roulettes.*
1 Petite Semelle mobile.
1 Essieu de fer.
2 Roulettes.
1 Palonnier tenu par les chaînes d'attelage.
1 Chevrette.

4 Boulons d'assemblage.
2 Boulons à anneau , l'un contre l'entre-toise de roulette pour aider à pointer , l'autre en avant de celle de tir pour diriger la Pièce en route.
4 Chevilles à tête plate , rivées en dessous et les rivures recouvertes par les bandes de frottement, pour qu'en traînant elles ne s'usent pas.
4 Chevilles à mentonnet.
2 Chevilles à tête ronde.
2 Susbandes , leur piton... 2 Chaînettes , leur piton.
2 Sousbandes.
4 Plaques à oreilles pour les seconds encastremens.
2 Gonds de tirans de Chevrette.
2 Recouvremens de dessus de Flasque , ou bandes de frottement renforcées d'épaisseur à la partie traînante, et recouvertes par les sousbandes à leur bout.
2 Chevilles d'enrayage.
2 Pitons de chaîne d'attelage.
2 Ecrous.
2 Plaques carrées , encastrées dans le bois pour contenir l'essieu.
1 Anneau à l'entre-toise de roulette pour le levier courbe directeur.
1 Anneau à l'entre-toise de tir pour *idem ,* quand la pièce est en route.
2 Pitons d'anneaux.
2 Roulettes.
2 Plaques de roulettes.
2 Boîtes de cuivre.
2 Bandes de roulettes.
2 Rondelles d'épaulement.
2 Esses.

FORGE PORTATIVE A DOS DE MULET POUR LA MONTAGNE.

1 Caisse d'outils à forgeurs.
1 ———————— à serruriers.
1 ——— à charbon pour 55 liv.
1 Bigorne et son bloc.
1 Seau.
2 Montans de sapin de 5 pieds 5 pouces sur 3 pouces, et 2 pouces 6 lignes.
2 Pieds de montans.
4 Liens de montans.
1 Branloire et sa Poignée d'orme.
2 Hampes de servantes pour le devant de l'Atre.

Ferrures.

2 Montans.
1 Traverse à tenons rivée avec les montans.
1 Contre-cœur.
1 Plaque de renfort de Contre-cœur... 10 Clous rivés.
1 Renfort de Contre-cœur.
2 Equerres pour supporter la première plaque de l'Atre avec le Contre-cœur... 4 Clous rivés.
1 Plaque de Thuyère de fer coulé.. 5 Boulons.. 5 Ecrous.. 4 Rondelles servant d'appui au porte Thuyère.
1 Thuyère en fer coulé.
1 Porte Thuyère, composé d'une bande et d'une sous-bande, ayant chacune une patte longue et une patte courte, percées d'un trou de boulon... 2 Boulons d'assemblage et 2 Ecrous.
1 Bande de support pour l'Atre... 10 Clous rivés.
L'Atre faite de 3 plaques de tôle ; celle du fond, courbée suivant le cintre du Contre-cœur, percée de 4 trous pour l'écoulement des eaux ; celle du devant horizontale, et celle verticale unissant les 2 autres, et par 13 clous rivés, se liant à l'horizontale.
1 Garde-frasier plié pour former le contour de l'Atre, percé de 30 trous de clous rivés, correspondans avec ceux de l'Atre ; de 3 trous à chaque bout pour fixer la patte à tenon, et de 3 trous pour fixer les pitons à patte, au moyen de clous rivés. Le Garde-frasier est placé verticalement et fixé aux montans par 2 pattes à tenon... 2 Pitons à patte rivés sur le devant du Garde-frasier placés verticalement à chaque angle arrondi, ils servent à fixer les servantes.

2 Douilles de servantes... 2 Clous pour chacune.
2 Pitons à tige ronde fixant chaque chaînette par un anneau, et chaque clavette par une S.
2 Chaînettes de 6 mailles... 2 Clavettes.
1 Traverse à pattes passée dans les pitons carrés fixés dans les montans en bois.
1 Piton pour le Crochet qui sert à bander le Soufflet. Pour conserver le cuir du Soufflet il faut le tenir habituellement bandé au moyen du Crochet fixé sur le dessus du Soufflet que l'on accroche à ce Piton.
2 Crochets pour la Branloire... 2 Ecrous.
3 Lamettes pour la Branloire.
1 Tirant de Branloire qui est 1 Chaîne composée de 5 Tiges à 2 Crochets et de 1 à un seul Crochet.
1 Tringle pour la manœuvre du Soufflet.
4 Pitons à tête carrée pour fixer les pattes de la Traverse... 4 Ecrous... 4 Rosettes.
2 Plaques carrées placées sous la tête de ces Pitons... 8 Clous.
2 Supports de Crochet des Tourillons du Soufflet... 2 Ecrous... 2 Rosettes... 8 Clous.
2 Frettes à oreilles pour le haut des montans... 2 Clous.

ASSORTIMENT ET APPROVISIONNEMENT D'UNE FORGE DE MONTAGNE.

Forge de Montagne.	1
Montans de Soufflets.	2
Semelles de montans de Soufflets.	2
Traverse en fer de montans de Soufflets.	1
Branloire avec son tirant et sa poignée.	1
Tringle de Soufflet.	1
Poids de Soufflet.	1
Soufflet de Forge.	1

Caisses d'Assortimens et d'Approvisionnement.		
	en Outils de Forgeurs.	1
	en Outils de Serruriers.	1
	en Ferrures façonnées.	1
	en Charbon.	1
	en Fer et Acier.	1

Outils de Forgeurs.			
	Bigorne et son Bloc.		1
	Calibre.		1
	Châsses	carrée.	1
		ronde.	1
	Clef d'écrou à 2 Fourches.		1

Suite des Outils de Forgeurs.	Clouyères pour Clous d'applicage	du n°. 3	1
		du n°. 4	1
		du n°. 5	1
		du n°. 6	1
	Clouyères pour Clous de bandes.		1
	Etampes	pour percer les bandes.	1
		pour étamper les bandes.	1
	Marteau à devant.		1
	Marteaux	à main.	1
		dit rivoir.	1
	Mouillette.		1
	Pelette.		1
	Perçoir.		1
	Pied-de-roi.		1
	Poinçons emmanchés	rond.	1
		carré.	1
		plat.	1
	Poinçon rond non emmanché.		1
	Carreau de 1 au paquet.		1
	Rape à chaud de 1 au paquet.		1
	Ratissette.		1
	Seau.		1
	Tenailles	droite.	1
		à Crochet droit, dont une mâchoire recourbée.	1
		à Boulons.	1
		ronde pour liens.	1
	Tisonnier.		1
	Tranches	à froid.	1
		à chaud.	1
		à Gouges.	1
	Tricoises	grosse.	1
		ordinaire.	1
Outils de serrurier.	Calibre.		1
	Ciseau à froid.		1
	Compas de 6 pouces.		1
	Equerre de fer.		1
	Etau.		1
	Filière.		1
	Limes	dite carreau.	1
		plates de 2 au paquet.	2
		demi-rondes de 2 au paquet.	2
		triangulaires de 1 au paquet.	1
		triangulaires de 2 au paquet.	2

Suite des Outils de serrurier.	Pied-de-biche.		1
	Pied-de-roi.		1
	Poinçons plats.		1
	Pointe à tracer.		1
	Pointeau.		1
	Poinçons ronds	{ grand.	1
		petit.	1
	Queues de rat	{ de 1 au paquet.	1
		de 2 au paquet.	2
	Rivoir.		1
	Tarauds pour écrous.		2
	Tenailles	{ à chanfrein.	1
		à vis.	1
	Tourne à gauche.		1
	Tiers-points.		2
Approvisionnement pour l'orge.	Acier (livres d').		10
	Barres de fer plat pour cercles de Roulettes	{ de 30 lig. de largeur sur 6 lig. d'épaisseur.	1
		de 27 lig. de largeur sur 6 lig. d'épaisseur.	1
	Barres de fer carrées	{ de 30 pouc. de longueur et 18 lig. d'équarrissage pour bandes de frottement. . . .	2
		de 30 pouc. de longueur et de 12 à 14 lig. d'équarrissage pour boulons.	1
	Bidon pour l'huile.		1
	Briquets assortis.		1
	Charbon de terre (livres de).		10
	Sacs à terre.		3

TRAÎNEAU *pour porter les Pièces de* 12 , 8 , *et Mortier de 8 pouces.*

2 Flasques ou côtés... 2 entre-toises creusées , lorsqu'elles sont verticales , en-dessous pour alléger le traîneau , en-dessus pour recevoir la bouche à feu : toutes sont verticalement placées , excepté celles de derrière du Traîneau pour Mortier... 2 pitons ou tenons de manœuvre... 4 boulons d'assemblage... 6 écrous... 10 rosettes... 2 chevilles à mentonnet... 2 chevilles à tête plate... 2 susbandes... 4 chaînettes... 4 pitons... 2 clavettes... 2 plaques carrées d'essieu... 4 anneaux à piton... 2 molles bandes embrassant le dessous et le côté des flasques , arrêtées en dessus à chaque bout par 5 clous.... 2 roulettes de 12.... 1 essieu.... 1 boulon de limonière... 1 limonière comme à l'affût de 12.

Il faut rectifier ces Traîneaux , les rendre propres à porter les 3 espèces de bouches à feu , à pouvoir y mettre même le corps du caisson à munitions ; leur donner en-dessous une coupe arrondie , pour , en ôtant les roulettes , les faire glisser sur les neiges au besoin ; il faut aussi reculer l'entre-toise de devant pour pouvoir y adapter la limonière des affûts de campagne.

COMPOSITION D'UNE SECTION DE 2 BOUCHES A FEU POUR LA MONTAGNE.

Calibres de	12	8	4	3	Obus.
(*a*) Affûts, dont 1 de rechange.	3	3	3	3	3
Chevrettes d'affût, dont 1 de rechange.	»	»	4	4	4
Traîneaux à bascule.	2	2	»	»	»
(*b*) Chevrettes avec leur levier d'abattage.	2	2	»	»	»
Caisse { à munitions (*c*).	60	36	20	16	60
Caisse { d'assortiment (*d*).	2	2	2	2	2
Sachets de poudre.	60	72	»	»	240
Cartouches à { boulet ou obus.	240	216	240	240	208
Cartouches à { balles.	60	72	80	80	52
Etoupilles.	400	384	426	426	320
Lances à feu.	50	48	54	54	40
Mèches (toises de).	24	24	24	24	24
Sacs à { charge.	6	6	4	4	6
Sacs à { étoupilles.	2	2	2	2	2
Etuis à lances à feu.	2	2	2	2	2
Dégorgeoirs, dont $\frac{1}{2}$ à vrille.	6	6	6	6	6
Doigtiers.	4	4	4	4	4
Porte-lances.	4	4	4	4	4
Boute-feux.	4	4	4	4	4
(*e*) { Ecouvillons-refouloirs.	6	6	6	6	6
(*e*) { Seaux.	2	2	2	2	2
(*e*) { Tire-bourres.	2	2	2	2	2
Prolonges simples.	3	3	3	»	3
(*f*) Leviers { brisés.	»	»	3	»	3
(*f*) Leviers { portereaux.	»	»	30	»	30
(*f*) Leviers { courbes.	»	»	5	»	3
(*f*) Leviers { droits.	12	12	5	4	3
Collets-à-billot.	»	»	8	»	8
Coins de mire, dont moitié à crochet.	6	6	6	6	6
(*g*) Outils à pionniers.	20	20	20	10	20
(*h*) Sacs à terre.	4	4	4	2	4
(*i*) { Toises de prolonge pour mulets.	40	34	16	10	30
(*i*) { Piquets.	40	34	16	10	30
(*i*) { Masses.	4	4	4	4	4
Mulets de trait { pour affût.	12	12	10	»	14
Mulets de trait { pour traîneau.	20 } 36	16 } 32	} 12	»	} 16
Mulets de trait { haut le pied.	4	4	2	»	2
Mulets de bât { pour caisses, etc.	36 } 42	24 } 30	18 } 21	12 } 18	36 } 42
Mulets de bât { haut le pied.	6	6	3	6	6
Total des mulets de la Section.	78	62	33	18	58
(*k*) Hommes nécessaires pour l'exécution des pièces.	10	10	16	6	18
Nomb. de caiss. par Bouc. à feu.	30	18	10	8	30
Coups { à boulets par caisse.	4 } 5	6 } 8	12 } 16	15 } 20	4 } 8
Coups { à cartouche d'idem.	1	2	4	5	4

Notes relatives au Tableau précédent.

(*a*) L'Avant-train est compris dans l'Affût pour les calibres qui en ont. Les Affûts non chargés, de 12 et de 8, sont à 4 chevaux, ceux de 4 et d'obusier sont à 2.

(*b*) Ces Chevrettes, avec leur Levier d'abattage, sont nécessaires pour passer la Pièce de 12 et de 8 de l'Affût sur le Traîneau, et du Traîneau sur l'Affût, en soulevant la Pièce au moyen du Levier, et faisant passer en dessous l'attirail qui doit la recevoir : cette manœuvre est cependant dangereuse, parce que la Chevrette n'a pas assez d'assiette; il faut, par conséquent, agir avec précaution.

(*c*) Les Caisses à munitions contiennent des Cartouches à boulets et à balles; mais ce mélange dans la même Caisse est une disposition vicieuse, parce que lorsqu'on tire à cartouches, on n'a pas besoin seulement de quelques coups qui, disséminés dans beaucoup de Caisses, peuvent occasionner une lenteur dangereuse, mais souvent de la totalité qu'on fait approcher de la Pièce plus commodément, et qu'on retire plus promptement, lorsqu'elle est réunie dans un petit nombre de Caisses : il y a encore d'autres raisons qu'il serait trop long d'exposer, celle-ci étant décisive, ce me semble; si on suit cette idée, pour ne pas avoir dans le 8 une Caisse composée de coups à boulets et à balles, on portera par Pièce 112 coups à boulets et 32 à balles.

(*d* et *h*) La Caisse d'assortiment contient tous les articles, depuis étoupilles inclusivement jusqu'à écouvillons exclusivement; il faut y mettre aussi les sacs à terre et une petite Caisse contenant 1 marteau, 1 tenaille, des clous, 2 serpes, et quelques toises de ficelles.

(*e*) Ces 3 objets, avec les coins de mire, doivent être réunis à la Caisse d'assortiment sur le même mulet, pour les pièces de 8 et de 12.

(*f*) Dans 8 et 12, ces Leviers droits sont des Leviers de manœuvre; ils doivent être mis avec les prolonges simples et la chevrette d'abattage, sur le même mulet.

(*g*) Ces Outils à Pionniers se composent, pour les espèces, suivant les terrains où l'on peut en avoir besoin; comme on suppose ici un terrain montueux et pierreux, on mettra sur 10 outils 4 pics-hoyaux, 2 pics à roc, 2 pelles carrées et 2 rondes.

On avait essayé de porter ces Outils dans des Caisses à clairvoye, le manche verticalement et le fer en haut, pour les prendre et les replacer aisément; mais ces manches trop bas s'embarrassaient aux buissons, aux rochers, à la terre même, dans les chemins creux : l'effort que faisait le mulet alors cassait la Caisse, cassait l'outil, faisait trébucher le mulet, etc. Il faut faire des Caisses qui soient longues à-peu-près comme les manches, dont la hauteur, à un grand pied du bout de derrière, soit divisée en plusieurs étages par des liteaux, entre lesquels, dans le sens de la longueur de la Caisse, on placera

10 Outils; et la Caisse à ce bout, c'est-à-dire, à 1 pied de cette espèce de treillage, se fermera par une planche à coulisse tirée par le haut : contre cette planche appuyera le fer des outils placés. Le reste de la Caisse ne doit être que des liteaux formant les arêtes des côtés, afin qu'elle soit peu pesante. Par ce moyen, le mulet, légèrement chargé, se portera rapidement où l'on aura besoin d'Outils... On retirera les Outils nécessaires sans décharger le mulet, et on les replacera de même aisément... Le mulet des Outils et celui des Leviers doivent marcher à portée de la Pièce.

(*i*) Les Prolonges de campement sont estimées à 1 toise et 1 piquet pour 2 mulets; il faut toujours diviser en 2 les prolonges, piquets et masses, ainsi que le reste du Chargement de la Section, pour que, si l'on veut séparer la position des 2 Pièces, chacune ait toujours ce qu'il lui faut.

(*k*) Ce nombre d'Hommes pour le 8 et le 12 est un peu faible; c'est 8 Hommes autour de la Pièce, et 2 Hommes de plus pour l'Approvisionnement.

Pour les Pièces de 4 et pour l'Obusier, 14 Hommes sont suffisans; mais comme les mauvais pas où on doit porter ces Bouches à feu peuvent être fréquens, on met 2 Hommes de plus pour relever ceux qui seront fatigués; et comme l'Affût d'Obusier est plus lourd que celui de 4, on y a mis constamment 2 Hommes de plus, c'est-à-dire 18 au lieu de 16, ce n'est pas trop, et il faut encore que les Hommes qui portent l'Affût, après avoir franchi les mauvais pas, viennent prendre et transporter l'Affût de rechange.

On pourra, pour le 6, composer sa Section comme celle de 4, ou de 8 peut-être, suivant le poids de l'Affût, qu'on ne connaît pas encore.

ÉQUIPAGE D'ARTILLERIE DE MONTAGNE.

Les bases de cet Equipage, où rien n'est encore décidé, sont trop vagues pour donner un état complet détaillé ; mais d'après les projets du général de l'Armée, le tableau de la composition des sections donné ci-devant, et ce qu'on déterminera ultérieurement à ce que je viens de dire, on pourra en faire un très-aisément ; on va indiquer seulement ici les proportions des rechanges et les objets encore nécessaires à porter, en observant que le plus ou le moins de rapprochement de l'Arsenal de l'Armée et des ressources doit diminuer ou augmenter les proportions énoncées. On supposera encore qu'il y aura à l'armée, pour laquelle on destine cet Equipage de Montagne, un Equipage d'Artillerie complet pour la plaine.

En général, il faut en rechange un dixième ou un douzième de l'armement et assortiment nécessaires aux bouches à feu.

1 Forge pour 6 bouches à feu.... 3 quintaux de charbon par forge.

1 Coffret d'outils pour 6 bouches à feu.

2 Coffrets à graisse pour 6 bouches à feu.

2 Caisses de menus Achats pour 6 bouches à feu, contenant du papier, de l'encre, des plumes, du pain à cacheter, de la cire, des canifs, des crayons, des chandeliers, des mouchettes, de la chandelle, du fil, des aiguilles, du coton, pour mèches, quelques sacs à terre, 1 briquet assorti.

2 Caisses d'Artifices préparés pour 6 bouches à feu, contenant 4 sachets vides à poudre par pièce... 12 fusées de signaux *idem*, et leurs baguettes... 10 livres de roche à feu par obusier... 1 pétard chargé par 18 bouches à feu... 1 réchaud de rempart par pièce... 10 tourteaux goudronnés par réchaud... 12 toises de mèche par bouche à feu... 3 tire-fusées par 2 obusiers... des cravattes d'étoupilles et des étoupilles.

10 Outils à pionniers en rechange par bouches à feu.

Des Cartouches d'infanterie, etc. suivant les projets qu'on a.

3 Ouvriers en bois, et 2 en fer par forge... 2 chefs d'ouvriers pour 4 forges.

Palonniers, 3 par affût-traîneau... Entre-toises de 12, de 8, de 4, d'obusier, 1 vingtième du nombre d'affût respectif... Flasques de 12, de 8, de 4, d'obusier, 1 cinquième d'*idem*... Limonières, 1 quart du nombre des limonières employées... Bras de limonières, 1 huitième d'*idem*... Roulettes de 1, 8, et traîneaux, 1 sixième du nombre d'affûts de 12, etc... Roulettes de 4, obusiers et avant-trains, 1 cinquième du nombre d'affûts de 4, etc... Roulettes de 3, 1 douzième du nombre d'affût de 3... Montans de chevrettes, 1 huitième du nombre de chevrettes... Armons d'avant-trains, 1 douzième du nombre d'avant-trains.

Rondelles d'épaulement d'essieu de 12 et 8, 1 par essieu...
Rondelles de bout d'essieu de 12 et 8, de 4 et obusiers, de 3 ;
2 par essieu... Chaînettes de susbandes, 1 par 2 affûts... Chaînettes
de clavettes, 1 par affût... Esses de chaînettes, 2 par affût... Esses
pour mailles cassées de chaînettes, 1 par affût... Esses pour mailles
cassées de chaîne d'attelage, 2 par affût-traîneau... Esses d'essieu
de 8 et 12, de 4 et d'obusier, de 3, 2 par essieu... Clous de bandes
de roulettes, 4 par roulettes... Clous d'applicage du nº. 3, 1 demi-
livre par affût... Clous de planches, 1 livre par affût... Clous d'é-
pingles, un quart par affût... Clavettes de susbandes, 2 par affût...
Bandes à fourches, 1 par affût... Bandes de frottement de 4, 1 par
affût de 4, d'obusier, 3 par 2 affûts d'obusier..... Boulon de
chevrettes, 1 dixième du nombre d'affûts qui en ont... Boulons
de limonière, 1 sixième d'*idem*... Susbandes de 12, 1 sixième
d'*idem* : de 8, *idem* : de 4, 1 quart d'*idem*, de 3, 1 huitième
d'*idem* ; d'obusiers, 1 quart d'*idem*... Chevilles à tête ronde de 12,
1 sixième d'*idem* ; d'obusiers, 1 quart d'*idem*... Chevilles à tête
plate, de 12, 1 sixième d'*idem* : de 8 *idem* : de 4, 1 quart d'*idem* :
de 3, 1 huitième d'*idem* : d'obusier, 1 quart d'*idem*... Cercles pour
roulettes de 12 et 8, 3 quarts du nombre d'affûts de 12 et 8 : de
4, obusiers et avant-trains, 2 tiers du nombre d'affûts de 4, etc...
Liens de bras de limonière, 2 par limonière... Chevillettes d'*idem*,
3 par limonière... Écrous de boulons, 1 par 4 affûts... Essieux de
12, de 8, de 4, de 3 ; 1 huitième du nombre d'affûts respectifs :
d'obusiers, 1 quart du nombre d'affûts d'obusier... Gonds, 1 par
2 affûts... Boîtes de cuivre de 12 et 8, de 4 et obusiers, 1 par affût
respectif... Tirans de chevrette d'obusier, 2 par affûts : de 4, 1
par 2 affûts : de 3, 1 par 4 affûts... Chevilles d'enrayage, quart
du nombre d'affûts.

Nota. Quand le dénominateur des fractions ci-dessus n'est pas un multiple
du nombre, on prend la fraction du premier nombre multiple qui le suit.

Outils pour 12 Ouvriers en bois.

6 Amorçoirs... 9 bedanes, 24 ciseaux à planches ou à manches
de fer... 18 cognées... 6 essettes... 4 établis... 18 gouges... 18 haches
à main.... 6 massettes en bois.... 6 passe-par-tout.... 15 planes....
12 pierres à affiler et un grès... 18 rapes à bois... 9 rivoirs... 12
scies à main.... 6 scies de long.... 24 tarières.... 18 tiers-points...
6 tricoises petites... 10 varlopes.... 8 valets d'établis... 32 vrilles.

Dimensions principales des Affûts de Montagne.

Calibres de	3 po.	li.	4 po.	li.	8 po.	li.	12 po.	li.	Obusi. po.	li.	6 de Montagne. po.	li.	Obus de 24. po.	li.
Cadre. Longueur....	54	»	54	6	70	6	80	»	60	6	76	9	81	»
Cadre. Largeur....	8	2	9	6	15	2	15	2	14	6	14	6	17	8
Epaisseur des Flasques...	2	6	3	»	5	»	3	3	3	4	3	5	3	2
Ecartement des Flasques. à la tête....	4	10			10	»	11	2	»	»	8	3	9	7
Ecartement des Flasques. Uniforme...			8	6					11	4				
Ecartement des Flasques. A l'autre bout.	8	»			12	»	15	3	»	»	10	2		
Essieu. Longueur.....	21	»	26	6	34	»	36	»	30	»	35	»	35	»
Essieu. Equarrissage...	1	6	2	»	3	»	3	»	2	»	2	4	2	4
(1) Roulettes d'Affût. Diamètre...	12	6	15	»	24	»	24	»	13	9	20	»	20	»
(1) Roulettes d'Affût. Epaisseur au bord.....	1	8	2	»	2	6	2	6	2	6	2	6	2	6
Roulettes de Chevrette ou d'Av.-tr. de porte-corps. Diamètre...	6	»	6	»	15	»	15	»	6	»	8	3	8	3
Roulettes de Chevrette ou d'Av.-tr. de porte-corps. Epaisseur au bord....	1	2	1	8	2	6	2	6	1	8	2	2	2	2
(2) Essieu de Chevrette ou d'Av.-tr. de porte-corps. Longueur..	37	4	41	»	36	«	36	»	42	»	39	5	39	5
(2) Essieu de Chevrette ou d'Av.-tr. de porte-corps. Equarrissage.	1	»	1	8	2	6	2	6	1	2	1	6	1	6
Montant de Chevrette. Hauteur....	20	9	28	6					27	10	26	»	28	6
Montant de Chevrette. Ecartement..	11	2	15	»					18	4				

(1) Il faudrait n'avoir que 3 espèces de Roulettes d'Affût; de 5... de 4, d'Obusier et d'Avant-train de 12 et 8... de 12, 8 et Traîneau... et 2 espèces de Roulettes de Chevrette au plus; de 5... de 4 et Obusier.

(2) L'Essieu des Chevrettes pourrait être le même, en prenant le plus long pour toutes; cela donnerait plus d'assiette aux petits Calibres.

Dimensions des principales parties des Traîneaux.

Traîneau de	12		8		Mortier de 8 pouces.	
	po.	li.	po.	li.	po.	li.
Cadre. { Longueur.	72	»	62	6	48	»
{ Largeur..	12	6	12	»	13	»
Epaisseur du flasque.	4	»	4	»	4	»
Entre-toises. { Distance au haut du flasque..	1	9	1	»	{ entr. de dev. 2 po. 7 li. {entr. de der. 5 po. » li.	
— de celle de devant au bout.	9	5	6	9	10	»
— de celle de derrière au bout.	9	5	9	5	7	»
Longueur.	10	»	10	»	8	»
Epaisseur..	3	9	3	6	3	8
Distance du bord du logement des tourillons au derrière de l'entre-toise de devant..	20	9	18	»	2	6
Distance du carré de l'essieu. { Au derrière de l'entre-toise de devant. . . .	18	5	15	9	10	»
{ Au bas du flasque. . . .	3	»	2	»	2	5
Epaisseur du carré de l'essieu..	2	9	2	6	2	6
(1) Distance des Boulons d'assembla, placés à mi-hauteur des Flasq. dans 12 et 8. { Du 1er. au devant de l'entre-toise de dev.	»	3	»	5		
Du 4e. au derrière de l'entre-toise de derr.	»	3	»	5		
Du 2e. au devant de l'entre-toise de dev.	8	6	6	»		
Du 3e. au devant de l'entre-toise de derr.	8	6	6	»		
(2) L'emplacement du Boulon de limonière, ou son trou, est éloigné du devant et du dessus des flasques, dans 12 et 8, de.	3	6	3	»		

(1) Dans le Traîneau pour Mortier de 8 il n'y a que 2 boulons, le premier à 3 lignes du devant de l'entre-toise de devant; l'autre traverse l'entre-toise de derrière aux deux tiers du devant de l'entre-toise.

(2) Dans le Traîneau à Mortier de 8, le trou du boulon de limonière est au-dessus du boulon de devant, au niveau du haut de l'entre-toise.

Devis d'un Affût de 4 de Montagne, pour servir à son estimation, par Labolle, Officier d'ouvriers.

Comme on peut être forcé de faire construire des Affûts de Montagne hors des Arsenaux, et que même ces constructions ne sont pas déterminées encore, il sera utile d'en avoir un devis exact pour ne pas être trompé. On y a joint celui de la Limonière de Campagne pour l'Artillerie de plaine allant dans les Montagnes, et qui peut servir aux Traîneaux, comme on vient de le dire.

Il serait très-utile que les Directeurs d'Arsenaux, en faisant construire les divers attirails d'Artillerie, en fissent suivre le travail avec assez d'exactitude pour faire de semblables Devis qui mettraient à même d'estimer au juste leur construction, et de voir si les Ouvriers ont été réellement bien occupés dans leurs travaux.

Parties en Bois débité.

	Long.		Larg.		Epaiss.		Réd. en pi. cub.			
	pi.	po.	po.	li.	po.	li.	pi.	po.	li.	p.
2 Flasques ensemble..........	6	6	12	»	4	»	2	2	»	»
2 Entre-toises ensemble......	4	»	7	6	5	»	1	»	6	»
1 Coussinet...............	1	6	9	»	5	6	»	6	2	3
1 Coin de mire...........	1	6	7	»	5	»	»	4	4	6
2 Grandes Roulettes........	3	6	16	»	4	6	1	9	»	»
1 Palonnier..............	2	6	4	»	2	6	»	2	9	»
1 Grand Levier brisé.......	16	»	5	»	5	»	2	9	4	»
1 *Idem* de pointage.......	6	»	5	»	3	»	»	7	6	»
6 *Idem* Portereaux........	27	»	2	6	2	6	1	2	»	9
Chevrettes.										
2 Hanches ensemble........	6	»	5	6	3	6	»	9	6	»
1 Entre-toise............	2	»	4	6	4	»	»	3	»	»
1 Corps d'essieux.........	3	»	5	»	4	»	»	5	»	»
2 Petites roulettes........	2	»	9	»	3	»	»	4	6	»
Déchets pour la croûture et rebut : le dixième							1	2	11	8

Sciage dans le débit des bois, 62 pieds 6 pouces.

Parties en Fer fini.

	Poids.	
	liv.	onc.
1 Essieu	30	»
4 Flottes de bandes d'essieu et d'épaulement	1	12
2 Esses d'essieu	1	»
2 Susbandes	7	10
2 Sous-bandes	20	8
4 Chevilles à tête plate	10	6
4 Ecrous à tête ronde	1	12
4 Chevilles à mentonnet	8	8
4 Ecrous *idem*	1	8
2 Chevilles à tête ronde	4	12
2 Ecrous *idem*	»	12
2 Grandes bandes sous la tête des Flasques	42	8
4 Clous d'*idem*	»	12
4 Plaques à oreilles	5	3
2 Recouvremens de crosse	8	»
3 Boulons d'assemblage	8	4
6 Rosettes d'*idem*	1	4
3 Ecrous d'*idem*	»	12
2 Pitons de tirant	1	10
4 Rosettes d'*idem*	»	7
2 Ecrous d'*idem*	»	4
Pitons de pointage placés à l'entre-toise de crosse	1	14
2 Rosettes d'*idem*	»	3
2 Ecrous d'*idem*	»	6
1 Grande cheville traversant l'affût et la chevrette	8	12
1 Clavette d'*idem* et sa chaînette	»	8
2 Plaques de roulette	6	»
8 Rivets d'*idem*	1	»
2 Frettes de grandes roulettes	19	8
Ferrure du Palonnier, Chaîne, Chevilles à enrayer, La-mettes, etc.	14	»
1 Plaque à équerre et à rivets	2	1
1 Ferrure pour levier de pointage	1	12
54 Clous d'applicage	1	9

Ferrures du grand Levier brisé.

	Poids.	
6 Pitons et leurs anneaux	9	»
6 Contrerivures	»	10
2 Frettes du bout de levier	1	»
2 Grandes frettes pour le milieu	3	1
1 Cheville à la romaine	»	9
1 Chaînette et son crampon	»	8
10 Clous d'applicage	»	3

Ferrures de la Chevrette.

	Poids.	
	liv.	onc.
1 Essieu..	80	»
4 Flottes.	1	2
2 Esses d'*idem*.	»	12
4 Bandeaux.	»	10
8 Boulons d'*idem* et leurs écrous.	2	9
2 Plaques sur les côtés des hanches.	1	4
6 Rivets d'*idem*.	»	7
2 Plaques à oreilles.	2	5
2 Frettes de corps d'essieux.	2	6
2 Tirans et leurs pitons.	15	»
4 Rosettes d'*idem*.	»	14
2 Ecrous d'*idem*.	»	12
2 Frettes de roulettes.	6	»
24 Clous d'applicage.	»	8
4 Boîtes de roues en cuivre. { 2 grandes.	6	14
{ 2 petites.	3	$8\frac{3}{4}$

Tableau et résultat des matières nécessaires à la construction d'un *Affût de* 4, *de Montagne.*

	pi.	po.	lig.		fr.	cent
Bois compris, le déchet réduit.	13	8	$8\frac{5}{6}$	à 5 fr. le pied.	41,	16
Sciage du bois dans le débit.	62	6	»	à 0,10.	14,	05
Fer, y compris un tiers de déchet et riblond..	344	3	$0\frac{5}{8}$	à 24 fr. le 100.	82,	56
Charbon de terre.	$\frac{1}{3}$ de voie.			à 60 fr. la voie.	45,	00
Cuivre.	10 l. 6 on. $\frac{2}{3}$			à 1 fr.	10,	38
Journées d'ouvriers { en bois.	15 jours.			à 3 fr.	39,	00
{ en fer.	58 idem.			à 3 fr.	114,	00
Entretien d'outils et limes.					5,	00
Transport de matières.					6,	00
Bénéfice du maître, le 10ᵉ.					35,	53
Peinture.					10,	00
TOTAL.					402,	68

Devis d'un Affût d'Obusier de 6 pouces de Montagne, pour servir à son évaluation.

Parties en Bois débité.

	Long.		Larg.		Epaiss.		Réduction.		
	pi.	po.	pi.	po.	po.	li.	pi.	po.	li.
2 Flasques, ensemble.	13	»	17	»	4	6	6	10	10
3 Entre-toises, ensemble.	4	9	8	»	4	»	1	»	8
1 Coin de mire.	1	2	7	6	4	6	»	3	4
1 Coussinet.	1	6	8	6	5	6	»	6	2
2 Roulettes, ensemble.	3	3	16	»	4	6	1	7	6
Leviers. { 1 Directeur.	5	4	6	»	4	»	»	10	8
Leviers. { 1 Brisé.	16	»	5	»	5	»	2	9	4
Leviers. { 6 Portereaux.	27	»	2	»	2	6	1	2	»

Chevrette.

	Long.		Larg.		Epaiss.		Réduction.		
2 Hanches.	6	4	6	4	4	»	4	3	»
1 Entre-toise.	2	8	5	»	4	»	»	4	5
1 Corps d'essieu.	3	4	5	»	4	»	»	5	8
2 Roulettes, ensemble.	2	»	8	»	3	»	»	4	»

Déchet dans le débit, comme croûture, etc. le dixième   2   »   9

Sciage dans le débit. 75   »   »

Parties en Fer finies.

	liv.	on.
1 Essieu.	35	»
4 Flottes *d'idem.*	2	»
2 Esses *d'idem.*	1	4
2 Sous-bandes.	35	»
2 Susbandes, leurs chaînettes et clavettes.	11	8
4 Chevilles à mentonnets.	21	»
4 Ecrous *idem.*	2	4
4 Chevilles à tête plate.	21	8
4 Ecrous *idem.*	2	4
2 Chevilles à tête ronde.	11	4
2 Ecrous *idem.*	1	2
4 Boulons d'assemblage et leurs anneaux.	37	»
8 Rosettes *d'idem.*	4	8
6 Ecrous.	3	9
2 grandes Bandes à serrer la tête d'Affût.	51	10

	liv.	on.
2 Plaques à oreilles.	3	8
2 de recouvrement de Crosse.	12	»
1 Piton et son anneau, à l'entre-toise de crosse.	2	10
1 Rosette d'*idem.*	»	4
1 Ecrou d'*idem.*	»	4
1 Bride et son anneau, à l'entre-toise de volée.	4	4
1 Boulon d'*idem* et son écrou.	»	8
2 Pitons à embase pour le tiran de Chevrette, avec écrous et rosettes.	8	2
1 Cheville traversant l'Affût et la Chevrette.	12	4
1 Clavette et sa chaînette *idem.*	»	10
2 Cercles de grandes roues.	20	»
2 Plaques de roulettes d'*idem.*	6	12
8 Rivets d'*idem.*	2	»
1 Plaque à équerre de Coussinet.	2	4
2 Rivets d'*idem.*	»	10

Ferrures du Palonnier.

	liv.	on.
Les Chevilles à enrayer, Pitons, Rosettes et Ecrous.	14	»
62 Clous d'applicage.	2	4

Ferrures de la Chevrette, étant finies.

	liv.	on.
1 Essieu.	27	8
4 Flottes d'*idem.*	1	2
2 Esses d'*idem.*	»	12
4 Bandeaux.	10	3
8 Boulons d'*idem*, et leurs écrous.	2	10
2 Plaques de côté des hanches.	2	5
6 Rivets d'*idem.*	»	9
2 Plaques à oreilles d'entre-toise.	2	13
2 Frettes de corps d'essieu.	2	4
2 Tirans, Rosettes et Ecrous.	31	12
2 Frettes de Roulettes.	6	»
28 Clous d'applicage.	»	8

Ferrures du grand Levier brisé.

	liv.	on.
6 Pitons et leurs anneaux.	9	»
6 Contre-rivures d'*idem*.	»	10
2 Frettes des bouts.	1	»
2 grandes Frettes pour la réunion.	3	1
1 Cheville à la romaine.	»	9
1 Chaînette d'*idem*.	»	8
10 Clous d'applicage.	»	3
Poids { de la Chevrette ferrée.	110	»
du Corps de l'Affût, ses Roulettes, des Leviers.		
Coins de mire et Coussinet.	575	»

Tableau et Résultat des Matières nécessaires à la construction d'un Obusier de 6 pouces, dit de Montagne, ou Affût-traîneau.

	pi. po. li.	fr. c.	fr. c.
Bois, compris le déchet.	22 8 4	à 3, 0	68, 12
Sciage des bois dans le débit.	75 » »	à 0, 10	7, 5
Fers, y compris 1 cinquième de déchet.	512 l. 7 onc.	à 24, 0	122, 98
Charbon de terre.	1 voie	à 60, 0	60, 0
Cuivre.	10 l. 6 on. $\frac{2}{3}$	à 1, 0	10, 38
Journées d'Ouvriers { en bois.	14	à 3, 0	42, 0
en fer.	45	à 3, 0	135, 0
Entretien d'Outils et Limes.			6, 0
Transport des matières.			6, 50
Bénéfice du Maître, 1 dixième.			45, 78
Peinture.			11, 0
TOTAL.			514, 81

Devis d'une Limonière de 8 et 12 pouces pour les Montagnes pour servir à son évaluation.

Parties en Bois débité.

	Long.		Larg.		Epaiss.		Réduct.		
	pi.	po.	po.	li.	po.	li.	pi.	po.	li.
2 Bras de limonière, ensemble...	17	9	6	6	4	»	3	2	6
1 Entre-toise............	2	10	5	»	4	»	»	4	9
1 Epar.................	2	10	3	9	1	6	»	2	5
1 Tétard...............	2	6	4	9	4	6	»	4	5

Le dixième de déchet dans le débit. . . . . » 5 »
    Sciage , 24 pieds 6 pouces.

Pour faire une Limonière en blanc , il ne faut pas tout-à-fait 14 heures de travail.

Parties en Fer.

	Poids.	
	liv.	on.
1 Echarpe de limonière.........	6	6
6 Liens d'*idem*...............	4	12
6 Chevillettes d'*idem*..........	»	15
1 Bandeau d'entre-toise et de tétard...	3	10
3 Boulons pour *idem*...........	1	2
3 Ecrous d'*idem*..............	»	5
4 Ragots.................	4	2
2 Plaques à virole pour le bout des bras......	2	1
1 Cheville traversant les bras et le tétard.......	7	3
1 Clavette pour *idem*...........	»	$2\frac{1}{4}$
1 Chaînette et son crampon........	»	$2\frac{1}{2}$
2 Plaques de tétard............	»	14
45 Clous d'applicage...........	1	»

Le cinquième de déchet et riblons, 6 l. 8 on. 11 vingtièmes.

Nombre d'Hommes employés à chaque Forge, et quantités des Pièces qu'ils ont fabriquées par jour, en dix heures de travail.

	Hommes employés à 1 forge.	Quantités des pièces qu'ils ont faites.	Prix de la main-d'œuvre des Pièces en fer d'une limon.
Echarpe de limonière.	3	10	0 fr. 90 c.
Liens des bras et d'entre-toise. .	3	30	1 80
Chevillettes d'*idem* au cloutier. .	1	110	0 3
Bandeau d'entre-toise et de tétard.	3	11	0 82
Boulon *idem*, le taraud. compris.	2	30	0 60
Ecrous pour *idem*.	2	70	0 15
Ragots.	2	20	1 20
Plaque à vir. pour le bout des bras.	2	16	0 80
Cheville traversant les bras. . . .	3	10	0 90
Clavettes d'*idem* au cloutier. . . .	1	50	0 7
Crampons d'*idem* au cloutier. . .	1	300	0 2
Chaînettes pour *idem* au cloutier.	1	15	0 25
Plaques de tétard.	2	50	0 25
Clous d'applicage.	1	500	0 30

Prix total de 2 journées et 7 heures de travail , 8 francs 9 cent.

2 Ouvriers en fer et 1 en bois appliquent les ferrures de 8 limonières par jour ; ainsi il faut 3 heures 3 quarts pour 1 limonière.

Tableau et Résultat des Matières nécessaires à la construction d'une Limonière de 8 et 12 pour les Montagnes.

	pi.	po.	li.		fr.	c.	fr.	c.
Bois, compris le déchet.	4	7	1	à	3	0	13	77
Sciage dans le débit.	24	6	»	à	0	10	4	85
Fer, y compris le déchet.	39 l. 3 on. $\frac{3}{10}$			à 24 fr. le 100			7	01
Charbon de terre.	0, $\frac{1}{13}$ de voie			à 60 f. la voie			4	61
Journées d'Ouvriers { en bois. . . .	1 jour $\frac{2}{3}$			à 3 fr. 0			4	2
{ en fer. . . .	3 jours $\frac{1}{10}$			à 3 fr. 0			9	3
Entretien d'outils.	. . .	. . .	. . .				0	25
Transport des matières.	. . .	. . .	. . .				1	0
Bénéfice du maître.	. . .	. . .	. . .				4	25
Peinture.	. . .	. . .	. . .				1	50
TOTAL.							50	74

Service d'une Pièce de 4 de Montagne.

Agrès.

Gauche.	Droite.
Le Boulon de la Chevrette.	La Chevrette.
4 Collets à billot.	Le Levier brisé.
15 Leviers-portereaux.	Le Seau.
1 Levier-courbe.	Les Coins de mire.
1 Levier-droit.	

Hommes nécessaires.

Premier Servant a 1 sac à charge : place les charges, met son levier dans l'ame de la Pièce pour faire les changemens d'encastremens et pour le placement de la chevrette, met le collet-à-billot de volée : met ou ôte la clavette de susbande quand il le faut.

Second Servant porte le sac à étoupilles et le dégorgeoir, dégorge et amorce, fait le signal du feu : met son levier en croix sous celui qui est dans l'ame de la Pièce, pour faire les changemens d'encastrement : et pour le placement de la chevrette, place la susbande gauche : met le collet-à-billot des anses.

Canonnier met le boulon de chevrette ; donne les leviers et les reprend ; met son levier sous le bouton de la Pièce dans les changemens d'encastrement, aide à diriger la Pièce avec un levier ; bouche la lumière ; aide à donner l'élévation à la Pièce, avec son levier embarré sous la culasse ; apporte les collets-à-billot ; met celui de culasse ; enraye et désenraye.

Premier Servant porte l'écouvillon, écouvillonne, charge ; agit au bout du levier du second Servant de gauche dans les changemens d'encastrement, et le placement de la chevrette : met la clavette du boulon de chevrette ; met ou ôte la clavette de susbande quand il le faut ; est chargé de la moitié du levier-brisé.

Second Servant porte l'étui à lances et le porte-lance : met le feu ; place la susbande droite, met la chevrette ; contient la Pièce par les anses dans les changemens d'encastrement ; aide à diriger la Pièce avec un levier, puis à la pointer ; met le boulon du levier brisé ; est chargé du seau.

Canonnier est chargé des coins de mire et d'une moitié du levier brisé ; agit au bout du levier du Canonnier de gauche dans les changemens d'encastrement, est chargé du pointement entier de la Pièce, c'est-à-dire, la dirige et lui donne l'élévation convenable enraye et désenraye.

Troisième Servant porte les charges, conjointement avec le premier, durant l'action ; apporte 2 leviers au commandement : *au secours*, aide à porter la Pièce.

Quatrième, cinquième Servans apportent 2 leviers au commandement : *au secours*, etc.

Sixième et septième Servans portent l'Affût, chargent, déchargent et disposent les agrès avec un huitième Servant, s'il y en a.

Troisième Servant aide à porter la Pièce.

Quatrième, cinquième Servans aident à porter la Pièce.

Sixième et septième Servans ont les mêmes fonctions que ceux de gauche, ainsi que le huitième, s'il y en a.

Les 2 Canonniers, les 6 Servans de la Pièce, les 4 Servans de l'affût, et les 2 ou 4 Servans de supplément, se placeront sur 2 files en arrière et vis-à-vis leur Pièce, dans l'ordre qu'on vient de présenter.

A vos Postes :

Les 1er., 2e. Servans et le Canonnier de chaque côté partent ensemble au pas accéléré, marchent en file vers leur Pièce, la file de droite vers la droite de la Pièce, celle de gauche vers sa gauche : les 1ers. Servans s'arrêtent à hauteur de la bouche, les 2es. à hauteur des tourillons, les Canonniers à hauteur de la culasse, les 6 autres Servans de secours ne bougent.

Front :

Les 1ers., 2es. Servans et le Canonnier de chaque côté font face à la Pièce.

Approvisionnez la Batterie ou la Pièce :

Tous les Agrès ou attirails sont placés comme il est prescrit en commençant par les 4 Servans de l'affût et les 2 de supplément.

Mettez la Chevrette :

Les 2 Canonniers mettent leur cheville d'enrayage respective.
Le Canonnier de gauche ramasse 2 leviers, et en passe un au 1er. Servant de gauche, et l'autre au 2e. servant de gauche.
Le 1er. Servant de gauche met son levier dans l'ame de la Pièce.
Le 2e. Servant pose son levier en croix sous celui qui est dans la volée, en faisant face à l'ennemi.

Le 1er. Servant de droite saisit le bout du levier du 2e. de gauche, en se plaçant comme lui... Ces 3 Servans soulèvent l'affût.

Le 2e. Servant de droite prend la Chevrette, et passant en avant du 1er. Servant de droite la met sous l'affût.

Le Canonnier de gauche prend le boulon de Chevrette et le place.

Le 1er. Servant de droite met la Clavette de ce boulon.

Tous reprennent leur poste : le 1er. et le 2e. Servans de gauche gardent leur levier qu'ils tiennent verticalement de la main droite.

La Pièce en guerre :

Les 1ers. Servans ôtent les clavettes des susbandes, chacun de leur côté.

Les 2es. Servans ôtent chacun leur susbande respective.

Le 1er. Servant de gauche passe son levier dans la volée.

Le 2e. Servant de gauche passe le sien en croix sous celui du 1er. contre la bouche.

Le 1er. Servant de droite se porte au bout du levier en croix, et le saisit faisant face à l'ennemi, ainsi que le 2e. Servant de gauche.

Le 2e. Servant de droite saisit les anses des deux mains pour empêcher la Pièce de tourner.

Le Canonnier de gauche prend un levier qu'il passe sous le boulon.

Le Canonnier de droite saisit l'autre bout de ce levier.... Ces 6 hommes agissant ensemble soulèvent la Pièce et la portent dans les encastremens de tir.

Les 1er. et 2e. Servans remettent chacun leur susbande et leur clavette respectives.

Le Canonnier de gauche pose son levier derrière lui, et garde en main ceux des 1er. et 2e. Servans de gauche qui les lui font passer de main en main.

Le Canonnier de droite met les coins de mire sous la culasse.

Tous les 6 reprennent leur poste.

En Action :

Le 1er. Servant de gauche va chercher des cartouches.

Le 2e. Servant de gauche prépare ses étoupilles et son dégorgeoir.

Le Canonnier de gauche passe un levier au 2e. Servant de droite, et de l'autre embarre au flasque pour diriger la Pièce.

Le 2e. Servant de droite reçoit un levier du Canonnier de gauche, prépare son porte-lance, embarre au flasque pour diriger la Pièce.

Le 1er. Servant de droite dispose son écouvillon.

Le Canonnier de droite se porte derrière le flasque, fait donner la direction à la Pièce et fait le commandement :

Chargez :

Le Canonnier de gauche bouche la lumière de la main gauche, et embarre de la droite sous la culasse pour donner l'élévation du pointement.

Le Canonnier de droite pointe.

Le 1er. Servant de droite écouvillonne, enfonce la charge comme, etc.

Le 1er. Servant de gauche place la charge.

Le 2e. Servant de droite embarre sous la culasse, aide à pointer, se retire, allume sa lance... Les 4 autres reprennent leur poste, lorsque le 1er. de droite ayant fini de charger reprend le sien.

Le 2e. Servant de gauche, quand les 4 se retirent, dégorge et amorce comme, etc., se retire, et fait le signal du feu.

Le 2e. Servant de droite pose son levier à terre, met le feu quand on lui en donne le signal ; et dès que la Pièce a tiré, il reprend son levier de la main droite, en tenant de la gauche son porte-lance, dont il il coupe le feu dès qu'on cesse de tirer.

Brèlez la Pièce :

Les 1er. et 2e. Servans de gauche, et le 2e. de droite, rendent leur levier au Canonnier de gauche qui les remet à leur place, et prend 3 collets à billots.

Le 1er. Servant de droite replace son écouvillon.

Le 2e. Servant de droite replace le seau.

Les 2es. Servans de droite et de gauche ôtent les susbandes.

Le Canonnier de gauche apporte 3 collets à billot, et en remet un au 1er. et au 2e. Servans de gauche, qui les placent, et lui, met le 3e.

Le 1er. Servant de droite et le Canonnier de droite vont chercher chacun la moitié du levier brisé, et le posent sur la Pièce, où ils l'assemblent aidé du 2e. Servant de droite, qui prend le boulon du levier et le place de façon qu'il soit dans le milieu de la boucle du billot du collet à billot des anses.

Les 2 Servans et le Canonnier de gauche brèlent la pièce, le	Premier à la volée. Second aux anses. Canonnier à la culasse.
Le Canonnier de droite commande : *au secours*.	Le Canonnier, quand la Pièce est brèlée, fait un signal pour que chacun reprenne son poste.

Les 3e., 4e. et 5e. Servans se portent avec célérité à la Pièce :

ceux de gauche prennent chacun 2 leviers en passant, vont se placer à gauche de la file de gauche, et à chacun des 3 de cette file ils passent un levier quand ils sont arrivés à leur poste... Les 3e., 4e. et 5e. de droite vont se placer à la droite de la file de droite.

En Avant:

De la main gauche les Servans et le canonnier de droite présentent les anneaux du levier brisé aux Servans et Canonnier de gauche, qui y passent leur levier ; et tous font face à l'ennemi.

Haut:

Tous ensemble élèvent la Pièce de façon à pouvoir la dégager des encastremens et la passer en avant de l'affût.

Bas:

Tous descendent la Pièce de la longueur du bras.

Marche:

Tous se mettent en marche, en partant ensemble du pied gauche.

Les 4 Servans de l'affût s'y portent alors : ils ôtent la chevrette et la mettent sur le traîneau avec le reste des armemens ; ils placent les susbandes de l'encastrement de tir, les clavettent, passent un levier dans cet encastrement, un autre dans les grands anneaux des chaînes d'attelage, et ils portent l'affût en suivant la Pièce.

Dans l'Obusier qui a 2 Servans de plus, ces 2 Servans passent un levier en travers sous les flasques, et aident à porter l'affût qui est plus lourd.

Si le chemin est étroit, on commandera aux Servans portant la Pièce :

à $\left\{ \begin{array}{c} \text{droite} \\ \text{gauche} \end{array} \right\}$ *par file, passez le défilé :*

A ce commandement, la file de $\left\{ \begin{array}{c} \text{droite} \\ \text{gauche} \end{array} \right\}$ se serrera contre la Pièce en se portant en avant, et l'autre se serrera de même contre la Pièce en se portant en arrière.

Si le chemin devient beau, on commandera *en avant*, et chacun reprendra sa première position par un mouvement contraire au précédent.

Demi-tour à droite :

Tous font demi-tour à droite en tournant autour du bout du levier , et ils reprennent le pas.

La Pièce en Guerre :

(Lorsqu'on est arrivé si l'on veut tirer).

Les 4 Servans de l'affût le posent à terre , ôtent les armemens de dessus le traîneau , remettent la chevrette , défont les susbandes , placent leurs leviers à gauche en arrière des roulettes , et vont reprendre leur poste en arrière.

Les Canonniers et Servans de la Pièce la rapprochent de l'affût , et au commandement *haut ,* ils la lèvent et la replacent dans les encastremens de tir.

Débrèlez la Pièce :

Les Servans et Canonniers de gauche retirent les leviers.

Les 3e. , 4e. et 5e. Servans de gauche rapportent chacun deux leviers à leur place , et retournent à leur poste en arrière.

Les 1er. , 2e. Servans et Canonnier de gauche débrèlent la Pièce ; le Canonnier de gauche rapporte les collets à billot à leur place.

Le 2e. Servant de droite défait le boulon du levier brisé.

Le 1er. Servant de droite et le Canonnier de droite vont replacer chacun la moitié du levier brisé... Les 2es. Servans mettent les susbandes... Le Canonnier de droite place les coins... Tous reprennent leur poste.

La Pièce en Porte-corps :

(Lorsqu'on est arrivé si l'on ne veut pas tirer).

Les Servans de l'Affût le posent à terre , ôtent tous les armemens de dessus le traîneau et les font charger sur les mulets : ils défont les susbandes et retournent à leur poste en arrière.

Les Servans et Canonniers de la Pièce la rapprochent, etc. comme ci-dessus , excepté qu'ils mettent la Pièce dans les encastremens de route , et que le Canonnier de droite ne replace pas les coins.

Nota. Les Pièces se chargent , etc. comme celles de Campagne pour la plaine.

La Pièce de 3 de Montagne se manœuvre avec 6 hommes , 2 Servans et 1 Canonnier de chaque côté.

Les Pièces de 12 et de 8 de Montagne , se manœuvrent avec 10 hommes, 3 Servans et 1 Canonnier de chaque côté, plus, un 4e. et 5e. Servans de gauche pour porter les charges au 1er. Servant de gauche.

L'Obusier s'exécute comme les Pièces de 4, excepté dans ce qui lui est particulier, comme à l'Obusier de Campagne pour la plaine.

Poids de l'Affût de 4 de Montagne.

Affût ferré avec son essieu et son palonnier.	250 liv.
2 Grandes roulettes.	60
Chevrettes avec ses tirans et ses roulettes.	95
Boulon de chevrette.	8
Levier brisé.	61
Levier directeur.	15
6 Leviers portereaux.	24
Coin de mire.	15
Rondelles et Esses.	2
TOTAL.	530

Poids de l'Affût d'Obusier de Montagne.

Affût ferré, etc.	400 liv.
Chevrettes.	114
2 Roulettes.	60
Esses et Rondelles.	2
Boulon de Chevrette.	12
Coin de mire.	15
Levier brisé.	61
4 Leviers portereaux.	24
TOTAL.	688

DES BOIS.

Tous les *Bois* doivent être coupés durant l'hiver... On connaît leur âge au nombre des cercles dont le tronc est composé... Les arbres dans les terrains marécageux, quoique beaux, ne donnent qu'un bois léger.

En général, *un Arbre est de bon service et vigoureux*, quand sa tête n'est pas arrondie et pousse de longues branches, quand les feuilles sont vertes, vives et ne tombent que tard, quand l'écorce de ceux qui sont jeunes, est lisse, et quand on aperçoit l'écorce vive à travers les gerçures.

Le *Bois de bonne qualité* a ses fibres fortes, souples, bien filées, vigoureuses et rapprochées les unes des autres. Les copeaux qui s'en font, lorsqu'on les taille, sont lians, ne se rompent pas sèchement, mais se séparent par filandres.

Les *Bois débités* doivent être mis dans des hangards plus ou moins aérés suivant leur épaisseur.

On empilera les Flasques en laissant un intervalle de 18 à 24 lignes entre deux; des cales de bois sec seront placées sous les bouts, et toucheront par-tout, afin de mieux empêcher les fentes. On en mettra une ou deux au milieu, suivant la longueur de la pièce. Observez de ne pas exposer les bouts au courant de l'air, pour préserver les Bois de se fendre. Si on ne peut faire autrement, clouez des planches à ces bouts.

Les Flasques de 24 resteront sous les hangards au moins 5 ans, et ceux de 4 au moins 2 ans.

Les Essieux, Entretoises, etc. seront sujets au même nombre d'années de dessèchement.

Les *Rais* les plus forts à 2 ou 3 ans... Les plus faibles à 1 ou 2 ans.

Les *Jantes* de chêne à 3 ou 4 ans... celles d'orme à 2 ou 3 ans.

On sciera un madrier du cœur, de 2 à 3 pouces d'épaisseur, selon le diamètre de l'arbre, et l'on prendra dans le restant, les Flasques et les Semelles d'Affût de siége et de campagne, afin que ces pièces soient moins sujettes à se voiler et à se gercer du côté du cœur.

Dans les Bois réduits aux dimensions nécessaires pour fournir la Pièce qu'on demande (ce qu'on appelle le *Cadre*) la base de l'aubier qui peut se trouver aux angles, doit être moindre d'un pouce, pour que cet aubier puisse disparaître souvent par les chanfreins et l'arrondissement. Cet observation est nécessaire, afin d'employer le Bois dans sa plus grande force. Aux arbres qui ont au-delà de 15 pouces de diamètre, il vaut mieux avoir un peu d'aubier aux angles, que d'avoir les angles sans aubier, et du Bois qui est déjà sur son retour. (*Voy.* pag. 278, l'art. *Cadre*.)

DU CHÊNE.

Ce Bois sert à faire des Flasques, des Entretoises, des bras de Limonière, des Brancards, des Burettes, des Epars, des Sassoires, des Plates-formes, etc.

Il pèse depuis 55 jusqu'à 70 et même 80 livres le pied cube, quand il est sec.

Le Chêne gras est préféré par les menuisiers : mais il est trop poreux, trop cassant pour l'Artillerie. Il faut rebuter les Chênes trop vieux qui n'ont pas l'écorce fine, unie.

Les meilleurs se trouvent dans des terrains secs et bons... à l'exposition du levant ou du couchant...; dans le même terrain, le Chêne qui croît le plus vîte, est le plus fort. Le bois de Chêne le plus dense vaut le mieux... Il y a un quinzième de différence entre la pesanteur du cœur du Chêne et celle de l'aubier... Le bois du pied pèse plus que celui du milieu... Dans les Chênes de 110 ans et au-dessus, la pesanteur du cœur diminue, et celle de l'aubier augmente.

Pour les *Bois de Charpente* il faut qu'ils aient essuyé deux ou trois printems depuis leur abattage, et qu'ils aient été flottés un mois avant d'être employés. Pour la menuiserie, le bois doit être encore plus sec.

Pour dissoudre et emporter les liqueurs trop fermentescibles du Bois, il faut le faire flotter 6 semaines au plus, ou le mettre dans une eau vive et pure durant un mois, et le faire sécher 6 semaines avant de l'employer. Ces précautions le rendent moins sujet aux vers.

Les Chênes écorcés dans le tems de la sève, et coupés l'hiver d'après, en deviennent plus forts dans la raison de 11 à 10; mais on ne peut les courber au feu : ainsi cette pratique ne peut servir pour les Bois de la marine. Par ce moyen l'aubier devient Bois, mais celui du haut de l'arbre devient plus fort que celui du pied.

Le Chêne vert est au-dessus des autres, et peut servir à faire des Moyeux, des Jantes, des Rais, etc.

DE L'ORME.

L'Orme est de moindre durée que le Chêne : il est aussi plus léger. Il est liant et fort. On cherche pour lui les mêmes expositions que pour le Chêne; mais tous les terrains lui sont bons. On le divise en *mâle* et *femelle* : le premier croît plus vîte et a la feuille large; mais il est ordinairement blanc et de peu de valeur. L'Orme femelle a la feuille petite et rude, le bois *rouge*, et sert à faire des Moyeux, des Jantes, des Flasques pour les Affûts de campagne.

L'Orme tortillard ne croît jamais droit ; ses fibres sont entrelacées ; il est beaucoup plus dur que les autres Ormes, son écorce est galeuse et désagréable. Les Moyeux qu'on en fait n'ont nul besoin de cordons, ni de frettes, et sont préférables à tous les autres, pourvu qu'on ne les ait pas tenus trop long-tems dans l'eau, car dans ce cas ils se décomposeront plus vîte. Cet arbre vient très-lentement dans les terrains pierreux et arides.

LE FRÊNE.

Le Frêne est liant, ses fibres sont alongées, serrées, flexibles ; mais il passe plus vîte que l'Orme. On choisit ceux qui ne sont pas à l'ombre, qui sont d'une écorce fine, jaunâtre, sans nœuds, *car les nœuds interrompent le fil, et le bois casse facilement dans cet endroit ;* ce bois est rare et cher, mais préférable aux autres pour les Manches d'outils, Hampes, Brancards, Rames, Leviers, etc. On s'en sert pour les Fusées à bombes au défaut du Tilleul.

LE HÊTRE.

Le Hêtre est de moindre qualité que les bois précédens. Il est préférable à l'Orme mâle pour les Jantes et les Essieux. Il y a beaucoup de précautions à prendre pour le conserver. On peut l'employer utilement quoique vert, pourvu que les Voitures servent aussitôt. On en fait des Varlopes et autres outils, et les Sabots à boulets et à cartouches.

LE CHARME.

Son bois est dur, roide, liant. Il ne vient jamais assez gros pour fournir à de grandes pièces dans les constructions de l'Artillerie. On en fait de bons Essieux, des Flèches, des Timons. Il est bon pour tout, principalement pour des Dents de Roue, des Fuseaux de Lanternes, des Leviers. Ce bois dure long-tems, mais il est rare et cher.

LE NOYER.

On se sert quelquefois du Noyer au défaut de l'Orme pour faire des Moyeux. On emploie alors les parties qui approchent le plus de la racine.

Il sert principalement à faire les Bois de Fusils. (*Voy. cet article.*

LE CHATAIGNER.

Ce Bois autrefois très-estimé est sujet à se fendre et à se pourrir quand il est assis dans la maçonnerie. On lui préfère le Chêne.

Le Cormier, *l'Alisier*, *le Sauvageon* sont des Bois très-durs et bons à tout ; leur rareté fait qu'on ne les emploie que pour des Roues dentées et des fuseaux de Lanternes.

NOTA. Les Bois dont on vient de parler sont les BOIS DURS, ceux qui suivent sont les BOIS BLANCS.

LE SAPIN.

Le *Rouge* est préférable au *Blanc*. Peut-être doit-on aussi quelquefois le préférer au Chêne pour les Madriers de Plate-forme, comme moins pesant, moins sujet à se tourmenter ; les Leviers glissent moins dessus dans les manœuvres. On s'en sert pour les Madriers et Poutrelles de Pont, pour les Mâts, etc.

La résistance du Chêne est à celle du Sapin, comme 6 est à 5.

LE PIN.

Son Bois est plus compact que celui du Sapin, mais il est rempli de nœuds. Aussi, quand au besoin, on se servira de planches de Sapin ou de Pin, il faudra rejeter celles dont les nœuds traversent l'épaisseur, de façon à pouvoir être chassés dehors. En général, le Pin n'est employé dans l'Artillerie, ainsi que le Sapin, qu'à faire des Caisses d'armes : les planches pour cet objet doivent être dressées au cordeau, coupées carrément et sans nœuds aux bords.

LE TILLEUL, L'AULNE.

Ces Bois ne servent dans l'Artillerie qu'aux Fusées de Bombes. On les préfère aux autres Bois, parce qu'on les polit facilement, et qu'il ne se trouve jamais de filandres dans le trou où l'on met la composition. Ils ne se fendent pas aisément, et lorsqu'ils sont chassés dans l'œil de la Bombe, ils cèdent et remplissent les irrégularités qui s'y trouvent... L'Aulne sert encore à faire les Sabots à boulets et à cartouches.

LE PEUPLIER.

Ce Bois est le plus propre et le plus ordinairement employé aux Corps des Caissons : on ne doit s'en servir que bien sec et sans nœuds.

DÉFAUTS DES BOIS.

(*Particulièrement du Chêne*).

Les *Abreuvoirs* se forment ordinairement aux aisselles, qui sont
la réunion de deux ou trois branches. Le poids du givre ou les
grands vents, séparent et détachent quelquefois les branches d'avec
le tronc : l'eau y perce, pénètre le cœur de l'arbre, le corrompt,
et occasionne une pourriture intérieure de la naissance de l'abreu-
voir aux racines. Les taches blanches ou rousses qui règnent sur
l'écorce du haut en bas, dénotent ce défaut.

L'*Aubier* est le bois mou qui se trouve dans tous les arbres
après l'écorce. On doit le proscrire dans tous les bois employés
dans l'Artillerie. Les arbres venus dans un terrain maigre et sec,
sont sujets à avoir un *double aubier :* ce sont des cernes d'aubier
entremêlées avec celles du Bois.

Les *Bois courbes* ont souvent leur partie convexe vicieuse, ou
au moins tendre.

Bois gélif entrelardé, écorce morte, ou aubier mort recouvert
par du bon bois. Ce défaut est occasionné par l'action du soleil,
du verglas et des gelées. On reconnaît ce vice à un cercle blanc
ou jaunâtre, qu'on voit dans les bouts du bois lorsqu'il est abattu.
Dans la refente on voit des bandes blanches, ou jaunes vergetées
comme du marbre, qu'on appelle *blanc de chapon.*

Bois gras ou *tendre.* Ce bois a les pores grands et ouverts, les
fibres sèches, la couleur terne, d'un roux fauve : les copeaux qui
en proviennent se cassent net sans former de rubans lorsqu'on les
froisse ; il se rompt aisément : l'humidité le pénètre avec facilité.
Il n'est propre qu'à la menuiserie. On le reconnaît dans le Chêne à
son écorce épaisse et blanche, lorsqu'il est en état de croître encore.

Le *Bois mort* sur pied ne vaut rien.

Le *Bois noueux* ne vaut rien pour la charpente : les nœuds rompent les fibres, etc.

Bois pouilleux. Arbre couvert d'ulcères et de chancres qui en
altèrent l'écorce, et dont le bois vicieux est piqueté de taches
brunes.

Bois rebours. Bois dur et fin, dont les fibres, quoique dirigées
en différens sens, sont fortes, vigoureuses et rustiques. On ne
peut le travailler proprement ; mais il résiste au fardeau.

Bois rouge. Cette couleur annonce un arbre sur le retour qui
dégénère et manque de substance. Ce défaut est annoncé par un
amas de petites branches chargées de feuilles vertes qu'on trouve
le long de la tige. Il faut rejeter ce bois, il n'est pas d'un bon usage.

Bois roux. Bois d'un roux terne, tirant sur le fauve, signe d'altération et de retour.

La Cadranure. Ce sont plusieurs gélivures partant du même centre. Les arbres sur le retour sont sujets à ce défaut.

La Carie est une espèce de moisissure provenant du vice des racines mal-saines et pourries.

Les Champignons et *l'Agaric* sont des plantes qui croissent sur les vieux arbres.

Le Chancre est une espèce d'ulcère qui altère l'écorce et le bois : il en suinte en tout tems, même pendant la sécheresse, une eau rousse, âcre et corrompue. Une branche arrachée sans précaution, et cassée par éclat, est le principe de ce mal. Découvrez le nœud vicieux le plus près de la cîme, sondez-le ; si vous en tirez du bois vergeté ou rouge, rebutez l'arbre.

Les Cicatrices sont des marques d'anciennes plaies. S'il n'y a qu'une petite roulure, l'arbre peut être sain ; s'il y a une grande ouverture, qu'on appelle *OEil de bœuf*, l'arbre est gâté.

La Couleur indique la qualité du bois. Le jaune-clair ou couleur de paille, ainsi qu'une teinte couleur de rose, annonce une bonne qualité. Ces couleurs uniformes, et qui deviennent plus foncées à mesure qu'elles approchent du cœur, indiquent des arbres bien conditionnés. Si la différence n'est pas sensible, et la nuance non interrompue, le bois est d'une qualité parfaite. Les changemens subits des couleurs, les veines blanchâtres, vergetées, sont un indice de pourriture. Les veines rousses, plus humides que le reste du bois vergeté de cette teinte, annoncent un arbre sur le retour.

Les Ecoulemens de sève par les gerces de l'écorce, annoncent le plus prompt dépérissement.

Les Excrescences de la partie ligneuse, quelles qu'elles puissent être, doivent rendre un arbre suspect de bien des défauts. Il y en a de rondes, il y en a qui règnent dans toute la longueur de la tige. Celles-ci sont l'effet d'un coup de soleil ou d'une forte gélée, qui altère les couches ligneuses nouvellement formées ; et de la sève qui, tendant à réparer cette altération, occasionne ce boursoufflement.

La Gélivure est une fente qui se forme du centre du tronc d'un arbre à la circonférence. Les fortes gelées occasionnent ce défaut. Il faut employer ce bois à la fente, en ôtant la cadranure.

Les Gerces sont des fentes sur l'écorce du bois.

Les Gerçures sont de petites fentes sur la surface d'une pièce de bois équarrie.

Les Gouttières sont une altération intérieure des fibres ligneuses, qui occasionne des cicatrices par lesquelles la sève s'épanche et se perd. Cette altération provient d'une eau qui filtre du haut de l'arbre aux racines.

Grume. Bois en grume se dit d'un arbre abattu qui n'est pas encore équarri. Si l'on est long-tems sans enlever l'aubier, le bois s'échauffe, les vers s'y mettent, pénètrent au cœur, etc... L'équarrissage d'un arbre est le cinquième de sa circonférence à-peuprès ; un arbre de 60 pouces de pourtour donne un morceau de bois de 12 pouces de gros.

Lardoire. Eclat de bois de quelques pieds de longueur qui reste quelquefois sur la souche , et qui fait partie de l'arbre qu'on abat. C'est la faute du bucheron maladroit , qui n'a pas fait avec sa hache une entaille assez profonde d'un côté , pour qu'elle passe le centre de l'arbre , ainsi qu'il est d'usage.

Les *Malandres* sont des nœuds vicieux qui se trouvent dans le bois de charpente.

La Mousse, *le Lichen*, s'attachent dans les crevasses et sur l'écorce. Les feuilles sèches et rondes du Lichen sont entrelacées et placées les unes sur les autres comme des écailles. Les Arbres qui ont de ces plantes sont viciés.

Rabougri, *Raffau*, se dit d'un arbre d'une vilaine venue , tortueux , noueux , branchu , etc.

Retour. On appelle arbre sur le retour celui qui dépérit par vieillesse. Les Arbres sur le retour sont altérés au cœur, et le Bois en est gras. On les reconnaît aux branches de leur cîme formant une tête arrondie ; à leurs feuilles hâtives à venir au printems , hâtives à tomber en automne. On les reconnaît à ce qu'ils se *couronnent* , c'est-à-dire que les branches du haut meurent et périssent ; à l'écorce qui se détache du bois ; aux gerces qui s'y font en travers ; aux écoulemens de sève qui se font par ces gerces , aux plantes parasites qui les couvrent.

Roulure. On dit qu'un Arbre est roulé , quand il y a dans l'intérieur des cercles qui ne sont pas adhérens les uns aux autres. Ce vice augmente quand l'Arbre se dessèche ; on voit alors une couronne de bois vif qui entoure un noyau de bois qu'on peut faire sortir quelquefois sans effort. Les grands vents , dans le tems de la sève , occasionnent ce défaut.

De la Résistance des Bois.

La Résistance des Pièces de Bois équarries , posées horizontalement, et chargées dans leur milieu , est en raison composée de la directe du carré de leur hauteur par leur largeur , et de l'inverse de leur longueur.

Une Pièce de bois qui a supporté un grand fardeau durant quelque tems , perd de sa force et se rompt sans avertir et sans éclater.

Le Bois a un ressort qui se rétablit à un certain point : mais si ce ressort est bandé autant qu'il est possible , il ne se rétablit qu'imparfaitement.

Les Pièces de Bois non scellées perdent un tiers de la résistance qu'elles auraient , étant scellées et arrêtées par les bouts.

Entre les Pièces de bois d'égale dimension , la plus pesante est la plus forte.

Sur même grosseur, une Pièce de bois qui a moitié moins de longueur , portera plus du double.

Sur même longueur , une Pièce de bois double en grosseur , portera plus du double.

TABLEAU

De la résistance du Bois de Chêne, suivant les expériences de Buffon.

Pièces de 5 pouc. d'équarrissage.		*Pièces de 7 pouc. d'équarrissage.*	
Longueur.	Poids qu'elles portent.	Longueur.	Poids qu'elles portent.
7 pieds.	11525 liv.	7 pieds.	32200 liv.
14	5100	14	13225
28	1775		
8	9787	8	26050
16	4550	16	11000
9	8308	9	22350
18	3700	18	9425
10	7125	10	19475
20	3225	20	8275
12	6075		
24	2162		

Pièces de 6 pouc. d'equarrissage.		*Pièces de 8 pouc. d'équarrissage.*	
7 pieds.	16950 liv.	7 pieds.	48100 liv.
14	7475	14	19775
8	15525	8	39750
16	6362	16	16375
9	13150	9	32800
18	5562	18	13200
10	11250	10	27750
20	4950	20	11487

TABLE *pour le Toisé des Bois en grume.*

Les Pièces de Bois sont supposées être d'une toise de long, et le Diamètre qu'on assigne est le Diamètre pris au milieu de l'Arbre ou de la Pièce.

Diamètre		Solidité en Solives			
po.	li.	sol.	pi.	po.	li.
3	»	»	»	7	»
3	3	»	»	8	3
3	6	»	»	9	7
3	9	»	»	11	»
4	»	»	1	»	6
4	3	»	1	2	2
4	6	»	1	3	10
4	9	»	1	5	9
5	»	»	1	7	7
5	3	»	1	9	7
5	6	»	1	11	9
5	9	»	2	1	10
6	»	»	2	4	3
6	3	»	2	6	9
6	6	»	2	9	2
6	9	»	2	11	9
7	»	»	3	2	6
7	3	»	3	5	3
7	6	»	3	8	2
7	9	»	3	11	2
8	»	»	4	2	3
8	3	»	4	5	6
8	6	»	4	8	9
8	9	»	5	»	1
9	»	»	5	3	7
9	3	»	5	7	2
9	6	»	5	10	10
9	9	1	»	2	9
10	»	1	»	6	6
10	3	1	»	10	6
10	6	1	1	2	6
10	9	1	1	6	9
11	»	1	1	11	»
11	3	1	2	3	4
11	6	1	2	7	10
11	9	1	3	»	6
12	»	1	3	5	1

Diamètre		Solidité en Solives			
po.	li.	sol.	pi.	po.	li.
12	3	1	3	9	10
12	6	1	4	2	9
12	9	1	4	7	9
13	»	1	5	»	9
13	3	1	5	5	10
13	6	1	5	11	1
13	9	2	»	4	6
14	»	2	»	9	11
14	3	2	1	3	6
14	6	2	1	9	1
14	9	2	2	2	10
15	»	2	2	8	9
15	3	2	3	2	7
15	6	2	3	8	9
15	9	2	4	2	9
16	»	2	4	9	»
16	3	2	5	3	4
16	6	2	5	9	9
16	9	3	»	4	4
17	»	3	»	11	»
17	3	3	1	5	9
17	6	3	2	»	6
17	9	3	2	7	6
18	»	3	3	2	6
19	»	3	5	7	7
20	»	4	2	2	3
21	»	4	4	10	6
22	»	5	1	8	3
23	»	5	4	7	7
24	»	6	1	8	7
25	»	6	4	11	1
26	»	7	2	7	1
27	»	7	5	8	9
28	»	8	3	4	»
29	»	9	1	»	9
30	»	9	4	11	7
31	»	10	2	11	1

Formule pour le Toisé des bois en grume.

$$\text{L'Arbre} = \frac{72 \times dd}{2} \times \frac{11}{7} \times \text{Longueur de l'Arbre.}$$

(d = au diamètre moyen de l'arbre).

Pour avoir 72 , dd , évaluez le diamètre en pouces, puis regardant les pouces comme des pieds, et comme des demi-pieds, vous les multiplierez l'un par l'autre : ensuite divisez par 2 , *l'opération est plus commode ainsi ;* puis multipliez par 11 septièmes, enfin, par la longueur de l'arbre, et vous aurez le nombre de solives qu'il contient.

Du Charbon.

Les principes qui composent les Bois , sont l'hydrogène, l'oxigène et le carbone.

Dans les Bois durs , tels que le Chêne et le Hêtre , la partie ligneuse qui en forme la base solide y est bien plus abondante que dans les Bois blancs , le Carbone y est dans une plus grande proportion , y est plus condensé , et ce sont les Bois durs qui fournissent le Charbon le plus ferme , ceux qui dégagent le plus de calorique , et que l'on préfère pour fondre les mines de fer dans les hauts fourneaux.

Les Bois blancs donnent un Charbon moins consistant, plus léger , ils dégagent moins de calorique ; et quoique les Charbons qu'on obtient de ces bois paraissent être dans un état qui n'a point encore été examiné suffisamment, ils n'en ont pas moins la propriété de contribuer à la perfection de l'affinage des fers qu'ils rendent plus ductiles.

On consomme un quart de plus de Charbon de Bois blanc que de celui provenant des Bois durs.

Les Bois qu'on veut carboniser doivent être abattus du moment qu'ils ont perdu leurs feuilles , et lorsqu'ils ont été débités à 2 pieds et demi de longueur, il faut les laisser sécher jusques au point de leur faire perdre l'eau qui impreigne leur tissu , et qui est surabondante à l'eau de composition , ou à celle qui s'y trouve en combinaison.

Poids du pied cube des Bois dont on fait le plus communément le Charbon pour les Forges.

	Vert.	Sec.
Chêne.	80	61
Hêtre.	63	55
Bouleau.	52	48
Châtaignier.	69	41
Tremble.	53	38
Sapin.	47	32

La Carbonisation consiste dans la décomposition par l'action du calorique des parties constituantes des Bois.

Les parties qui constituent leur tissu diffèrent des substances minérales, en ce qu'elles sont d'un ordre de composition plus compliqué.

Le calorique, la lumière, l'eau, l'air forment tous les matériaux qui composent le tissu du Bois, et leurs parties constituantes sont l'hydrogène, l'oxigène et le Carbone ou Charbon pur.

Pour se rendre compte de ce qui se passe dans la Carbonisation, il faut non-seulement considérer la nature des principes qui entrent dans la composition des Bois, mais encore les différentes forces d'attraction que les molécules de ces principes exercent les unes sur les autres, et celle que le calorique exerce sur elles.

Si la température à laquelle les Bois sont exposés dans le fourneau s'élève environ à 250 degrés de la division de Réaumur, l'hydrogène et l'oxigène se réunissent alors et forment de l'eau qui s'évapore avec de l'acide faible.

Une autre portion d'hydrogène et de Carbone s'unissent ensemble pour former les huiles, une autre portion de Carbone devient libre, et comme le principe le plus fixe, il s'unit à la terre du Bois et constitue le Charbon.

Enfin le Charbon paraît être un oxide de Carbone plus ou moins chargé d'hydrogène, d'eau toute formée et de sels alcalins ou terreux, suivant les diverses matières organiques d'où il provient, suivant le procédé, la température et la forme des fourneaux, des vases qu'on a choisis pour l'obtenir.

Il est très-important pour obtenir la plus grande quantité de Charbon, et de bonne qualité, de ne relever la température dans les fourneaux qu'avec beaucoup de précautions, parce qu'en chauffant les bois trop fortement, on dégage en même-tems une très-grande quantité de Carbone et d'Hydrogène, et cet inconvénient, que les Charbonniers n'ont pu surmonter, est tel qu'ils ne peuvent avoir constamment des Charbons de bonne qualité, et qu'ils n'en ont pu faire jusqu'à présent que les deux tiers ou demi de ce qu'on en obtient dans les vaisseaux clos.

Avec de bonnes mines de fer et des flux bien réglés, c'est, toute chose égale d'ailleurs , de la qualité des Charbons que dépendent principalement le plus ou le moins de succès et la perfection de la métallisation.

C'est le Charbon qui , en raison de ses qualités , dégage plus ou moins de calorique , et qui élève la température des fourneaux , tandis que le Carbone , en enlevant l'oxigène aux mines , fait reparaître le fer qui y est déguisé , et l'éclat métallique dont l'oxigène les privait.

Cette substance est celle qui occasionne le plus de dépense dans les forges , et sa fabrication ne saurait trop fixer aujourd'hui l'attention de ceux qui sont appelés à perfectionner les travaux de la métallurgie ; ceux qui restent à faire sur la Carbonisation sont si importans pour la conservation des Bois , les progrès de la métallurgie et les intérêts de l'Etat , qu'il importe dans les expériences en grand sur la Carbonisation des Bois , que le Gouvernement en provoque de nouvelles dans les établissemens et forges dont il dispose.

Comparaison des produits en Charbon pour la Carbonisation en Fourneaux clos, et de ceux obtenus par les procédés qui sont en usage dans les Forges.

20 Cordes de Bois en état d'être Charbonées , de 80 pieds cubes ne rendent ordinairement que 3900 à 4000 livres de Charbon.

La même quantité et qualité de Bois carbonisée dans les fourneaux bien clos , et où l'on peut diriger le feu avec exactitude , a rendu en Charbon 8120 à 8500 livres.

Mais il a fallu beaucoup plus de ce Charbon pour fondre les mêmes mines. Au reste , ce résultat d'une seule épreuve ne peut faire asseoir un jugement , mais doit provoquer à en faire de nouvelles bien suivies.

Le Charbon de Bois absorbe 17 à 18 livres d'eau par quintal en se réfroidissant , et la plupart des substances aëriformes , surtout le gaz acide carbonique.

DU FER.

Ce Métal diffère essentiellement de tous les autres Métaux, c'est le plus précieux, le plus utile, et le seul attirable à l'aimant. Sa texture est grenue, fibreuse, et un peu lamelleuse ; il cristallise par refroidissement en octaèdres implantés les uns dans les autres. Sa pesanteur spécifique est de 7,600. C'est le plus dur et le plus élastique des métaux, il est très-ductile à la filière et moins au laminoir, à cause de sa ténacité qui est plus forte que celle des autres métaux. Il est dilatable par la chaleur ; on ne peut le fondre qu'à la température de 160 degrés du thermomètre de Wedwoog, répondant à 9280 degrés de la division de Réaumur ; enfin c'est le seul métal inflammable par le choc des quartz et des silex.

Le Fer pur est un Métal d'une nature uniforme, dont les qualités propres sont modifiées ou anéanties par les différentes substances qui lui sont alliées.

Le Fer chauffé et refroidi sans être battu devient dur et cassant.

Le Fer forgé est flexible, malléable : il cède à la lime, au burin, à la filière, au laminoir ; s'il est de bonne qualité et qu'on le casse, on voit que sa substance a une forme fibreuse qu'on appelle le *nerf* du Fer.

Le Fer forgé, parfaitement affiné, ne doit contenir aucune matière étrangère ; mais il n'est jamais tel, et il retient toujours un peu d'oxigène et de carbone.

Le Fer est combustible : en se brûlant, l'oxigène se combine avec lui, et le dépouille d'abord de sa flexibilité en le rendant fusible ; puis, à mesure que la proportion d'oxigène augmente, il lui enlève ses autres qualités métalliques, le rend plus pesant ; et lui laissant la faculté de se cristalliser, produit un oxide-noir, puis rouge, puis jaune, puis blanc lorsque la quantité d'oxigène est la plus grande possible.

A la réserve de quelques morceaux de *Fer natif*, trouvés dans le Sénégal, la Sibérie, etc. on peut dire en général que le Fer se rencontre toujours dans les mines en état d'oxide mêlé avec différentes terres, et avec d'autres substances volatiles, et qu'on peut les diviser en 2 sortes : *mines terreuses et mines en roche.*

Le Charbon contenant une grande quantité de cette substance simple, combustible que l'on nomme *Carbone* (dans la nouvelle nomenclature chimique et autrefois *matière charbonneuse*), a la double propriété en brûlant avec le Fer ou avec ses oxides, d'en dégager l'oxigène et de s'allier à ce métal. Les différentes Fontes de Fer, les différens Fers forgés, les différens Aciers ne sont dus qu'aux diverses proportions d'oxigène et de carbone qui s'y

trouvent ; et l'art consiste à atteindre ces proportions pour obte-
tenir la Fonte , le Fer ou l'Acier qu'on veut avoir.

Les minerais *terreux* n'ont besoin que d'être lavés : si leur masse
est solide , on les réduit en petits morceaux , et on les lave sous
des pilons dont l'assemblage s'appelle *Boccard :* on les dépouille
en partie , par cette opération , des substances terreuses. Les minerais en roche sont en (1) général grillés et exposés ensuite à
l'air pour les rendre plus friables , plus fusibles , et en dégager
les substances volatiles , comme soufre , arsenic dans ceux qui en
contiennent , la magnésie , l'eau de cristallisation dans le Fer spa-
tique , etc.

En exposant la mine dans les hauts fourneaux à un grand feu
avec des *Fondans* (2) , et du charbon , on en vitrifie les terres ,
l'oxide du Fer perd une partie de son oxigène , se combine avec le
carbone , et on obtient *la Fonte.*

La Fonte portée à la forge , dépouillée de nouveau par le charbon d'une autre portion d'oxigène , cesse d'être fusible , prend
un état pâteux ; et portée sous le martinet , *gros marteau de 6 à
goo pesant ,* dont la percussion en exprime le Laitier et la Fonte
qui en jaillissent encore liquides , prend de la malléabilité , et
devient *Fer forgé* ou *affiné.*

Si la Fonte grise portée à l'affinage est recouverte de scories ,
est moins exposée à l'air , et que par la disposition du foyer et de
la thuyère , on lui enlève encore son oxigène , et on lui augmente
convenablement la dose de carbone , (*la dose de carbone com-
binée avec le fer pur doit être d'environ* $\frac{1}{333}$ *de la combinaison ,* on
obtiendra de *l'Acier naturel ou d'Allemagne* (3).

Si des barreaux de bon Fer sont entourés d'une poussière de
charbon , et renfermés dans une caisse exposée à un très-grand
feu , le carbone ne trouvant point d'oxigène , ne peut brûler , se
combine avec le fer et donne *l'Acier de cémentation.*

Si l'Acier naturel ou l'Acier de cémentation , et même le fer
pur sont fondus au moyen d'un flux convenable , on obtient
l'Acier fondu.

Lorsqu'on forge et qu'on soude ensemble plusieurs lames , les
unes de Fer , les autres d'Acier , il en résulte une substance qu'on
nomme *Etoffe ,* qui , à la souplesse et au liant du Fer , réunit la

---

(1) On se dispense du *grillage* quand on fond ces Minérais dans de *hauts
fourneaux* de 10 à 12 mètres de hauteur.

(2) Les Fondans, la Castine et l'Arbüe sont des terres qui déterminent
celles qui sont dans la mine, à se fondre, et à former une espèce de verre
nommé Laitier : les terres du Minérai et les Fondans qui leur sont propres,
ont une nature contraire.

(3) Les nouveaux travaux sur l'Acier, répétés et suivis avec soin par
M. Gazeran, prouvent que cet Acier est un alliage métallique de Fer pur et
de Manganèse, combiné avec un centième de Carbone.

dureté et l'élasticité de l'Acier. La bonté des *Damas* consiste dans l'art de bien lier, tisser et contourner ces lames.

On fond les mines de Fer dans des Fourneaux très-élevés qu'on appelle pour cette raison *Hauts-fourneaux* : leurs dimensions varient dans tous les pays ; mais ils doivent être très-solides, leurs murailles très-épaisses ou armées extérieurement de fortes barres en Fer, et les parois intérieures construites en pierres réfractaires, ou mieux encore en briques infusibles. Leur vide intérieur a en général la forme de deux cônes tronqués opposés base à base, ou d'un ellipsoïde. Le cône du bas se termine en une cavité presque toujours prismatique, qu'on appelle *Creuset* : celui du haut s'alonge en se rétrécissant jusqu'à l'ouverture supérieure qui s'appelle *Gueulard*. Les *Étalages* sont la partie du vide qui est immédiatement après le creuset, et la *Dame* est la plaque de fonte en talus qui ferme le devant du creuset.

Le combustible employé pour fondre les mines de Fer dans ces Hauts-fourneaux est du charbon de bois (le meilleur est celui du chêne bien sec de 18 à 30 ans), et dans quelques pays, de la houille carbonisée. La quantité de minerai, de castine et de charbon qu'on met à la fois s'appelle la *Charge* du Fourneau. Les proportions des matières formant la charge sont très-variables, car on allie souvent différens minerais. Dans le cas le plus simple on la compose de 0,58 minerai terreux ; 0,09 castine ; 0,33 charbon, ce qui donnera 0,20 de Fonte, puis 0,15 en fer.

Le feu est activé dans les Fourneaux par des soufflets en bois, des trompes ou des pompes soufflantes qui chassent le vent dans le Fourneau par un canal qu'on nomme *Thuyère ;* en général, il n'y en a qu'une, quoiqu'on prétende qu'avec deux opposées, et même trois, la fonte se ferait mieux et avec plus d'économie.

A mesure que les charges descendent en se fondant, on les remplace par de nouvelles. Les Fondans, et quelquefois le manganèse des gangues, mêlés d'un peu d'oxide de fer forment, par leur vitrification, ces scories luisantes, conchoïdes, lamelleuses qu'on nomme *Laitier*, qui nagent sur la Fonte dans le creuset, gagnent le bord supérieur de la dame, et s'écoulent le long de son talus. Si le Laitier est trop fluide, c'est un signe que la mine se précipite avant d'être réduite, ce qui donne une fonte de mauvaise qualité.

Lorsque, par le nombre des charges, l'abondance du Laitier qui s'écoule, on juge que le creuset est plein de fonte, on arrête les soufflets, on débouche le trou fermé avec de l'argile, qui est au fond du creuset, et on fait couler la fonte dans un creux fait en sable bien sec qu'on a pratiqué tout contre, qui a la forme d'un prisme triangulaire. Cette opération s'appelle *la Coulée :* la fonte qui prend la figure du prisme, et qu'on couvre de poussière mêlée de poudre de charbon, se nomme *la Gueuse.*

La fonte obtenue par cette opération est une combinaison de Fer, d'un peu d'oxigène et de charbon ; la variété des proportions de ces trois principes donne les différentes espèces de fonte.

De la Fonte blanche.

Cette Fonte doit son état à la petite dose de charbon, eu égard à celle de la mine ; sa cassure est d'un blanc argentin présentant des facettes. Elle est dure, fusible et fragile ; elle ne peut être employée aux objets qui doivent éprouver de la résistance, et être recherchés à l'outil ; mais elle est propre à l'affinage, et prend plus aisément nature de Fer forgé, en raison de ce que la matière charbonneuse s'y trouve en moindre proportion, et brûle plus aisément. Cette espèce de Fonte provient des minerais qui contiennent du manganèse, quelle que soit la quantité de charbon qu'on emploie dans le fondage.

De la Fonte grise.

Cette Fonte doit son état à une plus grande dose de charbon, eu égard à celle de la mine. Elle présente à la cassure des grains bien distincts, d'une couleur plombée. Elle a de la ductilité, *propriété que lui donne la plombagine ou carbure de Fer* (1), et de la tenacité. Ces deux qualités la rendent précieuse pour la fabrication des Bouches à feu destinées au service de la Marine et des Côtes. Cette Fonte est moins propre à l'affinage, et exige plus de travail pour prendre nature de Fer forgé, à cause qu'elle contient beaucoup de Plombagine. Elle est plus pesante que la Fonte blanche dans le rapport de 100 : 94 ; elle prend moins de retraite et consomme $\frac{1}{5}$ de charbon de plus dans le fondage.

De la Fonte mêlée.

Cette Fonte tient le milieu entre les deux précédentes. Pour l'obtenir, on emploie plus de mine et moins de charbon que pour la Fonte grise ; comparée à la Fonte blanche, ce serait tout le contraire. Elle est propre aux Bombes, aux Boulets et aux autres objets qui doivent éprouver de la résistance, et avoir une certaine dureté. Cette Fonte est très-propre à être convertie en Fer forgé : c'est celle qui, dans cette opération, éprouve le moins de déchet.

---

(1) La Plombagine est une combinaison de 9 parties de carbone et de 1 de Fer, que la nature fait, et que l'art n'imite qu'imparfaitement : on peut donc substituer le mot de Carbone à celui de Plombagine, dans ce précis sur le Fer, malgré quelques observations qu'il y aurait à faire, mais qui mèneraient trop loin.

De la Fonte noire.

Cette Fonte , dont l'état est dû à une trop grande dose de charbon , eu égard à celle de la mine , est d'un grain plus fin , et d'une
couleur plus sombre que la Fonte grise. Elle est douce , mais in-
capable de résistance ; elle est peu propre aux ouvrages en Fer
coulé , n'ayant pas de ténacité et manquant de fluidité , vice qu'elle
doit à sa surabondance de Plombagine qui détruit la liaison de ses
molécules.

Nota. Un moyen bien sûr de juger la Fonte , c'est d'examiner
le Fer forgé qui en résulte. Si ce Fer est doux , s'il a de la ténacité ,
et qu'il soit ductile à chaud et à froid , on peut être sûr que ,
d'après le régime qui convient à sa mine , cette Fonte sera très-
propre à la fabrication des Bouches à feu. Si le Fer est cassant à
froid , sa mine , employée sans alliage , pourra bien donner une
Fonte qui aura toutes les apparences pour elle ; mais elle n'aura
pas la ténacité nécessaire.

Il n'en est pas de même de la Fonte relativement au Fer ; ses
différens caractères n'ont aucun rapport avec la qualité du Fer
forgé qui doit en résulter par l'affinage.

Peut-être le Fer n'arrive à l'état de Fonte qu'après avoir passé
par celui de Fer Forgé ; car l'état de Fonte exige plus qu'une ré-
duction de la chaux de Fer ; il faut encore une combinaison avec
le carbone ; or ces deux opérations ne se font que successivement. La méthode de travailler le Fer à la Catalane est une preuve
de cette assertion ; mais comme c'est de la vitrification plus ou
moins parfaite des parties terreuses de la mine , que dépend la
séparation plus ou moins complète du Fer d'avec sa Gangue , et que
cette Gangue est souvent très-réfractaire , on sent aisément qu'à
moins d'avoir des Gangues très-fusibles , comme celles des mines
de Roussillon , etc. on est obligé d'opérer une fusion entière , en
changeant les mines en Fonte pour en obtenir ensuite le Fer forgé.

On nomme *Affinage* l'opération d'amener la Fonte à l'état de
Fer ; pour cela il faut lui ôter le carbone et l'oxigène qui sont
combinés avec elle. Ce travail se fait dans une Forge assez ressem-
blante aux Forges ordinaires , mais où des Soufflets plus vastes
donnent un vent plus fort et continu. Dans un Creuset brasqué
on expose à ce vent , au milieu des charbons allumés , le bout de
la Gueuse , ou les morceaux de Fonte à affiner : la Fonte entre
en fusion , on la maintient quelque tems dans cet état , en diri-
geant le vent sur la surface de la matière en bain , on écarte
les scories qui pourraient l'abriter du vent et du contact de l'air ,
et on la remue incessamment ; par ce moyen l'oxigène de l'oxide
de Fer et celui de l'atmosphère brûlent le carbone de la Fonte :
celle-ci passe à l'état métallique , devient pâteuse , se met en gru-

meaux : l'ouvrier les rapproche , en forme une masse (on la nomme loupe, renard, etc.) la retire du Creuset , lui donne de la consistance en la frappant à la fois sous plusieurs marteaux , ce qui en fait sortir une partie du laitier qui en tenait les parties séparées, puis la porte sous le Martinet pour commencer à la forger, ce qu'on appelle *cingler la loupe.* Le Martinet est un gros marteau de Fonte douce , ou de Fer, pesant de 6 à 900 liv. , mu ordinairement par l'eau et frappant sur une Enclume de même métal et de même forme que lui.

La Loupe qu'on cingle sous le Martinet, en la présentant en tous les sens à sa percussion , est mise sous la forme d'un prisme à 8 pans , 4 larges , 4 étroits, et prend alors le nom de *Pièce.*

La Pièce est remise au feu de la Forge, chauffée convenablement, reportée sous le Martinet, amincie dans son milieu seulement , et prend alors le nom d'*Encrénée.*

L'Encrénée est remise au feu, puis sous le Martinet; on réduit une des masses, qui la terminent , aux formes qu'on a données au milieu de la Pièce; elle prend alors le nom de *Maquette.*

Enfin, la *Maquette* est remise au feu, puis sous le Martinet; on fait disparaître comme précédemment la masse qui restait à un des bouts, et on obtient alors la barre ou bande de fer propre aux usages qu'on fait de ce métal.

Certains minerais, dans les Pyrénées , ceux de la Catalogne et sur-tout celui de l'isle d'Elbe, sans passer à la Fonte des hautsfourneaux, sont mis immédiatement à l'affinage , comme la Gueuse, et réduits en barres de Fer, comme elle , en suivant les procédés qu'on vient de résumer. Cette méthode , qui convient aux mines riches de Fer spathique mêlées de Fer hématite , est plus économique que celle par les hauts fourneaux, exige moins d'avances, moins de charbon (dans le rapport de 5 à 7) expose à moins de pertes. On l'appelle *méthode à la catalane* ; l'autre s'appelle à *l'allemande* ; et *la française*, peu suivie , ressemble à celle-ci, avec la différence que le travail se partage à deux forges différentes.

Du Fer doux ou fort.

Ce Fer est ductile à chaud et à froid ; il a beaucoup de ténacité ; cassé sous un gros échantillon , il offre une couleur plombée , un peu de nerf et beaucoup de grain. Sous un mince échantillon , il devient tout nerf; tel est le Fer de la première qualité, lorsqu'il est affiné avec soin : c'est celui qu'on emploie dans les Arsenaux de l'Artillerie. On exige que le Fer destiné à cet objet soit *corroyé.* Cette opération consiste en ce que , au lieu d'étirer tout de suite la pièce d'affinerie en barre , on la coupe par le milieu , on la double sur elle-même : on la soude dans toute son étendue , et enfin on la met de l'échantillon propre à l'objet qu'on se propose. Ce travail est sujet à donner des doublures, qui sont un défaut de soudure ; mais le fer y gagne du côté de la ténacité. Il est à observer qu'un échantillon *méplat*, est plus propre à présenter du nerf. Un fer carré, octogone ou rond, ne présente ordinairement que peu de nerf, quelque soin qu'ait donné l'affineur à son travail.

Ce Fer, de première qualité, n'est cependant pas propre aux ouvrages qui doivent avoir une certaine dureté, et qui doivent casser plutôt que de plier. Il faut lui préférer alors le Fer cassant à froid.

Du Fer cassant à froid.

Cette espèce de Fer est assez ductile à chaud ; on le rompt sans le secours de la tranche ; cassé sous un gros échantillon, il offre une couleur d'un blanc argentin avec de petites facettes et point de nerf. Sous un mince échantillon, il ne présente que point ou peu de nerf, et toujours de petites facettes. Il a plus de dureté et moins de ténacité que le Fer doux ; il soude plus aisément, c'est-à-dire, à un moindre degré de chaleur, ce qui le rend moins sujet aux doublures et aux cendrures. En général les mines limoneuses donnent cette espèce de Fer.

Le vice du Fer cassant à froid tient à la nature de sa mine, dont l'acide phosphorique se trouve en partie minéralisateur. Cet acide, combiné avec le Fer, produit la *Sidérite* ou phosphure de Fer. On peut corriger ce défaut en mêlant de la chaux dans l'affinage.

Si le vice de ce Fer provenait d'un excès de carbone, ce qui arrive quelquéfois, on le corrigerait par un nouvel affinage.

On trouve aussi dans le Fer cassant à froid du Chrome, métal nouvellement découvert, jusqu'à $\frac{1}{500}$.

Du Fer cassant à chaud.

Cette espèce de Fer est caractérisée par l'impossibilité de le souder ; du reste il a beaucoup d'analogie avec le Fer doux. Les barres de ce Fer ont ordinairement des criques à leur arête. C'est le seul indice extérieur auquel on puisse le reconnaître ; et cet indice n'est pas sûr, puisqu'un Fer mal affiné présente les mêmes effets. Sa cassure est semblable à celle du Fer doux.

Le vice du Fer cassant à chaud, tient à la nature de sa mine, dont l'acide arsenical est en partie minéralisateur. Le soufre occasionne le même vice. Ce Fer casse lorsqu'on le forge rouge cerise : il faut le forger rouge blanc, et cesser lorsqu'il devient rouge-brun.

Les Ouvriers appellent improprement *Cuivreux* le Fer cassant à chaud. L'analyse ne s'aurait y découvrir le plus léger indice de cuivre. Ils lui donnent aussi le nom de Fer *Rouverain*, ou de couleur.

Au reste, les vices du Fer cassant à froid, et du Fer cassant à chaud, ne doivent être imputés qu'aux mines qui donnent constamment des Fers de cette nature, quoique le travail d'affinage soit bien fait ; car il n'est pas douteux qu'une Fonte qui doit naturellement donner un Fer doux, étant mal affinée, donnera un fer qui manquera de ductilité et de ténacité. Un Fer *Acéreux*, par exemple, pourrait bien être pris pour un Fer cassant à chaud ; mais ce même Fer, entre les mains d'un bon Ouvrier, étant corroyé, prendra la qualité qu'il aurait eue en premier lieu, sans la négligence de l'affineur. Il n'en sera pas de même si le vice tient à la nature de la mine.

Les Fontes et les Fers provenant des mines spathiques oxidulées, et des hématites, doivent être affectées essentiellement à la fabrication des Fers de l'Artillerie, et des 3 espèces d'Acier.

Les Fontes grises et les Fers provenant des Mines hématiques qui se trouvent abondamment dans les 3oo fourneaux environ des départemens de l'Indre, de l'Indre-et-Loire, du Cher (Berry), de la Nièvre, du Doubs, du Jura, et du ci-devant Périgord, etc. doivent fournir par l'alliage des différentes mines qui s'y trouvent, toutes les qualités de Fonte et de Fer forgé qui conviennent aux Fonderies, Manufactures d'armes et Arsenaux de construction.

Enfin, les mines limoneuses, les oolites, et autres de cette classe, qui contiennent presque toujours du phosphate de Fer (acide phosphorique), donnent des Fontes qui ont peu de ténacité, et des Fers cassans à froid ; mais ces mines peuvent être alliées comme dans les Forges de l'Artillerie d'Hayanges et de Mont-Cenis, avec un quart ou un tiers de mine hématite, ou autre de bonne qualité, et alors elles donnent des Fontes et des Fers d'une ténacité moyenne, qui convient pour les projectiles et les balles de Fer battu, quoique, pour ce dernier article, le Fer cassant à chaud en accélère la fabrication.

Une boucle de Fer nerveux, dont chaque branche a 4 lignes de grosseur, ce qui fait 16 lignes carrées, supporte 12,000 liv. avant de se rompre.

Le Fer a la propriété de se souder avec lui-même sans intermède, à un certain degré de chaleur ; si les objets à souder sont délicats et risquent à être déformés par le degré de chaleur à donner, on emploie le cuivre pour intermède, et on abrite, de l'oxidation que le feu pourrait occasionner, les parties à souder en les enduisant d'une argile infusible, que chasse le marteau en finissant la soudure.

Défauts du Fer.

La *Doublure* provient d'un défaut de soudure, et le défaut de soudure vient de ce que le Fer n'était pas assez chaud pour souder, ou de ce qu'il s'est trouvé quelques crasses dans le Fer, qui en ont empêché la soudure. Si l'ouvrier s'en aperçoit, en ressuant sa pièce, il peut en réparer le défaut. Il soudera aisément, s'il n'y a point de crasses ni de corps étrangers interposés ; et s'il s'y en trouve, l'état pâteux où le Fer se trouve réduit, par la chaude soudante, donnera la facilité de les expulser sous le marteau.

Les Cendrures sont dues à une matière étrangère qui se trouve dans un grand état de division, et qui est interposée dans le Fer. Ce ne sont que des points noirs qu'on aperçoit. Ce vice ne nuit pas à la ténacité du Fer, mais il dépare l'ouvrage.

Les Criques sont des fentes transversales, provenant ordinairement du crachement du Fer sous le marteau : ces fentes se trouvent aux arêtes, et n'ont pu être soudées par le travail. Dans les canons de fusils, les criques sont des travers de peu de profondeur.

Les Pailles ne sont que des doublures qui occupent peu d'espace, et qui sont à la superficie du Fer.

Le Travers est un défaut qui se trouve dans le sens de la largeur, ou très-à-peu-près, et qui paraît provenir d'une solution de continuité dans le Fer, qui n'a été que rapproché par le martelage.

Ces défauts sont communs à toute espèce de Fer ; il paraît cependant qu'ils se rencontrent plus souvent dans le Fer à nerf que dans le Fer cassant à froid, à raison de ce que ce dernier a besoin d'être moins chauffé pour arriver à l'état pâteux.

De l'Acier.

De l'Acier naturel, dit de Fusion.

L'Acier, comme on l'a dit ; n'est qu'une combinaison de Fer et de Carbone. Il diffère donc de la Fonte par l'absence de l'oxigène, et du Fer par la présence du Carbone. Ainsi l'on peut tirer l'Acier de la Fonte ou du Fer, en privant la première de son oxigène, en introduisant dans la seconde le Carbone.

On obtient l'Acier naturel immédiatement de la Fonte grise par sa fusion dans des foyers brasqués, et qui, par leurs diverses proportions, tendent à conserver au Fer les principes et le carbone qui doivent le constituer. C'est le produit des mines spathiques. oxidulées et de quelques mines hématites ; on les emploie de préférence pour cet objet, et elles y sont les plus propres en raison du manganèse qui se réduit en partie avec le Fer et s'y allie : aussi leur a-t-on donné le nom de *mines d'Acier*. La fabrication de l'Acier de fusion ne diffère de celle du Fer forgé qu'en ce que l'affineur ne détruit de la matière charbonneuse dans la gueuse qu'il affine, que ce qu'il faut pour qu'elle reste Acier. Par exemple, si en faisant prendre nature à son Fer, il ne relevait pas conti-

nuellement au vent, la matière charbonneuse ne se brûlerait qu'en
petite quantité, et le produit de son travail serait de l'Acier.

L'Acier de fusion a beaucoup de corps ; il se travaille et se soude
aisément , soit avec lui-même, soit entre deux Fers. Il est propre
sur-tout à la fabrication des ressorts et des armes blanches ; il est
infiniment préférable à cet égard à l'Acier de cémentation qui n'a
pas assez de corps.

La barre d'Acier, telle qu'elle sort des mains de l'affineur ,
éprouve un, deux et même trois *corroyages*. Ce travail consiste
à former une trousse de barreaux d'Acier, à les souder dans toute
leur étendue , et puis à étirer la trousse en barres. Après cette
opération, on donne à cet Acier le nom d'Acier *à une, à deux,
à trois marques*. Son prix varie en raison du plus de façon ; par
ce travail , l'Acier acquiert du corps et de la qualité.

De l'Acier de Cémentation.

La présence de la Plombagine ou carbure de Fer dans la Fonte
grise prouve l'affinité du Fer avec le carbone ; c'est à cette affinité
mise en jeu que nous devons l'Acier de cémentation. Le Fer forgé
cémenté avec des matières inflammables , passe à l'état d'Acier.
Dans ce nouvel état il se trouve avoir augmenté de poids d'à-peu-
près 1 cent cinquantième. Il est très-fragile, sa cassure ne présente
plus de nerf , mais des facettes brillantes. Sa surface se trouve hé-
rissée de boursoufflures , qui disparaissent sous le marteau de
même que les facettes, qui sont remplacées par un grain égal ,
dans toute la longueur de la barre , et d'un gris terne.

Ainsi , l'*Acier de Cémentation* est celui qu'on obtient avec du
Fer le plus pur comme le mieux corroyé , cémenté soit avec de
la poussière de charbon , soit avec toute autre matière charbonneuse , à laquelle quelquefois on mêle des substances salines, dans
l'idée que ces substances donnent plus d'activité aux cémens.

Pour cette opération on place les Fers qu'on veut convertir en
Acier dans une caisse de fer, on les met par lit en les recouvrant
et les entourant de ces matières charbonneuses, qu'on appelle
Cément, le tout est recouvert d'une couche de sable humecté
et bien battu , qui empêche le charbon de brûler. On expose
cette caisse au feu d'un four à réverbère aussi long-tems que
l'exige le genre des pièces qu'on veut convertir en Acier... Les
Fers retirés du cément s'appellent *Acier poule* : leur surface est
boursoufflée et lamelleuse ; il faut les chauffer et forger de nouveau : leur volume en devenant Acier s'accroît de $\frac{1}{100}$ et leur
poids de $\frac{1}{140}$.

Cette espèce d'Acier qui soude bien , soit avec lui-même, soit
entre deux Fers , est propre aux outils taillans et tranchans ;
mais il n'a pas assez de corps pour être employé , soit à faire des
ressorts , soit à la fabrication des armes blanches. Les cendrures

et les pailles qui peuvent se trouver dans le fer cémenté restent dans l'Acier et nuisent à son poli. Enfin, l'effet de la cémentation se portant de la surface au centre, toutes les parties d'un même barreau ne sauraient être cémentées au même degré. L'Acier fondu n'a pas ces défauts. On peut bonifier les Aciers de qualité inférieure, ou qui n'ont pas été traités convenablement, en les cémentant pendant 10 à 12 heures, plus ou moins, seulement avec le charbon.

Une des principales et des plus intéressantes propriétés de l'Acier, c'est qu'étant rougi jusqu'à un certain point, puis refroidi subitement en le plongeant dans l'eau froide (ce qu'on appelle *tremper* l'acier), il acquiert une dureté considérable, qui le rend précieux pour les outils tranchans. Mais l'Acier trempé étant très-fragile, on ne saurait l'employer à cet usage, si on n'avait pas le moyen de l'adoucir au degré que l'on veut par le moyen du *recuit*, qui consiste à chauffer l'Acier trempé sur des charbons ardens, ou sur une plaque de tôle, et à lui faire prendre successivement les couleurs suivantes : jaune pâle, couleur d'or, pourpre, violet, bleu clair et couleur d'eau. On s'arrête à celle de ces couleurs qu'on sait par expérience laisser à l'Acier la dureté convenable à l'objet qu'on se propose, et on plonge ensuite la pièce dans l'eau.

De l'Acier fondu.

C'est en fondant de l'Acier naturel, de l'Acier de cémentation et du Fer affiné, et en le coulant comme font les Anglais depuis long-tems, et comme est parvenu à le faire en France depuis plus de 20 ans, Chalup, capitaine au Corps d'Artillerie, qu'on obtient un Acier homogène dans toutes ses parties, exempt de toute impureté et susceptible du plus beau poli. Les *Flux* qui paraissent les plus propres à la fusion de l'Acier, sont le verre fait avec 2 parties de terre siliceuse et une partie d'alcali : et celui qui convient pour fondre le Fer doux en Acier, est composé de moitié de pierre calcaire, d'un quart de silice et d'un quart d'argile jaune calcinée. Lorsqu'on emploie du verre siliceux pour Flux, ou les élémens du verre sans alcali, ainsi que cela se pratique pour fondre le Fer en Acier, on doit éviter d'employer les oxides de plomb et d'arsenic.

L'Acier ainsi fondu se coule dans une lingotière de Fer forgé qui lui donne une forme carrée.

La cassure du barreau ainsi coulé ressemble beaucoup à celle de l'Acier poule ; il se trouve à sa surface de petites cavités qui paraissent dues au retrait de la matière. Ces cavités ne sont pas dangereuses ; et le barreau d'Acier fondu s'étire sans criques ni gerçures à un martinet de forge, et sans exiger d'autre ménagement que de ne pas le chauffer trop fort, sur-tout dans les premières chaudes. Le degré le plus avantageux à saisir est passé la couleur cerise. Plus cet Acier s'étire sous un mince échantillon, plus il devient doux et facile à travailler.

L'Acier fondu ne soude ni avec lui-même, ni entre deux Fers, à cause de sa fusibilité.

(*Remarque* sur l'Acier). Le bon Acier doit avoir le grain très-fin et très-homogène. C'est moins par la trempe que par le travail qu'on peut juger de sa qualité. La trempe peut cependant donner des indices assez sûrs. Plus un Acier est fin et plus il est susceptible de prendre la trempe à un moindre degré de chaleur. La couleur cerise faible suffit pour donner à l'Acier fondu une très-grande dureté, l'Acier de cémentation exige la couleur cerise vif; et l'Acier de fusion exige la couleur passé cerise. Au reste l'expérience apprend bien vîte à l'ouvrier ce qu'il faut en plus ou en moins à ces nuances, pour remplir l'objet qu'il se propose.

Plus un Acier sera trempé chaud, plus le grain en sera brillant et distinct. Cette espèce de trempe est sèche, et expose l'Acier à s'égrener. S'il n'était pas trempé assez chaud, il pourrait *refouler*, c'est-à-dire, céder à une résistance même assez faible. L'Acier fondu et l'Acier de cémentation sont plus sujets à ce premier défaut que l'Acier de fusion ; et ce dernier est plus sujet à *refouler* que les deux autres.

Pour distinguer le Fer pur de l'Acier : portez sur le métal que vous voulez vérifier, une goutte affaiblie d'acide nitreux ou d'eau-forte du commerce; deux minutes après lavez le métal avec de l'eau : l'acide l'aura dépoli, et y aura laissé une tache blanche sur le Fer, noire sur l'Acier; parce que l'acide dissout le Fer et non le carbone, qui se dépose pendant la dissolution et adhère au métal si elle se fait lentement et sans effervescence ; voilà pourquoi on affaiblit l'acide en l'étendant dans un peu d'eau.

Il faut porter la goutte d'Acide avec du verre ou quelque matière qui ne s'en laisse pas attaquer, pour que rien ne puisse changer le résultat.

M. le général de Manson, qui a passé du service de l'Artillerie française à celui de Bavière, a donné, en 1804, un Traité du Fer et de l'Acier relatif à leur emploi dans les armes et attirails de l'Artillerie, où l'on trouvera des observations très-précieuses parce qu'elles sont le résultat d'expériences. Sa théorie sur le Fer est contraire à celle de la nouvelle chimie; il pense que le rôle qu'on y fait jouer à l'oxigène et au carbone n'est fondé que sur des conjectures, et que la sienne est le résultat d'une infinité d'expériences faites en grand. Il pense que le Fer ne doit pas être totalement séparé des parties hétérogènes avec lesquelles il est uni dans sa mine ; qu'il doit, au contraire, conserver une dose du verre produit par la fusion de la terre de sa *gangue*, avec celle de son *fondant* : et que ce verre lie les parties métalliques entre elles, en leur servant de soudure. Que ce verre, dit *Laitier*, se forme en même-tems que les parties métalliques se réunissent , que ces parties étant toujours et par-tout les mêmes , la qualité du Fer ne peut varier que par la dose et la nature de son laitier : que plus ce laitier y abonde , plus le Fer devient dur , fragile et soudant. Il pense que l'Acier ne diffère du Fer que parce qu'à volume égal , il contient plus de parties métalliques ; qu'il faut donc faire écouler du Fer ce laitier , et en faire rapprocher les parties métalliques pour tranformer le Fer en Acier : et qu'enfin cette transformation qu'on explique par l'introduction du charbon dans le Fer , n'est pas aisée à concevoir , parce que la chaleur qu'on donne au Fer dans la cémentation , faisant dilater l'air et le chassant avec violence de la barre qui en reste boursouflée à la fin de l'opération , doit empêcher toute autre substance de s'y introduire.

Peut-être ces systèmes diffèrent plus par les mots que par le fond : Mais ,

Non nostrum inter vos tantas componere lites.

On trouvera aussi des observations utiles relativement au Fer et à l'Acier , dans un ouvrage de M. le chef de bataillon Baudreville , officier d'artillerie, ayant pour titre : *Mes Conjectures sur le Feu.* A Strasbourg , 1808.

DES BOUCHES A FEU NÉCESSAIRES

AUX ARMÉES, AUX PLACES ET AUX COTES.

Dans les Armées, il y aura 2 pièces de 4 par Bataillon.

Les Réserves ou pièces de Parc, seront à-peu-près en égal nombre ; dont environ : 2 cinquièmes de 12, 2 cinquièmes de 8, et 1 cinquième de 4.

Dans les pays où les transports sont difficiles, ces Réserves pourront être composées de : 1 quart de 12 , 2 quarts de 8 , et 1 quart de 4.

Pour 100 Pièces de canon, on mettra une division de 4 Obusiers de 6 pouces.

Pour 200 ou 300 , 2 divisions de 4 Obusiers de 6 pouces.

Pour les Attaques brusquées, on aura du Canon de 16.

Pour la Défense des Places : 2 cinquièmes de 16, 2 cinquièmes de 12 longues, 1 dixième de 8, 1 dixième de 4... et pour Pièces　　　　Obusiers de 8 pouces.

Comme il faut avoir du canon pour un Equipage de Siége assemblé sur les trois grandes frontières de Flandre, du Rhin ou de la Moselle, et d'Italie, pour remplacer promptement les consommations et fournir au besoin, on a dispersé dans les Places qu'on a jugées les plus convenables, 100 à 150 Pièces de 24, qui tiennent lieu d'une partie du Canon de 16, proposé pour la défense des Places. Elles sont montées pour remplir ce double objet sur un Affût de Place, et ont un Affût de Siége de rechange.

Pour la Défense des Côtes en cas d'attaque, on a, pour voler promptement au besoin, un Equipage de 30 Pièces de 4 en Normandie, de 30 en Saintonge, de 50 en Provence (1).

---

(1) Ce qui est plus que suffisant, malgré l'accroissement de territoire ; 50 dans le Midi suffisent.

Dans un Mémoire qu'on attribue au général Gribeauval, on compose, comme il suit, ces différens Equipages.

56 Bouches à feu pour les Côtes de la Bretagne, dont :	8 de 12. 12 de 8. 24 de 4. 12 Obusiers.

Les Mortiers de 10 pouces à grande portée sont destinés à attaquer les rives opposées des grands fleuves ; il n'y en a guères que 2 par Place. On pourrait s'en servir au besoin pour la Défense des Côtes ; ils portent leurs Bombes à 1400 toises ; mais les Mortiers en fer de 12 pouces à chambre sphérique ; contenant 22 à 25 livres de poudre , et chassant leurs Bombes de 1800 à 2000 toises, leur sont préférables.

Le Canon des Places de première ligne est approvisionné ordinairement à 1000 coups par Pièce.

Le Canon des Places de seconde ligne est approvisionné ordinairement à 500 coups par Pièce.

Ces bases arrêtées vers 1764 et en 1774 , furent suivies jusques à la révolution. En 1792, on donna les pièces de bataillon à manœuvrer aux Canonniers volontaires qu'on créa dans les demibrigades. Le reste de l'Artillerie , réuni en un Parc , était partagé entre les trois grandes Divisions de l'armée , droite , centre , gauche , lorsqu'elles opéraient ; après quoi cette Artillerie rentrait dans son Parc qui suivait , réuni , les marches de l'armée. Un tiers de son Canon et de ses Approvisionnemens restait sur ses derrières dans les Places de la ligne d'opération , et un second Approvisionnement dans celles de la frontière.

Vers 1794 , on sentit les lenteurs qu'occasionnait cette réunion en un seul Parc. L'armée divisée en Corps d'armée , et ces Corps en Division , reçurent alors un nombre déterminé de Bouches à feu qui en suivit les mouvemens et leur resta attaché en formant des Parcs séparés ; le reste de l'Artillerie composa le grand Parc qui approvionne tous les autres. On supprima le Canon des Demi-Brigades.

Le grand homme qui *conquit en six mois trente siècles de gloire,* et qui depuis, en bien moins de tems, renouvela plusieurs fois une pareille conquête, débarrassa ses Armées de cette nombreuse

54 Bouches à feu pour les Côtes de la Normandie, dont :
- 6 de 12.
- 8 de 8.
- 16 de 4.
- 4 Obusiers.

34 Aussi sur les Côtes de la Somme et du Pas-de-Calais, en dépôt à Douai et à la Fère ; composition idem.

J'ai donné la tradition orale (de seconde bouche) du principe du général Gribeauval, qui n'employait à la défense des Côtes que les Pièces de 4. Ce Général a très-peu écrit ; le Mémoire qu'on dit être de lui ne me parait pas authentique : on l'a fait après sa mort, de souvenir : et on a altéré ses idées, en croyant peut-être les perfectionner. On les a marquées du cachet de la nouveauté, en lui faisant mettre 12 Obusiers pour 44 Canons , lorsqu'il avait fixé qu'on n'en mettrait qu'une Division de 4 pour 100 Pièces de campagne.

Artillerie, qui eût pu les appesantir, et à laquelle la France n'eût
pu suffire, après tant d'années de guerre et de mauvaises constructions : et laissant le principe qu'il faut morceler les batteries
pour les mieux conserver, et centraliser leurs feux pour opérer
des pertes décisives, principe juste, mais qui est contraire au
cœur humain, dont la première idée est de se défendre, il ne
voulut plus que de fortes Batteries qui produisent les grands
effets, et où, par leur réunion, les braves s'électrisent encore.
1 Bouche à feu par 1000 hommes, avec un triple Approvisionnement : ou 2 par 1000 hommes avec un double, paraît être la
base générale de l'Artillerie de ses Armées. Un Approvisionnement
est suffisant à la plus longue et la plus meurtrière bataille ; le
deuxième est à portée de le remplacer de suite.

Quelques Pièces de 24 court, remplacent aux armées les 6 à
8 Pièces de 16, qu'on menait à leur suite en campagne, pour
réduire les châteaux, petits forts, etc.

La proportion entre les calibres, lorsqu'il y en a 4, est d'$\frac{1}{3}$ de
12, de 4, d'Obusiers et $\frac{2}{3}$ de 8; et lorsqu'il n'y en a que 3,
d'$\frac{1}{4}$ de 12, d'$\frac{1}{4}$ d'Obusiers et de $\frac{1}{2}$ de 6 ou de 8.

La Défense des Places et des Côtes n'a pas été changée; on l'a
accrue, et peut-être est-elle trop considérable. 150 Places de toutes
grandeurs, sont défendues par environ 10,000 Bouches à feu qui
composent leur armement : 900 Batteries placées sur les Côtes les
protégent efficacement, 2282 Canons, 480 Mortiers et 180 Pièces
de Campagne les composent.

9 Équipages de Campagne et 8 de Siége, de 100 ou de 200 Bouches
à feu chacun, sont disposés sur 7 frontières ou dans une réserve
intérieure, pour soutenir la guerre, de quelque côté qu'elle
vienne à éclater. Et malgré cette prodigieuse Artillerie, il reste
encore un grand nombre de Bouches à feu en réserve sans compter
des milliers de Pièces conquises depuis 3 ans sur les ennemis.

L'armement des Places et des Côtes a été singulièrement accru,
parce qu'on a cédé aux craintes des habitans et aux instances des
officiers qui ont commandé sur divers points des frontières ;
ils alléguaient toujours le grand mot de responsabilité, parce
qu'il est dans le cœur humain de croire toujours qu'on n'a point
assez de moyens pour se défendre contre un ennemi.

On trouvera ci-après les bases proposées pour l'armement des
Places, et des observations sur la Défense des Côtes.

Quant à ce qui concerne les Places, la proportion des espèces
de Bouches à feu et des calibres, est difficile à assigner depuis
l'arrêté du 12 floréal an 11, qui a supprimé le 16, le 8, l'Obusier
de 8 pouces, qu'on n'a pas osé supprimer encore en entier parce
que rien ne les remplace, ou ne les remplace qu'imparfaitement.
Avant cet arrêté on proportionnait ainsi les calibres pour les Places.

$\frac{1}{2}$ des Canons, en gros calibres, 24 et 16.

$\frac{1}{2}$ en petits, 12, 8 et 4.

On ajoutait 6 à 12 Pièces de bataille suivant l'importance de la Place. Les Mortiers, Pierriers et Obusiers étaient égaux en nombre à la moitié de celui des Canons : $\frac{1}{2}$ de ce nombre était en Mortiers, $\frac{1}{4}$ en Pierriers et $\frac{1}{4}$ en Obusiers.

Pour les Côtes enfin, il faut : des Batteries stables dans des points déterminés, dont les calibres sont relatifs à la force des objets qu'ils peuvent avoir à battre, à l'étendue de leur champ de feu, et des Batteries mobiles en Pièces de Campagne les plus légères, pour se porter rapidement aux points menacés.

ÉQUIPAGES D'ARTILLERIE.

PERSONNEL DE L'ÉQUIPAGE DE CAMPAGNE.

Etat-Major.

Il paraît que M. de Gribeauval le composait pour 100,000 hommes, comme il suit :

1 Général en chef.
1 Général-major d'équipage. (Il n'était que Colonel pour les armées inférieures en nombre.)
3 Généraux ou Colonels pour les Divisions.
1 Colonel directeur du Parc.
4 Colonels commandans en second.
10 Lieutenans-Colonels.
20 Capitaines en second.

Gardes et 1 Conducteur pour 100 chevaux.

L'Equipage de Siége avait son Directeur et Sous-Directeur, etc.
L'Equipage de Pont avait un Sous-Directeur et faisait partie de celui de Campagne.

Tout cela a été modifié dans la révolution, et il est inutile de rappeler ces changemens éphémères.
Voici, d'après ce qu'on fait, ce qu'on peut présumer devoir être suivi à l'avenir, pour une très-grande Armée, dont les Corps différens seront composés de 3 divisions de 6 à 8000 hommes chacune.

Grand Etat-Major.

1 Général commandant en chef l'Artillerie. (Pour les Armées impériales c'est le 1er Inspecteur.)
1 Général chef de l'Etat-Major.
1 Colonel sous-chef de l'Etat-Major.
2 Chefs de Bataillon et 4 Capitaines en second.
1 ————Inspecteur-général du Train.
1 Sous-Lieutenant ou Adjudant du Train adjoint.

1 Conducteur, Caissier de l'Etat-Major.

Au grand Parc.

1 Général, Directeur en chef.
2 Chefs de Bataillon adjoints.
1 Capitaine du Train, Major du Train.
1 Adjoint Sous-Lieutenant du Train.
1 Capitaine en second, Inspecteur particulier du Train.
1 Capitaine en second, Adjoint pour le Parc des Ponts.

1 Garde-général.
1 Conducteur-général.
1 Maître-Artificier, chef.
3 Conducteurs ordinaires.
1 Artiste vétérinaire, chef.
1 Caissier.

Parc de Campagne.

1 Colonel-directeur.
1 Chef de Bataillon Sous-Directeur.
8 Capitaines en second.

1 Garde principal.
1 Conducteur principal.
8 Conducteurs ordinaires.
1 Maître Artificier.
1 Ouvrier vétéran chef.
4 Ouvriers vétérans.

Equipage de Pont.

1 Chef de Bataillon Directeur.
3 Capitaines en second.

1 Garde.
2 Conducteurs.
4 Ouvriers vétérans.

Parc de Montagne.

1 Chef de Bataillon, Sous-Directeur.
2 Capitaines en second.

1 Garde.
2 Conducteurs.

Corps d'Armée.

1 Général d'Artillerie.
1 Colonel chef de l'Etat-Major.
2 Capitaines en second.

1 Officier supérieur,
1 Capitaine en second, { Dans chacune des 3 Divisions, s'il y a plusieurs Divisions d'Artillerie dans chacune : car, pour une seule Division de 6 Pièces, comme il y aura une compagnie, les Officiers suffisent (*), et 1 Capitaine en premier est ravalé quand on lui donne un Chef de Bataillon pour commander les 6 Pièces de sa Division. On pourrait même, s'il n'y avait que 2 compagnies, ne pas mettre d'Officier supérieur : le plus ancien Capitaine commanderait.

Parc.

1 Colonel Directeur.
2 Capitaines en second.
1 Capitaine en second, Inspecteur du Train.

1 Garde principal.
1 Conducteur principal.
3 Conducteurs ordinaires.
1 Maître Artificier.
1 Artiste vétérinaire.

(*) 1 Compagnie d'Artillerie complète est parfaitement organisée pour servir une Division de 6 Bouches à feu : 1 Capitaine en premier pour commander le tout : 2 Lieutenans pour commander une section ou batterie, si on est obligé de se morceler ; ce qui arrive rarement aujourd'hui : 1 Capitaine en second pour commander son Parc : 1 Caporal-fourrier pour faire les fonctions de Garde : 2 Ouvriers en bois, 2 en fer pour son atelier de réparations : 4 Artificiers pour celui d'artifices : 3 Escouades pour chaque section de 2 pièces ; 1 Escouade pour son Parc.

Ainsi, pour une grande Armée divisée en 12 Corps, dont chacun serait de 3 Divisions et d'une Avant-garde de 6 à 8000 hommes, il faudrait 124 Officiers d'Artillerie sans troupes; et 104 Employés, Gardes, Conducteurs, Artificiers, etc.

Dans les Places de dépôt comme il y aura des compagnies ou des escouades d'Artillerie, les Officiers qui les commanderont en auront la direction, et si momentanément on les faisait partir sans les remplacer, le Directeur du Parc y enverrait un Capitaine en second, ou un Conducteur suivant l'importance. Enfin, il sera commode de porter ce nombre de 124 Officiers sans troupes à 130 ou 136, dont 2 à 4 Colonels, 4 ou 8 Chefs de Bataillon, pour commander dans les dépôts très-considérables.

Quant au nombre de Compagnies d'Artillerie, il en faut une dans chaque Division de Corps d'Armée de 6 à 8000 hommes; (deux si ces divisions étaient de 12 à 14,000 hommes) et 1 d'Artillerie à cheval pour son Avant-garde : chacune exécutant 6 Bouches à feu; enfin, 1 au Parc de ce Corps avec une réserve aussi de 6 Bouches à feu. Cependant des Corps de Cavalerie de Grenadiers, n'ont quelquefois qu'une ou deux divisions d'Artillerie.

Ainsi, il faut 3 régimens d'Artillerie à pied, les compagnies restantes seront au grand Parc.

Il faut 3 régimens d'Artillerie à cheval, dont 2 aux Avant-gardes de chaque Corps et le 3e à la réserve.

Il faut pour le Train 15 Bataillons; dont 1 à chaque Corps (1 compagnie à chaque Division d'Artillerie, et 1 au Parc de ce Corps); 1 à la réserve, et au moins 2 au grand Parc, en supposant que le reste du Parc sera traîné par des chevaux de réquisition : car il en faut nécessairement 1 au Parc des Ponts. La 6e compagnie de chaque Bataillon attaché à un Corps d'Armée, sera au grand Parc, ou au dépôt de ces Bataillons; ou enfin, à des divisions de ces Corps d'Armée renforcées. Enfin, il faut au Parc 4 Compagnies d'Ouvriers : plus ou moins cependant, suivant que les régimens d'Artillerie auront ou non leurs Ouvriers en bois ou en fer par compagnie, et qu'on ne sera pas obligé de mettre un détachement d'Ouvriers au Parc de chaque Corps d'Armée, il faut 1 compagnie de Pontonniers par 30 ou 40 batteaux, et 1 escouade par pont, qu'on prévoira devoir laisser établi.

Parc de Siége.

1 Colonel Directeur.
1 Chef de Bataillon Sous-Directeur.
1 Capitaine en second Inspecteur du Train.
10 Capitaines en second.

1 Garde principal.
1 Conducteur principal.
12 Conducteurs ordinaires.
1 Maître Artificier.

Compagnies d'Artillerie, à raison de 10 hommes par Bouche à feu.
Ouvriers, à raison de la bonté des Affûts , etc.

Matériel de l'Artillerie.

L'élément pour la formation du matériel des Equipages d'Artillerie de Campagne , est la composition d'une Division de Bouches à feu ; on va la donner telle qu'elle était il y a 20 ans , telle qu'elle est aujourd'hui.

D'après ce qu'on a dit pour le personnel des divisions d'Artillerie qu'on mettait dans les Corps d'Armée et dans leurs Divisions , on déduira aisément le nombre de Bouches à feu et autres Voitures qui composeront l'Equipage de Campagne. Il n'y aura plus que la composition du grand Parc à donner ; celle-ci est très-variable , parce qu'elle dépend de l'état où se trouvent les Voitures, du plus ou moins de ressources qu'on espère trouver dans le pays où l'on fera la guerre , et du plus ou moins d'éloignement des Places de France qui peuvent alimenter le Parc.

Composition d'une Division de Canons de 12, de 8, de 4, d'Obusiers,

Divisions de........................	12	8	4	Obus.
Voitures.				
Bouches à feu sur leur Affût et Avant-train.	8	8	8	4
Affût de rechange avec Avant-train......	1	1	1	1

Dans la composition de l'Equipage d'une Armée, on ne compte pas toujours un Affût de rechange par Division, parce que les Divisions restantes au Parc étant à portée des radoubs, et étant ensemble, n'ont pas besoin de ce secours, pouvant se fournir l'une à l'autre leur Affût de rechange.

	12	8	4	Obus.
Caissons à cartouches à canon.........	24	16	8	12
Caissons à cartouches d'infanterie.......				

Le nombre de Caissons de cartouches d'infanterie est aujourd'hui indéterminé ; l'approvisionnement de 200 coups par homme qu'on demande, qu'on double et triple quelquefois, est si fort qu'on ne peut avoir assez de Caissons. On les charge d'environ 22,000 cartouches de 20 à la livre.

	12	8	4	Obus.
Chariot de division..............	1	1	1	1
Forge.......................	1	1	1	1
Totaux des Voitures....	35	27	19	19
Nombre de Chevaux.........	158	110	78	78

Les Pièces de 12 et les Forges sont à 6 chevaux, le reste à 4.

Divisions de.	12	8	4	Obus.
Assortiment des Bouches à feu.				
Coffrets d'Affût.	9	9	9	5
Ecouvillons-refouloirs (3 par Affût). . .	27	27	27	15
Leviers ferrés.	36	36	27	20
Seaux ferrés.	9	9	9	5
Tire-bourre (1 par 2 pièces).	4	4	4	2
Boutte-feux.	9	9	9	5
Prolonges.	9	9	9	5
Chargement des Caissons et des Coffrets d'Affût.				
Coups { à boulets ou obus.	1224	1112	944	588
à grande cartouche.	288	160	208	52
à petite cartouche.	192	320	192	
Total des coups. . . .	1704	1592	1344	640
(1) Etoupilles (paquets de 10).	232	208	184	88
(2) Lances à feu.	284	266	224	112
Sachets remplis de poudre.	528	480	»	640
Toises de mèches (12 par caisson , 1 par coffret).	296	200	104	148
Bricoles.	80	80	48	40
(3) Sacs à cartouches.	72	48	16	36
Sacs à étoupilles.	24	16	8	12
Etuis à lances.	24	16	8	12
Dégorgeoirs , dont 1 tiers à vrille.	72	48	24	24
Porte-lances.	48	32	16	24
Doigtiers.	48	32	16	24
Spatules.	48	32	16	24

Nota. A la Division d'Obusier , il faut de plus 12 entonnoirs... 12 mesures d'une liv... 12 mesures d'un quart de liv... 48 chasse-fusées... 24 maillets... 12 tire-fusées... 24 manchettes de bombardier.

---

(1) Un tiers en sus du nombre de coups.

(2) On met une Lance à feu par 6 coups à tirer.

(3) Cet article d'assortiment, et les suivans, ceux du *nota* compris, ne sont portés quelquefois que par tiers dans les Divisions de 12 et d'Obusier, et par moitié dans celles de 8 , quand on ne peut se procurer tous ces objets ; mais cette économie est sujette à inconvénient, sur-tout quand on morcelle les Divisions.

Divisions de.	12	8	4	Obus.

Assortiment des Caissons.

	12	8	4	Obus.
Essieux de rechange pour Affût de 4.	3	2	2	2
Roues de rechange portées par l'essieu porte-roue — d'Affût (1).	8	6	3	4
— d'Avant-train de 12 , 8 , etc.	8	5	1	4
— d'Avant-train de 4.	»	»	2	»
— grandes de Caissons , etc. .	8	5	2	4
Pelles carrées.	48	32	16	24
Pics-hoyaux.	48	32	16	24
Timons.	16	10	6	8
Flèches.	8	6	2	4
Lanternes.	4	4	8	»
Coffrets d'outils.	»	»	2	»
Coffrets de graisse.	»	»	2	»

Approvisionnement d'un Chariot de Division.

	12	8	4	Obus.
Coffre d'outils et de pièces de rechange. . . .	1	1	1	1
Essieux de rechange.	1	1	»	»
Volées (et leurs Palonniers).	3	3	2	3
Armons — d'Affût.	1	1	1	1
— de Caisson.	3	2	2	3
Jantes — d'Affût.	2	2	4	2
— de Caisson.	3	»	»	3
Rais.	15	10	10	15
Roues d'Affût.	2	2		2
Chevrette et son levier.	1	1	1	1
(2) Outils à pionniers.	40	40	40	40

Nota. Si c'est un Equipage pour la Montagne, au lieu de Timons, on mettra des Bras de limonière, et au lieu de Volées, on mettra des Limonières dans les proportions suivantes.

Divisions de.	12	8	4	Obus.
Bras de Limonière — ferrés.	4	3	2	2
— en blanc.	8	6	4	4
Limonières ferrées — d'Affût.	2	2	1	2
— de Caisson.	»	»	1	»

(1) (Voyez la note après le Chargement des Caissons, page 211). Les Roues d'Affût sont trop pesantes pour être portées par l'essieu porte-roue; les Chariots de division en porteront 2 : les autres resteront au Parc.

(2) On en porte moins qu'autrefois, parce que le Génie a son Parc, et qu'il n'en faut plus porter que pour l'Artillerie.

Division de 6 Bouches à feu.

Les Divisions de 8 Bouches à feu exigeaient un trop grand nombre d'hommes et de chevaux ; celles de l'Artillerie à cheval ne sont que de 6 ; une Batterie de 6 Bouches à feu est presque toujours suffisante ; donc on a trouvé plus simple, plus commode, moins embarrassant de faire les Divisions de 6 Bouches à feu ; alors une compagnie, telles qu'elles sont aujourd'hui, suffit à leur exécution.

Division de 6 Bouches à feu de	12	8	4	Obus.	6	Obus. de 5 po.
Bouches à feu sur leur Affût et Avant-train.	6	6	6	6	6	6
Affût de Rechange et son Avant-train.	1	1	1	1	1	1
Caissons à Munitions pour Canon. .	18	12	6	18	12	24
Chariot de Division.	2	2	2	2	2	2
Forge.	1	1	1	1	1	1
Total des Voitures. . . .	28	22	16	28	22	34
Chevaux nécessaires.	138	114	90	138	114	162

Les Pièces, les Forges, et 1 Caisson par Pièce, à 6 chevaux, le reste à 4.

Il sera aisé, avec la Table précédente des Divisions de 8 Bouches à feu, de composer l'Approvisionnement, etc., de celle-ci et de la suivante.

On peut ajouter des caissons d'infanterie aux Divisions, pour employer les chevaux restans de la compagnie de bataillons du train qui fait son service : elles sont de 168 chevaux de trait, dont 10 à 12 doivent être haut le pied ; elles ont en outre 1 chariot et 1 forge pour les effets de harnachement, et pour ferrer les chevaux, ce qui en employe encore 8.

L'Empereur fait composer toutes les Divisions, de 6 Bouches à feu de différens calibres, quelquefois de 3, quelquefois de 2 : celles de l'Artillerie à cheval sont de ce genre, mais elles n'ont jamais de 12.

Division usitée de 6 Bouches à feu de 3 calibres, dont 2 de 12, 2 de 8 ou de 6, et 2 Obusiers.

	Nombre de	
	Voit.	Chev.
Bouches à feu sur Affût. .	6	36
Affût de rechange.	1	4
Caissons.	16	76
Chariot de Division. . . .	2	8
Forge.	1	6
TOTAUX. . .	26	130
6 Caissons d'infanterie (1).		24
L'Artill. à Cheval n'ayant pas de Pièces de 12 dans ses Divisions , n'aura que.	24	122

S'il n'y a point de 12 et 4 Pièc, de 8, il y aura 2 Caiss. de moins : s'il y a du 4 au lieu du 8, id. Si ce sont des Obusiers de 5 po., il y aura 2 Caissons de plus.

154 Chevaux. Les 14 restans seront haut le pied, etc.

---

(1) Il y a 20 ans qu'on portait 30 coups par homme, et on en mettait à-peu-près autant en dépôt : ainsi le soldat, avec 36 coups qu'il portait dans sa giberne, avait 100 coups à tirer par campagne. Aujourd'hui on compte l'approvisionnement à 200, et on veut l'avoir triple ; mais on sait que l'insurveillance et la rapacité sont pour les 2 tiers dans cette consommation ; on l'arrétera, quand les chefs le voudront bien. Il est prouvé par le calcul que, si dans la révolution nous avons tué 200,000 hommes aux ennemis, il nous en a coûté en plomb le poids de chaque mort.

Les Caissons d'infanterie par corps d'armée portent environ 30 coups par homme. Le Parc et les dépôts fourniront le reste. Le soldat porte presque toujours 50 cartouches.

PARCS DE CAMPAGNE.

Le Parc de chaque Corps d'armée est formé : du restant des
4 Divisions d'artillerie, dont les Bouches à feu avec leurs Caissons
suivent les Divisions de ces corps d'armée, et de la 5ᵉ. Division
d'artillerie en réserve, lorsqu'elle n'est pas attachée à une des Divisions du Corps d'armée.

Le grand Parc. On a supposé 12 Corps d'armée ayant chacun
5 Divisions d'artillerie de 6 Bouches à feu. Le grand Parc doit être
formé d'après cette base, et avoir :

En Bouches à feu, $\frac{1}{5}$ du nombre des Bouches à feu des Divisions,
  (montées sur Affût).

En Affûts de rechange, $\frac{1}{10}$ du même nombre.

En Caissons, $\frac{3}{5}$ du nombre de Caissons des Pièces.

En Caissons d'infanterie, $\frac{2}{5}$ du nombre des Caissons d'infanterie
  qu'ont les Divisions.

En Caissons de Parc, 4 par Compagnie d'ouvriers : dont, sur 40,
  4 d'outils d'ouvriers, 16 d'outils tranchans, 2 d'ustensiles d'artifices, 6 d'artifices préparés ; les autres en menus achats, etc.

En Chariots de Division, 15 par compagnie d'ouvriers.

En Forges, 4 par *idem*. On trouve, ou l'on construit des Forges
  stables, au besoin.

On a commencé par donner un état de la composition de chaque espèce
de Division d'Artillerie. L'on pourra aisément former un Etat d'Equipage
avec cet élément, quand on saura le nombre de Divisions qui doivent entrer
dans cet Equipage, et qu'on aura composé le grand Parc.

Autrefois les grands Etats, ou inventaires d'Equipages d'Artillerie étaient
dressés sur 5 colonnes.

La première avait pour titre : Espèces.

La seconde : Quantités. On totalisait celle-ci au bas de chaque page, et en
portait la somme au haut de la page suivante.

La troisième : Poids particulier.

La quatrième : Poids total... On totalisait , etc.

La cinquième : Nombre de chevaux... On totalisait , etc.

Les Totaux de la dernière page donnaient par là des Totaux généraux.

Mais cela ne paraît nécessaire que lorsque l'Equipage doit être embarqué ou transporté sur des Voitures de commerce. Il n'est utile que d'avoir le Poids des objets qui doivent charger les Chariots et Caissons du Parc, pour en déterminer à-peu-près le nombre. Mais il paraît commode de faire 4 colonnes.

La première ayant pour titre : Espèces ou Noms.

La seconde : Quantités nécessaires.

La troisième : Quantités manquantes.

La quatrième : Observations.

A l'Etat des Voitures, il y aura une colonne de plus pour les chevaux ; et dans celui des Objets à charger, on y joindra les poids particuliers et totaux.

Les Etats particuliers ou abrégés qu'on donne tous les mois au Ministre, etc. sont au nombre de 3, dont 2 pour le Personnel et 1 pour le Matériel : on pourra les dresser comme il suit :

Nº. 1.

Etat nominatif des Officiers généraux supérieurs et des Employés d'Artillerie de l'Armée de. . . . . . à l'époque du. . . . .

Désignation des		Noms.	Grades.	Emplois dans l'Armée.	Régimens auxquels ils apparti.	Détachés ou absens.	Observat.
Corps d'Armée.	Etats-maj. Div. Parcs.						
On suit cet ordre : Le grand Etat-maj. Les Corps d'Armée par num. Le grand Parc. Les Places. L'Artillerie étrangère, (s'il y en a).							

Carton.   * 25

No. 2. *Etat numérique du Personnel de l'Artillerie de*

Désignation de l'Arme.	Numéros des		Emplacement.	Présens.				Officiers		
	Régim. ou Bataill.	Compagnie.		Officiers.	Sous-Officiers.	Caporaux.	Total.	aux Hôpitaux.	Prison. de guerre.	détachés.
Etat-maj. général *. Art. à pi. Art. à ch. Train. . . etc.			(1)							

(1) Cette colonne a le triple de largeur des autres, qui sont égales.

* L'Etat-major occupe toute la ligne.

l'Armée. . . . . . . à l'époque du. . . . . . .

		Observations.	
	Chevaux de Trait	Total.	
		détachés.	
		hors de service.	
		à refaire.	
		en bon état.	
		de Selle, du Train et Equipage.	
		de Troupe.	
		d'Officiers.	
		Effectif, Officiers compris.	
	Absens. Sous-Officiers	Total.	
		détachés.	
		Prison. de guerre.	
		aux Hôpitaux.	

Situation du Matériel de l'Artillerie de l'Armée. . . .
à l'époque du. . . . .

N°. 3.

Désignation des Objets.	Armées		Grand Parc et Dépôts.	Total.	Observat.
	française.	des alliés.			
Bouches à feu. { Can. { de 12 / de / de / Obu. { de 6 p. / de					
(*On totalise les bou-ches à feu.*)					
Bouches à feu sur Affûts et Avant-trains. . . .					
Affûts de rechange. . .					
Caissons.					
Chariots.					
(Fourgons, Charrettes, Voitures étrangères).					
(*On totalise les Voitures.*)					
Cartou- { à boulets. . . / ches { à balles d'inf. .					
(*Distinguant les ca-libres et y compre-nant les charge-mens des Caissons, Coffrets , etc.*)					
Pierres à feu.					
Poudre.					
Plomb.					
Armes à feu (*par na-tions , par espèces.*)					
Armes blanches. *id.* .					

NOTA. Toutes les colonnes, hors la cinquième, doivent pouvoir être subdivisées en de plus petites colonnes, égales à-peu-près à la cinquième ; la sixième ne se subdivise pas, mais doit avoir une certaine largeur.

Dans les deuxième et troisième colonnes, on forme autant de colonnes qu'il y a de corps d'Ar-mée, français et alliés.

Dans la quatrième, on forme autant de colonnes qu'il y a de Dépôts, et une pour le Parc ; le grand Parc occupe toujours la première subdivision.

Dans la cinquième, on totalise les lignes.

Ces 3 États sont signés par le Chef d'État-major.

Pièces de Rechange et Approvisionnemens.

On ne donne point ici le nombre des Pièces de rechange et des autres approvisionnemens ; cette désignation serait trop arbitraire ; elle dépend du nombre d'objets qu'on porte et qu'on peut avoir à remplacer, ce qui dépend de leur état actuel, des routes plus ou moins longues et difficiles, des ressources des pays où l'on va ; on observe que l'approvisionnement d'une grande armée de 300,000 hommes, par exemple, ne doit pas être sextuple d'une de 50,000, parce que tout ne se consomme pas à la fois sur tous les points, etc. On ne rappellera donc que le nom des objets à emporter, sans désigner leur nombre, et on marquera leur poids, pour déterminer celui du chargement des voitures.

Armemens et Asssortimens des Bouches à feu.

Noms.	Poids.		
Boute-feux.			
Coffrets de 12.			
——— de 8.			
——— de 4.			
——— d'Obusiers.			
Ecouvillons de 12.	8 li.	»	on.
——— de 8.	7	»	
——— de 4.	6	8	
——— d'Obusiers.			
Leviers de 12.			
——— de 8.			
——— de 4.			
——— d'Obusiers.			
Prolonges.	18	»	
Seaux.			
Tire-bourres.			
Cartouches à Boulets de 12.			
——— de 8.			
——— de 4.			
Obus.			
Cartouches à balles de 12.			
——— de 8.			
——— de 4.			
——— d'Obusiers.			
Etoupilles (paquets de 10).			
Lances à feu.			
Sachets pleins de poudre pour 12.			
——— pour 8.			
——— pour Obusiers.			

                                        Poids.

Toises de Mèches. . . . .
Bricoles. . . . .
Sacs à Cartouches. . . . .
——à Étoupilles. . . . .
Étuis à Lances. . . . .
Dégorgeoirs, dont $\frac{1}{2}$ à vrille. . . . .
Porte-lance. . . . .
Doigtiers. . . . .
Spatules. . . . .
Entonnoirs pour Caisson d'Obusier.
Mesures d'une livre. . . . .
—————— d'un quart. . . . .
Chasse-fusées. . . . .
Maillets. . . . .
Tire-fusées. . . . .
Manchettes de Bombardier. . . . . .
Éclisses. . . . .

Assortiment des Caissons.

NOTA. Un semblable Assortiment de Caissons sera au Parc, pour fournir aux remplacemens, et on le complètera à mesure des consommations.

                        Noms.

                                        Poids partic.

Coffrets d'Outils. . . . .
——————— à graisse. . . . .
Essieux du n°. 3. . . . . 115 liv.
Flèches. 26
Lanternes. . . . .
Pelles carrées. 5
Pics-hoyaux. 6
Roues d'Affût de 4. 177
Roues d'Avant-train de 8, d'Obus, etc. 125
Roues d'Avant-train de 4. 102
——— grandes de Caissons. 193
Timons d'Avant-tr. de 12, 8 et Obus (1). 48
——————— de 4. 40
——————— de Caisson de Parc. 48
——————— de Caisson à Munitions. . . 48
——————— de Chariot à Munitions. . . 48

----

(1) Si c'est un Équipage à limonière, mettez des bras au lieu de timons, etc.

Approvisionnement des Chariots de Division.

Nota. Le double de l'Approvisionnement des Chariots sera au Parc, et remplacé à mesure des consommations ; il formera les Bois de remontage avec ceux de l'Assortiment des Caissons.

Noms.

	Poids partic.
Armons d'Affûts.	26 liv.
Armons de Caissons.	
Chevrette et son levier.	
Coffrets d'Outils.	
Essieux de 12.	
—— de 8.	
—— d'Obusiers.	100
Porte-roues.	16
Jantes d'Affûts.	18 celles de derr. / 15 celles d'av.-tr.
—— de Caissons.	
Outils à Pionniers.	
Rais	16 ceux de derr. / 10 ceux d'av.-tr.
Roues d'Affûts de 12.	245
—— de 8.	216
—— d'Obusiers.	245
Sassoires d'Avant-train de 12 et 8.	
Sassoires d'Avant-train de 4.	
—— de Caisson à Munitions.	
Sassoires (grandes) de Caiss. à Munit.	
Volées et leurs Palonniers (1).	22

---

(1) Au lieu de Timons, de Volées et de Palonniers, si c'est une guerre dans les Montagnes, prenez des Limonières.

Rechanges relatifs à l'Armement des Pièces.

Noms.

	Poids partic.	
Dégorgeoirs ordinaires.		
—————— à vrille.		
Lanternes de cuivre, de 12.	31.	8 on.
———————————— de 8.	2	12
———————————— de 4.	2	
Leviers de 12.	10	
——— de 8 et d'Obusiers.	10	
——— de 4.	7	
Mèches à dégorger les Pièces.		
Portes-lances.		
Têtes d'Ecouvillon de 12.	1	12
———————————— de 8.	1	4
———————————— de 4 et d'Obusi.		12
Têtes de Refouloir pour Obusier. .	1	11
Tire-bourres.	1	8

Bois de Rechange en blanc.

	Poids partic.	
Armons de 12 et 8....................	26 liv. » on.	
———— de 4.................	18	»
———— de Caissons à munitions............	18	»
———— de Caissons de parc, etc............	26	»
Brancards de Caissons..............	60	»
———— de Chariot à munitions..........	70	»
Burettes...................	28	»
Corps d'essieu d'Avant-train de 12 et 8..........	33	»
———————————— de 4........	33	»
———————————— de Chariots et Caissons. .	33	»
Epars de fond.................	10	»
———— montans................	2 $\frac{1}{4}$	»
Flèches de Caissons...............	23	»
Hampes de 12..................	5	»
———— de 8..................	4 $\frac{1}{4}$	»
———— de 4..................	3 $\frac{1}{2}$	»
———— d'Obusiers de 6 pouces...........	2	»
Jantes de roue de différens numéros (1).........	»	»
Manches d'outils d'ouvriers............	»	»
———— d'outils à pionniers............	1 $\frac{1}{2}$	»
Pieds de planches...............	»	»
Rais (2)...................	»	»
Ridelles...................	48	»
Roulons...................	1	»
Sassoires de 12 et 8..............	15	»
———— de 4................	13	»
———— de Caissons à munitions...........	9	»
Sellettes de 12 et 8..............	40	»
———— de 4................	37	»
———— d'Obusiers de 6 pouces...........	40	»
———— de Chariots et Caissons..........	34	»
Timons de (3) 12, 8 et obusiers de 6 pouces......	36	»
———— de 4 et Caissons à munitions.........	28	»
———— de Caissons de parc............	36	»
———— de Chariots à munitions...........	36	»
Volées (3) de derrière avec Palonniers, de 12, 8, et Obusiers de 6 pouces..............	17	»
———— de 4, et Caissons à munitions........	15	»
Volées (3) de devant avec Palonniers de 12, 8 et Obusiers de 6 pouces..............	13	»
———— de 4, et Caissons à munitions........	11	»

(1) Celles de derrière pèsent 18 liv... celles d'avant-train 13 liv.
(2) Ceux de derrière pèsent 16 liv... ceux d'avant-train 10 liv.
(3) Au lieu de Timons de Volées et de Palonniers, si c'est une guerre dans les montagnes, prenez des Limonières.

I

Ferrures de rechange.

Noms.

Poids partic.

Anneaux d'embrelage de 12. . .
— de 8 et d'Obusi. de 6 pouces.
— de volée de bout de timon. .
— plats pour volée et palonniers,
Bandes à fourche. . . . .   4 l. » on.
— d'essieu de 12. . . . .
— de 8. . . . .
— de 4. . . . .
— de caissons. . . . .
— de chariot à munitions. . . .
— de roue de 12.   13   4
— de 8.   12   »
— de 4.   2   4
— d'obusier.   13   4
— d'avant-train de 12.   10   »
——————————de 8.   10   »
——————————de 4.   7   »
Boîtes de roue de 12 (en cuivre).
— de 8. . . . .
— de 4, caisson, etc. . . . . . .
— d'obusier (en fer). . . . . . .
Boulons à tête ronde, pour 12, 8
    et obus. . . . .
— pour caissons. . . . .
— de limonière. . . . .   Si l'on en fait usage.
Brabans d'Equignon pour essieu
    d'obusier. . . . .
— à fourche pour *idem*. . . . .
— à patte pour chariot, muniti.
    et caissons. . . . .
Brides d'étriers à bouts taraudés,
    pour Avant-tr. de 12 et de 8. .
—pour Av.-tr. de 4 et de caisson.
Chaînes d'embrelage de 12, 8 et
    obusier. . . . .
— de 4. . . . .
— de caissons. . . . .
— d'enrayage de 12 et 8. . . .   16   «
— de caissons à munitions, . .   14   »

Noms.	Poids partic.		
Chaînes d'outils.			
— de chariot à munit. et forge. .	14 l.	» on.	
— pour faux essieu.	10	»	
— de timon, de 12, 8 et obusier.			
— de 4 et de caissons.			
Chaînettes de susbandes de 12, 8 et obusier.			
— pour esses de trésailles, d'essieu porte-roue. . . . , ...			
Cheville à tête ronde de 12. . . .	4	»	
— de 8.	4	»	
— de 4.	2	8	
— d'obusiers.	4	»	
— à tête plate de 12.	4	12	
— de 8.	4	12	
— de 4.	3	»	
— d'obusiers.	4	12	
— à mentonnet de 12.	4	8	
— de 8.	4	8	
— de 4.	3	»	
— d'obusiers.	4	8	
— Ouvrières de 12 et 8.	16	8	
— de 4.	9	8	
— de caissons.	6	12	
— de chariot à munitions. . . .	7	»	
Chevillettes de liens.	»	»	Les 15 pèsent 1 livre.
Clavettes.	»	4	
Clefs doubles d'écrous (1). . . .			
Clous de bande de 12 et de 8. .			Les 15 pèsent 1 livre.
— de caissons.			
Clous d'applic. de toute espèce.			Les 28 pèsent 1 livre.
— à planches, *idem*.			Les 46 pèsent 1 livre.
— de palissades.			Les 16 pèsent 1 livre.
— d'épingles ou pointes de Paris.			Les 384 pèsent 1 livre.
— dit caboches.			
— de cuivre pour écouvillons.			Les 480 pèsent 1 livre.
— à sabots.			
Coîffe d'armons de caisson. . . .			
— de sellette d'av.-tr. de 12 et 8.			
— de 4.			

(1) Celle de 20 et de 17 lignes pèse 4 livres, celle de 15 et de 13 lignes pèse 3 livres 3 quarts.

Noms.

Poids partic.

Noms		
Coïffes de lisoir de caiss. à mun.		
— de lisoir et grande sassoire de chariot à munitions.		
Crampons de chaînette.	Les 32 pèsent 1 livre.	
Crochets de retraite de 12, 6 et obusier.	3 l. 4 on.	
— de 4.	1	8
— doubles de 12, 8 et obusier.	2	»
—————de 4.	1	12
Echarpes de brancard, de char. à munitions et forge.		
— de caisson de parc.		
Ecrous de cuivre pour vis de pointage de 12.	29	»
— de 8.	22	»
— de 4.	17	»
— d'obusiers.	10	»
Ecrous propres à l'Equipage de campagne (1).		
Esses pour essieu de 12 et 8.	1	4
— de 4.	1	»
— pour essieu en bois d'obusier.		
— pour trésaille.		
Equignons d'obusier.		
— d'essieu porte-roue.		
Essieux en fer de 12 (2).	202	»
— de 8.	172	»
— de 4 (3).	115	»
Etriers d'essieux en bois d'obusi.	12	4
— en fer d'avant-tr. de 12 et 8.		
— de 4 et de caissons.		
Frettes de sellette de 12. de 8.		
— de 4.		
Flottes de 12 et de 8.	3	»
— de 4.	1	8
Happes à crochet de 12 et 8.		
— de caisson, etc.		

---

(1) Ceux qui servent à l'Equipage de Campagne sont :
Le numéro 5, pesant 5 livres ; numéro 6, 2 liv. 8 onces ; numéro 7, 2 liv. ;
numéro 8, 1 liv. 4 onces ; numéro 9, 1 livre ; numéro 10, 12 onces.
(2) Ceux des numéros 1 et 2 sont à l'Approvisionnement des chariots.
(3) Ceux du numéro 3, à l'Assortiment des caissons.

Noms.	Poids partic.
Lamettes de volée........	
— de palonniers.........	
Liens de jantes d'affût de 12 et obusier.............	1 l. 4 on.
— de 8..........	
— de 4 et de caisson, chariot à munitions et forge......	
— de jantes d'avant-train de 12, de 8, caisson, etc......	
— de jantes d'avant-train de 4.	
Liens de rais d'affût de 12 et 8..	» 4
— de 4 et de caissons......	
— d'avant-train de 12 et 8...	
— de 4..........	
— de bras de limonière.....	Si l'on en fait usage.
— de flèches de caisson à munit.	1 »
Ranchets de chariot à munition.	
— de caissons de parc.....	
Rondelles d'épaulement d'essieu de 12.............	1. 8
— de 8..........	
— de caissons, chariot à munit. et forge..........	1. 4
— de bout d'essieu pour av.-tr., d'affût de campagne, de caiss. de chariot à munitions, etc.	
Sousbandes de 12........	20 8
— de 8...........	17 8
— de 4...........	11 8
— d'obusiers.........	
Susbandes d'affût de 12.....	8 4
— de 8...........	6 4
— de 4...........	3 8
— d'obusiers.........	3 8
Vis de pointage de 12......	14 12
— de 8...........	12 »
— de 4...........	7 4
— d'obusiers de 6 pouces....	12 4
Fers de tout échantillon....	

Approvisionnement du Parc.

Noms.

Fusils d'infanterie, de dragons. . . . .
Mousquetons de cavalerie. . . . . ?
Paires de pistolets. . . . . :
Sabres d'infanterie. . . . .
— de cavalerie de ligne, de cavalerie légère.
Pièces de rechange pour les armes porta-
    tives (1). . . . .

	Tourteaux. . . . .
Artifices	Fusées de signaux. . . . . .
préparés.	Torches. . . . .
	Roches à feu. . . . .

Brouettes. . . . .

	Cartouches faites (2). . . . . .
Cartouches	
d'infante-	Pierres à fusil. . . . .
rie, et ob-	Plomb. . . . .
jets relati.	Papier (3). . . . .

Cerceaux (4). . . . .
Chevaux de frise (5). . . . .
Civières. . . . .

	Cables de chèvre. . . . . .
	Prolonges de manœuvre. . .
	Prolonges doubles. . . . . .
Cordages.	Traits à canon. . . . . . .
	Traits à manœuvre. . . . .
	Traits de paysan. . . . . .
	Menus cordages. . . . . . .

---

(1) Il faut des Pièces de rechange pour les Armes à feu et Armes blanches, ainsi que des Outils d'armuriers; leur nombre dépendra du soin que les troupes auront de ces armes, de la facilité des Généraux à leur en faire délivrer, etc., de beaucoup de mesures d'ordre qui restent à établir.

(2) 200 coups par homme. Autrefois on en portait 40. L'insurveillance et l'avidité sont pour les deux tiers dans cette consommation énorme d'un approvisionnement difficile et embarrassant.

(3) Ce qu'il en faut pour 1 approvisionnement à 200 coups par homme, si on croit n'en pas trouver.

(4) Suivant l'état des tonnes de Poudre.

(5) On en prendra suivant les opérations à faire et les pays. On en fixera le nombre d'après la longueur qu'on croira devoir leur donner.

Noms.

Echelles (1). . . . .

Etoupes (2). . . . .

Engins à lever et à peser.
{ Chèvres assorties. . . . .
{ Chevrettes et leur pied. . . .
{ Cabestans. . . . .
{ Crics. . . . .
{ Romaines. . . . .

Eprouvettes assorties. . . . .

Faulx. . . . .

Fer-blanc (3). . . . .

Fusées d'obus (4). . . . .

Hausses de rechange. . . . .

Huile de { Lin. . . . .
{ Chenevis. . . . .

Machine à remettre les grains (5). . . . . .

Manches d'outils. . . . .

Masses et Dames. . . . .

Mèches (6). . . . .

Meules à émoudre. . . . .

Outils em-manchés à Pionniers.
{ Pics-Hoyeux (7). . . . .
{ Pelles carrées. . . . .
{ — rondes. . . . .

Outils em-manchés tranchans.
{ Haches (8). . . . .
{ Serpes. . . . .

Passe-partouts. . . . .

Pétards. . . . .

Poudres (9). . . . .

Réchauds de rempart. (10). . . . .

---

(1) Si on prévoit en avoir besoin.

(2) 3o livres par Caisson, en sus de ce qui y est employé.

(3) Pour renouveler l'approvisionnement des Cartouches à balles pour Canon.

(4) Pour rechange.

(5) 1 Assortiment.

(6) 2o livres par Caisson.

(7) Ce qu'il faut pour les Caissons pour les Divisions à 4o par Chariot, et 1 tiers en sus pour rester au Parc.

(8) Le chargement de ... Caissons.

(9) Indépendamment de ce qu'il faudra au Génie.

(10) Suivant les opérations qu'on pourra prévoir, il en faudra peut-être beaucoup plus.

Noms.

Sacs à terre. . . . .
Scies. . . . .
Serges pour sachets (1). . . . .
Tire-Fusées (2). . . . .
Toiles cirées (3). . . . .
Tôles. . . . .

Ustensiles à Boulets rouges.
{
Gril. . . . .
Crochet à attiser. . . . .
Fourchettes pour prendre les boulets. . . . .
Tenailles. . . . .
Cuillers. . . . .
Soufflets. . . . .
}

Ustensiles à couler des Balles de plomb.
{
Chaudières. . . . .
Cuillers. . . . .
Moules. . . . .
Cisailles pour ébarber. . . . .
Passe-balles. . . . .
Barils pour les rouler. . . . . .
}

Vieux oing (4). . . . .

---

(1) Pour renouveler le nombre de coups que renferment les Caissons. Il y a 8 sachets de 8 , par aune de 2 tiers de large.

(2) Outre ceux des Divisions pour obusiers.

(3) Pour les 3 quarts des Chariots à munitions.

(4) Il faut 12 à 15 livres de graisse, pour 100 Voitures de campagne, par jour de route. Ainsi, pour 750 Voitures, il faut 100 livres en nombre rond. Cette consommation est basée sur ce qu'il faut une livre de graisse pour 3 Essieux de bois, tous les deux jours de route ; et une livre de graisse pour 4 Essieux de fer, tous les 5 jours de route.

On estime ensuite le nombre de jours de route présumables.

Matières pour Artifices.

Aiguilles à emballer. . . . .
————à coudre. . . . .
Alun de roche. . . . .
Camphre. . . . .
Charbon pilé. . . . .
Cire jaune. . . . .
Ciseaux de cuivre pour ouvrir les tonnes.
Colle forte. . . . .
Coton filé pour étoupilles. . . . .
Dé à coudre. . . . .
Eau-de-vie (pots d'). . . . .
Etoupes pour emballer , etc. . . . .
Fil à coudre (gris). . . . .
— pour étoupilles. . . . .
Ficelle pour cartouches à fusil. . . . .
————pour cartouches à canon. . . . . . .
Gomme arabique. . . . .
Huile de lin (pots d'). . . . .
—— de térébenthine (pots d'). . . . . . .

Rames⎰   ⎰cartouches à canon. . . . . . .
  de ⎱pour⎱cartouches à fusil. . . . . . .
Papier⎱   ⎱lances à feu. . . . .

Parchemin (feuilles de). . . . .
Poix blanche. . . . .
—— noire. . . . .
Poudre. . . . .
Résine. . . . .
Roseaux pour fusées d'amorce. . . . .
Salpêtre. . . . .
Savon. . . . .
Soufre. . . . .
Suif de mouton. . . . .

Menus Achats.

Bougies (livres de). . . . .
Briquets assortis. . . . .
Cadenas. . . . .
Canifs. . . . .
Chandelles (livres de). . . . .
Cire d'Espagne (livres de). . . . .
Ciseaux (paires de). . . . .
Crayons. . . . .
Dés. . . . .
Flambeaux de cuivre avec assortiment. . . .
Fil à coudre. . . . .
— d'archal. . . . .
— de laiton. . . . .
Grattoirs. . . . .
Huile d'olive (pots d'). . . . .
——— de poisson. . . . .
——— de lin. . . . .

Instrumens de Mathématiques { Boussole à lever. . . . .
Etui de Mathématiques. . . .
Graphomètre. . . . .
Planchette assortie. . . . . . .

Instrumens pour vérifier les Bouches à feu
(assortiment complet). . . . .
Lanternes claires et sourdes avec feuille de
corne pour les réparer en nombre égal. .
Pain à cacheter (boîtes de). . . . .
Papier à lettre (rames de). . . . .
——— à la tellière. . . . .
——— de compte. . . . .
——— commun. . . . .
Plumes (nombre de). . . . .
Registres (grands et petits). . . . .
Toile forte (aulnes de). . . . .

Outils d'Ouvriers en Fer.

Comme les Coffres des Forges ne peuvent porter que les Outils nécessaires pour les radoubs du moment, il faut en porter pour les établissemens qu'on pourrait faire à demeure. Voici le détail des quantités qu'il faudrait de ces Outils, soit pour un Equipage de Siége de 100 Pièces de Canon, tel qu'on le trouvera ci-après, soit pour 2 Compagnies d'Ouvriers.

Outils à Cloutiers.	Pour Siége.	Pour 2 Comp. d'Ouvr.	Poids partic.
Clouyères de toute espèce.	16	16	
Enclumes.	1	2	
Etampes.	2	4	
Marteaux.	2	4	
Pinces (petites).	2	4	
Tas.	1	2	
Tenailles.	2	4	
Tranches à froid.	4	8	

Outils à Chaudronniers.			
Cisailles.	2	2	
Ciseaux à froid.	6	6	
Compas de fer.	4	4	
Fer à souder le cuivre.	2	2	
Gratoirs.	4	4	
Marteaux fendus.	4	4	
Masses à main.	4	4	
Poinçons.	6	6	
Rivoirs.	4	4	
Soufflets à main (petits).	1	1	
Tas.	2	2	
Tisonniers.	4	4	

Outils à Forgeurs.			
Bigornes.	6	8	
Châsses carrées.	6	8	
———— à biseau.	6	8	
———— rondes.	6	8	
Ciseaux à froid.	12	16	
Clefs pour écrous de plusieurs grandeurs.	24	16	
Clouyères de différens calibres.	24	32	

	Pour Siége.	Pour 2 Comp. d'Ouvr.	Poids partic.
Compas de Forge.	6	8	
Etampes à étamper les Boulons (de plusieurs dimensions).	18	24	
Equerres de fer.	6	8	
Mandrins à tire-bourre.	1	4	
Marteaux à devant.	6	8	
—————— à main.	6	8	
Mouillettes.	6	8	
Outils à Forgeurs pour embattage. Débouchoirs.	10	12	
Diables.	2	2	
Etampes.	10	12	
Marteaux.	3	3	
Tenailles à crochets.	4	6	
———————— doubles.	3	3	
Palettes.	6	8	
Perçoirs.	12	16	
Pieds-de-biche.	6	8	
Poinçons ronds.	12	16	
—————— carrés.	6	8	
—————— plats.	6	8	
—————— pour équerres.	6	8	
Carreaux.	6	8	
Râpes à chaud.	6	8	
Ratissettes.	6	8	
Seau de Forge.	6	8	
Sergent à vis.	1	1	
Tenailles à crochet (petites).	6	8	
—————— (grandes).	6	8	
—————— à boulons.	6	8	
—————— à creuset.	12	16	
—————— droites de différentes espèces.	18	24	
Tisonniers.	6	8	
Tranches à froid.	6	8	
—————— à chaud.	18	24	
—————— à gouges.	6	8	

Outils à Serruriers.

	Pour Siége.	Pour 2 Comp. d'Ouvr.	Poids partic.
Archets.	3	3	
Becs-d'âne.	6	8	
Burins.	18	24	
Cisailles.	3	4	
Ciseaux à froid.	18	24	
—————— à langue de carpe.	12	16	

	Pour Siége.	Pour 2 Comp. d'Ouvr.	Poids partic.
Conscience.	2	3	
Etaux.	6	8	
Filières et leurs tarauds de plusieurs ca-libres.	ı2	ı6	
Forets.	6.	ı6	
Limes de différentes grosseurs.	36	48	
—— d'Angleterre de différentes gran-deurs.	ı2	ı6	ı
Poinçons ronds.	ı2	ı6	
———— carrés.	ı2	ı6	
Carreaux d'acier.	ı2	ı6	
————ordinaires.	ı8	24	
Râpes.	ı2	ı6	
Rivoirs.	6	8	
Tenailles à vis et à main.	6	8	
————à chanfrein.	6	8	
Tourne-à-gauche.	6	8	

ÉQUIPAGE D'ARTILLERIE DE SIÉGE.

Distribution des différens Attirails que doivent porter les Chariots d'Artillerie, pour servir à l'estimation de leur nombre.

	Poids des Attirails.	Nombre des Chariots.
Armemens de Canon.		17
———— de Mortiers.		2
———— d'Obusiers.		2
———— de Pierriers.		1
Bois à plate-forme de Canon.		113
———————— de Mortier.		24
———————— d'Obusier.		53
———————— de Pierrier.		12
Menus achats, Papiers, etc.		4
Fusées à Bombes et à Obus.	13500	11
Artifices, vieux Oing, Sacs à, etc.		94
Civières, Brouettes.		2
Traits à Canon, menus Cordages.		2
* Outils à Pionniers.	222500	148
Scies, Manches d'Outils de rechange.		2
* Armemens de Sapeurs.		2
Bois de remontage.		10
Essieux de fer.	6350	5
Fers.		14
Charbons.	6000	4
Echelles d'escalade.		4
Chevaux de frise.	8000	5
Total.		531

Nota. On a chargé quelques Chariots à 1500 pesant ; cet Equipage marchant plus lentement, n'a pas besoin de la même légéreté que celui de Campagne.

* Sont fournis par le Génie.

VOITURES *d'Artillerie.*

	Nombre des Voitur.	Chev. par Voiture.	Total des Chev.
Affûts de 24..	82	4	328
————de 16..	48	4	192
————d'Obusiers.	32	4	128
Chariots à Canon { pour 68 Pièces de 24.	68	10	680
{ pour 32 Pièces de 16.	32	8	256
{ de rechange, portant chèvre, cordages, etc.	10	4	40
92 Camions { pour 24 Mortiers.	24		
{ pour 24 Obusiers, à 2 par Camion.	12		
{ pour 12 Pierriers.	12	4	368
{ pour 27 Affûts à Mortier. . .	27		
{ pour 14 Affûts à Pierriers. . .	14		
{ pour 3 de rechange.	3		
Charrettes, dont 150 à Boulets, et 50 à Munitions.	200	4	800
* Caissons d'Outils, dont 15 de Haches, 10 de Serpes, 6 d'Outils d'Ouvriers.	31	4	124
Caissons d'Artifices.	4	4	16
Chariots à Munitions.	531	4	2124
Forges.	4	6	24
Triqueballes (1 par 1res. Batteries). .	8	4	32
TOTAUX. . . .	1142		5112
Ajoutant 10 pour 100 haut le pied. . .			512
On aura pour le total des Chevaux. . .			5624

Ou 33 Compagnies du Train ; ce nombre étant trop considérable pour un service momentané, nécessitera d'employer les réquisitions presque toujours pour une grande partie des Transports.

Nota. On n'a pas mis le poids total des objets, dont 1, 2, ou un nombre déterminé, chargent une Voiture.

Une partie des objets de l'Equipage dépendant de la quantité des Bouches à feu, on a représenté :

Par *A*, le nombre des Bouches à feu ;

Par *B*, celui des Canons ;

Par *C*, celui des Canons de 24 ;

Par *D*, celui des Canons de 16 ;

Par *E*, celui des Mortiers ;

Par *F*, celui des Obusiers ;

Par *G*, celui des Pierriers.

* Les 9 dixièmes sont fournis par le Génie.

Lorsqu'on trouvera après la dénomination d'un objet, 1 A ou un tiers A, cela signifiera qu'il en faut 1 fois, ou le tiers du nombre des Bouches à feu, etc.

Lorsque dans les Rechanges on trouverá une simple fraction, elle désignèra la pártie du nombre de ces objets qu'il faut prendre en rechange ; ainsi, par exemple, à l'article Roues de Rechange, après Roues de 24, il y a un vingtième, cela signifie qu'il faut prendre en Rechange un vingtième des Roues de 24 de l'Equipage ; en effet, il y a 82 Affûts de 24, ou 164 Roues, dont un vingtième est 8, qu'on a mis dans la colonne.

Comme beaucoup d'objets sont transportés par d'autres Voitures que celles de l'Artillerie, il est commode d'avoir les poids de tout pour composer de suite les chargemens, etc.

Espèces.	Quant.	Poids partic.	Poids total.
		liv.	liv.
100 Pièces de Canon, dont les $\frac{2}{3}$ de 24, et $\frac{1}{3}$ de 16 (1) à-peu-près. — Canons de 24.	68	5400	
Canons de 16.	32	4200	
60 autres Bouches à feu, dont $\frac{2}{5}$ en Mortiers : $\frac{2}{5}$ en Obusiers : $\frac{1}{5}$ en Pierriers. — Mortiers de 10 pouces à petite portée.	24	1620	
Obusiers de 8 pouces. .	24	1000	
Pierriers.	12	1300	
(a) Affûts de 24 ($\frac{6}{5} C$).	82	2774	
(b) ——— de 16 ($\frac{4}{3} D$).	48	2374	
——— à Mortier ($\frac{5}{8} E$).	27	1792	
——— d'Obusier ($\frac{4}{3} F$).	32	1840	
——— de Pierrier ($\frac{7}{6} G$).	14	1792	
(c) Avant-trains de 24, etc. (leur poids est compris dans celui de l'Affût). . . .	162		
(d) Boulets de 24 (1000 C).	68000	24	
— de 16 (1200 D).	38400	16	
Bombes de 10 pouces (800 E).	19200	100	
Obus de 8 pouces (800 F).	19200	42	
Plateaux à Pierrier (800 G).	9600	5	48000
Paniers à Pierrier (800 G).	9600	3	28800
(2) Armemens pour Canons autant que d'Affûts.	130	164	21320

(1) Le 16 a été proscrit par l'arrêté du 12 floréal an 11, malgré la nécessité dont il est pour la défense des Places. Quand il n'en existera plus, on verra si le 12 long peut le remplacer dans les Siéges. Id. pour les mort. de 10 pouc.

(2) Pour le détail de cet article, voyez ci-devant page 185 la Table des Armemens.

	Quant.	Poids partic.	Poids total.
		liv.	liv.
Armemens pour Mortiers autant que d'Aff.	27	108	2916
— pour Obusiers *idem.*	32	88	2816
— pour Pierriers *idem.*	14	84	1176
(1) Plate-forme à Canon ($\frac{2}{3} B$).	68	2000	136000
— à Mortier ($\frac{9}{5} E$).	27	1100	29700
— d'Obusier ($\frac{4}{3} F$).	32	2000	64000
— de Pierrier ($\frac{7}{6} G$).	14	1100	15400
(e) Gargousses faites (400 B).	40000		1162
Papier à Gargousses (rames de).	263	14	3582
Portières d'embrasure ($\frac{1}{2} B$).	50		
Fusées à Bombes, dont 1 quart de rechange.	24000	$\frac{5}{16}$	7500
Fusées à Obus, dont 1 quart de rechange.	24000	$\frac{4}{16}$	6000
(i) Poudre (tonnes de).	5500	200	1100000
Pierres à fusil (en tonnes qui pèsent 700 livres, et en contiennent 25000). .	10 ton.	700	7000
Plomb en balles, de 18 à la livre.		500	200000
(2) Charbon (razières de).	100		50000
Chevaux de frise.	80	107	8560
Echelles d'escalade.			
Vieux oing en tonnes ou en barils, (*Voyez* page 408).			
(3) Sacs à terre (500 A plus $\frac{1}{4}$ A).	100000	$\frac{1}{2}$	50000
Lanternes, et feuilles de corne pour les réparer en égal nombre (1 A).	160	2	320
Couronnes de cerceaux, à 24 cerceaux par couronne.	25	50	1250
Réchauds de rempart ($\frac{1}{2} A$).	80	7	560
Meules à émoudre ($\frac{1}{40} A$).	4		
(4) Toiles cirées pour couvrir les Poudres (1 B).	100		
Crocs de débarquement (si on prévoit en avoir besoin).			
Eprouvette avec son globe.	1	364	

(1) Si les Gîtes et les Madriers sont en sapin, le poids sera moindre d'un quart.

(2) Outre les 4 Forges roulantes, il faudra construire au moins 4 Forges stables à portée du Parc, en arrivant devant la Place, et avoir pour leur consommation au moins 100 livres de Charbon par jour durant tout le siége. Pour ces Forges à double feu de 9 pieds de longueur et de 5 de largeur, y compris le dossier, il faut 1500 briques, et pour la cheminée environ 400... Il faut environ 20 à 22 pieds d'espace pour chacune, à cause des 2 Soufflets.

(3) 500 par Bouche à feu suffisent en général, avec 1 quart cu sus.

(4) Il faut, par Voiture, 8 aunes de toile cirée, la doubler de grosse toile de chanvre, et pouvoir couvrir 100 Voitures, ou avoir des Toiles croisées dites treillis, et les peindre de 2 couches de couleur à l'huile.

Artifices.	Quant.	Poids partic.	Poids total.
		liv.	liv.
(g) Salpêtre.			2000
Soufre.			200
Poix noire.			200
Poix blanche ou colophane.			200
Cire neuve (jaune).			300
Suif.			300
Charbon.			100
Camphre.			50
Térébenthine.			50
Pots d'Huile de lin, et 1 cinquième d'Huile de poisson, en tout (pintes).	12		
Torches ou Flambeaux.	100		
Etoupes.			25
Ficelle ordinaire.			50
Ficelle goudronnée.			200
Fil d'archal.			10
Fil de laiton.			10
Coton filé.			20
Colle forte.			5
Rames de Papier commun.	10	9	90
Tonnes de goudron.	2	200	400
———— de Poulverin.	1		250
———— d'étoupilles.	1		150
(h) Mèche.			4800

Ustensiles à Boulets rouges.

	Quant.	Poids partic.	Poids total.
Crochet à attiser.	8		
Fourche pour prendre les Boulets.	8		
Gril ($\frac{1}{40} A$).	4		
Tenailles ($\frac{1}{20} A$).	8		
Cuillers ($\frac{1}{20} A$).	8		
Soufflet.	10		

Engins à lever et à peser.

	Quant.	Poids partic.	Poids total.
(1) Chèvres (2) avec leurs poulies et leur cable.	10	648	6480
Moufles.	10	90	900
Crics.	20	50	1000
Chevrettes avec leur Levier d'abattage.	50	24	1200
Traîneaux.	5	220	1100

(1) Ces Attirails sont portés sur les Chariots à Canon de rechange.
(2) On arme au plus 8 Batteries à-la-fois ; il faut une Chèvre par Batterie.

	Quant.	Poids partic.	Poids total.
		liv.	liv.
Civières.	10	38	380
Brouettes, dont $\frac{1}{3}$ à Bombes et $\frac{4}{3}$ ordinaires.	30	70	2100
Romaine.	2		
Cordages.			
{ Cables de Chèvre de rechange. . . .	10	100	1000
(1) { Prolonges doubles.	75	20	1500
{ Prolonges simples.	75	10	750
{ Paires de Trait à Canon (3 *B*). . .	300	$5\frac{1}{2}$	1650
—————— de Manœuvre (2 *B*).	200	3	600
—————— de Paysan (4 *B*). . .	400	$2\frac{1}{2}$	1000
Menus cordages (livres de) (*B*).			200
Ficelles de différentes grosseurs (livres de) ($\frac{1}{2}$ *B*).			50
Menus Achats.			
Chandelles.			100
Bougies.			20
Flambeaux de cuivre avec leurs mou-chettes.	8		
Briquets, et le triple de Pierres.	12		
Amadou, le double de mèches soufrées.			2
Aunes de toile.	12		
Fil à coudre.			4
Dés à coudre.	12		
Carrelets dans un étui.	24		
Ciseaux à couper la toile, etc.	12		
Cadenas de rechange pour Caissons. . .	50		
Règles pour le Bureau.	4		
Plumes.	600		
Crayons fins.	24		
Canifs.	6		
Gratoirs.	4		
Poinçons.	4		
Ecritoires d'étain, portatives, et autant de pots d'encre.	4		
Cire d'Espagne.			8
Boîtes de pain à cacheter.	4		

et 1 quart ou 1 demi en sus de rechange. Le nombre de Chèvres sert de base à tout l'article des Engins, aux Cables de rechange ; et aux Prolonges, excepté aux Chevrettes, dont il faut 1 par 25 Voitures pour les graisser, etc.

(1) Sur les Chariots à Canon de rechange avec le tiers des Traits à Canon.

	Quant.	Poids partic.	Poids total.
		liv.	liv.
Pièces de ruban (pour lier les états) (etc.).	2		
Compas de cuivre.	4		
Pied-de-roi.	4		
Papier à la tellier (de 14 pouces sur 9 pouces) (Rames de).	5	14	70
—— à lettre.	3	8	24
—— (grand) pour enveloppes.	1	12	12
—— (petit) pour enveloppes.	2	10	20
—— commun.	4	9	36
Grands Registres pour états.			
Petits Registres, journal portatif.	4		
Boîte de carton pour papiers et menus ustensiles de Bureau.	14		
Planchette (et Graphomètre 1).	2		
Instrumens à vérifier les Bouches à feu (1 assortiment).			

(*n*) *Outils emmanchés*, etc.

		Quant.	Poids partic.	Poids total.
à Pionniers.	Bêches ou pelles carrées. . .	16000	5	80000
	Escoupes ou pelles rondes. .	3000	4½	13500
	Pioches ou pics-hoyaux. . . .	20000	6½	120000
	Pics à roc.	1200	7½	9000
Tranchans.	Haches.	3000	5½	16500
	Serpes.	4000	1¾	6000
Scies, dont 1 tiers de long, et 2 tiers passe-partout.		30		
Manches d'Outils de rechange.		2000	1½	3000
Outils, etc. pour faire les plates-formes.	Règles.	160	4	
	Niveau de maçon.	160	2	
	Dames.	480	16	
	Masses.	480	16	
	Piquets.	1600		seront coupés à portée des besoins.
Outils à Mineurs quelquefois nécessaires pour faire les Batteries.	Pistolets.	16		
	Aiguilles.	8		
	Pinces.	8		
	Masses.	16		
	Coins.	16		
Faux à faucher (¹⁄₂₀ *A*).		8		
Paniers à terre (5 *B*).		500		si besoin est.

Il faut de plus des Gabions et des Saucissons qu'on construira à portée des besoins.

(m) *Rechanges pour charger* 10 *Chariots, y compris les Roues en partie* (1).	Quant.	Poids partic.	Poids total.
		liv.	liv.
Roues de rechange.			
Roues de 24, $\frac{1}{20}$	8	400	3200
———— de 16, $\frac{1}{24}$	4	330	1320
———— d'Obusiers de 8 pouces, $\frac{1}{16}$ . . .	4	245	980
———— de Chariot à Canon, $\frac{1}{16}$, dont $\frac{1}{2}$ de celles de devant	12	225	2700
———— de Charrettes et de Camion, $\frac{1}{11}$ . .	18	240	2400
———— de Chariots à Munitions, Caissons d'Outils et Forge (portées par l'essieu porte-roue des Caissons), $\frac{1}{24}$.	25	190	
———— d'Avant-train de 24, de 16, etc., $\frac{1}{24}$.	6	110	660
———— de Chariot à Munitions, Caisson d'Outils et Forge (portées par l'essieu porte-roue des Caissons), $\frac{1}{48}$.	10	145	
———— de Triqueballe, $\frac{1}{16}$	2	420	840
(m) *Fers.*			

<hr>

(1) On verra par les états de Rechange en Bois et en Fers ci-après, qu'en général cette quantité de Chariots n'est pas suffisante ; qu'il en faut 40 pour porter les Bois en blanc et ferrés , et 20 pour porter les Fers.

Note sur le Tableau suivant.

600000 liv. de Poudre ont été portées sur les 50 Charrettes à Munitions.

2500   Boulets de 24 ont été portés sur 50 Charrettes à Boulets (à 50 par Charrette).

4000   Boulets de 16 ont été portés sur 50 Charrettes à Boulets (à 80 par Charrette).

300   Bombes de 10 pouces ont été portées sur 23 Charrettes à Boulets (à 12 par Charrette).

750   Obus de 8 pouces ont été portés par 25 Charrettes (à 30 par Charrette).

6000   de Charbon ont été portées sur 5 Chariots.

CHARIOTS *ou autres Voitures du pays qui porteront successivement le reste des Attirails de l'Artillerie, des différens Dépôts au Camp. (Ces Voitures sont supposées porter 1200 livres et être à 4 Chevaux).*

	Quantités totales à porter.	Quantités portées par les Voitures d'Artillerie.	Quantités qui restent à porter.	Nombre des Voitures nécessaires pour porter ce qui reste.
Poudre.	1100000 liv.	60000	1040000 liv.	866
Boulets de 24.	68000 B.	2500	65500	1510
Boulets de 16.	58400 B.	4000	54400	430
Bombes de 10 pouces.	19200 B.	300	18900	1575
Obus de 8 pouces.	19200 Ob.	750	18450	460
Plateaux, etc. de Pierriers.	9500 Pl.		76800	64
Plomb.	200000 liv.		200000	166
Charbon.	50000 liv.	6000	44000	36
Pierres à fusil.	250000 Pi.		7000	5
TOTAL des Voitures. . . .				4912

NOTES *pour les Equipages de Siége.*

(*a*) Si on n'était pas à même d'avoir des ressources, on mettrait 1 quart en sus des Affûts de 24 pour les rechanges. A l'Equipage de l'armée de Normandie, en 1779, destinée à être embarquée, sur 24 Pièces de 24, on avait mis 52 Affûts ; sur 12 de 16, 18 ; pour 6 Obusiers de 8 pouces, 9 ; pour 8 Mortiers, 12.

(*b*) Dans le cas de la note (*a*), on met moitié en sus des Affûts de 16 pour les rechanges. D'ailleurs ces Pièces sont plus exposées ; à la seconde parallèle, les feux ne sont pas eteints ; à la troisième, d'où tire presque tout le 24, ils le sont.

Dans l'Equipage de Siége des Mémoires de M. de Mouy, il en met le triple ; sur 8 Pièces de 16, 24 Affûts : cela paraît trop fort. On construit mieux aujourd'hui, donc, etc.

(*c*) Dans l'Equipage de l'armée de Normandie, déjà cité, pour 50 Affûts de 24 et 16, il n'y a que 28 Avant-trains.

Comme on comptait débarquer très-près de la Place à battre, on n'avait besoin d'Avant-train que pour mener l'Affût en batterie ; il n'y avait pour la même raison que 18 Chariots à canon.

(*d*) Cet Approvisionnement, qui paraîtra un peu fort, est peut-être un peu trop faible. M. de Mouy le porte en effet à 1000 pour le 24, et au double et demi pour 16. M. du Pujet les approvisionne à 2000 coups : les Pièces ne pouvant soutenir de tirer 2000 coups, cet Approvisionnement n'est pas bien combiné ; mais quoique les Pièces n'aient pu soutenir que 7 ou 800 coups, on l'a porté à 1000 et 1200, parce que de nouvelles fontes fourniront peut-être de meilleurs Canons, et qu'enfin lorsqu'on est parvenu à battre en brèche, les Pièces sont toujours assez justes pour tirer à cette petite distance de 25, 30 à 40 toises au plus. Dans l'Equipage de l'armée de Normandie, en 1779, les Pièces sont approvisionnées à 1000 coups. Mais si en effet les nouvelles épreuves prouvaient que le Canon est hors de service après 7 à 800 coups, il faudrait mener des Pièces en assez grande quantité pour pouvoir tirer le nombre de coups porté sur l'état ; il faudra donc aussi considérer en quel état sont les Pièces de l'Equipage pour, etc.

(*e*) Pour les Gargousses faites, on en a pris 400 par Pièce, afin de donner le tems aux ateliers d'Artifice de s'établir et de faire celles dont on aura besoin... Pour le Papier, on a pris une feuille par coup de Canon à tirer, et une demi-feuille pour chaque coup de Mortier et d'Obusier, en nombre rond, c'est-à-dire 126000 feuilles. Pour le Pierrier, sa consommation se prendra sur le papier qui doit rester, à cause des 4000 Gargousses toutes faites qu'on portera, et qui fourniront aussi au déchet, et au dégât qu'on fera de ce Papier. (Dans l'article Papier, les 263 rames ne comprennent point le Papier de ces 4000 Gargousses).

(*g*) Dans un projet d'Equipage de M. de Mouy, il fait porter 20000 livres de Salpètre ; je crois que c'est une faute d'impression, et qu'il faut lire 2000 livres ; mettre aussi 200 livres de Soufre au lieu de 1000, parce qu'on trouve du Soufre partout. Au reste, les bases de cet Approvisionnement et de celui des Menus achats, sont très-vagues (1).

(*h*) 1 livre de Mèche doit durer 60 heures, car 10 pieds doivent durer 24 heures ; et 24 ou 25 pieds pèsent 1 livre.

Mais comme la Mèche peut être mauvaise, et à cause des dégâts, comptez 1 livre de Mèche par Bouche à feu pour 24 heures, et estimez à 30 jours la longueur du tems à être en batterie : il faudra compter 50 livres par Bouche à feu ; vous aurez donc pour les 160 Bouches à feu, 4800 livres de Mèche, qui, en tonne de 300 livres, comme on les met, donneront 16 tonnes ; M. de Mouy en porte 16000 livres sur son état. Mais à cause des gaspillages, on peut en porter 8000, c'est-à-dire, à-peu-près le double, si on n'a pas un dépôt voisin d'où l'on en puisse tirer.

(*i*) M. de Mouy porte 1100000 livres de poudre : on trouvera qu'il en faut 1,014400 livres, en estimant le 24 à 8 livres, le 16 à 6 livres, les Mortiers à 7 livres, les Obusiers à 4 livres, les Pierriers à 3 livres ; mais on a mis le même nombre, le restant devant être consommé par les artifices.

(*k*) M. de Mouy porte 200000 de plomb en balle, et il en faudra peut-être davantage, jusqu'à ce qu'on soit parvenu à régler cette consommation désordonnée.

(*m*) Pour les Bois de remontage et les ferrures façonnées, voyez les trois états qui suivent et qui contiennent l'Approvisionnement de ces objets pour un Equipage de 100 Pièces de Canon, assemblé à D*. en 1785.

(*n*) Les Outils d'ouvriers en bois sont dans les Caissons d'Outils, et doivent être suffisans. Ceux des Ouvriers en fer sont portés par les forges ; et s'ils ne suffisent pas, voyez dans les notes de l'Equipage de campagne, la note sur les Outils d'Ouvriers en fer, page 411, ou la note sur les Outils pour l'Approvisionnement des Places.

Si les Outils à Pionniers sont fournis par l'Artillerie à toute l'armée, il faut 1 Outil par soldat, ou au moins pour les 4 cinquièmes du nombre des soldats : si le Génie a son Parc pour les Travailleurs de l'armée, et s'il n'en faut à l'Artillerie que pour les siens, on n'en prendra que 40 par Bouche à feu.

Il en sera de même pour les Outils tranchans : si on n'en fournit qu'aux Travailleurs d'Artillerie, il ne faudra que 5 Haches et 10 Serpes par Bouche à feu ; si on en fournit à toute l'Armée, et s'il n'y a que des règlemens inobservés, il en faut une infinité.

Il faut beaucoup de scies de long pour débiter les Bois, lorsqu'on en trouve de bons et à portée d'être coupés : on peut en prendre un cinquième A, et ne pas porter autant de plate-formes. —

Il faut bien plus de 2000 Manches de rechange, si on ne va pas dans un pays à portée d'en avoir : dans ce cas on peut en prendre un de rechange par Outil.

---

(1) Voyez à la fin de l'Ouvrage, les améliorations proposées pour l'Artillerie.

BOIS *en blanc de rechange.*

	Quant.	Poids (1) particuliers.	
		liv.	onc.
(2) Timons de Chariots à munitions, $\frac{1}{25}$	20	36	
————— de Chariot à Canon, $\frac{1}{12}$. . .	8	5o	
————— de Caisson de Parc, $\frac{1}{20}$. . . .	2	5o	
Flèches de Chariot à Canon, $\frac{1}{10}$.	10	38	
Volée de ⎰ de Chariot à Munitions, $\frac{1}{25}$. .	20	17	
derrière. ⎱ de Chariot à Canon, $\frac{1}{12}$. . .	8	2o	
Volée de ⎰ de Chariot à Munitions, $\frac{1}{32}$. .	16	13	
devant. ⎱ de Chariot à Canon, $\frac{1}{18}$. . . .	6	17	
Essieux de 24, $\frac{1}{6}$.	12	99	
——— de 16, $\frac{1}{6}$.	8	69	
——— de Chariot à Canon, $\frac{1}{7}$.	16	52 ⎰ $\frac{1}{2}$ du n°. 10. ⎱ $\frac{1}{2}$ du n°. 11.
——— d'Avant-train de siége, $\frac{1}{10}$. . .	8	52	
——— d'Obusier de 8 pouces, $\frac{1}{4}$. . . .	8	52	
——— Porte-roue, $\frac{1}{4}$.	8	16	
Corps d'essieu du n°. 3, $\frac{1}{40}$.	20	33	
Brancard de Chariot à Canon, $\frac{1}{22}$.	10	7o	
(3) Sellettes, $\frac{1}{32}$.	10	4o	
Armons, $\frac{1}{20}$.	20	6o	
Empanons, $\frac{1}{30}$.	10	36	
Epars montans et de fond, $\frac{1}{10}$.	100	10	
Burettes, $\frac{1}{20}$.	100	28	
Ridelles, $\frac{1}{20}$.	3o	48	
Sassoires, $\frac{1}{30}$.	10	20	

(1) Comme dans toutes les compositions d'Equipage il y aura beaucoup de variété pour les quantités de Pièces de rechange, on a cru inutile de faire une colonne des poids totaux à ces états qu'on donne ici.

(2) Si c'est un Equipage pour la Montagne, au lieu de Timons, de Volées et de Palonniers, on mettra des Limonières dans les Bois de rechange, soit en blanc, soit ferrés.

(3) Dans les Pièces suivantes, dont il y a plusieurs numéros, on partagera le total qu'on doit prendre, proportionnellement au nombre de chaque numéro qui entre dans les Voitures de l'Equipage; et on en fera autant d'articles dans l'Etat qu'on donne.

Au reste, ces proportions peuvent varier à un certain point sans inconvénient; elles dépendent de l'état de service où sont les Voitures, et on ne s'y est pas même astreint dans l'Etat qu'on donne ici.

Toute cette note convient aux Ferrures façonnées ci-après.

	Quantit.	Poids particuliers.	
		liv.	onc.
Entre-toises, $\frac{1}{20}$.	10	10	
Lisoirs, $\frac{1}{50}$.	5	70	
Palonniers, $\frac{1}{15}$.	200	4	4
Rais, 1 par 4 roues.	300	16	4
Jantes, 1 par 8 roues.	150	20	
Bras de Limonière, $\frac{1}{2}$.	10	50	
Leviers de manœuvre, 2 A.	150	10	
Dames, *chargeront une Voiture.*	100	16	
Bois divers et 100 pieds de planches.			
(1) *Bois ferrés de rechange.*			
Timons de Chariot à Munitions.	20	48	
———— de Chariot à Canon.	8	66	
———— de Caisson de Parc.	2	66	
Flèches de Chariot à Canon.	4	46	
Volées de derrière. { de Chariot à Munitions.	20	24	8
{ de Chariot à Canon.	8	48	
Volées de devant. { de Chariot à Munition.	20	22	
{ de Chariot à Canon.	8	31	
Essieux de 24.	3	183	
———— de 16.	2	139	
———— de Chariot à Canon.	4	102	
———— d'Avant-train de Siége.	2	70	
———— d'Obusier de 8 pouces.	2	102	
———— Porte-roue.	2	16	
Tire-bourres, $\frac{1}{12}$ B.	8	2	
Dégorgeoirs ordinaires, $\frac{2}{3}$ A.	100	»	1
Têtes d'écouvillon de 24, $\frac{1}{2}$ C.	34	3	8
———— de 16, $\frac{1}{2}$ D.	16	3	
Têtes de Refouloir de 24, $\frac{1}{6}$ C.	12	3	4
———— de 16, $\frac{1}{8}$ D.	4	3	
Hampes, $\frac{1}{6}$ des Ecouvillons.	65	6	8
Lanternes de cuivre de 24, $\frac{1}{12}$ C.	6	10	
———— de 16, $\frac{1}{16}$ D.	2	6	4
Quart de cercle pour Mortier, etc. $\frac{1}{4}$ E.	6	5	4
Ferrures façonnées.			
Susbandes de 24, $\frac{1}{14}$.	7	16	8
———— de 16, $\frac{1}{12}$.	3	14	4

(1) Les Bois ferrés doivent être pris en proportion d'un tiers ou d'un quart plus faible que les Bois en blanc; ceux-ci recevant les Ferrures des parties cassées, deviendront bien vite Bois ferrés.

	Quantit.	Poids particuliers.	
		liv.	onc.
Susbandes d'Obusiers de 8 pouces, $\frac{1}{16}$.	4	6	4
Sousbandes de 24, $\frac{1}{40}$.	4	62	
—————— de 16, $\frac{1}{48}$.	2	5o	
—————— d'Obusiers de 8 pouces, $\frac{1}{23}$.	3	44	
Chevilles à tête plate, 3 fois autánt à tête ronde (1). { de 24, $\frac{1}{27}$.	6	8	
de 16, $\frac{1}{48}$.	2	7	8
d'Obusiers de 8 pouces, $\frac{1}{16}$.	2	7	
Chevilles à mentonnet, de 24.	6	8	8
———————— de 16.	2	8	4
———————— d'Obusiers de 8 pouces.	2	8	
Bandes de Roues de derrière { de 24, $\frac{1}{5}$ C.	14	20	
de 16, $\frac{1}{10}$ D.	3	19	
d'Obusiers de 8 pouces, $\frac{1}{12}$ F.	2	13	4
de Chariot à Canon.	8	16	4
de Charrette.	4o	16	4
de Chariot à Munitions.	20	14	4
Bandes de Roues pour Avant-train { de Siége.	10	9	
de Chariot à Canon.	9	12	8
de Chariot à Munitions.	20	10	
Chevilles ouvrières d'Avant-train de Siége, $\frac{1}{12}$.	5	27	
—————— de Chariot à Canon, $\frac{1}{33}$.	3	13	12
—————— de Chariot à Munitions, $\frac{1}{37}$.	10	7	
Bandes à fourche.	36	5	8
Liens de Jante avec leurs Chevillettes, $\frac{1}{40}$.	100	1	4
——— de Rais avec leurs Chevillettes, $\frac{3}{40}$.	3oo	»	4
——— de Flèches et de Timons avec leurs Chevilletttes, $\frac{1}{8}$.	100	1	
(2) Ecrous pour boulons de différens numéros, 3 B.	3oo	»	
Clavettes de Susbandes, $\frac{1}{54}$.	3o	»	4
Clavettes doubles, $\frac{1}{26}$.	5o	»	8
Esses pour Essieux en bois, $\frac{1}{44}$.	25	4	4
——— pour Essieux en fer, $\frac{1}{18}$.	75	1	4
Rondelles de bout d'Essieu pour Af-fûts, $\frac{1}{12}$.	25	4	4

(1) Elles pèsent 8 à 10 onces de moins.

(2) Les Ecrous employés dans cet Equipage sont; les numéros 3, pesant 8 livres 12 onces; 4, pesant 4 livres 8 onces; 5, pesant 3 livres; 6 pesaut 2 livres 8 onces; 7, pesant 2 livres; 8, pesaut 1 livre 4 onces; 9, pesaut 1 livre, et 10, pesaut 12 onces.

	Quantit.	Poids particuliers.	
		liv.	onc.
Rondelles de bout d'Essieu pour Voitures, $\frac{1}{44}$.	5o	1	
—————— de bout d'Essieu d'Avant-train, $\frac{1}{22}$.	25	1	
Crochets de retraite de 24 et 16, $\frac{1}{33}$ B.	3	7	
—————— d'Obusiers de 8 pouces, $\frac{1}{24}$ F.	1	3	4
Etriers d'Essieu de 24, $\frac{1}{7}$ C.	7	25	8
—————— de 16, $\frac{1}{10}$ D.	3	21	8
—————— d'Obusier de 8 pouces, $\frac{1}{7}$ F.	2	16	
—————— de Chariot à Canon, $\frac{1}{115}$.	4	9	
Vis de pointage de 24 et 16, $\frac{1}{10}$ B.	10	16	12
— d'Obusier de 8 pouces, $\frac{1}{7}$ F.	2	13	
Ecrous, dont 1 pour Vis d'Obusier, $\frac{1}{16}$ B.	6	11	8
Chaînes pour faux Essieu.	4	10	
Clous de bandes de différentes espèces (1), 1 livre par 10 roues.	3oo l.		
—————— d'Applicage, (48 du n°. 7 pèsent 1 livre).	100 l.		
—————— à Planches, (14 du n°. 22 pèsent 1 livre).	100 l.		
—————— d'Epingles, (384 pèsent 1 livre).	20 l.		
—————— de cuivre pour armemens, (480 pèsent 1 livre), $\frac{1}{4}$ A.	4o l.		
Crampons de Chaînette, (32 pèsent 1 livre).	5o l.		
20 Clefs { Celle de 20 et de 17 livres.	»	4	
doubles. { Celle de 15 et de 13 livres.	»	3	12
Essieux du n°. 3, $\frac{1}{20}$.	3o	115	
—————— du n°. 4, $\frac{1}{11}$.	20	145	
Fers neufs de différens échantillons, 100 B.	10000 l.		
Acier, 4 B.	4oo l.		
Feuilles de tôle, $\frac{1}{2}$ B.	5o		
—————— de fer-blanc, $\frac{2}{2}$ B.	35o		
Fil-de-fer de différentes grosseurs, 2 B.	200		

(1) 7 de ceux pour 24 et 16 pèsent 1 livre ; 15 de ceux de Chariot à munitions pèsent 1 livre.

ÉQUIPAGE DE PONT.

On a abandonné les Pontons, parce qu'ils ne peuvent servir, ni à faire des Ponts sur les rivières rapides, ni au transport des hommes, qu'on a souvent besoin de jeter en nombre sur la rive opposée, pour établir le Pont.

Les grands Bateaux en usage sous M. de Gribeauval, dans l'Artillerie, ont été conservés pour les ponts stables. C'est de ces Bateaux dont est composé l'Equipage qui suit ; il renferme tous les articles dont on aura besoin pour faire les Equipages de pont, avec les Bateaux légers de 56 pieds, qu'on doit construire pour remplacer les Pontons. Les modifications à faire aux nombres que présente l'Equipage qu'on donne ici, sont faciles à opérer : voici les principales, d'où l'on déduira aisément les autres.

Pour 60 Bateaux et 6 Nacelles de 20 pieds de long, il faudra 102 haquets qui porteront bateaux, nacelles et poutrelles... 42 chariots pour madriers et approvisionnemens... 7 poutrelles et 26 madriers par bateau. On n'aurait plus besoin de charrettes.

ÉQUIPAGE DE PONT DE BATEAUX.

	Quant.	Chev. par Voit.	Total des Chev.
Bateaux.	60		
Haquets, (dont 6 de rechange à 6 chevaux).	66	(1) 10	636
Nacelles.	6		
Haquets à nacelle (dont 1 de rechange à 4 chevaux).	7	6	40
Chariots de division.	30	4	120
Caissons d'outils.	2	4	8
Caissons du Parc pour menus achats.	4	4	16
Charrettes à munitions.	190	4	760
Forges.	2	4	8
Total.	307		1588
Ajoutez 11 pour 100 de chevaux haut le pied.			176
Le total des chevaux sera.			1764

Agrès et autres Objets relatifs au Pont.

	Quant.	Poids partic.	Poids total.
Poutrelles (7 par travée, 12 par bateau). (10 suivant les tables imprimées).	720	184	132480
Madriers (19 par travée, 24 par bateau).	1440	96	138240
Fausses poutrelles.	20	90	1800
Mâts, 1 par 4 Bateaux, le reste en rechange.	20	88	1760
Gouvernails, 1 par 4 Bateaux, le reste, etc.	20	110	2200
Grandes rames, 2 par Bateau, le reste, etc.	90	42	3780
Petites rames, 2 par Bateau, le reste, etc.	180	8	1440
Petites rames pour Nacelle.	24	8	192
Crocs à 2 pointes droites, 3 par Bateau, etc.	240	10	2400
Crocs à pointe droite et à crochet, 1 par bateau, etc.	90	12	1080
Clameaux, dont 500 crampons.	2000	2	4000
Grande Ecope.	60	5	300
Petite Ecope.	15	2	30
Grapins.	6	25	150

(1) On pourra n'en mettre que 8 si les chemins sont beaux.

	Quant.	Poids partie.	Poids total.
Ancres (grandes)	36	130	4680
Ancres (petites)	18	92	1656
Pompes	15	20	300
Balais	30	2	60
Seaux	30	6	180
Grandes nayes	2000		
Moyennes nayes	4500		
Petites nayes	3500		

Cordages.

	Quant.	Poids partie.	Poids total.
Cinquenelles de 50 toises	12	437	5244
Cordages d'ancre	60	128	7680
Amarres (dites Traversières ou Croisières)	360	9	3240
Combleau	120	40	4800
Grandes Mailles	30	85	2550
Petites Mailles	30	52	1560
Bretelle avec ses cordons, et 240 toises de cordages pour ses alonges	360		

Engins (1).

	Quant.	Poids partie.	Poids total.
Cabestan	3	376	1128
Vindax	3	320	960
Leviers	100	12	1200
Piquets frétés et armés	100	10	1000
Masses de fer	6	12	72
Masses en bois	24	16	384
Rouleaux de 10 pieds de long et de 6 pouces de diamètre	12	20	240
Moutons à bras	4	130	520
Crics (grands)	6	70	420
Crics (moyens)	6	50	300
Crics (petits)	6	33	198
Chèvres brisées	2	548	1096
Chevrettes	10	24	240

Menus Achats.

	Quant.	Poids partie.	Poids total.
Sondes (ayant 10 brasses de cordages)	4		
Lanternes de fer-blanc	15		
Lanternes sourdes	10		
Réchauds	24	7	168

(1) Lorsqu'on fait les Ponts avec les Bateaux pris sur les rivières des pays où l'on fait la guerre, comme ces Bateaux ont des bords inégalement élevés entre eux, il faut de plus des Chevalets qu'on met vers le milieu de chaque Bateau, pour supporter le Tablier du Pont. Voyez l'Essai sur les Ponts.

	Quant.	Poids partic.	Poids partie.
Tourteaux goudronnés.	600		
Mèches à canon (tonnes de).	2	300	600
Chaudières de fer coulé pour faire fondre le goudron.	4		
Trépieds pour chaudières.	4		
Brosses pour goudronner.	15		
Mousse de chêne pour calfater (paniers de).	20		
Poix liquide, livres.	400		400
Goudron en baril, livres.	1000		1000
Flambeaux de poix blanche.	150		
Chandelles, livres.	120		120
Huile pour mêler avec le goudron, livres.	300		300
Cuiller pour prendre le goudron, livres. .	6		
Briquets.	12		
Amadou, livres.	4		4
Crayons (paquets de).	12		
Pierre noire ou rouge, livres.	10		10
Sacs à terre.	300	$\frac{1}{2}$	150
Charbon (si on prévoyait n'en pas trouver) pour l'approvisionnement des 2 Forges durant un mois.	5000		

Outils à Pionniers et tranchans.

	Quant.	Poids partic.	Poids partie.
Pioches ou Pics-hoyaux.	50	6	300
Pics à roc.	25	7	175
Pelles rondes.	60	4	240
Pelles carrées.	60	5	300
Serpes.	50	2	100
Haches.	20	5	100

Rechanges.

	Quant.	Poids partic.	Poids partie.
Roues de Haquet à Bateau.	6	271	1626
Roues de Haquet à Nacelle.	2	212	424
Roues de Forge de, etc.	4	193	772
Roues de Charrettes.	8	244	1952
Roues d'Avant-tr. de Chariots à munitions.	4	145	580
Roues d'Avant-train de Haquet à Bateau. .	6	200	1200
Roues d'Avant-train de Haquet à Nacelle. .	2	179	258
Essieux de Haquet à Bateau des nos. 13 et 14.	4		
Essieux de Haquet à Nacelle.	2		
Essieux de Fer du n°. 3.	4	115	460
Essieux de Fer de Charrette.	4	185	740

NOTA. Suivant l'état des Voitures, on portera des Jantes, Rais, Timons, Flèches, Volées, Ridelles, Burettes, Epars, etc. et des Ferrures.

Nombre d'Hommes nécessaires pour la construction d'un Pont de Bateaux.

Pour porter 7 poutrelles. . . . . 14 hommes.
Pour porter 20 madriers. 20
Pour placer les madriers. 2
Pour égaliser les madriers (avec des masses). . . . 2
Pour aider les Bateliers (4 hommes par bateau). . 8
Pour fixer les poutrelles avec les clameaux , etc. . 6
Sergent au dépôt des Bateaux. 1
Sergent au dépôt des poutrelles et des madriers. . 1
Sergent à la culée du Pont. 1
Sergent à la travée qu'on couvre. 1
Pour aider à jeter les ancres. 4

                        Total. 60

Non compris les Bateliers qui jetteront les Ancres, etc. et les Hommes de secours tirés des bataillons.

Observations.

Les Bateaux sont trop pesans pour pouvoir porter avec eux leur assortiment ; ils ne porteront que les cordages.

Il sera plus commode de porter les bois de longueur sur des charrettes : voilà pourquoi on en a mis dans cet Equipage , qu'on pourra distribuer comme il suit :

90 Charrettes (et les 6 Haquets de rechange) pour porter les poutrelles et fausses poutrelles.

90 Charrettes pour porter les madriers.

10 Charrettes pour les mâts , gouvernails , rames , et la première partie des agrès.

    (*On chargera les Charrettes à* 1500 *livres environ*).

10 Chariots pour porter le reste des agrès.

6 Chariots pour porter les engins.

2 Chariots pour une partie des menus achats , et les outils à pionniers.

4 Chariots pour le charbon , si on en porte.

8 Chariots pour les roues et rechanges en bois , ferrures.

4 Caissons du parc pour le restant des menus achats et les outils tranchans.

Les Ponts de radeaux ne se transportent pas, on trouvera ce qui les concerne à l'article de la Construction des ponts.

Les 2 Equipages de ponts qui suivent ne sont relatifs qu'à des Ponts que quelques circonstances ont obligé et peuvent forcer encore de construire et de transporter ; mais leurs élémens, chevalets, etc. ne sont pas des attirails toujours construits et en usage dans l'Artillerie.

ÉQUIPAGE DE PONT DE CORDAGES

Pour une Rivière de 25 Toises de largeur.

Noms.	Quant.	Poids partic.	Poids total.
(*a*) Chevalets pour les culées.	2	1380	2760
(*b*) Poutrelles pour les culées, dont 4 de rechange.	14	100	1400
(*c*) Traverses, dont 2 de rechange. . . .	15	60	900
(*d*) Madriers percés et à piton, dont 34 de rechange.	250	64	16000
(*e*) Chevalets à 3 pieds, dont 1 de rechange.	5	350	1750
Poulies pour les chevalets.	5	45	225
Mouffles, dont 1 de rechange.	9	90	810
(*f*) Poulies de bois enchappées.	100	8	800
(*g*) Piquets frétés et sabotés.	100	30	3000
Levier de manœuvre.	60	10	600
Masses.	12	16	192
Cabestans.	12	235	2820
Moutons.	4	130	520
(*h*) Cinquenelles.	2	437	874
(*i*) Cordages de 60 toises et d'un pouce de diamètre.	6	128	768
(*k*) Cables de chèvre.	6	100	600
(*l*) Amarres.	40	10	400
(*m*) Traits à canon.	20	6	120
(*n*) Cordeaux de 30 toises et de 5 à 6 lig. de diamètre.	4	25	100
(*o*) Pitons à 2 branches avec leur coin et leur anneau.	36	5	
(*p*) Crocs à pointe et à crochet.	6	12	
Poids total. . .			34639

Voitures pour porter l'Equipage.

	Quant.	Nomb. des Chev.	Total des Chev.
Chariots à { pour le Pont.	24	4	96
munitions { pour les Outils et Assortiment.	4	4	16
Charrettes pour les Chevalets à 3 pieds. .	1	4	4
Forge assortie.	1	6	6
Totaux. . .	30		122

NOTES *sur l'Equipage de Pont de Cordages.*

Dimensions de quelques Objets.

	Long.	Larg.		Epais.		Poids partic.
	pieds.	po.	li.	po.	li.	liv.
Chevalets pour les Culées. { 1 Chapeau........	16	12		12		900
6 Montans.........	6	6		6		75
6 Traverses........						5
Poutrelles des Culées............	20	5	6		6	100
Traverses.................	11	4		4		60
Madriers avec Pitons, dont 20 de 10 pieds.	11	12		2		64
Piquets frétés et sabotés de 4 pouc. de diamètre.	5					21

(*a*) Ces Chevalets servent de culées ; la partie supérieure du Chapeau porte 6 entailles de 2 pouces de largeur et de profondeur, arrondies en gorges de poulie, dans lesquelles doivent passer les 6 cordages du tablier : il y a 19 pouces de distance de milieu en milieu de ces entailles. Le même chapeau est entaillé extérieurement en talud pour recevoir le bout coupé en biseau des poutrelles du rampant qui forme les culées ; le tout est recouvert d'un madrier, auquel on donne le nom de Faux chapeau.

(*b*) On vient d'indiquer précédemment la place de ces Poutrelles : elles doivent être coupées, en biseau fort, à un bout.

(*c*) Les Traverses portent à 6 pouces de chaque bout un piton à anneau, auquel on fixe une poulie en bois. On les place de 10 en 10 pieds, suspendues par les amarres aux 2 Cinquenelles qui traversent la rivière ; les 6 Cordages du tablier doivent être supportés par ces traverses.

(*d*) De ces Madriers, 20 auront 10 pieds de longueur, et les autres 11. Quoiqu'on suppose que ces Madriers aient un pied de large, comme ils ne l'ont presque jamais, on s'approvisionne comme s'ils n'avaient que 10 pouces de largeur. On les place sur les rampes des culées qui ont 20 pieds de longueur, et sur les Cordages du tablier portés par les Traverses. Ils débordent les Cordages de 4 pouces 6 lignes, ou de 10 pouces 6 lignes. Les courts portent à 4 pouces de chaque bout, et les longs à 10 pouces, dans le milieu de la largeur, 1 piton à anneau, dont le trou de l'anneau est tourné vers la longueur du Pont : ces anneaux reçoivent le cordage de 5 à 6 lignes, qui doit empêcher le mouvement des Madriers. Les longs Madriers ont à 4 pouces de chaque bout, dans le milieu, un trou de 8 à 9 lignes de diamètre.

Dans quelques projets de Pont de Cordages, on fait porter les Madriers sur 5 et même sur 7 Poutrelles, qu'on place sur les traverses entre les Cordages : le Pont, par ce moyen, offre un Tablier plus uni : mais l'Equipage en devient plus lourd, etc. Voyez l'Essai sur les Ponts.

(*e*) Les Chevalets à 3 pieds servent à soutenir les Cinquenelles ; ce sont des espèces de Chèvres sans treuil, de 14 pieds de hauteur : il faut qu'ils soient très-solides : ceux-ci sont insuffisans. Voyez l'Essai sur les Ponts.

(*f*) Les Poulies de bois et à chappe doivent être très-solides, et semblables à celles en usage dans la Marine pour les Bâtimens : il faut prendre de celles dont la roulette a de 6 à 8 pouces de diamètre. Les unes sont fixées aux Traverses, les autres aux Cinquenelles ; elles servent à suspendre et à mettre de niveau les Traverses portant les Cordages du Tablier.

(*g*) Ces Piquets servent à assujétir les Cabestans, à fixer les Cordages de retraite, à fournir des points fixes : ils doivent être à mentonnets.

(*h*) Les Cinquenelles sont destinées à soutenir le Tablier du Pont : elles passent sur les Poulies que portent les Chevalets à 3 pieds ; elles traversent la Rivière, sont placées à 10 pieds l'une de l'autre et exactement parallèles ; on les tend à chaque bord au moyen de 4 Cabestans et de 8 Moufles : elles doivent être au moins à 5 pieds au dessus du Chapeau des Chevalets qui forment les culées : il y a une disposition préliminaire à donner aux Cinquenelles. Voyez l'Essai sur les Ponts.

(*i*) Ces Cordages, qui sont des cables d'ancre de bateau, sont attachés d'un côté à un point fixe, et tendus de l'autre par un Cabestan ; ils sont portés par les Traverses et les Chevalets des culées, et c'est sur ces cables également tendus qu'on place les Madriers. Il faut porter de plus 10 de ces Cordages. Voyez l'Essai sur les Ponts.

(*k*) Ces Cordages, qui doivent être excellens et avoir 18 lignes de diamètre, servent à équiper les Moufles. Mais comme rarement les circonstances locales permettront de se contenter de leur longueur de 18 toises, on fera bien de les prendre de 36 toises de longueur.

(*l*) Les Amarres sont attachées par une de leurs extrémités à la Cinquenelle en dedans ; de là elles viennent embrasser la Poulie de la Traverse, puis la Poulie de la Cinquenelle, etc. C'est au moyen de ce système qu'on élève et tient de niveau les Traverses portant les Cordages du Tablier. Ces Amarres sont celles de Bateau, qui ont 7 toises 2 pieds.

(*m*) Les Traits à Canon servent quelquefois à lier les Cabestans aux Piquets, pour les contenir ; à consolider l'attache des Cinquenelles aux Moufles, etc.

(*n*) De ces Cordeaux, 2 servent à contenir les Madriers en les passant dans leurs anneaux ; on les roidit à bras, et on les fixe à une des Traverses du Chevalet des culées : les 2 autres Cordages sont coupés en morceaux de 3 pieds, et servent à la manœuvre de la construction du Pont.

(*o*) Ces Pitons, qu'on scelle avec du plomb dans les rochers, fournissent des points de résistance, pour attacher les Cordages, les Moufles, etc. Ils doivent être d'excellent fer, et l'Anneau doit avoir intérieurement 50 lignes de diamètre : son fer doit en avoir au moins 6.

(*p*) Des Hampes d'écouvillon de 16, armées d'une pointe et d'un crochet, seraient plus commodes.

ÉQUIPAGE DE PONT DE CHEVALETS.

Noms.	Quantités.	Poids partic.	Poids total.
		liv.	liv.
(a) Chevalets.	12	333	3996
(b) Poutrelles.	156	63	9828
Madriers.	208	67	13936
(i) Piquets sabotés. { Grands.	24	29	696
{ Petits.	8	21	168
(c) Crampons.	160	1	160
(d) Clameaux.	50	1	50
(e) Cables de 36 toises de longueur et de 18 lignes de diamètre.	2	200	400
(h) Traits à Canon.	15	6	90
Amarres.	33	10	330
(f) Cordeaux de 30 toises de longueur et de 5 à 6 lignes de diamètre.	2	25	50
(g) Cabestans.	3	235	705
Leviers de Manœuvre.	20	10	200
Masses.	6	16	96
Moutons.	2	130	260
(k) Crocs hampés à pointe et à crochets. . .	3	12	36
Total du poids. . .			31001

Voitures.	Quantités.	Chev.	Total des Ch.
Chariots à { pour le Pont.	21	4	84
Munitions { pour les Outils et Assortiment. .	3	4	12
Forges.	1	6	6
Totaux. . . .	25 v.		102 ch.

NOTES *sur l'Equipage de Pont de Chevalets.*

	Long.	Larg.	Epais.	Poids.
	pi. po.	po. li.	po. li.	liv.
(a) Les Chevalets se font en bois blanc, comme peuplier, aulne, etc. et sont composés de : — 1 Chapeau.	16	8	8	460
4 Montans ou pieds.	6	4 6	4 6	40
2 Traverses.	2 6			5
Poutrelles.	12	4 6	4 6	63
Madriers.	12	12	2	67

Un Chevalet en bois blanc encore vert pèse 630 liv., et 333 liv. quand il est sec : ainsi il faudra avoir égard à l'état du bois lorsqu'on voudra transporter l'Equipage, pour faire une estimation juste du poids. La même observation a lieu pour les Poutrelles, etc.

Les Pieds et les Traverses des Chevalets doivent se démonter aisément, et néanmoins être solidement assemblés : les pieds le sont à queue d'hironde dans le chapeau, et les traverses sont retenues dans leur encastrement par des chevilles de bois.

Il faut avoir soin de numéroter du même numéro le Chapeau, les Montans et les Traverses de chaque Chevalet pour l'assembler plus facilement et plus solidement quand il le faudra.

Si ces Chevalets doivent être portés à dos de mulet, il faut diminuer le chapeau, soit en le raccourcissant de 2 pieds, soit en diminuant sa largeur de 2 pouces, et il faut que le bois soit bien sec, afin que le chapeau pesant moins de 200 livres, on puisse mettre 2 chapeaux pour charger un mulet, qui doit être encore des plus forts pour pouvoir les porter, malgré cet allégement. Ce transport à dos de mulet sera toujours difficile dans les chemins de montagne, où les tournans sont fréquens, courts et quelquefois encaissés, à cause de la longueur de 12 à 14 pieds qu'auront les Chapeaux, les Poutrelles et les Madriers ; on pourrait absolument les diminuer tous encore de 2 pieds en pareille circonstance.

Des 12 Chevalets, 2 sont regardés comme étant de rechange, parce que 10 Chevalets espacés de 10 pieds, font 9 travées de 10 pieds chacune, et les 2 culées ayant aussi chacune 10 pieds de longueur, forment un pont de 110 pids, qui est la base ordinaire pour la formation des Equipages de Ponts de Chevalets. Cependant l'approvisionnement se fait pour 11 travées et 2 culées.

On met par travée et culée 10 Poutrelles, dont 3 de rechange, et 16 Madriers, dont 4 de rechange.

(b) Des 156 Poutrelles, 26 sont employées à contenir les Madriers du tablier, il en faudrait 30 si on employait les 12 Chevalets.

(*c*) Il ne faut que 7 Crampons par Chevalet ; mais comme on en perd beaucoup, l'on en porte environ le double.

(*d*) Il faut 3 Clameaux par Chevalet ; on en porte 4. On pourrait et on devrait en porter 10, car on perd aussi beaucoup.

(*e*) Les Cables de chèvre servent à raffermir le Pont ; on les met l'un en dessus, l'autre en dessous du Pont, d'un bord à l'autre de la rivière, et on y amarre chaque Chevalet. On peut ne mettre que celui d'amont, et n'en pas mettre du tout si la rivière est tranquille.

(*f*) Ces Cordeaux sont coupés en morceaux de 2 toises de longueur, qui servent à lier les deux cours de Poutrelles du dessus du Pont, aux Poutrelles extérieures du dessous.

(*g*) Les Cabestans servent à tendre les cables.

(*h*) Les Traits à canon servent à lier les cabestans aux piquets, à des points fixes, et les grands piquets aux Chevalets.

(*i*) Les grands Piquets ont leur tête frettée et à mentonnet : ils servent à soutenir les Chevalets placés dans les fonds inégaux, sujets aux affouillemens des eaux. Voyez, sur l'insuffisance de ces piquets, l'Essai sur les Ponts.

(*k*) Les Crocs à pointes et à crochet servent à placer les Chevalets dans l'eau.

TABLE

Servant à estimer la longueur des Colonnes d'Artillerie.

La Colonne A contient la longueur des Voitures d'Artillerie, depuis la volée du tétard de Timon, jusqu'à l'extrémité de derrière ; et dans les Voitures à 2 roues, la longueur totale. Ces longueurs sont en pieds et en nombre rond.

La Colonne B contient le nombre des Chevaux qu'on attèle ordinairement aux Voitures d'Artillerie.

La Colonne C contient la longueur de la Voiture attelée, depuis l'extrémité de derrière jusqu'à la tête du premier Cheval. Ces longueurs sont en nombre rond de toises et de pieds, parce que cet à-peu-près suffit pour l'objet qu'on se propose.

Un Cheval dans ses traits, y compris la longueur du trait, occupe 2 toises. Il faut 1 heure pour mettre en file 300 Voitures. On laisse 2 à 3 pieds de distance entre les Voitures.

	A	B	C	
	pi.	chev.	toi.	pi.
Chariot à Canon chargé d'une Pièce de 24	15	10	12	3
——— d'une Pièce de 16	14	8	10	2
——— d'une Pièce de 12 longue, ou d'un Mortier	13	6	8	1
Affût de 24 ou de 16 sur son Avant-train	19	4	11	1
——— d'Obusier de 8 pouc. sur son Avant-train	16	4	10	4
——— de Campagne de 12, chargé de sa Pièce	15	6	8	3
——— de 8, *idem*	14	4	6	2
——— de 4, *idem*	13	4	6	1
——— d'Obusier de 6 pouces, *idem*	14	4	6	2
Tous les Affûts de rechange (à vide)		4		
Chariot à Munition ou de Division	13	4	6	1
Caisson à Munition, etc.	12	4	6	
Forge à 4 roues		6		
Haquet chargé de hateau d'avant-garde				
——— à Bateau (à 8 chevaux, si les chemins sont beaux)	24	10	14	
——— à Bateau de rechange		6	10	
——— à Nacelle (chargé)	18	6	9	
Charrettes à Munition	17	4	11	
——— à Boulets	11	4	10	
Camion chargé d'un Mortier de 10 pouces à grande portée	11	6	12	
Camion chargé d'un Mortier de 10 pouces ou d'un Pierrier, ou de 2 Mortiers de 8 pouces ou de 2 Obusiers	11	4	10	
Triqueballe		4		
Pont-roulant (à 8 chevaux, si les chemins sont mauvais)		6		

PRÉCIS

D'APPROVISIONNEMENT DES PLACES.

La Note qui suit ayant été présentée au Comité pour commencer à établir la discussion de l'Approvisionnement des Places en Artillerie ; plusieurs des principes qu'elle renferme ayant été adoptés ; les raisons qui les faisaient avancer y étant résumées ; enfin cette Note renfermant encore quelques idées qui peuvent servir dans l'occasion, on a pensé qu'en la plaçant ici elle pourrait être de quelque utilité.

1. Il faut opposer à l'ennemi au moins un feu égal à celui des Batteries qu'il établit contre une Forteresse ; or, de la première parallèle, ses travaux lui permettent de placer 8 Batteries de 6 Pièces battant de plein-fouet : donc il faut lui opposer 48 ou 50 Pièces de canon par front d'attaque construit sur un côté extérieur de 180 toises.

2. On observe que, dans les Forteresses carrées, les demi-lunes collatérales au front attaqué ne peuvent contre-battre que très-obliquement les feux de plein-fouet de l'assiégeant, et que celui-ci pourrait se dispenser aussi de les attaquer, si ses batteries de plein-fouet contre les faces des demi-bastions de ce front suffisaient à en démonter l'Artillerie ; dans ce cas, les premières Batteries de l'assiégeant seraient moins nombreuses, et celles des demi-lunes inutiles. C'est d'après cette considération peut-être qu'il y a des Places dont on a réduit l'armement à 30 ou 36 pièces. Mais à la deuxième parallèle, si l'assiégeant est obligé de faire des Batteries à ricochet, il sera forcé de battre aussi les faces des demi-lunes collatérales, et celles-ci de se défendre : ainsi on ne voit pas qu'on puisse approvisionner, à moins de 50 Canons de place, toute Forteresse dont le côté extérieur attaquable est de 180 toises.

50 Pièces de canon sont, par conséquent, le minimum du canon nécessaire pour une place qui n'aura à redouter qu'une seule attaque.

A ces bases proposées, on a objecté :

1°. Qu'on ne peut établir que 7 canons sur les faces des demi-bastions, parce qu'il faut en déduire l'espace des traverses, et celui depuis l'angle de l'épaule jusqu'au prolongement du côté extérieur des demi-lunes ;

2°. La trop grande destruction des banquettes qu'il faudrait rétablir lorsque l'ennemi sera au couronnement du chemin couvert ;

3°. Le défaut de capacité pour renfermer les différens approvisionnemens ;

4°. Le trop grand nombre de servans nécessaires à l'Artillerie.

Le général Saint-R. proposait pour base , c'est-à-dire , proportionnait son Artillerie ,

1°. Aux espaces qu'il est possible et nécessaire d'occuper sur les ouvrages du front attaqué , et les collatéraux qui ont vue sur l'attaque ;

2°. Au nombre de servans que la force de la garnison permet de destiner à l'artillerie ;

3°. A la possibilité de resserrer les approvisionnemens qu'exige l'artillerie. D'où il concluait à demander :

36 Canons pour un front d'exagone et 1 quart de ce nombre en réserve , celui-ci ayant 1 tiers de l'approvisionnement des autres pour faire face à une double attaque... 20 mortiers, pierriers et obusiers.

La première objection est réfutée par l'article 17.

La deuxième n'est pas juste, parce que la Plate-forme de l'affût de Place est à 5 pieds de la crête du Parapet , et la Banquette est à 4 pieds 6 pouces de la même crête, ainsi on n'enlève que 6 pouces du terre-plein des Banquettes.

Sur la troisième on peut répondre que , pour se bien défendre , il faut avoir les approvisionnemens nécessaires ; qu'on prend au besoin des maisons pour servir de magasins ; et que pour les poudres, on fait, comme au siége de Grave , des magasins passagèrement dans les remparts.

Sur la quatrième , par la méthode proposée au n°. 36 , il n'en faudrait pas davantage ; car les Canonniers sont au nombre de 3 par bouche à feu, ce qui ne fait que 45 hommes de plus.

Il ne faut que 270 Servans $\times$ 3 , et dans l'évaluation du Comité , il faut

pour	10 pièces	de 24			
	14	de 16	} 24 pièces à 4 hommes	96 Servans.
	12	de 12	} 24 pièces à 3 hommes	72
	12	de 8		
	12	de 4 de campag.	à 3	36
	6 morti.	de 12 pouces	à 4	24
	18 morti.	de 8 po. ou ob. etc.	à 3	54

$$282 \times 3 = 846$$

Les bases proposées par le général Saint-R. sont trop vagues : aussi le Comité adopta à-peu-près les premières.

3. En considérant que , si de 3 fronts en ligne droite , celui du centre est attaqué , on pourra , sur les fronts collatéraux , placer autant de Canons que sur le front du centre, qui tous auront vue sur l'attaque , on conclura que si le front attaquable est dans la localité précitée , il faudra 100 Pièces de canon.

100 Pièces de canon sont par conséquent le maximum du Canon nécessaire pour une Place qui n'aura à redouter qu'une seule attaque.

4. Si on considère qu'à mesure que les polygones vont de l'exagone à la ligne droite , la possibilité de placer du Canon sur les fronts collatéraux à celui d'attaque devient plus grande , on pourra

augmenter de 4 Canons l'approvisionnement d'une Place par chaque front collatéral , à mesure que l'angle formé par le côté extérieur de ce front , et par celui du front attaqué , croîtra de 10 degrés.

5. Les Barbettes pouvant être armées de 5 Canons ; et les demi-Barbettes de 3 , il faudra au moins dans chaque Place 12 Canons de bataille par front attaquable ; ces Pièces serviront aussi dans les Sorties.

6. Comme il est toujours facile de placer avantageusement pour la défense sur le front attaqué , ou sur les ouvrages collatéraux , des Mortiers, Obusiers et Pierriers en nombre égal à la moitié de celui du nombre de Canons, cette proportion servira de base à la quantité de ces trois Bouches à feu, dont $\frac{1}{2}$ sera en Mortiers , et les $\frac{2}{3}$ de l'autre moitié en Obusiers ; ainsi , sur 60 Bouches à feu on mettra 15 Mortiers , 10 Obusiers et 5 Pierriers... ou les Obusiers et les Pierriers en égal nombre à-peu-près. *Le Comité n'a adopté la proportion des Mortiers , etc. que sur le nombre des Canons de Place, c'est-à-dire à $\frac{1}{2}$ de 50 ou 25.*

7. Avant de passer à l'emplacement de ces Bouches à feu pour défendre un front attaqué , on observe que la faiblesse des Places doit être , en partie , attribuée à la parcimonie de leur approvisionnement en Bouches à feu ; et que la résistance qu'ont opposée de petites Places , vient de ce qu'on ne les a pas assiégées par une double attaque , à laquelle la faiblesse de leur Artillerie n'aurait pu résister.

Première Disposition.

8. *Canons des Barbettes.* Ces Pièces tirent les premières. On peut en placer 5 à la Barbette de la demi-lune du front d'attaque, et 3 aux Barbettes des Batteries des Bastions ; mais pour diviser le feu de l'ennemi qui cherchera à éteindre le leur , on les disposerait ainsi :

A la Barbette de la demi-lune du front d'attaque. 3
— Des demi-lunes collatérales. 4
— Des demi-Bastions. 5

                                     Total. 12

Ces Pièces servent aux Troupes pour les Sorties.

9. *Canon de Place* , dont $\frac{1}{4}$ de chacun des premiers calibres 24 , 16 , 12 et 8 , ou au moins $\frac{1}{2}$ de 16... $\frac{1}{4}$ de 12... $\frac{1}{4}$ de 8.

Aux flancs des Bastions qui ont vue sur
l'attaque. . . . . 12 de 24 ou de 16.
Sur les faces des Bastions attaqués. . . . 24 de 16 ou de 12.
Sur les faces de la Demi-lune attaquée. . . 12 de 8.
Sur les Capitales de l'attaque tirant des
bombes à ricochet. . . . . 2 de 16 ou de 12.

                          Total. . . . 50

10. Si les faces des Demi-lunes collatérales à l'attaque peuvent battre l'attaque avec avantage , on y portera 8 Pièces de 12 de celles emplacées sur les Bastions, parce que la Division des feux est une chose essentielle.

11. Dès l'ouverture de la Tranchée, on remplacera les Pièces des Barbettes par des Bouches à feu de plus gros calibre , et de plus d'effet (comme les Batteries de tranchées proposées par le général Andréossy) , ou par des Obusiers.

12. *Obusiers*. 1 Au saillant du Chemin couvert sur chaque capitale... 2 sur chaque capitale aux angles flanqués des Bastions et de la Demi-lune du front attaqué. On retire ceux du Chemin couvert dès l'établissement des Batteries de l'ennemi dans les demi-parallèles qu'il fait à 60 ou 80 toises du Chemin couvert pour en détruire les Palissades.

13. *Mortiers*. Les Mortiers se placent par-tout où leur distance des points à battre n'est pas trop considérable. Le plus près de ces points assure la justesse de leur tir et de leurs effets. Les lieux creux où on les place , dispensent d'avoir des épaulemens. Plus ils sont disséminés , plus ils sont séparés des autres Bouches à feu , plus ils inquiètent l'Ennemi et lui font éparpiller ses feux.

14. Ainsi quelques Mortiers pourraient se mettre dans les Chemins couverts, dans les Fossés secs, au bas des remparts, vers les angles saillans du front d'attaque et des collatéraux , en mettant les gros calibres dans ceux-ci , vers les angles de l'épaule , du flanc , sur les Courtines, etc. plaçant toujours les petits calibres les plus près de l'Ennemi , et dans les lieux avancés , pour les retirer plus aisément. On voit par-là que les 15 Mortiers auront des emplacemens bien au-dessus de leur nombre ; aussi doit-on les changer souvent de position , et sur-tout dès qu'on voit , par la direction des feux de l'Ennemi , qu'il a reconnu ou deviné l'endroit où ils sont : $\frac{1}{2}$ en gros Mortiers paraît suffisant pour les Places non maritimes, ou non au-bord des grands fleuves et $\frac{1}{2}$ en Mortiers de 8 pouces. Les autres Places peuvent n'avoir que des Mortiers de 8 pouces sans inconvénient.

15. *Pierriers*. Ils ne doivent être mis en batterie que lorsque l'Ennemi est arrivé à sa 3e. parallèle , vers les saillans, enfin à distance des travaux de l'Ennemi qui n'excèdent pas 50 à 60 toises. Avant ce tems , ils ne servent qu'à jeter des Carcasses ou des Balles à feu. L'Ennemi ne restant pas long-tems à ces distances , il en faut peu ; d'ailleurs les autres Bouches à feu sont plus meurtrières à cette distance.

16. Ces dispositions étant les plus étendues qu'on puisse donner à l'Artillerie d'une Place dont les localités se resserrent à mesure que l'Ennemi avance , c'est de ces dispositions possibles qu'il faut partir pour l'approvisionnement en Bouches à feu d'une forteresse.

17. Mais peut-on placer , dira-t-on , 12 Pièces de canon sur

une face de Bastion ? Oui, sans doute : la face a 5o toises ; ôtez-en 12 pour les Barbettes ou Batteries de tranchées, etc. qui doivent leur succéder : ôtez encore 9 toises de Parapet ou largeur de rempart, il restera 29 toises.

18. Les Affûts de Place ne doivent s'espacer que de 2 toises en 2 toises. Aussitôt que les Batteries à ricochet s'établissent dans la seconde parallèle, on retire un Affût de 2 en 2 Affûts, et on substitue une traverse gabionnée de 2 toises d'épaisseur.

19. Si on n'avait point d'Affût de Place, il faudrait, si on espaçait les Affûts de 3 toises, prendre 5 toises sur les Barbettes : il resterait encore 7 toises pour les Batteries des tranchées, ou les 2 Obusiers à mettre sur et à côté des capitales, ce qui est, dans tous les cas, plus qu'il ne faut.

20. Les faces des Demi-lunes ayant plus de 5o toises, il n'y a point d'objection sur le placement des 12 pièces.

21. Les *Fusils de rempart* seront à 4o par front et 20 de rechange.

22. Le *Canon* des barbettes ne devant et ne pouvant qu'inquiéter l'ennemi, tirera jusqu'à l'ouverture de la tranchée, et 24 coups par pièce et par jour doivent suffire : l'investissement étant estimé à 10 jours, ce sera 24o coups par pièce. Si on ajoute 3oo pour 3 sorties présumées, ces pièces seront approvisionnées à 6oo coups.

Les autres Pièces tirant très-peu, ne doivent pas être comptées pour ce tems.

23. Le *Canon de Place* n'étant pas toujours en batterie, étant quelquefois démonté, retiré même, lorsqu'il est trop en prise et ne produit pas d'effet, tirera quelquefois jusqu'à 100 coups par 24 heures, quelquefois 20 à 3o coups seulement, ainsi son tir-moyen peut être porté à 6o coups par jour de siége.

24. Les *Mortiers* exigeant plus de tems pour leur exécution, et ne pouvant qu'inquiéter l'ennemi jusqu'à la seconde parallèle, ne seront approvisionnés qu'à 5o coups par jour de siége, depuis la seconde parallèle jusqu'à la descente du fossé, où les Grenades de rempart remplaceront ses effets avec moins de peine.

25. Les *Obusiers* ne pouvant qu'inquiéter l'ennemi jusqu'à la seconde parallèle, mais depuis ce moment ayant besoin de faire un feu très-vif, soit qu'on les emploie à tirer sur les Capitales, soit qu'on s'en serve pour ruiner les batteries, seront approvisionnés à 6o coups par jour de siége, depuis l'arrivée de l'ennemi à sa seconde parallèle.

26. Les *Pierriers* pourront tirer 5o coups par jour, du moment que l'ennemi arrive à sa troisième parallèle. Il faut compter environ 2 ppp de pierres (il ne faut que $1\frac{1}{2}$ ppp.) par coup.

27. *Grenades.* 2 hommes sur les 5 saillans couronnés, jetant 20 Grenades à main par heure, à-peu-près durant 5 jours (depuis que l'Ennemi est à 16 toises du saillant, portée de la Grenade à main), en consommeront 24,000.

4 Hommes sur chacune des 3 brèches jetant 20 Grenades à main par heure , durant 3 jours , en consommeront 16,280.

$\frac{1}{7}$ de celles-ci pour les Grenades de rempart.

28. Il faudra 300 Balles à feu , à raison de 15 par nuit.

Des Canonniers nécessaires dans une Place , et des Servans d'Artillerie.

29. Le Canon de Campagne , soit sur les Barbettes , soit dans les sorties , peut être exécuté par les Canonniers de bivouac ; parce que , dans le premier cas , le feu qu'ils font n'est pas vif : celui qu'ils essuient , peu de chose.

30. Le Canon de rempart est sur Affût de Place ou sur Affût de Siége ; dans le premier cas , on veut avoir 5 hommes par Pièce ; on doit se réduire à 4 , et on prouvera qu'on peut n'en avoir que 3. Quelque parti qu'on prenne , il faut un Canonnier qui écouvillonne , et qui vient ensuite pointer : méthode non suivie dans les Ecoles , ce qui est peut-être vicieux.

31. Dans le second cas , c'est-à-dire la Place étant armée d'Affûts de Siége , il faut toujours 4 hommes , à moins qu'on ne tire très-lentement ; parce que comme une Pièce est rarement isolée , les 4 hommes de la Pièce voisine aident à mettre en batterie. Mais toutes les Places devant être armées en Affûts de Place , on n'aura point égard à ce cas particulier.

32. Pour les Mortiers , il faut toujours 3 hommes au service des grands Mortiers , encore faut-il que les Bombardiers voisins aident à soulever la Bombe ; car il faut 5 hommes pour la placer. Il ne faut qu'un seul Canonnier ou Bombardier.

33. Les petits Mortiers pourraient absolument s'exécuter avec 2 hommes ; on en supposera 3 , parce que quand on pousse en avant le Mortier pour le mettre à sa Place pour le pointer , et dans le pointement , il est commode que le Bombardier avertisse les 2 Servans de la direction à prendre , et redresse leurs faux mouvemens.

34. Ainsi , lorsqu'on aura prouvé qu'il ne faut que 3 hommes par Canon pour le servir , on aura pour base générale qu'il ne faut que 3 hommes pour exécuter toute Bouche à feu dans une Place , dont 1 doit être Canonnier.

35. Le service du Canon exige 2 Servans à l'écouvillon pour le charger , et en même-tems , 1 Servant pour boucher la lumière ; durant ce tems , un 4ᵉ va chercher les charges ; mais , pour cette dernière fonction , 1 seul pourrait approvisionner plusieurs Pièces , en se servant d'une brouette , ou au moins 2 , dans les calibres de 12 et de 8.

36. Mais si on imagine un poids de 12 livres , suspendu de

chaque côté du Coussinet-bouche-lumière , ce double poids équi-
valant à la pression du Servant (1) qui bouche cette lumière, on
peut remplir la fonction de celui-ci en appliquant le Coussinet
ainsi équipé sur la lumière. Le Servant qui va chercher les charges
le placerait avant d'aller les prendre , et il ne faudrait alors que
3 Servans par Pièce, ce qu'on voulait établir.

37. Observez que par ce moyen , on ne risque jamais que la
lumière ne soit pas bouchée, par suite de l'indolence , des dis-
tractions, des craintes du Servant qui est chargé de cette fonction ;
et que ce Servant, un des plus exposés , parce qu'il est le plus
éloigné du parapet, ne court plus aucun risque.

38. On pourrait sans doute obtenir le bouchement de la lumière
par un ressort courbe , adapté d'un côté au bouton , et de l'autre
portant le Coussinet précisément sur le trou de la lumière ; mais
les ressorts se détrempent, peuvent être brisés , ce qui entraîne
un remplacement, des longueurs , etc. Rien de plus simple et
d'un effort plus égal que ce que l'on vient de proposer.

39. Il faut donc 75 Canonniers (le Comité ayant réduit à 25 les
30 Bouches à feu , Mortiers, Obusiers et Pierriers que l'on croyait
nécessaires), pour les 75 Bouches à feu du front à défendre , et
le triple à cause de la division en 3 qu'on fait du service , ce qui
fait 225, auquel nombre il faut ajouter 25 Sous-officiers , Tam-
bours , Artificiers , Ouvriers : il faudra le double en Servans.

Il faudra donc. . . . . *ou ,* en suivant les premières bases
de 90 Bouches à feu :

250 Canonniers.	300 Canonniers ,
500 Servans.	600 Servans.
750 Hommes au total.	900 Hommes.

40. On devrait encore adopter la modification suivante , qui
épargnerait bien des pertes en hommes; c'est que toutes les fois
que les Pièces ne feraient pas un feu vif de 4 coups par heure ,
on ferait exécuter 2 Pièces par les mêmes Canonniers, parce qu'un
Canonnier peut, sans trop se fatiguer, tirer 4 coups par heure durant
24 heures : alors moins d'hommes seraient exposés ; et comme le
tems du feu vif n'est pas long , il semble inutile de mettre 1 tiers
des Canonniers et Servans toujours de service. C'est du bivouac
qu'il faut tirer ce complément de forces , d'où s'ensuit encore
qu'on pourrait un peu diminuer le nombre de Canonniers et Servans fixé.

41. Il paraît clair aussi que s'il était prouvé que telle Batterie
de Place ne tirera jamais que 50 coups par 24 heures, ce qu'il
paraît que plusieurs Officiers présument , mais ce qu'on ne pense
pas , il serait inutile de tenir sur un rempart le double de Pièces
nécessaires pour faire un tel feu , parce qu'un Canon raffraîchi

____

(1) Cette pression , mesurée avec le dynamomètre de M. Regnier , est de
20 à 24 livres au plus.

avec soin doit supporter le tir de 4 coups par heure ; d'où s'en-
suivrait qu'il faut la moitié moins de Pièces. Mais dès-lors on
contredit le principe fondamental : *Il faut opposer*, etc. (N°. 1.)

42. On pense donc qu'il faut faire le feu le plus vif de 4 coups,
et jusqu'à 5 par heure, quand on peut assurer ce feu, c'est-à-dire
produire un bon effet ; que lorsqu'on ne le peut, et qu'on est
réduit à inquiéter, il faut tirer plus lentement, et alors faire retirer une partie de ses Canonniers, tirer alternativement de chaque
Pièce, et ne les conserver toutes sur le rempart que lorsqu'on a
l'espoir de renouveler un feu vif ; sans cela, il faudrait les retirer
aussi, et si l'on avait des bras, des abris, à portée, et quelques
heures certaines de feu ralenti, il faudrait encore retirer les Pièces.

43. Tout ceci s'applique et se modifie pour les Mortiers, etc. ;
mais étant dans des positions moins exposées, on laisse les Artil-
leurs en faire l'application.

BASES GÉNÉRALES *de l'Approvisionnement des Places, adoptées par un* (1) *Comité d'Officiers, en l'an 8.*

Les Places sont classées, pour leur ordre, suivant le nombre
d'hommes de leur garnison, et la durée présumée de leur résistance.

La *durée* présumée de la *Résistance* s'estime par le calcul métho-
dique de l'attaque et de la défense : et par les efforts de l'industrie
et du courage de l'Assiégé, combinés d'après la force de la garnison.

Le tems de l'*Investissement* sera :

De 8 jours, pour les Places du troisième ordre ;

De 12 jours, pour les Places du second ordre ;

De 20 jours, pour les Places du premier ordre.

L'*Armement* des Places en Artillerie, doit se combiner avec
l'ordre dans lequel elles sont rangées, ainsi,

Les Places du premier ordre auront de 100 à 150 Bouches à
feu ;

Les Places du second, de 70 à 90 ;

Les Places du troisième, de 40 à 60 ;

Les Forts et Postes, de 12 à 30.

Il y a 3 espèces d'Approvisionnemens pour les Places :

L'Approvisionnement relatif aux Subsistances et Hôpitaux,

---

(1) Ce Comité composé d'officiers d'Artillerie, du Génie et d'un Commissaire
des guerres, n'eut le temps que d'arrêter les bases ; il devait les appliquer et
fixer l'Armement et l'Approvisionnement de chaque Place ; mais la campagne
de l'an 8 les fit partir presque tous pour l'Italie.

L'Approvisionnement relatif à l'Artillerie,

L'Approvisionnement relatif au Génie.

L'*Approvisionnement* des *Subsistances* au commencement de la guerre est en *défensive* :

Pour les Places de première ligne au complet de Siége ,

Pour les Places de seconde ligne , à $\frac{1}{2}$ de ce complet,

Pour les Places de troisième ligne , à $\frac{1}{3}$ d'*idem.*

Les Places maritimes , non comprises dans le frontières , le sont à $\frac{1}{3}$, parce que la Marine a des Approvisionnemens en cas d'urgence.

Les Forteresses des îles en avant des Côtes , sont approvisionnées au complet.

L'*Approvisionnement des Subsistances* dans l'hypothèse d'une guerre offensive , est :

Pour les Places de première ligne , au complet de Siége ;

Pour les Places de seconde ligne , à $\frac{1}{3}$ et au complet pour les objets difficiles ou longs à obtenir , mentionnés dans le tableau d'Approvisionnement.

Les Places de troisième ligne sont sans Approvisionnement.

Bouches à feu nécessaires.

On a jugé nécessaire d'établir sur les Ouvrages du front d'attaque ou des collatéraux qui ont vue sur elle , dès l'ouverture de la tranchée , le plus grand nombre possible de Canons pour contrebattre les Batteries de l'ennemi et ses travaux.

On a adopté pour base d'Armement :

48 Canons , dont $\frac{1}{2}$ en gros calibre (24 et 16) , et $\frac{1}{2}$ en moyen.

Canons.

La proportion du Canon de 24 sera de $\frac{1}{6}$ à $\frac{1}{4}$ du nombre total des Canons.

Si la Place est susceptible de 2 attaques simultanées , l'Artillerie est augmentée de $\frac{1}{2}$ en sus du nombre de Canons prescrit.

Tel que soit le nombre des attaques , il y aura 12 Pièces de 4 court , soit pour les sorties , soit pour être emplacé dans le chemin couvert.

Mortiers , etc.

Le nombre de Mortiers , Pierriers et Obusiers sera égal à $\frac{1}{3}$ du nombre de Canons , dont $\frac{1}{4}$ en Mortiers de gros calibre... $\frac{1}{4}$ en Mortiers de petit calibre... $\frac{1}{4}$ en Pierriers.. $\frac{1}{4}$ en Obusiers.

I.

Fusils.

Le nombre de *Fusils de rempart* a été fixé pour le nécessaire à 30 ou 40 par front d'attaque, et à $\frac{1}{2}$ rechange ; ou à 60, y compris le rechange.

Le nombre de *Fusils d'Infanterie* a été fixé à 1 par soldat d'infanterie, outre celui dont il est armé, et le premier nombre, est pour servir de rechange.

Canonniers et Servans.

Il faut : 3 Canonniers par Bouche à feu.

12 Servans d'infanterie, dont 3 Approvisionneurs par Canon de gros et de moyen calibre, et par gros Mortier.

9 Servans d'infanterie par Canon de petit calibre, Obusier, et petit Mortier et Pierrier.

Les Aide-Artificiers sont pris dans les Canonniers de bivouac.

Les Servans des Ateliers de réparations d'Artillerie, sont pris dans le $\frac{1}{3}$ des Servans d'infanterie de bivouac.

Approvisionnement des Canons et Mortiers.

L'Approvisionnement des Canons de gros calibre, c'est-à-dire de Place, fait d'après la base de 8 jours d'investissement et 20 jours de siége, a été porté à 700 coups ; mais d'après les données de résistance non établies, et pourtant présumables, cet Approvisionnement a été porté à 900 coups par Canon, dont $\frac{1}{3}$ en boulets creux pour le 24.

L'Approvisionnement du Canon de Bataille a été fixé à 600 coups, dont $\frac{1}{3}$ en cartouches à balles. Cette fixation a été déterminée d'après l'usage de ce Canon pour *les* sorties, dans les contre-approches, pendant $\frac{1}{4}$ de la durée du siége, et sur leur service contre les têtes de sape, pendant les $\frac{2}{3}$ de la même durée.

Les gros Mortiers sont approvisionnés à 500 coups : ils ne commencent à tirer que le second jour ; ils ne tirent donc que 18 jours, à 10 Bombes par nuit et 20 par jour.

Les petits Mortiers sont approvisionnés à 600 coups, quoiqu'ils ne tirent que depuis l'établissement de la seconde parallèle, c'est-à-dire pendant 16 jours ; parce que leur exécution plus facile est plus prompte, et que leurs effets sont aussi bons.

Approvisionnement des Obusiers, des Pierriers, des Balles à feu.

Les Obusiers ont été approvisionnés à 500 coups ; on les a supposés placés dans les saillans du chemin couvert dès l'investissement, et devant y rester jusqu'au huitième jour, époque où ils sont remplacés par les Pierriers, et sont portés alors dans les demi-bastions de l'attaque et les demi-lunes collatérales : et ne tirant que 1 coup par heure.

Les Pierriers ont été approvisionnés de 11 à 1200 coups, ou à 8 t. t. t. de pierres, ou à 1 pied $\frac{1}{2}$ cube par coup, d'après l'observation que, placés dès le septième jour du siége dans les saillans du chemin couvert, puis dans les ouvrages du front d'attaque, ils doivent tirer 13 jours à 30 coups par nuit, et 50 de jour.

L'Approvisionnement des Balles à feu a été fixé à 300 pour être jetées sur les 3 capitales attaquées, à 5 par nuit durant 20 jours.

Grenades et Cartouches à Balles.

L'Approvisionnement en Grenades sera :
De 20,000 en Grenades à main (1) ;
De 3,000 en Grenades de Fossé.

Pendant le logement de l'ennemi dans le chemin couvert, le Canon de 8 et de 4, placé sur les Barbettes des faces des 2 Bastions de l'attaque et des 2 Demi-lunes collatérales, à raison de 3 par face, tireront contre ce logement ; ce tir devant être plus meurtrier à Cartouches à balles, ces Canons seront approvisionnés à raison de 75 Cartouches.

Les Obusiers le seront à raison de 15 Cartouches à balles.

Les Batteries de flanc pouvant aussi, dans quelques circonstances, tirer fort utilement à Cartouches, on approvisionnera les Pièces de 24 et de 16 à 30 coups par Pièce à Cartouches à balles.

Poudres.

L'Approvisionnement des Poudres sera fixé,
Suivant le nombre de coups déterminé pour les Canons, Mortiers et Obusiers :
Au $\frac{1}{3}$ du poids des Boulets pour les Canons,
A (10 livres) 5 kilogrammes pour les gros Mortiers, par Bombe,
A (3 livres) 1 $\frac{1}{2}$ kilogramme pour les petits Mortiers et Obusiers par Bombe et Obus.

---

(1) Cet approvisionnement est trop faible : voyez le n°. 27 de la note précédente.

Les Pierriers seront approvisionnés chacun à (1200 livres) 6oo kilógrammes.

On comptera ($\frac{1}{2}$ livres) $\frac{1}{4}$ kilogramme par chaque Grenade à main.

(3 $\frac{1}{2}$ livres) 1 $\frac{3}{4}$ kilogramme par chaque Grenade de Rempart.

(15 livres) 7 $\frac{1}{2}$ kilogrammes par Fusil de Munition, de Rempart, et par Mousqueton.

Et $\frac{1}{10}$ de l'Approvisionnement qu'on vient de prescrire, sera ris pour les Artifices , Mines et Déchets.

Garnison.

La Garnison nécessaire à la défense de l'exagone , dans l'hypothèse d'une seule attaque , sera :

De 3ooo (1) hommes d'infanterie : ce qui , avec les Officiers et Sous-officiers , fera un Régiment de l'organisation actuelle.

De 3oo Canonniers , { Officiers et Sous-Officiers
De 2o Ouvriers d'Artillerie , { compris.

De 100 Cavaliers ou Dragons , *idem.*

De 100 Soldats environ de l'arme du Génie.

De 24 , pour Etat-Major de la Place , Officiers d'Artillerie , Officiers du Génie dans la Place, et Officiers de Santé.

De 5o Gardes–Magasins , Infirmiers, etc.

Total, 38oo hommes en cas de Siége.

---

(1) Cette estimation parut faible... ; on avança qu'il fallait la fixer comme il suit :

Le développement du chemin couvert du front d'attaque , y compris les places-d'armes collatérales, est d'environ 3oo toises. Il faut au moins 4 hommes par toise pour faire un feu nourri, ce qui exige 1200 hommes... Il faut 14 sentinelles pour chaque front; on peut donc les porter à 16 ou à 5o hommes de garde par front, en y comprenant les postes intérieurs des magasins, etc. Ainsi, pour 4 fronts non attaqués (2 demi-fronts étant compris dans celui d'attaque), il faudra 2oo hommes, en tout 14oo hommes de garde par jour, ou 42oo fantassins pour garnison.

Règle générale , il faudra 42oo hommes d'infanterie par Place susceptible d'une seule attaque, plus 15o hommes par front qu'elle aura au dessus de 6.

APPLICATION DES BASES PRÉCÉDENTES *à la composition de la Garnison, et des Approvisionnemens d'Artillerie dans une Place supposée Exagonale, fortifiée sans extension de Dehors, et attaquable sur un seul Front.*

Garnison.

3225 Hommes Infanterie, avec les Officiers et Sous-Officiers (1 Régiment).
300 . . . . . Canonniers, Officiers et Sous-Officiers compris.
20 . . . . . Ouvriers d'Artillerie, *idem.*
100 . . . . . Cavaliers ou Dragons.
100 . . . . . Soldats de l'arme du Génie.
24 . . . . . Etat-Major de la Place, Officiers d'Artillerie en résidence, — du Génie, — de Santé.
231 . . . . . Gardes-Magasins, Infirmiers, Domestiques, Commis aux distributions.

————

4000 Hommes au total pour les parties prenantes.

Chevaux.

100 Chevaux pour troupes à cheval.
50 ————————pour l'Artillerie et l'Etat-Major.

————

150 Chevaux en tout.

Bouches à feu ou Armes à feu.

48 Pièces de Canon de Place, dont : $\frac{1}{2}$ en 24 et 16, dont : { 12 Pièces de 24 (du $\frac{1}{4}$ au $\frac{1}{6}$) ou 8. / 12 Pièces de 16. . . . . . . ou 16. } $\frac{1}{2}$ des 3 petits calibres, à-peu-près en égal nombre chacun.

12 Pièces de Bataille, dont les $\frac{2}{3}$ dé 4.

24 Mortiers, Pierriers et Obusiers; $\frac{1}{2}$ du nombre des Canons. { 12 Mortiers de petit et gros calibre, dont: { $\frac{1}{4}$ ou 6 Mortiers de 12 pouc. / ou de 10 pouces. / $\frac{1}{4}$ ou 6 Mortiers de 8 pouc. } $\frac{1}{4}$ ou 6 Pierriers. $\frac{1}{4}$ ou 6 Obusiers.

   60 Fusils de Rempart, dont 20 en rechange.
3000 Fusils d'infanterie (1 par Fantassin), en rechange.
 100 Mousquetons (*idem*), en rechange.
  25 Paires de Pistolets ($\frac{1}{4}$ du nombre des Cavaliers), en rechange.

Affûts, Armemens, Assortimens.

 64 Affûts de Place... 4 pour 3 Pièces.
 14 Affûts de Bataille sur Avant-train... 7 pour 6 Pièces.
 64 Chassis de Plate-forme... Autant que d'Affûts.
 12 Avant-trains de Siége... 1 pour 5 Affûts de Place (servent aussi
    aux Obusiers.
 12 Chassis de transport... Autant que d'Avant-trains.
  9 Affûts à Mortier de gros calibre... 3 pour 2 Mortiers.
 15 Affûts à Mortier de petit calibre ou Pierrier... 5 pour 4 Bouches
    à feu.
  9 Affûts d'Obusier... 3 pour 2 Obusiers.
Armemens et Assortimens pour toutes les Bouches à feu, en égal
    nombre que les Affûts.
Plate-formes, *idem*. (Pour souvenir, elles font partie de l'Assor-
    timent).

Projectiles et dépendances.

 900 Boulets par Pièce de Place, dont $\frac{1}{3}$ en Boulets creux pour
    le 24.
 400 Cartouches à Boulets par Pièce de Bataille.
 500 Bombes par gros Mortier.
 600 ———— par petit Mortier.
 500 ———— par Obusier.
1040 Paniers   {
1040 Plateaux } par Pierrier.
   8 Toises cubes de pierres par Pierrier.

Cartouches à balles pour Canon de 24 et de 16, 30 par Pièce.
———————— de 12, 8 et 4 de Place, 75 *idem*.
——————— pour Canon de Bataille, 20 *idem*.
——————— pour Obusier, 15 *idem*.

——— d'Infanterie, 600 par etc. { La poudre est comprise dans la
  (pour souvenir), car : {   poudre,
                   { Les balles dans le plomb.
                   { Le papier dans le papier.

  3000 *Grenades* de rempart ou de fossé.
20000 Grenades à main.
Fusées à Boulets creux, Bombes, Obus et Grenades, 1 $\frac{1}{4}$ du
    nombre des Projectiles.

Plomb pour fusil, etc. en balles ou en saumon, 3o liv. par armes
   à feu portatives de rechange.
Pierres à fusil (1) 5o par armes à feu portatives de rechange.

Poudre.

Sa quantité (2) se composera des nombres suivans :
Pour Canon, $\frac{1}{3}$ du poids des boulets et des cartouches.
Pour gros Mortiers, 5 kilogrammes (10 livres) par Bombe.
Pour petits Mortiers, Obusiers et Cartouches d'Obusiers, 1 $\frac{1}{2}$ kilog.
   (3 liv.) par Bombe.
Pour Pierrier, 6oo kilog. (1200 liv.) par Pierrier.
Pour Grenades de rempart, 1 $\frac{3}{4}$ kilog. (3 $\frac{1}{2}$ par liv.) par Grenade.
Pour armes à feu, portatives, 7 $\frac{1}{2}$ kilog. (15 liv.) par chacune de
   rechange,
Pour Mines, Artifices et Déchets $\frac{1}{10}$ du total de la somme des quan-
   tités précédentes.

Mèches, 100 livres par Bouche à feu.

Voitures.

Chariots à Canon... 1 par 1o Pièces.
Caissons de Pièces de Bataille... 1 par Pièce.
Charrettes... 1 par 4 Bouches à feu.
Camions... 1 par 6 Mortiers de 8 pouces, Pierriers et Obusiers.
Tombereaux à bras, 8... 1 pour chacune des 8 Batteries à faire en
   même tems.
Traîneaux, 4.
Triqueballes, 1 par 16 Pièces.
Forges approvisionnées, 2.
Brouettes ordinaires, 24... 3 pour 6 Batteries, 1 par Pierrier.
——————— à Bombes, 18... 1 par Mortier et Obusier.

Civières ordinaires. ⎫ autant que de Brouettes ordi- ⎫
————— à pied.   ⎬ naires, en nombre égal de   ⎬ en tout 24.
————— à Bombes.   ⎭ chaque espèce.   ⎭

———————————————————————————————

(1) Cet approvisionnement est trop fort. On avait proposé 5o ; 1 par livre
de plomb est la vraie proportion.
   (2) Si cette quantité ne peut être contenue dans les Magasins de la Place,
voyez, dans une note après cet approvisionnement, page 461, le moyen d'en
faire passagèrement pour les conserver à l'abri.

Engins à lever et peser.

Chèvres, 5 ; 1 par masses isolées de batteries, les 3 demi-lunes et
le front de la Place, 1 de rechange à l'Arsenal.
Crics, 4 ; *idem* sans rechange étant transportables aisément.
Cabestans, 4 *idem.*
Chevrettes, 4.
Leviers de manœuvre, 10 par pièce, outre l'Armement des Bouches
à feu.
Romaines, 2.

Cordages.

Cables de chèvre, 6 pour 5 Chèvres.
Prolonges doubles, 2 par Chèvre.
Idem simples, 6 par chevaux et 1 de rechange par 2 canons de
bataille.
Traits à canon, 6 par 2 chariots à canon.
Idem de manœuvre, 8 par Chèvre.
Idem de paysan, autant que des deux autres espèces ensemble.
Menus Cordages, 100 livres par 72 Bouches à feu.

Rechanges en Bois, Fers, etc.

Bois de Remontage.

Paires de Flasques, 1 pour 2 pièces.
Heurtoirs de Chassis, 1 pour 4 pièces.
Semelles d'*idem*, 1 par pièce.
Paires de roues en blanc, 1 par 2 pièces.
Paires de moyeux, 1 par 4 pièces.
Rais, 10 par pièce.
Jantes, 5 par pièce.
Semelles d'affût, 1 par 6 pièces.
Essieu en bois d'affût, 1 par 4 pièces.
————d'Avant-train, 1 par 10 Avant-trains.
Bois divers pour chapiteaux, portières d'embrasures, etc. 300 toises.
Rouleaux dans les Places ayant des Affûts de côte, 1 grande, 1 petite
par 6 pièces.
Manches d'outils, ½ du nombre de leurs outils respectifs.
Bois pour sabots à boulets creux et pour les autres boulets, si l'on
peut.

Fers.

Essieux de fer du n°. 3, 1 par 3 pièces de bataille.
Vis de pointage d'Affût de place, 1 par 6 pièces.
Idem de bataille ; 2 pour chacun des calibres qu'on a.
Ecrous pour vis de pointage, $\frac{1}{2}$ du nombre des vis.
Roues ferrées, 1 par 4 Affûts.
Flasques de mortiers, 1 par 6 Affûts.
Hausses de pointage de rechange, 1 par 10 Bouches à feu de celles
    qui en ont.

Rechange des Armes à feu portatives (1).

Bois ou fûts d'armes à feu... 100 par 1000 de ces armes.
Platines pour *idem*... 100 par 1000 de ces armes.
Pièces d'assortiment non limées, 4000 par 1000 de ces armes.

Matières d'Artifices.

Salpêtre, (1600 livres) 800 kilog. par 72 Bouches à feu.
Soufre, $\frac{1}{7}$ du salpètre.
Poix noire, $\frac{1}{7}$ du salpètre.
—— blanche, *idem.*
Goudron (30 tonnes de) par 72 Bouches à feu.
Cire, autant que de soufre.
Suif, $1\frac{1}{2}$ du poids du soufre.

Térébentine,
Huile de Lin,   { (20 liv.) 10 kilogr. de chacune, si la Place est
—— d'Aspic,   sans ressources.

Borax, (10 liv.) 5 kilog.
Camphre, (6 liv.) 3 kilog.

Artifices préparés.

Balles à feu, 300... 5 par nuit durant 20 jours de siége par tranchée.
Tourteaux goudronnés, 8640... 6 par nuit, par Bouche à feu, du-
    rant 20 jours.
Fusées de signaux, 100.
Roche à feu (50 liv.) 25 kilog.
Carcasses, 36... 6 par Pierrier.
Torches à éclairer, 100.

(1) Voyez l'état des Pièces de rechange ci-après à l'article Fusil.

Outils *.

Outils à Pionniers, 8 par Bouche à feu, dont en général, { 5o Pics à roc. / 15o Pics-hoyaux. / 4oo Pelles rondes et carrées.

Niveaux, 1oo... 1 $\frac{1}{3}$ du nombre de Bouches à feu.
Dames, 2oo... le double d'*idem*.
Masses, 2oo... le double d'*idem*.
Outils d'ouvriers d'artillerie... Le double du nécessaire pour une escouade d'ouvriers, s'il n'y en a qu'une. 3 Assortimens pour 2 escouades quand, etc.
Outils d'Armuriers... 1 assortiment pour 8 Armuriers et 4 Monteurs.

Outils tranchans... 1 par Canonnier, dont, { $\frac{1}{3}$ Haches. / $\frac{2}{3}$ Serpes.
Scies de différentes espèces, $\frac{1}{10}$ du nombre de Canonniers.

Armes.

Sabres d'infanterie... 2 de rechange par 1oo hommes d'infanterie.
————de cavalerie, $\frac{1}{3}$ du nombre d'hommes de cette arme.
Faulx à revers, 9o... 3o par brèche présumée.
Fourches de rempart... *idem*.

Approvisionnemens divers.

Métaux. { Fer neuf... (2ooo liv.) 1ooo kilogrammes. / Clous, $\frac{1}{6}$ du fer neuf. / Acier, $\frac{1}{3}$ du poids des clous. / Tôles, 2o feuilles. / Fer-blanc, 25o feuilles... plus ce qu'il faut pour tirer à boulets ensabotés.

Instrument pour la vérification des Bouches à feu. { 1 Etoile mobile. / 1 Chat.

Machine à remettre les Grains de Lumière... 1 assortie.
Ustensiles d'Artifices, l'Approvisionnement de deux Caissons.
Ustensiles à Boulets rouges, 2 Assortimens complets.

* Le Génie devant aujourd'hui fournir ces Outils, il faudra que les deux Armes se concertent pour les avoir.

Ustensiles à couler les Balles de plomb pour fusils, etc.
{
Chaudière pour fondre le plomb 2, si le plomb est en balles : le double, si le plomb est en Saumons (1).

Cuiller de fer... 3 par Chaudière.

Moules de fonte pour faire une livre de balles... 6 par Chaudière.

Crible ou Passe-balles... 2 dans tous les cas.

Cisailles pour ébarber les balles... 2 par Chaudière.

Barils pour rouler les balles... 2 dans tous les cas.
}

Papier (2)... une feuille par coup de Canon, de Mortier, d'Obusier et de Pierrier, et 2 mains par 500 Cartouches d'infanterie.

Charbon de terre... (100 quintaux) 5000 kilog. par forge.

Sacs à terre... 500 par Pièce (3).

Réchauds de rempart, 2 par Bouche à feu.

1 Tour pour faire les Sabots.

1 Pompe pour les incendies, avec son équipage.

4 Sceaux pour 3 mètres (9 pieds) de distance de la prise d'eau au point le plus éloigné de l'Arsenal.

Menus achats, 1 Assortiment comme pour un Equipage de Siége, dans les objets qu'on ne pourra trouver dans la Place au besoin. Voyez page 419.

Saucissons d'un pied de diamètre et de 18 à 20 pieds de long.
{
10 par Canon s'ils sont sur Affût de place. 480

14 S'ils sont sur Affût à crosse.

Il n'en faut que 13, on a mis 14 pour le déchet.

10 Par Mortier, Pierrier et Obusier. 240

Total. . . 720

Par Saucisson il faut, Fascines. . . 6

(De 12 pieds de long. et de 2 pieds de tour).

Total des Fascines. . . 4320
}

---

(1) Et 1 de plus par 100 milliers de plomb à couler. Ces Chaudières en fer doivent avoir 1 pied de diamètre, et 8 à 10 pouces de profondeur (elles coûtent environ 5 fr.)

(2) Ce qui fera 56450 feuilles, ou 2552 mains, ou à 20 mains par rame, 117 rames.

La feuille doit fournir 12 Cartouches d'infanterie, donc la main 288 ; mais à cause du déchet et de 25 demi-feuilles des paquets, on ne compte que 250 Cartouches par main. Ainsi les 600,000 Cartouches consommeront 150,000 mains, ou 7500 Rames.

(3) Il en faut 9 par toise de Parapet que borde l'infanterie.

Gabions de 3 pieds
de hauteur, et 1 ½
de diamètre, 320
dont

Il faut compter

132 Par Traverse.
10 Traverses pour 48 Canons.

Clayes de 6 pieds de longueur sur 3 de largeur ; 1 par Saucisson ,
et 2 si l'on peut.

Chevaux de Frise. Approvisionnement fait par le Génie , ainsi que
les Gabions.

Nota. Cet Approvisionnement, ainsi que celui des Clayes, des Saucissons, doit être compris dans ceux du Génie ; il faut que le Commandant
de l'Artillerie et du Génie se concertent pour le faire.

Nota. S'il y a des Fours à réverbère sur les Côtes, il faudra des Approvisionnemens en conséquence.

NOTE *sur l'Emplacement des Poûdres dans une Place manquant de Magasins.*

Les Magasins à poudre doivent être secs, voûtés, et à l'épreuve de la Bombe : il faut mettre 3 pieds de terre ou de fumier sur la voûte, pour amortir le choc des Bombes, et blinder le devant de leur entrée pour les mettre à l'abri des effets de l'Artillerie assiégeante.

Ces Blindages sont des corps d'arbres équarris à la hache, et dressés, jointifs contre un mur ou autre appui solide, formant un angle de 50°. avec l'horison ; quand ces bois ont 11 à 12 pouces d'équarrissage, ils résistent dans cette situation à la chûte des Bombes. On couvre ceux de ces Blindages qui garantissent l'entrée d'un Magasin à poudre, par un remblai de terre et de fascines, sur lequel on applique un parement de gazon.

Ces Blindages faits, comme on vient de le dire, avec des bois jointifs et équarris, en consomment une quantité énorme ; bien des Ingénieurs prétendent, avec fondement, que ces bois, avec une largeur égale à la moitié de l'épaisseur, et placés tant plein que vide, et seulement étrésillonnés, résisteraient tout de même ; cette économie de moitié mérite d'être constatée par des épreuves.

S'il n'y a point de Magasins, on fait comme Chamilly fit à Graves ; il fit creuser une galerie sous le massif du parapet d'un de ses remparts, et y plaça ses poudres.

En engerbant les tonnes enchappée de 200 livres de poudre à 3 de hauteur, on en met 18 par toise carrée.

On donnerait 1 toise de large à cette galerie, et 1 toise de hauteur... Pour chaque toise courante d'une pareille galerie, il faut : 2 pièces de sapin de 26 pieds de long et de 5 à 6 pouces d'équarrissage, faisant ensemble 3 sol. 3 pieds 8 pouces pour faire les deux chassis ; et pour le coffrage 9 planches de 12 pieds de longueur, 1 pied de largeur et 1 pouce d'épaisseur... Pour la main-d'œuvre, 1 journée de mineur de 12 heures par toise de galerie ; et pour 70 toises, y compris une ou deux entrées, et une couple de puits, 9 jours pour 8 mineurs, et la moitié pour 16 travaillant jour et nuit.

ÉTAT DES OUTILS NÉCESSAIRES *dans une Place, à 1 Escouade d'Ouvriers composée de 1 Serrurier, 5 Forgeurs, 5 Charrons et 3 Charpentiers.*

Pour 1 Serrurier travaillant à 1 établi garni d'un étau.

1 Calibre divisé par lignes.
1 Equerre.
1 Peigne à calibrer les pas de vis.
1 Pied-de-roi.

Outils.

4 Ciseaux à froid.

42 Limes.
    4 Carrelets.
    4 Carreaux.
    4 Grosses demi-rondes.
    4 Petites demi-rondes.
    4 Grosses queues-de-rat.
    4 Petites queues de rat.
    12 Limes plates.
    6 Tiers-points.

4 Poinçons.
2 Rivoirs.
1 Tenaille à vis ou étau à main.
1 Tenaille à chanfrein et à charnière.

Pour 5 Forgeurs, composant 2 feux, travaillant à 2 Forges montées.

2 Bigornes à enclume.
2 Calibres divisés par lignes.
6 Châsses, dont 3 carrées et 4 rondes.
4 Ciseaux à froid.
4 Clouyères.
2 Crochets ou servantes.
1 Débouchoir de bandes de roue.
1 Diable.
3 Etampes pour percer les bandes de roue.
1 Etau.
2 Filières et leurs tarauds.
2 Gouges ou tranches rondes.
4 Mailles de tenaille.

10 Marteaux, dont 4 à main et 6 à devant : de ceux-ci, 4 à panne
d'équerre sur le manche, et 2 à panne dans le sens du
manche.
2 Mouillettes.
2 Palettes.
2 Pelles rondes à charbon.
12 Poinçons emmanchés, dont 4 plats, 4 carrés, 4 ronds.
4 Poinçons à main.
4 Râpes, dont 2 plates, 2 demi-rondes.
2 Rivoirs.
1 Seau.
12 Tenailles, dont 4 droites, 4 à boulons, 4 à crochets.
2 Tisonniers.
10 Tranches, dont 8 à chaud et 2 à froid.

Pour 5 Charrons et 3 Charpentiers.

4 Amorçoirs.
5 Compas, dont (2 ordinaires, 1 de 10 pouces, 1 de 6 pouces,)
1 courbe de 15 pouces.
2 A verge, dont (1 de 6 pieds, 1 de 3 pieds).
2 Équerres de fer.
3 Établis.
32 Fers de varlope, dont 16 de 2 pouces et 16 de 18 lignes.
12 Limes de scie ou tiers-points.
6 Marteaux, dont 1 à panne fendue.
2 Masses de fer.
6 Passe-partouts.
2 Pieds-de-roi.
14 Pierres, dont 12 à affiler, 2 à rémoudre, plus 1 grès.
2 Pointes à tracer.
14 Scies, dont 4 de scieur-de-long, 6 ordinaires, 2 à refendre,
et 2 tournantes.
19 Tarières de 6, 7, 8 lignes, jusqu'à 24.
6 Valets d'établi.
8 Varlopes.
24 Vrilles.

A l'usage particulier des Charrons.

4 Coignées.
1 Petit diable.
4 Essettes.
14 Gouges, dont 8 carrées { 2 de 12 lig. / 2 de 10 / 2 de 8 / 2 de 6 } et 6 rondes { 2 de 2 pouc. / 2 de 18 lig. / 2 de 15 lig. }

2 Planes.
6 Tarauds, dont 1 de 9 pouces, 1 de 8, 1 de 7, 1 de 6
 1 de 4, 1 de 2.

A l'usage particulier des Charpentiers.

7 Becs-d'âne, depuis 2 lignes jusqu'à 8 lignes.
4 Bondax ou Pondax.
19 Ciseaux de 6 jusqu'à 24 lignes.
8 Coignées de charpentier.
2 Couteaux de menuisier.
4 Epaules de mouton.
6 Fermoirs.
12 Fers de rabot de 16 lignes.
4 Guillaumes et Feuillerets.
2 Guimbardes.
12 Haches, dont 8 de charpentier et 4 à main.
2 Lignes.
10 Mèches de Villebrequin d'une ligne jusqu'à 5.
3 Mouchettes.
4 Piochons.
10 Rabots, dont 6 ronds.
12 Rapes à bois.
8 Sergens de différentes grandeurs, dont 2 à étriers,
        2 de 6 pieds.
  6 ordinaires, { 2 de 5
        2 de 3
4 Tricoises.
4 Trusquins.
4 Villebrequins, dont 2 en fer et 2 en bois.

Nota. On peut avoir besoin de construire des Forges ; il faut les faire à deux feux, c'est-à-dire, doubles, de 9 pieds de longueur sur 5 de largeur : à cause des soufflets, il faut un espace de 22 pieds de longueur : les matériaux, etc. nécessaires sont :

0,275 mètres cubes, Bois de Chêne ;
0,445 mètres cubes, Bois de Sapin ;
60 kilog. Fer ;
0,206 mètres cubes, Pierres de taille (pour auge) ;
18 à 1900 Briques pour cheminée, etc.
2,852 mètres cubes, Moëllons pour fondations ;
2 Tombereaux Sable ;
1,8 Hectolitre Chaux ;
4 Tombereaux Terre glaise ;
14 Journées de Maçon ou de Tailleur de pierre ;
7 Journées de Manœuvre.

Nota. Il n'entre point dans mon plan de parler des Approvisionnemens relatifs au Génie, mais il peut être utile de connaître les bases de l'Approvisionnement en Subsistances, etc. Les voici telles qu'elles ont été déterminées au Comité de l'an 8, composé de 2 Officiers d'Artillerie, 2 du Génie, 1 Commissaire des Guerres. On n'a point fait d'application parce qu'elle est aisée à faire ; on rappellera ici une mesure d'ordre très-bonne, quoiqu'elle ne concerne que le Gouvernement ; car il faut répéter par-tout ce qui est très-utile jusqu'à ce qu'on l'adopte : c'est que les mêmes Entrepreneurs devraient être chargés de l'Approvisionnement des Places et des Armées, parce que les Approvisionnemens des Places ne se consommant pas, se détériorent en pure perte, et que si c'était les mêmes Entrepreneurs, ils les feraient consommer par les Armées ; et les renouvelant à mesure dans les Places, on ne s'y trouverait plus, au moment d'un Siége, avec des Subsistances altérées, viciées et nuisibles, ou hors de service.

Bases de l'Approvisionnement en Subsistances, etc. pour les Places.

	CONSOMMATION par Homme.	
	par jour.	par 30 jours.
Grains, ¾ Froment, ¼ Seigle, avec extraction de 15 liv. de Son par quintal.	1 liv. $\frac{1}{3}$	40 liv.
Farine.	1 $\frac{2}{15}$	34
Pain (ration de).	1 $\frac{1}{2}$	45
Grains pour Biscuit, sans mélange, avec extraction de 20 liv. de Son par $\frac{0}{0}$. . .	1 $\frac{9}{16}$	
Farine.	1 $\frac{1}{4}$	
Biscuit (ration de).	1 $\frac{1}{6}$	34 liv.
Grains pour pain mi-biscuité, avec extraction de 15 liv. de Son par $\frac{0}{0}$. . . .	1 $\frac{3}{7}$	43 liv.
Farine.	1 $\frac{3}{14}$	37
Pain ½ biscuité (ration de).		
Grains pour pain ¼ biscuité, avec extraction de 15 liv. de Son par $\frac{0}{0}$. . . .	1 $\frac{24}{63}$	41 liv. $\frac{3}{7}$
Farine.	1 $\frac{9}{420}$	35 $\frac{3}{14}$
Pain, ¼ biscuité (ration de).		
Riz pour 15 jours.	1 once.	15 onces.
Légumes secs.	2 onces.	1 l. 14 on.
Sel.	3 onces.	1 liv.
Supplément de ⅛ par homme.		2 onces.

	CONSOMMATION par Homme.	
	par jour.	par 30 jours.
(1) Viande fraîche (ration pour 9 jours).	8 onces.	4 liv. $\frac{1}{2}$
Bœuf salé pour 9 jours.	4 onces.	2 $\frac{1}{4}$
Lard salé pour 12 jours.	3 onces.	2 $\frac{1}{4}$
Supplément au remplacement des Salaisons.		
Riz pour 9 jours.	2 onces.	1 liv. 2 on.
Légumes secs pour 12 jours.	4 onces.	3 liv.
Vin pour 16 jours.	$\frac{1}{4}$ pintes.	4 pintes.
Eau-de-vie pour 30 jours.	$\frac{1}{16}$ *idem.*	1 $\frac{14}{16}$
Vinaigre *idem*.	$\frac{1}{5}$ *idem.*	1 $\frac{1}{3}$
Bois de Chauffage.	$\frac{1}{10}$ Cordes.	3 Cordes.
Supplément pour le Bivouac, $\frac{1}{8}$ de tout l'approvisionnement.		
(2) Bois aux lieux où on le pèse.	4 liv. $\frac{1}{2}$	135 liv.
Pour la cuisson du pain, par jour 1 $\frac{1}{10}$ liv.		33 liv.
Ou 5 Cordes pour 100 sacs par jour. .		
Charbon de terre, en place du bois. . .	2 liv.	60 liv.
Tourbes en place du Bois ou du Charbon.	10 Tourbes.	300 Tourb.
(3) Paille de Couchage, par mois. . . .		10 liv.
Chandelles de 8 à la livre, par 16 hommes.	3 Chandel.	
Le double du poids, ou 12 onces, si on ne peut fournir qu'en huile.		
Fourrages pour 1 cheval.	15 liv.	4 quint. $\frac{1}{2}$
Paille *idem*.	10 liv.	3 quint.
Avoine *idem.*, ...	$\frac{2}{3}$ boisseau.	20 boiss.
Fourrages pour 1 Bœuf, pour 20 jours.	20 liv.	4 quint.

Il faut 2 Fours avec leurs ustensiles pouvant contenir chacun

---

(1) Un Bœuf est supposé peser 450 liv.

(2) En Corse, on ne donne que 2 liv. 1 quart.

(3) Cette Paille est en sus de celle du Casernement.

4 à 5oo rations ; et de plus un troisième Four en réserve , aussi avec ses ustensiles.

S'il n'y avait point de Moulins , il faudrait se pourvoir de Moulins à bras.

Pour les Hôpitaux , il faut s'approvisionner pour 8oo malades, dont 534 blessés , et $\frac{1}{6}$ en convalescence pouvant coucher 2 , et pour 8o infirmiers.

FIN DU PREMIER VOLUME.